生活窍门

大讲堂
双 色
图文版

刘凤珍◎主编　　周志宇◎编著

中国华侨出版社
北京

图书在版编目（CIP）数据

生活窍门大讲堂 / 周志宇编著 . —北京：中国华侨出版社，2016.12
（中侨大讲堂 / 刘凤珍主编）
ISBN 978-7-5113-6609-2

Ⅰ . ①生… Ⅱ . ①周… Ⅲ . ①生活—知识
Ⅳ . ① TS976.3

中国版本图书馆 CIP 数据核字（2016）第 298106 号

生活窍门大讲堂

编　　著 / 周志宇

出 版 人 / 刘凤珍

责任编辑 / 泰　然

责任校对 / 王京燕

经　　销 / 新华书店

开　　本 / 787 毫米 × 1092 毫米　1/16　印张 /24　字数 /525 千字

印　　刷 / 三河市华润印刷有限公司

版　　次 / 2018 年 3 月第 1 版　2018 年 3 月第 1 次印刷

书　　号 / ISBN 978-7-5113-6609-2

定　　价 / 48.00 元

中国华侨出版社　北京市朝阳区静安里 26 号通成达大厦 3 层　邮编：100028

法律顾问：陈鹰律师事务所

编辑部：（010）64443056　　64443979
发行部：（010）64443051　　传真：（010）64439708
网　　址：www.oveaschin.com
E-mail：oveaschin@sina.com

前言

随着经济的发展和人们物质、文化生活水平的不断提高，社会的竞争压力越来越大，工作节奏越来越快，人们更加重视生活的质量，追求高质量、高效率的生活方式已然成为一种时尚。然而，在日常生活中，你可能经常会遇到一些小麻烦不知道如何处理，由此影响生活质量。比如，床单上的黄斑怎么洗都洗不掉，总因为不会识别衣服的面料而买到次品，吸烟弄了一屋子烟味发愁怎么散出去，买手机时不知道如何鉴别水货和行货……这些问题看似简单，但如果我们不具备处理它们的方法和技巧，同样会束手无策，并给我们的生活带来诸多不便。

其实，很多问题都是有窍门的，掌握了这些窍门，生活中的诸多麻烦和难题便可迎刃而解。这些窍门虽说"小"，作用却很大，具体表现为省钱、省力、省时、省心等方面。举例而言，节电、节气窍门使我们省钱，清除衣物污渍的窍门让我们省力，去除土豆皮的窍门使我们省时又省力，鉴别手机真假的窍门则让我们省心，等等。更为重要的是，在一些诸如食物中毒、窒息、心脏病发作等紧急情况下，采用适当的急救窍门可以让我们实施自救或他救，从而化险为夷，挽救生命。此外，窍门大都简单、实用、有针对性，能够切实解决生活中的难题，为我们带来极大的便利。

为了满足现代家庭生活的需要，让更多的人更轻松地应对生活，不再为日常生活中的问题而烦恼，我们综合衣、食、住、用、行等各个方面的窍门，汇编成这本《生活窍门大讲堂》。这些窍门不同于一般的生活常识，它们都是人们从长期的生活实践中得来的宝贵经验，经过了反复验证，有着极高的实用价值。善加利用这些窍门，我们便可以轻松解决生活中常常出现的各种难题，达到事半功倍的效果。比如：利用松节油可以去除衣物上的油渍，用开水冲烫可快速去除土豆皮，墨水可用来检验大理石的质量优劣，输入几个字符可鉴别手机的真假……每个窍门都蕴含着生活的智慧，令人惊奇、叹服。

本书具备体例简明、信息丰富、轻松阅读、手头必备、设计美观的鲜明特点，真正做到了一册在手，生活窍门全知道。从烹调、居家、美容，到治病、急救、消费，本书共介绍了5000多个实用窍门，统揽生活中的方方面面，全方位、多角度地帮助我们解决生活中的烦恼，受之获益终生。为便于查阅，全书分为"生活篇""消费篇"和"医疗篇"三大篇。生活篇介绍了衣物的清洗、保养，食品的洗切、烹调、储存、制作，居室美化、居室除污、节水、节电、节气等方面的窍门以及日常用品或食品的多种用途，比如清洗电热毯，去除羊肉膻味，芝麻的妙用，等等。消费篇介绍了如何辨别衣料，如何分辨米、面、蔬菜、水果等各类食品的质量优劣，怎样选购室内装修材料、家具、家用电器，如何鉴别金、银等饰品，这些窍门能够使我们在选购生活用品时不再盲目。医疗篇介绍了如何科学地鉴别、储藏药品，针对食物中毒者、煤气中毒者和一些急症患者如何采取急救措施，一些常见的病症如失眠、咳嗽、哮喘病等的辅助方法（注：文中所述仅为辅助方法，效果因人而异，具体请遵医嘱），以及日常保健、减肥塑身、养肤护发的妙招等，这些窍门与我们的身体健康直接相关。

书中介绍的窍门科学合理且简单易懂、易学易用，可以使我们将繁杂琐碎的事务安排得井井有条，让我们在日常小事中发现生活的大智慧，成为居家生活的高手，由此提高生活质量，使我们的生活更充实、更惬意。

目录

生活篇

二、饮食

（一）洗切食品

（二）去味烹调

三、 居住

（一） 家装设计

（二） 居室美化

消费篇

一、衣物

（一）衣料识别

（二） 服饰选购

医疗篇

生活篇

一、衣物

（一）衣物穿用

1．穿用羊绒制品的技巧

（1）羊绒制品不宜长时间穿着，一次穿十天左右，注意间歇，这样可防穿时引起变形，并会减少穿时的损伤。

（2）在穿羊绒制品的时候，要避免直接与其他粗糙面料接触，可在局部跟某些物品相互摩擦，以减少起毛、起球的现象。

（3）穿用羊绒制品要选择较轻松、清洁的高雅环境，不宜在日常工作中时常穿用，避免羊绒制品过度地受到损害而失去高贵感。

（4）在清洁的环境中穿着，可减少羊绒制品洗涤的次数，并避免由于洗涤不当而使穿着的寿命受到影响。

2．粘头饰

头饰多种多样，容易开胶。此时，首先在裂口处的原胶面上用打火机（用火柴更好）的火苗烤几分钟，当看到胶熔化后再将打火机关掉，然后将头饰裂口的两边分别挤压黏合，待几分钟后即可重新佩戴。

3．用旧衣做衬裙

选用一件男士已不穿的大背心、衬衣（带袖或不带袖的都行），然后将其带袖部位剪掉，再用针手工将已修剪的边缝好，底边再穿上一层松紧带，衬裙即可完成。

4．挖扣眼

首先用细香，在将要挖眼的部位烫出一条细沟，这样有利于再次锁边，既整齐又不脱线。

5．防纽扣掉落

在钉扣子前，首先试着用小刀把纽扣的小孔口子围着边缘刮一圈，再去掉毛刺，纽扣就不容易掉落了。

6．用挂钩防裤、裙拉链下滑

在裤、裙拉链端的相应部位，缝上一个挂钩，用此钩可钩住拉链顶端的孔，从而活动自如，不必再担心下滑。

7．用皮筋防止拉链下滑

把皮筋从拉链上的小孔中穿入一半后，系上一个死扣在其小孔上，把拉链给拉好，再把皮筋的两头套在腰间的扣子上即可。

8．用鸡油延长皮带使用期

把新买的皮带用鸡油均匀地涂抹一遍，就可以防止汗液侵蚀皮带，从而可以延长皮带的使用寿命，还可以使皮带因此变得柔软具有光泽。

9．袜子口松怎么办

先找一双袜子口松紧合适的旧袜子，把其松口剪下，再用缝纫机把它接在口松的袜子上即可。

10．使丝袜不勒腿

丝袜因袜勒紧，穿上后常会在腿上勒出一道沟，此时，把新袜的袜勒折返部分双层丝线挑开成单层，这样就增长了袜勒，也不会脱丝，还不会勒腿。

11. 自行调节袜口松紧

首先把袜子用手撑开，可以看到里面有很多橡皮筋，再用缝衣针把里边橡皮筋给挑起，这样就很容易把里边的橡皮筋给抽出来，根据抽出的多少来调整袜子的松紧。

12. 新尼龙丝袜洗后穿可防拉丝

新尼龙丝袜因拉丝坏了而不能再穿不免可惜，把袜子放入水中泡一段时间，同时放肥皂多搓搓即可防拉丝。

13. 用松紧带代替小孩鞋带

首先把鞋带抽出来，换上松紧带，为了不让它开扣，就在松紧带的尽头系上一扣，再用线将它钉在鞋头上，再穿的时候，鞋舌就不会再进入鞋内，穿鞋及脱鞋时也很方便。

14. 鞋垫如何不出鞋外

先找块布剪成半月形，再给鞋垫的前面缝上个"包头"，如同拖鞋一样。再往鞋里垫时，穿在脚上顶进鞋里，这样就脱穿自如了。

15. 修鞋带头

首先取长4厘米、宽1厘米的透明胶纸，把鞋带头上用胶纸粘住，再用力搓成小棍。若要想结实点，可把鞋带往502胶水瓶里蘸一下，这样就不容易被水洗坏。

16. 白皮鞋磕破了怎么办

选最好的涂改液涂擦在磕破的地方，可以稍多涂些，再抹平，待晾干后，基本可恢复原样。

17. 皮鞋放大法

首先把酒精均匀地涂抹在皮鞋表面，然后再将鞋撑起，并在其中间打入小木楔，之后大约30分钟给皮鞋擦一次酒精。待4小时后，再打第二个木楔。按以上方法重复3～5次（视鞋尺寸而定），鞋大概可放大半码到一码。

18. "痒痒挠"制鞋拔子

选一个手掌大小的竹制"痒痒挠"，然后将"手指"的齐指根部用小钢锯锯掉，顺着"手心"竖方向用木锉轻轻锉几下，这样，鞋拔子就做成了，因它的手柄长，坐在床边时不需弯腰就可轻易地穿上鞋。

（二） 衣物清洗

1. 漂白洗衣粉的合理使用

漂白洗衣粉是在洗衣粉中加入一定数量的过硼酸钠，在 60℃ 以下，能释放出活性氧，对衣物有漂白作用，超过 60℃ 就无效了。此外，漂白洗衣粉不可用于洗涤花色或其他带色彩的衣物，否则会褪色或变旧。

2. 不要把洗衣粉与肥皂混用

因为洗衣粉是呈酸性的，而肥皂是呈碱性的，两者相混便会发生中和反应，从而使各自的去污力降低了。

3. 用洗涤灵洗衣

洗衣时，上衣的袖口和领口往往是最不易清洗干净的。在未洗之前，可以先把衣服的袖口、领口用水浸湿，滴上几滴洗涤灵。这时你会发现：只需用手轻轻搓揉几下，上面的渍迹就很快消失了，然后再用清水去洗，就可以将袖口和领口洗得非常干净。用同样的方法对付做饭或吃饭时不小心蹭上的油污，以及提包、书包上的油污也同样有效。

4. 用淘米水洗衣物

（1）首先把脏衣服放入淘米水中浸

泡 10 分钟，再用肥皂洗，最后用清水漂洗一遍，这样洗出来的衣服更干净，尤其对于白色的衣服，看起来就更洁白。

(2) 日常用的毛巾，如上面沾了果汁，就会有一种异味，而且会变硬，这时也可把毛巾放入淘米水中浸泡 10 分钟，便会变得又白又干净。

(3) 泛黄的衣服也可用淘米水浸泡 2～3 天，且每天换一批水，浸泡后再取出。最后用清水清洗，泛黄的衣服也可恢复原来的洁白。

5. 衣服应翻过来洗

洗衣服时，应把里面翻过来洗，这样既可以保护面料的光泽，也不会起毛，既能保护外观，还能延长衣服寿命。

6. 洗后的衣服宜及时熨烫

纯毛料和毛涤料的衣物很难熨平，可以把由洗衣机洗后甩干的衣服马上用电熨斗熨干，效果就会非常好。

7. 鉴别干洗与假干洗

利用去污剂把油渍化开，然后再水浸、熨烫，从表面看似乎和干洗是一样的，但实质却不同，这样只是将衣服中的灰尘吸到了织物的深处，经灰尘污染后还会重新出现，这就是"假干洗"。任何织物在水洗后都会有缩水比，因此免不了会走样。下列方法能够鉴别衣服是水洗的还是干洗的：

(1) 水洗后，衣服会有不同程度的变形和掉色。

(2) 干洗的标码均用无油性墨水，但圆珠笔痕是油性的，干洗后就会褪色或消除，但水洗的却相反。

(3) 送洗前，在衣服上滴几滴猪油，若真的干洗，猪油绝对会消失，若是假干洗，油迹则不会消失。

(4) 在不显眼的地方钉上一颗塑料扣，如果真的干洗，塑料扣就会溶化，但线还在。

(5) 在隐蔽处放一团卫生纸，如果卫生纸的颜色和纸质还能平整如初，则是真的干洗；如果卫生纸褪色破裂，就是假干洗。

8. 简易家庭干洗法

(1) 洗涤剂的选择。可选择专用的干洗剂，也可以用优质的溶剂汽油或酒精。

(2) 清除表层的灰尘。先把服饰晾干，再用藤条拍打，把衣物上的灰尘拍打掉，接下来用软刷刷净，如果是毛呢服装，可在上面敷湿毛巾来吸收灰尘。

(3) 擦洗。用蘸了少许干洗剂的软刷或毛巾，按从袖口、前身、后身到领子的顺序，逐一清洗。如果衣服有浅色的夹里，则要先清洗夹里。对易污部位（如领子、袖口、口袋等）要重点擦洗。

(4) 晾干。清洗结束后要放在通风之处阴干。

9. 自洗纯毛衣物方法

洗衣服不一定非要去洗衣店，一些衣物在家中洗就可以了，但需学会一些必要的方法。如果是家里洗纯毛裤，最好是用手洗，采取的步骤如下。

(1) 浸泡于清水中，用手挤压，这样就能除去裤子表面的一部分尘土。

(2) 在温水（40℃）中加入适量适合于手洗的洗衣粉，然后用手轻轻地压或者揉搓。对于污渍程度较重的局部地方，可用蘸了洗衣皂的刷子刷洗，但不要剧烈揉搓。

(3) 不断更换干净的冷水，直至漂洗干净。

(4) 用手从头至尾把洗净的裤子抓挤一遍，再准备干燥的大浴巾一条，将其平摊在桌子上，把裤子平放在浴巾上，从裤脚开始将浴巾和裤子一齐卷起，不断挤压。这样，裤中大约50%的水分就可以被吸走了，而裤子上却不会留下多少褶皱。

（5）用手将吸过水的裤子抖几下，然后架起晾干。

（6）在裤子还没有完全干时，就用蒸汽熨斗将其熨烫定型。

10．毛料服装湿洗法

在洗毛料裤时，先备用一点香皂头、汽油及软毛刷，然后在裤口、袋口及膝盖等积垢较多的部位，用软毛刷蘸点汽油轻轻擦洗，直至除去积垢。

然后，将毛料放在20℃清水中浸泡约30分钟，取出后再滤出水分，再放入溶化的皂液中轻轻挤压，不能揉擦，避免黏合。

在洗涤过程中，可先在板上用软包蘸点洗液轻轻刷洗，再用温水漂洗（换水四次左右）。

最后，把毛料裤放入氨水中浸泡大约2小时，再用清水漂洗干净，最后用衣架挂在阴凉通风处晾干，千万别用手拧绞及暴晒。

若毛料衣裤不是太脏，最好别湿洗或是不洗，放在阳光下晒晒，再拍去灰尘，待热气散发后再收进箱子。

11．雪水洗毛料衣物法

毛毯、腈纶毯、毛衣、毛裤、长纤维绒制品，一般较难洗。在北方，人们充分利用了自然条件，在雪后用雪来清洗这些衣物。

具体采用的方法是：雪未融化之前，在积雪较厚的地方，将打开的衣物平铺于地上，再均匀地撒干净积雪于衣物上，厚度在1厘米左右，然后，从一端到另一端用有弹性的枝条轻轻抽打几遍，再把积雪抖掉。经过这样反复几次处理，就可以清洗掉一般毛料衣物上的积尘。

12．处理"鼓包"的毛料裤膝盖

先用汽油擦净油污，再把湿的厚布（不能用毛巾）平铺在裤子上（特别是裤缝处）进行熨烫，置于通风处吹干，使其自然定型，每月整理一次，"鼓包"即能清除，毛料裤即能保持平整。

13．除毛料裤的"极光"

穿久的毛料裤子，在经常摩擦之处会发亮（极光），很不美观。简便的解决方法是：用蘸了醋酸（少量）的棉花在裤子发亮之处擦几下，然后在擦有醋酸的地方用热熨斗反复熨几次，"极光"即可消失。

14．防洗涤的毛衣起球

洗涤时，把毛衣翻过来，使其里朝外，这样能减少毛衣表面之间的摩擦度，即可防止毛衣起球。如果加入洗发精来洗毛衣，便可使洗出的毛衣柔顺自然。

15．洗涤兔毛衫法

把兔毛衫放进一个白布袋里，用温水（40℃）浸泡，然后加入中性的洗涤剂，双手轻轻地揉搓，再用温水漂净。晾得将要干时，从布袋中将兔毛衫取出，垫上白布，用熨斗熨平，然后用龙搭扣贴在衣服的表面，轻飘、快速地向上提拉，兔毛衫就会变得质地丰满，并且柔软如新。

16．洗涤羊毛织物法

羊毛不耐碱，所以要用皂片或中性洗涤剂进行洗涤。在30℃以上的水中，羊毛织物会因收缩而变形，所以洗涤时温度不要超过30℃，通常用室温（25℃）的水配制洗涤剂水溶液效果会更好。不能使用洗衣机洗涤，应该用手轻洗，切忌用搓板搓，洗涤时间也不可过长，以防止缩绒。洗涤后不要用力拧干，应用手挤压除去水分，然后慢慢沥干。用洗衣机脱水时不要超过半分钟。晾晒时，应放在阴凉通风处，不要在强光下暴晒，以防止织物失去弹性和光泽。熨烫时，温度要恰当（约140℃），如有可能，最好能在衣物上垫上一块布，再行熨烫。

17.除羊毛衫上的灰尘

先取一块20厘米长胶布，把两端固定在袜子上，然后再轻轻把羊毛衫上的灰尘给粘掉，或是用块海绵蘸水后再拧干，再轻轻地擦掉灰尘。

18.洗涤深色丝绸

夏季穿着的深色丝绸衣裤不宜用肥皂洗涤，否则会出现皂渍。为使丝绸服装保持原有色泽，可在最后漂洗的水中加2～3滴醋。

19.洗晾丝绸服装

丝绸服装洗净后，不要用力拧，也不要暴晒，宜放在阴凉通风处晾干。晾至八成干时可垫上白布，用熨斗熨平，熨烫时不能喷水。如果出现了水印，将衣服重新放到水里，水印即可消失。

20.洗晒丝绸衣服

丝绸纤维是由多种氨基酸组成的蛋白质纤维，在碱性溶液中易被水解，从而丧失结实度。因此，洗涤丝绸衣物的时候应注意：

（1）水温不能过高，一般情况下，冷水即可。

（2）洗涤时，要用碱性很小的高级洗涤剂，或选用丝绸专用洗涤剂，然后轻轻揉洗。

（3）待洗涤干净后，可加入少许醋到清水中进行过酸，就能保持丝绸织物的光泽。

（4）不要置于烈日下晾晒，而应在阴凉通风之处晾干。

（5）在衣物还没完全晾干时就可以取回，然后用熨斗熨干。

21.洗蚕丝衣物

干洗是其最佳洗涤方式。若标有可以用水洗时，可用冷水来进行手洗，洗好捞出来后不要拧去水分，而让衣物上面的水分自然沥干，再挂在通风处晾干，禁暴晒。

22.洗涤真丝产品

织锦缎、花软缎、天香绢、金香结、古香缎、金丝绒等不适合洗涤；漳绒、乔其纱、立绒等适合干洗；有些真丝产品还可以水洗，但应用高级皂片或中性皂和高级合成洗涤剂来进行洗涤。清洗时，如果能在水中加一点点食醋，洗净的衣物将会更加光鲜亮丽。

具体的水洗方法是：先用热水把皂液溶化，等热水冷却后把衣服全部浸泡其中，然后轻轻地搓洗，洗后再用清水漂净，不能拧绞，应该用双手合压织物，挤掉多余水分。因为桑蚕丝耐日光差，所以晾晒时要把衣服的反面朝外，放在阴凉的地方，晾至八成干的时候取下来熨烫，可以保持衣物的光泽不变，而且耐穿，但熨烫时不要喷水，以避免造成水渍痕，影响衣物的美观。

23.洗涤蕾丝衣物

如果是一般的或者小件的蕾丝衣物，可以将其直接放在洗衣袋中，用中性清洁剂洗涤。但比较高级一点的蕾丝产品，或者比较大件一点的蕾丝床罩等，建议最好还是送到洗衣店里去清洗。洗完后再用低温的熨斗将花边烫平，这样，蕾丝衣物的延展性才会好，其蕾丝花样也不会扭曲变形。

需要注意的是，不能用漂白剂、浓缩洗衣剂等清洗剂进行洗涤，因为它们对布料的伤害较大，会影响颜色的稳定度，把好的蕾丝制品糟蹋了。

24. 洗涤纯棉衣物

因为纯棉衣物的耐碱性强，所以可用多种洗液及肥皂进行洗涤。水洗时，应使水温低于35℃，不能长时间浸泡在洗涤剂中，以免产生褪色现象；为了保持其花色的鲜艳，在晾衣服时，最好翻晒或晾在阴凉处；熨烫时温度也应该控制在120℃以下。

25. 洗涤麻类织物

麻纤维刚硬，可以水洗，但其纤维抱合力差，所以洗涤时力度要比棉织物轻些，不能强力揉搓，洗后也不可用力拧绞，更不能用硬毛刷刷洗，以免布面起毛。有色织物不能用热水烫泡，也不可暴晒，以免褪色。麻织物应该在晾晒至半干的时候进行熨烫，熨烫时应沿纬线横着烫，这样可以保持织物原来具有的光泽。不宜上全浆，以避免其纤维断裂。

26. 洗涤亚麻服饰

亚麻在生产中一般都采用了防缩、柔软、抗皱等工艺，但如果洗涤方法不恰当，就会造成变旧、褪色、留皱等缺陷，影响美观。因此，必须掌握正确的方法进行洗涤。应选择40℃左右的水温，用不含氯漂成分的低碱性或中性洗涤剂进行洗涤。洗涤时要避免用力揉搓，尤其不能用硬刷刷洗。洗涤后，不可以拧干，

但可用脱水机甩干，然后用手弄平后再挂晾。一般情况下，可不用再熨烫了，但是有时经过熨烫效果会更好。

27. 用盐洗衣领

在要洗衣物的领口撒一些盐末，揉搓后再洗，汗液里的蛋白质会很快溶解在食盐溶液中。

28. 用汽油洗衬衫领

新买的的确良衬衫，首先用棉花蘸些纯汽油，把衣领及袖口上擦拭两遍，待挥发后洗净，如果以后再沾上污迹，也容易洗干净。

29. 用爽身粉除衬衫领口污迹

在洗净、晾干的衬衫领口（或袖口）上撒些婴儿爽身粉，然后扑打几下，用电熨斗轻压后，再撒些爽身粉即可。这些部位在下次洗涤时就会很容易洗净。

30. 去袖口和衣领上的污渍

可以先将衣物放入溶有洗衣粉的温水溶液中浸泡约20分钟，再进行正常洗涤，就能有效地去除袖口和衣领的污迹。

31. 衬衣最好用冷水洗

一般人认为，用热水洗贴身的衬衣才会洗净，实则不然，汗液中含有的蛋白质是水溶性的物质，但受热后容易发生变性，所生成的变性蛋白质就难溶于水，并渗积到衬衣的纤维之间，不但很难洗掉，还会导致织物变黄和发硬。有汗渍的衬衣最好用冷水来洗，为了使蛋白质更容易溶解，还可以加少许食盐到水里，会有更佳的洗涤效果。

32. 全棉防皱衬衫的洗涤方法

在洗涤全棉防皱衬衫时，最好把水温控制在20℃以下进行洗涤，而且要使

用不含氯的洗涤剂。领子不可以使用硬毛刷，只能用衣领净洗涤，否则容易引起变形。如果是用洗衣机洗涤，在洗涤、脱水之后，可以用家用干衣柜烘干，也可以自然晾干。但不能用力揉搓和绞干。如果是用手洗，要记住不能用力揉搓，脱水时也不可手拧，要弄平，然后悬垂晾干。

33. 洗涤内衣的方法

内衣是最贴近人体的衣服，也是人类的第二皮肤，有最佳的舒肤、保洁功能。在洗涤、晾干、打理时多注意点，可以保持它优异的穿着效果。

最好将内衣单独洗涤，这样既能防止内外衣物交叉感染或被其他颜色污染，又能有效清除污垢，疏通织物的透气、吸湿的功能。

应使用中性洗剂，避免将洗衣液直接倾倒在衣物上。正确方法是先用清水浸泡约10分钟，然后进行机洗。对于一些柔和细致的高档面料，为了使它的色彩稳定以及使穿着的有效时间延长，水温应控制在40℃以下。

机洗时要先将拉链拉上，扣子扣好，再按深浅色分别装在不同的洗衣网袋内，并留有空隙、轻柔慢洗。不过，手洗更利于对超细微面料的保护。

洗好后，不要用力拧挤，可用毛巾包覆吸去部分浮水，以减少晾晒时的滴水。然后稍加拉整、扬顺后在通风处晾干，这是最好的干衣方式，因为长时间暴晒易使衣物变黄或减色。若用脱水机，应继续放置在洗衣网袋里，脱水时间不要超过30秒。

34. 解决西服起泡妙方

西装洗涤不当或穿的时间过长，胸部等处常会出现一些小气泡，影响美观。有一种方法可解决这一困扰：先找一个注射器，再用一枚大头针把胶水或较好的黏合剂均匀地涂于起泡处，再度晾干，烫平即可。

35. 洗裤子可以免熨

洗得不好的裤子（尤其是毛料裤子）很难熨，洗衣机洗出的裤子情况会更糟。

洗前，把对好缝的裤子拎直，整齐叠起，平放在水中浸泡半小时，然后放在调制好的肥皂液（或肥皂粉）水中浸泡10分钟。洗时不要在搓衣板上搓洗，只能顺着裤缝用手整齐地搓、揉，也可像揉面一样用双手轻轻揉捏，非常脏的地方就用手轻搓一下。搓洗后再用温水浸泡，最后用清水清洗。清洗时，要用手拎着裤脚上下拉动，切勿乱搓。清洗完毕，裤缝对整齐后拎起裤脚，夹在衣架上，挂起晾晒，干后的裤子像熨烫过一样挺直。

36. 洗涤紧身衣物

洗紧身衣物，用碱性小的皂液为宜，用温水轻洗，待洗净后再用清水漂洗，若在漂洗时加少量糖，这样不仅能使衣服洁净，而且能使衣物耐穿，延长其穿用寿命。

37. 洗衣防纽扣脱落

在洗衣服前，先将纽扣好，然后再把衣服翻过来，纽扣就不坏，也不易脱落，且不会划坏洗衣机。

38. 如何使毛巾洁白柔软

将毛巾浸泡在半盆淘米水中，并加入适量洗衣粉，放在火上煮沸，待晾凉后拿出，再漂洗干净。经过处理后，毛巾既柔软又洁白。

39. 用旧腈纶衣物清洁床单

将洗净晒干的旧腈纶衣物在床上依

次朝一个方向摩擦，由于静电作用，旧腈纶衣物能吸附床上的灰尘。用水洗净晒干后，旧腈纶衣物可反复使用。连续摩擦就像干洗一样。

40.洗涤纯毛毛毯

纯毛毛毯一旦污染就很难清洗干净，可先将毛毯放在水中浸泡，然后用皂液加上两汤匙松节油，调成乳状后用来洗涤毛毯。洗净后再用温清水漂洗干净，使其自然干燥。待大半干时，用不太烫的熨斗隔着一层被单把它熨平，再稍稍晾晒，即可干净如初。

41.洗涤毛巾被

如果是用手洗来清洗毛巾被，用搓板来搓洗是最忌讳的，加适量洗衣粉来轻轻地揉搓是最好的办法。若选用洗衣机来清洗，则要开慢速挡且水要多加，尽最大的努力来减少毛巾被在洗衣桶里的摩擦。清洗完后，用手将水轻轻挤出或者用洗衣机甩干时，不要太用力拧绞或脱水，切记不要放在烈日下暴晒。

42.洗涤电热毯

肥皂、洗衣粉或毛毯专用洗涤剂等都可用于洗涤电热毯。洗涤时，只能用手搓，而不能用洗衣机来洗。为了避免插头、开关和调温器被浸泡在水中，只能用手搓洗。

普通的电热毯一般有两面，一面是布料，另一面是棉毯（或毛毯）。电热丝被缝合于布料和棉毯（毛毯）之间，同时被固定在布料上。

在洗涤布料面时，最好平铺开，用肥皂液或撒上洗衣粉后轻轻地刷，洗涤棉毯（或毛毯）一面时，不要用刷子，而最好是用手搓。为避免折断电热丝，应在搓洗时避开电热丝（用手可以在布料的一面摸到电热丝）。

清洗干净的电热毯不能拧，将其挂起，让水自然滴干。洗涤后的电热毯最好放在阳光下晒干，这样能同时起到杀菌和灭螨的作用。

使用电热毯时，一般要在上面铺上一层布毯，一方面可以缓冲热感，以防烧灼人体；另一方面则可保持电热毯干净，以减少其洗涤次数。

43.用醋洗尿布

洗尿布时，一般选用肥皂或洗衣粉洗，此时洗过的尿布上都会留有看不见的洗衣粉，这样会刺激孩子的皮肤，如在洗尿布时加上几滴醋，这样便可清除掉这些残留物。

44.用酒精洗雨伞

用蘸有酒精的小软刷来刷洗伞面，然后用清水再刷洗一遍，这样伞面就能被刷洗干净了。

45.用醋水洗雨伞

将伞张开后晾干，用干刷子把伞上的泥污刷掉，然后用蘸有温洗衣粉溶液的软刷来刷洗，最后用清水冲洗。如没洗刷干净，还可用醋水溶液（1∶1）洗刷。

46.明矾防衣物褪色

洗高级的衣料时，可加少量的明矾于水中，就能避免（或减少）所洗衣服褪色。

47.衣服颜色返鲜法

有些衣服在洗过多次之后，就不再有鲜艳的颜色了。这是因为，洗衣服的水中含有的钙和肥皂接触后，就生成了一种不易溶解的油酸钙，这种物质附着在衣服上，就会使衣服鲜艳的光泽失去。最后一次漂洗时，在水中滴入几滴醋，就能把油酸钙溶解掉，从而保持了衣服原有的色彩。

48. 避免衣物洗后泛黄

如果在洗涤时水温较高，而漂洗时水温稍低，待晾干后，衣物大多会出现泛黄的现象。所以，在漂洗衣物时，水温最好接近洗涤时的温度，衣物才能焕然一新。

49. 咖啡洗涤防黑布衣褪色

对于黑色棉布衣服，漂洗时在水里加一些咖啡、浓茶或者啤酒，就能使这些褪色的衣服还原当初的色泽。

50. 常春藤水防黑布衣褪色

容易褪色的黑布衣服，若在常春藤水中泡一泡（或煮一下），其颜色就能恢复如初。

51. 增黑黑色毛织物

穿用时间较长的黑色毛织物颜色会变得不鲜艳，可用煮菠菜的水洗一下，色泽即可光洁如新。

52. 使毛衣不被洗褪色

洗毛衣、毛裤时用茶水，就能避免褪色。方法是：放一把茶叶到一盆开水中，水凉后滤出茶叶，将毛衣、毛裤放在茶水里泡十几分钟，轻轻揉搓后漂净，晒干即可。

53. 使牛仔裤不褪色

将新买回来的牛仔裤放入浓盐水中（必须是冷水），浸泡半天后，再对其进行洗涤，这样就不会褪色了。

54. 除衣服上的樟脑味

放在衣柜中的换季衣物通常要加几枚樟脑丸（卫生球）来防虫蛀。但樟脑的气味会渗入衣服纤维中，再穿时，衣服上会有一种刺鼻的气味。消除衣服上这种气味的最好方法是用水洗。马上要穿的衣服可用蒸汽熨斗熨烫，如果找不到蒸汽熨斗，可在衣物上铺一块拧干的湿毛巾，再用普通的熨斗熨烫一下，也能快速到达除樟脑味的目的。

55. 除身上的烟味

经常吸烟的人会从身上散发出烟味，虽然自己不能觉察到，却令许多人（特别是女性）厌恶。因此，在参加一些场合（如宴会或与异性的约会）之前，过多吸烟的人最好把身上的烟味除掉。水洗是去除衣服上烟味的最好方法，或在太阳下晒 1 ～ 2 小时。如果时间来不及，可用吹风机吹一遍衣服，同样能去除衣服上的烟味，但要使吹风机与衣服的距离保持在 20 厘米外，以防烫伤衣服。对于口里的烟味，漱口或嚼口香糖就可以解决。

56. 用风油精去除衣服的霉味

阴雨天洗的衣服不易干，便会产生霉味；衣服长期放置也会因受潮而产生霉味。如下方法可以消除霉味：用清水再次洗涮时，加入几滴风油精。待衣服干后，不但霉味会消失，而且有清香味散发出来。

57. 除霉斑渍法一

服装上非常难以清洗的霉斑，可使用漂白粉溶液或者 35℃ ～ 60℃ 的热双氧水溶液擦拭，再用水洗干净。棉麻织品上面的霉斑，可先用 1 升水兑氨水 20 克的稀释液浸泡，然后再用水洗干净。丝毛织品上面的霉斑，可以使用棉球蘸上松节油进行擦洗，然后在太阳下晾晒，以去除潮气。

58. 除霉斑渍法二

若为新渍，先用刷子刷净，再用酒精清洗。陈渍要先用洗发香波浸润，再用氨液刷洗，最后用水冲净；或先涂上氨水，再用亚硫酸氢钠溶液处理，而后水洗，但此时须防衣物变色。

59. 用绿豆芽消除白衣服上的霉点

衣物上很容易在春夏之际起霉点，白衣服上的霉点很难看，取几根绿豆芽，在霉点处揉碎，然后轻轻揉搓一会，用水冲后即可去除。

60. 去除皮衣上的霉渍

若皮衣上面长了霉，请不要用湿布来擦拭，应将其烘干或晒干后，用软毛刷将其霉渍刷掉。

61. 洗丝绸织物上的轻度霉渍

如果丝绸织物上有轻度霉渍，可选用淡氨水加入溶剂酒精，再用软棕刷轻轻擦拭。若是白色丝绸上面的霉渍，可以用保险粉或双氧水对其进行还原或氧化法去除，或用浓度50%的酒精来反复擦洗，然后放于通风处晾干。

62. 处理化纤衣服上霉斑

可以先用刷子蘸上一些浓肥皂水来刷洗，再经温水冲洗一遍，就可除掉霉斑。

63. 葱头去除皮帽污迹

普通皮帽子上的污迹用葱头即可擦干净。

64. 精盐去除皮帽污迹

鹿皮帽子上的污迹，可用精盐进行擦洗。

65. 用酒精除汗渍

把衣服上染上的汗渍处放在酒精中浸泡一小时左右，再用清水及肥皂水搓洗干净，即可去除。

66. 用冷盐水去汗渍

把衣服浸泡在冷盐水（1000克水放50克盐）中，3～4个小时后用洗涤剂清洗。或先用生姜（冬瓜、萝卜）汁擦拭，半小时后水洗干净即可。

67. 洗床单上的黄斑

若床单或衣服上有发黄的地方，可在发黄的地方涂些牛奶，然后放到阳光下晒几小时，再用水清洗一遍即可。如果是新的黄斑，可先用刷子刷一下，再用酒精清除；陈旧的黄斑则先要涂上氨水，放置一会儿，再涂上一些高锰酸钾溶液，最后再用亚硫酸氢钾溶液来处理一下，再用清水漂洗干净。

68. 洗衣物呕吐污迹

对于不太明显的呕吐污迹，可以先用汽油把污迹中的油腻成分去除，再用浓度为5%左右的氨水溶液擦拭一下，然后用清水洗净。如果是很久以前的呕吐污迹，可先用棉球蘸一些浓度为10%左右的氨水把呕吐污迹湿润，然后用肥皂水、酒精揩擦呕吐的污迹，最后再用清水漂洗，直到全部洗净。

69. 除衣服上的尿迹

（1）染色衣服：用水与醋配成的混合液（5∶1）冲洗。

（2）绸、布类：可用氨水与醋酸的混合液（1∶1）冲洗；也可用氨水（28%）和酒精的混合液（1∶1）冲洗。

（3）在温水中加入洗衣粉（或肥皂液、淡盐水、硼砂）清洗。

（4）被单和白衣料上的尿迹：用柠檬酸溶液（10%）冲洗。

（5）新的尿迹：温水洗净。

70. 洗衣物煤焦油斑

可先用汽油把织物润湿，再把汽油洗干净。如果煤焦油的污迹陈旧，可以用等量的四氯化碳与汽油混合物来清洗。

71. 用牙膏去除衣服上的油污

衣服上不慎沾了机油，可在沾有机油的地方涂抹牙膏，1小时左右将牙膏搓除，用蘸水的干净毛巾擦洗，油污即被去除。

72. 去除衣物上的松树油

沾了松树油的衣服很难洗净。可用蘸了牛奶的纱布擦拭，若还有痕迹，可再用纱布蘸酒精擦拭，最后就能除掉了。

73. 去除衣物上的药渍

（1）将水和酒精（或高粱酒）混合（水少许，几滴即可），然后涂在污处，用手揉搓，待污渍慢慢消失后，用清水洗干净。另一种方法是先用三氯钾洗，然后用清水、肥皂水洗就可以将污渍去除。

（2）也可在污处撒上食用碱面，用温水慢慢揉搓。如果将放在铁勺内加热后的碱面撒在污处，这样用温水揉搓就会更快将污渍去除。

74. 去除衣服上的紫药水

先在被染处涂上少许牙膏，稍等一小会儿，再喷上一些厨房清洗剂，紫色的污物就会慢慢变浅，直至完全消失。

75. 除墨汁渍法

将米饭或面糊涂在沾染的新墨渍上面，并细心揉搓，用纱布擦去脏物后用洗涤剂清洗干净，清水冲净即可。若为陈墨渍，可用酒精和肥皂液（1∶2）制成的溶液反复揉搓，这样效果会更好。

76. 用牛奶洗衣物墨迹

衣服沾上墨水，可先用清水清洗一下，再用牛奶洗一洗，然后用清水洗干净，这样就可清除。

77. 除红墨水渍

用洗涤剂清洗后，再用酒精（10%）或高锰酸钾溶液（0.25%）洗净即可。

78. 除圆珠笔油渍

洗净前不要用汽油擦拭，用四氯化碳和香蕉水等量混合配成的溶液擦洗（若为醋纤织物，只能用四氯化碳）。如果需要，白色织物可用双氧水继续漂白（富纤、锦纶除外）。

79. 除印泥油渍

先用四氯化碳擦拭，再用肥皂和酒精混合液清洗。若仍留有残迹，再用含少量碱的酒精清洗。如有必要，白色织物在去渍后还要漂白。

80. 洗除衣物眉笔色渍

如果衣物上不小心沾染了眉笔的色渍，可先用汽油溶剂把衣物上面的污渍润湿，然后用含有氨水的皂液洗除，最后用清水漂净。

81. 洗衣物唇膏渍

衣物一旦染上了唇膏，先用热水或用四氯乙烯擦去唇膏的油质，然后用洗涤剂清洗一下，最后再用清水漂洗干净。

82. 洗衣物不明污渍

对衣物上沾上的不明污渍，用下面的两种配方即可去除。

（1）乙醚1份，2份95%酒精，8份松节油来配制。

（2）用15份氨水，20份酒精皂液，3份丙酮配制。

83. 除白色织物色渍

因衣物本身就是白色，若被污染上的颜色是牢度不强的染料，则比较容易处理一些；若是牢度比较强的染料，由于一般不易褪色，也不容易污染其他的衣物。所以不必着急，用双氧水、氧化剂次氯酸钠等就可去除。也可以用冷漂法和热漂法两种。但建议采用低温冷漂法，因为相对而言冷漂法比较安全和平稳。另外还可采用高温皂碱液剥色法，使污染的颜色均匀地褪下来，从而去除色渍。

84. 除羊毛织物色渍

在干洗羊毛织物的时候，一般不会发生串色或搭色，只是在个别的情况或者用水清洗的时候才容易发生色渍的污染。

如果羊毛织物上面污染了色渍，可以使用拎洗乳化的方法进行处理。选用浓度适宜的皂碱液，将其温度控制在 50℃～70℃之间，先用冷水浸透衣物，再把它挤干，然后放入皂碱液中，上下反复地快速拎洗，以去掉污渍，并让整件衣物的色调均匀。然后再用 40℃ 左右的温水漂洗两次，再用冷水清洗一次，最后要用 1%～3% 的冰醋酸水溶液进行一下特殊的浸酸处理，用来中和掉残留在织物纤维内的碱液。

在洗涤后，羊毛织物一般会出现花结现象，可以使用浸泡吊色的方法进行处理。把花结的衣物放在清水里浸泡后轻轻挤干，然后放入 40℃～50℃之间恒温的平加（学名烧基聚氯乙烯）水溶液中，要将衣里向外、衣面向内，并随时注意观察溶液的褪色程度和温度。让衣物一定浸在溶液中，经过 2～3 小时的处理之后，待花结衣物上面的污渍全部均匀后，再取出用脱水机脱水。再把衣物放在平加溶液里，让溶液缓慢吸到纤维内，从而恢复衣物原来的色调。最后脱水，自然风干。

85. 除丝绸衣物色渍

洗涤深色丝绸衣物（如墨绿、咖啡色、黑色、紫红等）时，用力不均、方法不当或选用的洗涤剂不当，都会造成新的特殊污渍。洗涤时，要选用质量较好的中性洗涤剂进行揉洗，不能用搓板搓洗，也不能使用生肥皂。一旦发现了衣物颜色的不均，就用中草药和冰糖熬成水，等水温降到常温 20℃ 时，将出现了白霜的丝绸衣物及色花放在冰糖水里浸泡 10 分钟。将衣物浸泡在茶水里 10 分钟，也能取得不错的效果。

对于浅色或白色的丝绸衣物，可选用一些优质的皂片溶液清洗，水温要控制在 40℃～60℃ 之间，使用拎洗法，通过乳化作用清除污渍。

86. 除衣物上的血斑

较好的染色丝毛织品的服装上面的血迹，可以用淀粉加水熬成糨糊涂抹在血斑上，等其干燥。待全干后，只需将淀粉刮下，先用肥皂水洗上一遍，再用清水漂洗一遍，最后再用水 1 升兑醋 15 克制成的醋液进行清洗，效果很好。去除白色织物上面的血迹，也可把织物浸入浓度为 3% 的醋液里，放置 12 小时，然后再用清水漂洗一遍，效果也不错。

87. 去除衣物鱼腥味

衣服上面沾上的鱼迹、鱼鳞迹很难去除，可以先将鱼迹用纯净的甘油湿润，然后用刷子刷，晾置约 15 分钟后，再用温热水（25℃～30℃）洗涤，最后喷上一些柠檬香精，印迹与腥气便会消失。

88. 去除奶渍

奶渍比较难以洗涤，但可以先用洗衣粉对其进行污渍的预处理，然后再予以正常的洗涤。若遇到顽固的奶渍，使用一些对衣物没有害处的漂白剂就能去污。

89. 去除衣物上的酱油渍

可先用冷水搓洗一下，再用洗涤剂来清洗。而陈旧的酱油渍可加入适量氨水在洗涤剂溶液里进行清洗，还可用 2% 的硼砂溶液进行清洗。最后再用清水漂洗。

90. 用食盐去除衣物上的果汁渍

若是新渍，在上面撒少许食盐，用水润湿后轻轻搓洗，再加洗涤剂洗净。

91. 用"84 消毒液"去除果渍

用"84 消毒液"来洗衣服上的果渍，会洗得很干净。此法对于白色衣物和棉织物适用，切勿用于深色衣物。具体方法是：先把脏衣服浸于水中，待浸湿后稍拧干。滴几滴"84 消毒液"到沾有果汁处，稍等片刻后用肥皂搓洗，最后用清水洗净。

92. 用醋除去衣物上的葡萄汁渍

棉布（或棉的确良）衣服上如不小心滴上了葡萄汁，千万别用肥皂（碱性）洗。因为碱性的物质不但不能使其褪色，反而会使汁渍的颜色加重。应立即加少许食醋（白醋、米醋均可）涂于汁处，浸泡几分钟后用清水洗净，不会留下任何痕迹。

93. 用鸡蛋除衣服上的口香糖印迹

可先用小刀刮去，将鸡蛋涂抹在印迹上，使其松散，再将其擦干净，最后放在肥皂水中清洗，用清水洗净即可。

94. 用小苏打洗白袜子

在水中溶入少量小苏打，将白袜子放在水中浸泡 5 分钟，洗出的袜子就会洁白且柔软。

95. 除袜子臭味

有些人的袜子非常容易发臭，有时甚至用清洁剂来洗也洗不掉臭味。可以在袜子用洗衣粉洗过后，再放入含醋的水中泡一会儿。这样不但可以驱除臭味，还具有杀菌的作用。

96. 刷鞋后如何使鞋不发黄

（1）用肥皂（或洗衣粉）将鞋刷干净，再用清水冲洗干净，然后放入洗衣机内甩干，鞋面就不会变黄了。

（2）用清水把鞋浸透，将鞋刷（或旧牙刷）浸湿透，蘸干洗精少许去刷鞋，然后用清水冲净晾干，这样能把鞋洗得干净，鞋面也不会发黄。

97. 用猪油保存皮鞋

一般认为，多打些鞋油会起到持久保护鞋面的作用，但事实却使鞋面更易裂。若改用肥猪肉（或生猪油）抹擦，鞋面就能始终保持光滑油润，此法使皮鞋的保存效果相当好。

98. 用尼龙袜子擦皮鞋

将鞋刷子套上旧尼龙袜（或旧丝袜），用其蘸上鞋油来擦皮鞋，既方便又光亮。

99. 用牛奶擦皮鞋

不要把喝剩下（或已陈腐）的牛奶倒掉，可用来擦皮鞋（或其他皮革制品），能防止皮质干燥和裂口。

100. 掺牙膏擦皮鞋

擦皮鞋时，往鞋油里加点牙膏，就能使擦过的皮鞋光洁如新。

101. 用香蕉擦皮鞋

先擦去皮鞋上的浮灰，然后用香蕉擦拭，鞋不仅会非常干净，而且还会乌黑发亮。

102. 擦黄皮鞋

擦黄皮鞋时，先用柠檬汁擦掉灰尘后再用鞋油擦，鞋可光亮如初。

103. 擦白皮鞋

（1）先用普通橡皮轻轻擦掉污迹，再用干净的软布把橡皮屑擦去，然后擦上白鞋油，待油干后用鞋刷子及软布擦拭几遍，这样白皮鞋就可光洁如新。

（2）白鞋油蹭到鞋的边缘就很难擦掉，若在白皮鞋未穿之前，把一层透明的指甲油涂在鞋边缘，这样即使擦鞋过程中蹭上了白鞋油也可轻松擦掉。

104. 用胶条清洁白皮鞋

白皮鞋蹭脏后很难清理干净。只需把胶条粘贴在有污渍的地方轻轻按压，再揭下来，污渍就可以很轻松地被胶条粘下来。这个方法比用橡皮擦更方便、干净，而且还不伤皮鞋的皮质。

105. 除白皮鞋上的污点

白皮鞋很容易弄脏，介绍两种养护方法：用橡皮可擦掉鞋上的污点，甚至可以擦掉蹭上的黑鞋油或铁锈，牛皮鞋效果更佳；也可用白色牙膏在污点处涂上薄薄的一层，将污点遮盖起来，然后再上白色或无色的鞋油即可。使用此两种方法前，最好用微湿的软布先擦净鞋上的浮土。

106. 用发胶恢复皮鞋光亮

往鞋上喷发胶之前，用湿布先拭去鞋面上的污迹，即可恢复皮革光亮。但发胶的涂层不宜太厚。

（三） 衣物熨补

1. 不用电熨斗熨平衣服法

熨烫衣服一般要用到电熨斗，在手边没有电熨斗的情况下，有一种操作简便的方法，可以代替电熨斗熨平衣物，即用平底搪瓷茶缸盛满开水来代替电熨斗，不会将衣料烫煳。

2. 熨皮革服装

熨烫皮革服装可用包装纸做熨垫，同时将电熨斗的温度调到低温，不停地移动着熨烫，否则可能影响革面的平整光亮。

3. 熨烫绒面皮服装

清洗绒面皮的服装时，要先进行定型熨烫，而且最好能使用蒸汽型喷气熨斗垫布熨烫。要按照衣服的内里贴边、领子、袖子、前身、后身的顺序依次熨烫，并对袖口、袋口、领子、袋盖处重点定型。熨烫完后再用软毛刷顺着绒毛刷一遍。

4. 熨烫真皮服装

真皮服装经水洗后很容易发生变形走样的现象，甚至有时还会出现皱褶，因此清洗后一定要进行定型熨烫。最好是能用熨斗熨烫一下，因为它的气压均衡效果特别好。如果没有，也可以采用蒸汽型喷气熨斗垫布熨烫。对衣服的袖口、袋口、入贴边、袋盖处要重点定型。真皮服装的衬里，无须熨烫。如果有皱褶，则可用吹风机将其吹平。

5. 熨烫毛料衣服

毛料衣服具有收缩性，在熨烫时，应先在反面垫上湿布再熨。如果是从正面烫，要先用水喷洒，这样可以使毛料有一定湿度，熨烫时，熨斗要热。

6. 熨烫毛涤衣服

如何防止熨烫毛涤衣服时常常发生的变色、枯焦、发光的现象？关键在于两个"度"的把握：温度和速度。熨烫毛涤衣服时，温度应控制在120℃~140℃左右。可用以下方法检验：在熨斗上滴一滴水，如果水不外溅，说明温度适宜。熨烫时的速度要均匀且不宜过慢，更不宜滞留在某处，而且为防止衣服发光，熨烫时还要垫上一块湿布。

7. 熨凸花纹毛衣

熨烫有凸花纹的毛衣时，必须先垫上软物和湿布后，再从反面顺着纹路熨烫，切忌用力压，否则可能破坏凸花纹的立体感。

8. 熨烫丝绸织品

熨丝绸织品时注意不宜喷水，如果喷水不匀，有的地方则会出现皱纹。要从反面轻些熨。

9. 怎样熨丝绸方便

丝绸衣服质地较软，特别容易起褶，而且又不好铺平，熨烫起来特别麻烦。可在熨烫之前先把衣服密封在袋子里，放进冰箱冷冻约10分钟，丝绸的硬度就会增加，这样再铺起来就会平展一些，熨烫起来也就容易多了。

10. 熨烫中山装

当使用节气喷雾熨斗来熨烫的时候，要根据中山装面料和衬里的纤维种类来调整熨烫的温度。对于浅色的化纤、毛料或混纺面料及衬里都要采用垫白棉布的方法来熨烫，在使用蒸汽熨斗来熨烫的时候，要升足气压。

熨烫的程序如下：

（1）衬里：在熨烫的时候，其温度要合适，将中山装的前后身袖里、衬里熨平，要重点熨内袋口。

（2）贴边：把左右前襟内的边熨平，并用手抻直，衣角也要抻正。

（3）领子：在熨领子的时候，要先熨反面，熨完后要趁势用双手抻底领与上领的中线处，将领角抻正，注意不要抻领尖，以防变形。抻完后要立即放平，用熨斗直接将领前熨平即可。

（4）衣袖：把衣袖套进袖骨里，转动着熨烫，熨圆后把袖后熨死，使衣袖成前面圆后面死形。注意不要熨出扣印来。

（5）衣身：将衣服打开后平展在烫案上熨烫，在熨烫的时候，用力要均匀，将衣服的前、后、侧身都要熨平，注意不能烫出亮光来，对于腋下侧身处特别不能忽略，可套穿板来熨烫。对于折叠存放的中山装，此处很容易出褶，因此，在熨烫的时候要特别注意。

（6）肩头：左右肩背及左右胸都要套在穿板上熨烫，把胸与袖的接缝下抻平，然后用袖骨圆头端或者棉馒头将肩头撑起来熨烫，要烫出立体效果。

11. 熨烫男式西服

男式西服的款式很多，其西服的面料也很多，在熨烫的时候，要根据各种款式要求来熨烫各种风格的衣服，同时，要根据面料纤维的不同来调整熨斗的温度。除了前襟和领子外，其他部位跟中山装的熨烫相同。因为西服也是挂衬里的服装，因此在熨烫的时候，里外都要烫。在熨烫衬里的时候，要看里面的面料，若是尼龙绸免烫织物，就不用再熨，可直接熨烫西服面料即可。若需要熨烫，则要根据衬里纤维种类，调整到合理的温度对其进行熨烫。

12. 熨烫男式衬衫

男式衬衫有很多种面料，有纯棉、麻纱、的确良、丝绸以及混纺的织物。在使用蒸汽熨斗熨烫时，要把它的蒸汽压力调到0.2兆帕以上才能对其进行熨烫。在使用蒸汽喷雾熨斗时，要根据衬衫的面料纤维种类选择合适的熨烫温度。

熨烫男衬衫时，应先熨小片，后熨大片。其具体程序如下：

（1）衣袖：合上衬衫的前襟，将其平铺在穿板上（背要朝上），分别熨平两袖的背面后，再来熨烫袖口，最后，将衬衫翻过来，把袖的前面熨平。

（2）后背：先打开衬衫的左右闪襟，然后从后背内侧将其一次熨平。

（3）托肩：将托肩平铺在烫案上，将上下双层托肩用熨斗一次熨平。

（4）前襟：将前襟左右分开，先将内侧褶边熨平，然后再分别熨平左右前襟。

（5）衣领：将正反两面拉平，从领尖向中间熨烫，然后翻过来重熨领背，趁热将衣领用双手的手指按成弧形。

13. 熨烫女式衬衫

女衬衫面料的品种也非常多，有丝绸、纯棉、的确良、麻纱及其交织或混纺面料。因此，在用蒸汽喷雾电熨斗来烫时，要根据面料纤维种类的不同来调整好所需的熨烫温度。在用蒸气熨斗熨的时候，要升足气压。因女式衬衫很多都带有装饰物及绣花，熨烫的时候要特别注意，不要使其受损。

（1）衣袖：女式衬衫的衣袖，不论是长还是短，都必须要将其熨成圆筒形。在熨烫的时候，要在衣袖中间运行熨烫，不要熨死两边，采用滚动法来将衣袖熨平。若熨斗比衣袖宽度要大，可把衬衫放于穿板的边沿上，使它的下部分悬空，转动着来熨烫，即可把衣袖熨成圆形。还可将衣袖套在袖骨上来旋转着熨烫，其效果会更好。

（2）贴边：在案上将女式衬衫的左

右前襟内侧贴边烫平。在熨的过程中要注意不要将衣袖熨出褶来。

（3）领子：女衬衫有立领、开关领及一字领，在熨左、右襟时，其方法与男衬衫一样。

（4）前襟：在案上将女衬衫下面铺平，分别熨烫其左、右襟。

（5）后身：打开整铺在穿板上面的左右前襟，从衣服的内侧把女衬衫的后身熨平。

（6）袖肩：在穿板上，将女衬衫的肩部套入，或者用棉馒头将其垫起来，将袖肩熨成拱形，把肩与袖的接缝处熨出立体的效果。

14. 熨烫羊绒衫

熨烫这类毛衫时，要根据毛衫原有的尺寸，准备好尺寸适当的毛衫熨烫模板。当使用蒸汽喷雾电熨斗来熨烫的时候，要把调温旋钮调到羊毛熨烫的刻度上。如果用蒸汽熨斗来熨烫，则要升足气压。熨烫程序如下：

（1）衣袖：可先用蒸汽熨斗或调温蒸汽喷雾电熨斗接近毛衫衣袖（但不能接触），放强蒸汽，把衣袖润湿。当毛衫的衣袖发生膨胀、伸展时，在衣衫的衣袖里穿入毛衫模板里，然后再用熨斗熨烫，当毛衫衣袖扩大后，要及时冷却定型。

（2）衣身：毛衫用水洗完后，容易缩水，为了避免在穿入模板的时候毛衫被损伤，必须用以上方法将毛衫的前后身润湿。

（3）当毛衫的前后身被润湿后，若发生膨胀，则要将定型板穿入。

（4）用熨斗将毛衫的前后身熨平，并让它及时定型、冷却，在用模板给毛衫熨烫定型时，要注意千万不要将毛衫拉伤。

15. 处理熨焦的衣物

（1）绸料衣服：取适量苏打粉，用水拌成糊状后涂在焦痕处，使其自然干燥，苏打粉脱离后，焦痕随即消除。

（2）化纤织物熨烫发黄了，可立即垫上湿毛巾，再熨烫一下即可恢复原状。

（3）棉织衣物熨烫发黄时，应马上撒些细盐于发黄处，轻轻用手揉搓，然后放在阳光下晒一会，再用清水洗干净，即可减轻焦痕，甚至可以使其完全消失。

（4）呢料衣物：刷洗后会失去绒毛而露出底纱。可轻轻地用针尖挑出无绒毛处，直至挑起了新的绒毛，盖上湿布后，沿着织物绒毛的原倒向，用熨斗熨几遍即可复原。

（5）冬季穿的外套不应经常洗熨。如果不慎熨焦了厚外套，可在熨焦处用上好的细砂纸摩擦，再轻轻地用刷子刷一下，焦痕就能消失。

16. 修补皮革制品裂纹

皮鞋、皮衣、皮箱等皮革制品如果使用和穿戴的时间过长，表面会出现些小裂纹，这时只要在裂纹处均匀地涂上少许鸡蛋清，即可除去裂纹。

17. 修补皮夹克裂口

用牙签将鸡蛋清敷在裂口处，再对好茬口，用手将其轻轻压实，待晾干后，将裂口处再擦上夹克油，即算完成，既方便又实用。

18. 黏合胶皮手套的破洞

橡胶制品在气温高的时候很容易发黏老化，所以家庭主妇在洗菜、洗衣的时候常用的胶皮手套也很容易破，哪怕只破一个小洞就因为漏水不能用了，扔了又很可惜。其实修补这样的小洞非常简单。可以像补车胎一样，找一块比要补的洞稍大的胶皮（可以取自以前的破胶皮手套），涂上防水的强力胶粘上即可。

19. 用强力胶补脱丝尼龙袜

当袜子刮破时，应立即脱下，点上一滴胶液在刮破处，待几分钟后，轻轻捏平，破口处将被牢牢粘住，不会再脱丝。若出现了破洞，可涂上一圈胶液在洞口，破口处将不会再扩大；若洞口较大时，将袜子给翻过来，套在一个比较光滑的圆柱体上（如易拉罐），使洞口能展开，再从旧的袜子里找到相同的颜色，剪下与洞口大小一样的一块，在四周均匀涂上胶液，待几分钟过后再粘上、压平。这样粘补的袜子，搓磨、水洗都不会脱丝。

20. 治皮鞋裂纹

若皮鞋面出现了裂口或裂纹，可先在裂口处填入石蜡，再用熨斗小心熨平，然后再擦上与皮鞋颜色相同的皮鞋油即可。若黑色皮鞋面有小裂纹，可在砚台内放些鸡蛋清，用其研磨浓稠的墨汁，用毛笔蘸些墨汁涂抹在皮面的裂纹处，放在通风阴凉的地方晾干，裂痕便会弥合。

（四） 衣物保养

1. 收藏衣服的方法

（1）分类摆放：存放衣服时要注意衣物在衣箱或柜里摆放的顺序，最好把面料性质不同的衣服分开放置。纤维大多怕潮，应放在上层；最下层可放些较耐潮湿的丝织品；毛衣可放在中间部位；湿气最少的上层应放上绢类等容易发霉的衣物。

（2）由浅到深：将浅色衣服放在上层，深色衣服则放在下层。

（3）减少空气：装满衣箱或柜，并且尽量少开，以减少箱里的空气。

（4）防止污染：箱里要用牛皮纸或白纸垫好，也要将缝间堵严，以防污染。

2．皮衣除皱

皮衣起皱时，可用电熨斗以60℃～70℃左右的温度熨烫，并用薄棉布做衬，同时不停地移动熨斗。

3．皮衣除霉

用柔软的干布蘸少许食醋或白酒可擦除皮面的发霉和生的白花。

4．皮衣防潮

皮衣如果淋雨受潮，应立即用柔软的干布轻轻把它擦干，然后放在阴凉处晾干。

5．皮衣防污

皮革容易产生受潮、起霉、生虫的现象。为此，要尽量避免接触酸性、油污和碱性等物质。

6．给皮衣涂蜡

涂一层无色的蜡在经常穿用的皮革衣物面上，可使它既防潮又美观。

7．皮革服装的防裂

皮革存放时的湿度不能太大，湿度过大，含水量就会增加，往往导致皮面发霉变质。此时若再加上烧烤或暴晒，皮革本身就会失去水分而减弱原有的韧性，导致龟裂。所以，当皮革服装遇雪或淋雨后，应将其擦干，然后在室温下自然干燥，避免日晒或者烧烤。此外，还要注意皮革服装不能接触碱类物品、汽油，否则皮革会变质脆裂、发硬、失去光泽。整理好的皮革服装要避免折着放，以免断裂或褶皱。

8．收藏皮革衣物

皮革衣物的表面处理干净、晾干后准备收藏时，可涂上一层夹克油，约2小时后，再用洁净的干布擦净，再晾干，然后装入放有防虫剂的箱柜即可。

9．收藏裘皮衣物

收藏裘皮衣物时，应先将裘皮衣物放于温和的阳光下吹晒（千万不能用高温暴晒，以免使毛绒卷曲、皮质硬化、毛面褪色），将灰尘拍去。

用酒精细细把它喷洒一遍，把面粉用冷水调成厚浆，顺着擦刷的毛皮面用手轻轻搓擦。搓完后将粉粒抖去，用衣架挂起，边晾晒边拍衣里和毛面，将粉末弹去。

一般粗毛皮（如羊、狗、兔等）只要将毛面朝太阳晒3～4小时即可。细毛皮（如紫貂、黄狼、灰鼠、豹狐等）可在皮毛上盖上一层白布，晒1～2小时，然后放在阴凉处吹干。

裘皮晾干凉透冷却后，应抖掉灰尘，再放入一块樟脑丸。然后取一块干净的布遮挂住裘皮衣物，再用宽的衣架挂入衣橱内即可。

10．如何使硬皮袄变软

使皮袄恢复柔软弹性的办法很简单，只要用5克明矾、一升清水和5克食盐搅匀，将皮袄放入水中浸泡10分钟左右，然后再用清水将其漂洗干净，晾干，皮袄自然就会变软了。

11．皮毛防蛀妙法

用薄纸把花椒包成小袋卷入皮毛内，妥当地将皮毛服装收藏好，可有效防止虫蛀。

12．收藏毛线

（1）缠绕樟脑法：把毛线缠绕在包

有樟脑球的纸包外面，即可除虫。

（2）缠绕驱虫剂瓶法：把毛线缠绕在驱虫剂的瓶子或罐子上面即可除虫。

13. 收藏毛线衣物

由于毛线衣物容易生虫蛀，因此要及时收藏起来。在收藏前，要先用温水浸透，然后将其放在洗衣粉低温水溶液中浸泡15分钟左右，用手轻轻揉洗干净，切记不可搓洗。冲洗干净后，将水分拧干（不要太用力拧），将其放在桌面上用力压干，挂在通风阴凉处晾干即可收藏。

14. 保养黑色毛织物

毛线、呢绒等黑色的纯毛织物穿过一段时间后，颜色就会显得污灰不堪，失去原来的光泽。要想使它光洁如新，可以用1000克菠菜煮成一锅水，再用此水将洗净的衣物冲洗一遍即可。

15. 复原羊毛衫

羊毛衫穿久了，就会变硬缩短，要想使其复原，可将羊毛衫用一块干净的白毛巾裹好，隔水放在锅里蒸10分钟左右，取出来后赶快用力抖动，使其蓬松，同时还要小心地拉成和原来一般大，再平铺在薄板上，用衣夹固定，放在通风处晾干便可。

16. 收藏化纤衣服

为避免化纤衣服起球，在洗化纤的时候不可用力刷或搓，也不可用热水来烫洗，以免收缩或起皱。洗好后，要用清水清洗干净，放到通风阴凉处晾干。为防止虫蛀，可用白纸包好的樟脑丸放在衣服处，但不可接触樟脑丸，以免损坏衣物。

17. 收藏纯毛织品和丝绸

收藏时，应先刷掉或拍除衣料上的

灰尘，并用罩布将其遮盖起来。而丝绸服装最好放在箱柜上层，以免压皱，然后可以再放一块棉布在上面，防止潮湿空气浸入。

18. 收藏丝绸衣服

（1）忌与其他衣服混放：丝绸衣物与毛料混放，会使丝绸织物变色。桑蚕丝衣物与样蚕丝衣物混放，桑蚕丝衣物会变色。

（2）蓝纸包衣：白色丝绸衣物要用蓝颜色薄纸包严后再收藏，否则容易变黄；花色鲜艳的丝绸衣物要用深色纸包起来后再收藏，否则容易褪色。

（3）洗净晾干：收藏丝绸衣物前，应先洗净晾干，再熨烫一下，可达到防蛀防霉、杀虫灭菌的功效。另外，为防止衣物变形，不宜久挂丝绸衣服。

（4）忌用樟脑：不能直接让丝绸衣物接触卫生球和樟脑丸，否则衣物容易变黄。

19. 保养丝绸衣服

丝绸衣物吸湿性较强，在比较潮湿的空气中，容易吸收水分出现霉斑。因此，一定要将丝绸衣物晾干晾透后再收藏。同时也要保持存放丝绸衣物的箱柜干燥、清洁。

20. 保养真丝衣物

真丝印花绸的衣物，特别是浅色面料的，吸汗过多容易变质、变色、破损。所以最好不要贴身穿，同时应注意勤洗勤换，还要避免在粗糙的物品上摩擦真丝衣物。

21. 收藏纯棉衣物

浆洗容易导致虫蛀和霉变，因此，收藏前切记不要浆洗。为防布料发脆和虫蛀，收藏新衣物前，要将浮色和浆料用清水清洗干净。纯棉衣物洗净晾干，稍加熨烫后再收藏。如果经常取出在阳光下晒晒，可以让它历久如新。

22. 收藏纯白衣服

（1）白色衣物可能会吸收木制衣柜的颜色。因此无论挂起或折起收藏，都需把它套上透明塑料袋，外面再套上深色衣服。

（2）樟脑丸也会污染布料，所以切忌在口袋中放樟脑丸，除湿剂可放在衣柜内一角落。

（3）一定要洗净油渍、污渍、水果渍等各种污渍。其中较难除掉的油渍可利用洗涤灵完全清除。

（4）一定不能残留洗衣剂，要将洗衣剂彻底冲洗干净。

23. 保养西装

首先，最好能有两三套西装交换着穿，如果一件西装连续穿多日，会加速西装变旧和老化。其次，如果西装口袋里填满东西又吊挂，衣服易变形。所以要及时清除口袋里的物品，西装一换下，口袋里的物品也要立即掏出。灰尘是西装最大的敌人之一，西装经穿着后一定会弄脏，这就会使西装的色彩浑浊，失去原有的清新感，所以须经常用刷子轻轻刷去表面的灰尘。最后，久穿或久放在衣柜里的西装，若能挂在充满蒸汽的浴室里，过一会儿皱褶就会自动消失。

24. 保养领带

（1）洗涤不要太过频繁，防止色泽消褪。

（2）佩戴领带时手指一定要洁净。

（3）换领带的时候，要把领带的拦腰挂在衣架中，可以保持它的平整。

（4）为防丝质泛黄走色，领带不能

在阳光下暴晒。

（5）领带收藏时，最好先熨烫一次，以达到防霉防蛀、杀虫灭菌的目的。

（6）存放领带的环境要干燥，不要放樟脑丸。

25. 保养内衣

（1）腾出一个特别用来存放内衣的柜子，专门用来存放短裤、胸罩等，这样，不但取拿非常方便，而且整齐、卫生。

（2）在内衣收藏前，一定要仔细地洗净，并用漂白剂将其漂白，再晾干，以防内衣泛黄。

（3）如果抽屉内没铺专用的薄垫或白纸，则不要将内衣直接放进柜内。若直接放进去，内衣就有可能变黄、变色。

（4）内衣有些香味非常好。可在柜内放些香片、干花、空香水瓶，使内衣染上香味。

26. 收藏泳装

一般泳装在收藏前，要用热水浸泡一下，去掉盐碱迹，然后再挂起来。

27. 用浴室蒸汽除衣皱

首先将浴室里用来沐浴用的热水龙头打开，直到浴室里充满了蒸汽，然后关上热水龙头，在浴室里面把衣服用衣架挂好，并把浴室的门窗关紧后离开。一般一个晚上以后，衣服就会变得平整，上面的皱褶也会全部消失。

28. 保养雨衣

为防止损坏防水层，降低其防水性，雨衣淋湿后，一般不宜擦拭和暴晒。最好的方法是用双手提起衣领，将水珠抖去，放到通风阴凉处慢慢晾干，然后用熨斗略熨一熨使它恢复平整。洗涤雨衣时，可把它浸入30℃以下的中性洗涤剂溶液中约10分钟，然后把它平铺在搓衣板上，轻轻刷洗。注意洗涤液不宜温度过高，碱性大的洗涤剂和汽油、酒精等有机溶剂也不宜使用。洗净后应放到通风阴凉处晾干，再将熨斗温度调至 70℃ 左右把它熨平。

29. 除皮鞋的白斑

皮鞋上出现白斑，可用酒精或温水将白斑擦掉，涂上鞋油，将鞋放在通风处，半小时之后白斑就会消失，即可穿用。

30. 收藏皮鞋

保护皮鞋要多擦油、少浸水。要把鞋放在纸盒里，存放在干燥处。而存放皮鞋前，最好用撕碎且揉成团的旧报纸塞在鞋里，以防变形。再在鞋面涂抹菜油或猪油，以使皮面不干皱。

收藏皮鞋时要想防止皮鞋干裂变形和生霉变质，可以采用以下办法：先把穿过的皮鞋用湿布擦净、晾干，打上鞋油，再用鞋刷把它擦亮，装入不漏气的塑料袋里，将袋内气体排出，用绳子扎紧袋口。

31. 防皮鞋变形

为了使皮鞋不变形，可将鞋用鞋撑子撑起来，或者将旧报纸揉成团塞在鞋里，然后再用布或纸包好，放在阴凉通风处即可。

32. 防皮鞋干裂

用湿布将皮鞋擦干净，晾干，再打上鞋油，待稍稍干后用鞋刷将其擦亮，然后装入不漏气的干净塑料袋里面，排出袋内的空气，将袋口用绳扎牢。这样能有效地防止皮鞋干裂。

33. 防皮鞋生霉

对于室内比较潮湿的房间，皮鞋久放不穿就会生霉，这时，可以在鞋里放两小包石灰，鞋就不容易生霉了。

34. 防皮鞋落灰

皮鞋久放不穿，容易在鞋面聚积一层灰，在不穿的时候，用旧的丝袜将皮鞋一只只套起来收藏，既干净又方便。

35. 收藏皮凉鞋

首先要做好皮凉鞋鞋底、鞋面的保养工作，一般不能用湿布来擦，更不能放入水中浸洗。否则鞋面上的色光浆容易被擦去而影响美观。各种光面革的凉鞋，要想它始终保持光亮色泽，可先用普通的白色橡皮轻轻擦拭鞋面，然后再用干净软布将橡皮屑擦掉，再擦上白鞋油，待略干后再用鞋刷反复轻刷，最后用软布擦拭干净即可。红色或棕色皮鞋，可在鞋上涂些柠檬汁，再用鞋油擦。

其次还要为仿皮凉鞋或皮凉鞋底去污。皮凉鞋鞋底要用干刷子刷；橡胶底或仿皮底则用刷子蘸水洗净。

在收藏皮凉鞋时，为防止霉变，应晾干鞋内的汗水潮气，并塞些布在鞋内，以免鞋面松塌，然后将其放在鞋盒内。

36. 收藏皮靴

将皮靴打上油后，用刷子刷亮，然后用旧报纸或碎布塞实靴尖，再在靴勒塞两个空饮料瓶，可防变形。

37. 收藏翻毛皮鞋

在收藏以前，先用一块湿布把鞋擦干净，然后再将其放在通风、阴凉处晾干。待皮鞋快干的时候，再蘸些毛粉在硬毛鞋刷上，再擦擦鞋面，这样，毛便会蓬松起来，再放在有风处吹吹，翻毛即会恢复其原状，然后再用纸将其包好，装入鞋箱里即可。

二、饮食

（一） 洗切食品

1. 浸泡去农药

对于白菜、菠菜等，可浸泡在清水中除去农药。还可加入少量洗涤剂在清水中，浸泡大约30分钟，再用清水洗净。

2. 削皮去农药

对萝卜、胡萝卜、土豆，以及冬瓜、苦瓜、黄瓜、丝瓜等瓜果蔬菜，最好在清水漂洗前先削掉皮。特别是一些外表不平、细毛较多的蔬果，容易沾上农药，去皮是有效的除毒方法。

3. 用淘米水去除蔬菜农药

呈碱性的淘米水，对解有机磷农药的毒有显著作用，可将蔬菜在淘米水中浸泡10～20分钟，再用清水将其冲洗干净，就可以有效地除去残留在蔬菜上的有机磷农药；也可将2匙小苏打水加入盆水中，再把蔬菜放入水中浸泡5～10分钟，再用清水将其冲洗干净即可。

4. 加热烹饪去蔬菜农药

要去除蔬菜表面的残留农药，应在食用前经过烹煮等方法去除农药残留，方可吃得放心。经过加热烹煮后大多数农药都会分解，所以，烹煮蔬菜可以消除蔬菜中的农药残留。加热也可使农药随水蒸气蒸发而消失，因此煮菜汤或炒菜时不要加盖。

5. 淡盐水使蔬菜复鲜

买回的蔬菜若储存时间较长，容易流失水分而发蔫，用1%的食醋水或2%的盐水浸泡，便能使蔬菜水灵起来。

6. 加盐去菜虫

洗菜时，取适量食盐撒在清水中，反复揉洗后，即可清除蔬菜里的虫子。也可用2%的淡盐水将蔬菜浸泡5分钟，效果相同。

7. 用清洁球去鲜藕皮

用刀削鲜藕皮常常会削得薄厚不匀，且削过的藕还易发黑。用金属丝的清洁球擦鲜藕，能够擦得又快又薄，连小凹处都可以擦到，去完皮的藕还可以保持原来形状，既白又圆。但擦前应先用水将藕冲湿。

8. 用清洁球刷土豆皮

用金属丝清洁球去刷土豆皮，省时又省力。此法刷当年产的土豆效果最好。

9. 剥芋头皮的小技巧

芋头皮刮破后，会流出乳白的汁液，这种汁有强刺激性，手沾上会很痒。刮芋头前，将芋头放热水中烫一烫，或在火上烘烘手，这样即使手不小心沾上汁液也不痒。

10. 西红柿去皮的技巧

这种方法可以戏称为：先洗"热水浴"，再冲"凉水澡"。西红柿的营养丰富，既可生吃也能熟食，但是去皮难。若先用开水淋浇，再用冷水淋浇，则能轻易去皮。

11. 切西红柿的技巧

切西红柿容易使种子与果肉分离，流失果浆。因此切时要看清表面的"纹路"，将西红柿蒂放正，顺着纹路切，便不会流失果浆了。

12. 水中切洋葱不流泪

洋葱内含有丙硫醛氧化硫，这种物质能在人眼内生成低浓度的亚硫酸，对人眼造成刺激而催人泪下。由于丙硫醛氧化硫易溶于水，切洋葱时，放一盆水在身边，丙硫醛氧化硫刚挥发出来便溶解在水中，这样可相对减少进入眼内的丙硫醛氧化硫，减轻对眼睛的刺激。若将洋葱放入水中切，则不会刺激眼睛。

另外，洋葱冷冻后再切，丙硫醛氧化硫的挥发性降低，也可减少对眼睛的刺激。

13. 切茄子防氧化

在加工茄子的过程中要注意防止氧化。切开后的茄子，应立即浸入水中，否则茄子会被氧化而成褐色。

14. 辣椒去蒂再清洗

人们在洗辣椒时，习惯将其剖成两半，或者直接清洗，这种方法是不对的，因为青椒的生长姿势和形状使农药容易积累在凹陷的果蒂上。

15. 洗豆腐的技巧

将豆腐放在水龙头下开小水冲洗，然后泡在水中约半小时，可以除去涩味。泡在淡盐水中的豆腐不易变质。

16. 温水泡蒜易去皮

"夏天常吃蒜，身体倍儿棒"，但剥蒜皮很费事。把大蒜掰成小瓣，在温水中泡一段时间，待蒜皮软了，就易剥去了。

17. 盐水洗木耳

泡木耳时用盐水，浸泡约一个小时，然后再抓洗。接着用冷水洗几遍，就可去除沙子。

18. 用淀粉清洗木耳

用温水把木耳泡开后，即使将其挨个洗一遍，也不一定能洗净。可加两勺细淀粉在温水中，再将细淀粉、木耳、温开水和匀，这样可使木耳上的细小脏物吸附或混存于淀粉中。捞出木耳用清水冲洗，便能洗净了。

19. 用凉水泡木耳好

发木耳时最好用凉水，由于干制的木耳细胞塌瘪，因而变得干硬。要恢复其原有的鲜嫩，需泡发较长时间。若热水急发，因时间短，吸水不足，而且水温高会造成细胞破裂，影响水分的吸收，导致发制的木耳变烂。若改用凉水泡发，虽然时间长些，但不会有上述现象，且口感亦佳，出品率提高（500克干木耳能发制2250克水发木耳）。

20. 用糖洗蘑菇

加25克糖于1000克温水中，将蘑菇洗净切好放入，浸泡约12小时，加糖泡蘑菇，可使蘑菇吸水快，保持清香，且因糖液浸入了蘑菇，味道更加鲜美。

21. 用淀粉洗香菇

烹制木耳、香菇等菜肴时，常用温水浸泡。若在其发胀后加进少量湿淀粉清洗，然后再拿清水冲洗，则可去沙，且色泽艳丽。

22. 用淘米水泡发干菜

淘米水发干菜有很好的效果。用淘米水发干菜、海带等干货，很容易发胀，而且较容易烹制熟。

23．用温水泡黄花菜

黄花菜又名金针菜，不仅有较高的营养价值，而且味道鲜美。但若泡发的方法不正确，则会导致口感变差，质地不好。正确的泡发方法是，将黄花菜浸入温水中，直至泡软。如果用冷水泡发，则不易激发香味；若用开水泡发，则黄花菜会发艮。故以温水泡发为佳。

24．用沸水泡百合

用沸水将干百合泡30分钟，然后将其洗净，再放入清水泡1小时左右，就可以烹制了。

25．水煮法洗水果

一些外壳、外皮耐温坚硬的水果，可在开水中煮约1分钟，即可除去其表面90%以上的农药。将不易洗净的瓜果先用刷子刷洗，再用沸水煮，效果也不错。

26．用盐水清洗瓜果

为了去除瓜果表皮的寄生虫卵、某些病菌或残存的农药，在瓜果食用前，可先将瓜果放入盐水中浸泡20～30分钟。

27．清洗桃子的技巧

往装有桃子的塑料袋里倒入十几滴洗涤灵，再灌入清水（以没过桃子为度）。在洗菜盆里放小半盆水（可使摇动省力），一手拎着放入盆里的塑料袋或是两手抓住袋口，不断地摇动塑料袋，使桃子自己在袋内转动，即可借助摩擦力去掉桃毛。这样顺时针、逆时针地摇动两三分钟左右之后，一手轻轻攥住袋口，另一只手托着袋底将水倒出，然后注入水进行清洗，直至洗净为止。每袋以2000克为宜，此法关键在于摇动时

要迫使桃子自己转动。

28．用盐去桃毛

用水将桃子淋湿，将一撮细盐抹在桃子表面，轻搓几下，要将整个桃子搓遍；然后把沾了盐的桃子放入水中浸泡片刻，浸泡时可随时翻动；再用清水冲洗，即可全部除去桃毛。

29．用清洁球洗桃

可用清洁球洗桃子，能够洗得光滑干净，效果很不错。

30．剥橙子皮

剥橙子皮时往往需拿刀切成4瓣，可这样会让橙子的汁损失掉。可将橙子放在桌上，用手掌揉，或是用两个手掌一起揉，1分钟之后，皮就好剥了。

31．洗草莓

用清水洗净草莓，再放入盐水中浸泡5分钟，然后用清水冲去咸味就可食用。此法既可杀菌，也可保鲜。

32．开水果罐头

水果罐头难以拧开时，可点着打火机，将瓶对准火苗绕圈烤约1分钟，就可以轻松地打开罐头了。

33．糖水泡后易剥栗子皮

毛栗的涩皮较难去除。所以在煮毛栗之前，先将毛栗置于糖水中浸泡一夜，可将涩皮去除干净。

34．太阳晒使栗子皮易剥

将要吃的生栗子置于阳光下晒1天后，栗子壳会开裂。这样，不管生吃或是煮熟吃，剥去外壳及里面的薄皮都很容易。将要储存的栗子最好不要晒，因为晒裂的栗子无法长期保存。

35．剥核桃壳

核桃仁在凹凸不平的桃壳里，通过

砸开桃壳很难取出完整的桃仁。可以先大火蒸核桃约8分钟，取出后立即放入水中浸泡，两三分钟后，捞出破壳，这样就可取出完整的桃仁。或将核桃放在糖水里浸泡一晚，也便于去壳。

36. 剥莲子衣的妙招

莲子衣是非常好的补品，但要剥下莲子衣是件很麻烦的事。在锅中盛上溶有食用碱的沸水，放入干莲子（1000克水，25克食用碱，250克干莲子），盖上锅盖，焖数分钟，然后用刷子反复推擦锅中的莲子，要恒速进行（动作要快，若时间太长，莲子发胀，皮就较难脱掉）。剥完后用凉水冲洗，直至洗净，莲子心可用牙签或细针捅掉。

37. 剥榛子皮

榛子好吃且有营养，不过剥皮很费劲，若将其放入水里浸泡七八分钟，一咬即开。吃松子也同样可用此法。

38. 除去大米中的沙粒

可用淘金原理来淘米。方法为：取大小两只盆，大盆中加进半盆多的清水，把米放进小盆，然后连盆浸到大盆的水中；再来回地摇动小盆，不时将悬浮状态的米及水倒入大盆内，无须倒净，也不必提起小盆；这样反复多次后，小盆的底部就只剩少量的米和沙粒了；若掌握得好，即可全部淘出大米，小盆底则只剩下沙粒。

39. 切黏性食品的技巧

切黏性食品时容易粘刀，而且切得不好看。若将刀先切几片萝卜，再切黏性食品，就不会粘刀了。

40. 洗鱼应先掏内脏

先剖鱼肚，后刮鱼鳞。通常人们先刮鱼鳞，这样容易压破鱼的苦胆，而污染鱼肉，吃起来会很苦。所以应该先剖鱼肚，把肚内的东西都掏出来。洗鱼要整条清洗，不要切开了洗，否则会丧失很多养分。

41. 盐水洗鱼

用凉浓盐水洗有污泥味的鱼，可除污泥味。在盐水中洗新鲜鱼，不仅可以去泥腥，且味道更鲜美。至于不新鲜的鱼，先用盐将鱼的里外擦一遍，一小时后再用锅煎，鱼味就可和新鲜的一样。而且，用盐擦鱼还可去黏液（因为鱼身上若有黏液，黏液易沾染上污物）。在洗鱼时，可先用细盐把鱼身擦一遍，再用清水冲洗一下，会洗得非常干净。

42. 洗鱼去黏液法

在养有鲜鱼的盆中，滴入1～2滴生植物油，就能除去鱼身上的黏液。

43. 洗鱼块的技巧

在竹箩内把鱼块排好，倒水反复冲洗，再用干净的布或纸巾把水擦干。

44. 洗宰杀的活鱼

现在大多是卖鱼人负责宰杀活鱼，但是他们不一定会收拾得很干净，所以拿回来后要彻底地清洗，以免成菜有很大的腥味。

（1）鱼鳞：必须要彻底地抠除所有鳞片，以免成菜后的鱼鳞中夹沙，会变得非常难吃。

（2）额鳞：即鱼下巴到腹部连接处的鳞。这部分鳞因为要保护鱼的心脏，所以很牢固地紧贴着皮肉，鳞片碎小，不容易被发现，却是成菜后鱼腥味的主要来源。尤其是在加工海洋鱼类时，必须削除额鳞。

（3）腹内黑衣：在鲢鱼、鲤鱼等鱼类的腹腔内有一层黑衣，既带来腥味，又影响美观，在洗涤时必须要刮洗干净。

（4）腹内血筋：有些鱼的腹内深处、脊椎骨下方隐藏着一条血筋。加工时一定要将其挑破，并冲洗干净。

（5）鱼鳍：保留鱼鳍的目的是成菜后美观，若鱼鳍松散零乱的话就会适得其反，应适度修剪或全部去除。

（6）肉中筋：在鲤鱼等鱼类的鱼身两侧各有一根长而细的白筋，在加工时应剔除。宰杀去鳞后，将鱼身从头到尾抹平，可在鱼身侧面看到一条深色的线，白筋就位于这条线的下面。在鱼身的最前面靠近鳃盖处割上一刀，就可看见白色的白筋，一边捏住白筋往外轻拉，一边用刀背轻打鱼身，这样抽出两面的白筋，再烹调。

45．洗鳝鱼和甲鱼

鳝鱼和甲鱼要先刮鳞破肚，在除去鳃肠后不应多洗，因为留着血味道更鲜美。

46．杀黄鳝的小技巧

黄鳝较难宰杀。把洗过的黄鳝盛在容器内，倒入一小杯白酒，注意：酒的度数不要过低，黄鳝便会发出猪崽吃奶似的声音。待声音消失后，黄鳝醉而不死，此时即可以取出宰杀。

47．让泥鳅吐泥

泥鳅在清洗前，必须让其全部吐出腹中的泥。将泥鳅放入滴有几滴植物油或一两个辣椒的水中，泥鳅就会很快吐出腹中的泥。

48．用盐水化冻鱼

刚从冰箱拿出的冻鱼，若想立刻烹调，一定不要用热水烫。在热水中，冻鱼只有表皮受热，而热量传到其内部的速度很慢。这样不但冻鱼很

难融化，而且鱼的表皮容易被烫熟，导致蛋白质变性，影响其鲜味和营养价值。所以应在冷水中浸泡冻鱼，加些盐在水中，这样冻鱼不但能很快化冻，而且不会损坏肉质。

49．抹醋使鱼鳞易刮

做鲜鱼，往往很难刮掉如鲫鱼、鲤鱼等的鱼鳞。刮前，在鱼身抹些醋，一两分钟后再刮，鳞就十分容易刮掉。醋还有去腥易洗的作用。

50．用自制刮鳞刷除鱼鳞

根据使用的方便程度找一个适当大小的木板。把铁质啤酒瓶盖反钉于木板上，一般钉3～5排。这就是自制的刮鳞刷。特别适合用它刮青鱼、鲤鱼等鱼的大片鱼鳞。

51．玉米棒去带鱼鳞

将带鱼放在温水里泡，然后用脱粒后的玉米棒将带鱼来回擦洗，此法既快又不损伤肉质。

52．热水浸泡去带鱼鳞

（1）用温热的碱水把带鱼浸泡一会儿，再清水冲洗，就能将鱼鳞洗净。

（2）用80℃左右的热水将带鱼烫15秒钟，然后马上将其放入冷水中，这时用刷子能很快刷掉鱼鳞，也可用手刮。

53．切鱼肉用快刀

切鱼肉要使用快刀，由于鱼肉质细且纤维短，容易破碎。将鱼皮朝下，用刀顺着鱼刺的方向切入，切时要利索，这样炒熟后形状才完整，不至于凌乱破碎。

54．切鱼防打滑的小窍门

在鱼的表皮上有一层非常滑的黏液，所以切起来容易打滑，先将鱼放在

盐水中浸泡一下再切，便不会打滑了。

55. 泡发海米的技巧

海米泡发的方法：先用温水清洗干净，再用温水浸泡三四个小时，待回软便可。也可以用凉水稍泡后，上笼蒸软。夏天，已经发好的海米若吃不完，应加醋浸泡，这样可以延长保质时间。

56. 海参的胀发技巧

先用冷水将干海参浸泡1天，剖开掏出内脏洗净，用暖瓶装好开水，将海参放入后塞紧瓶盖，泡发约10小时。期间可倒出检查，挑出部分已经发好的海参，放在冷水中待用。

灰参、岩参等的皮厚且硬，可先用火把外皮烧脆，拿小刀刮去海参的沙，在清水中泡约2小时，再在热水中泡1晚，取出后剖开其腹部，除去内脏，洗净沙粒和污垢，最后泡三四天便可。注意：一天要换1次水。

尤其要注意：海参胀发时，千万不能碰着油盐，即使是使用的器皿，也不能碰油盐，因为海参遇油容易腐烂，而遇盐较难发透。

57. 海带速软法

用锅蒸一下海带也可促使海带变软。海带在蒸前不要着水，直接蒸干海带，蒸海带的时间长短由其老嫩程度决定。一般约蒸半小时，海带就会柔韧无比。泡海带时加些醋，也可使海带柔软。待海带将水吸完后，再轻轻将沙粒洗去。

58. 泡发海螺干的技巧

先将海螺干放入30℃～40℃的温水中浸泡，直至回软，然后取出清洗干净，慢火将海螺煮至发软，再用碱水（500克干海螺，8克碱）浸泡，泡至富

有弹性，清水洗净碱质，便可食用。

59. 洗墨鱼干鱿鱼干的技巧

将小苏打溶在热水中，泡入墨鱼干或鱿鱼干，待泡透后就能很快去掉鱼骨，剥去鱼皮。

60. 用盐水清洗虾仁

剥皮后的虾先洗一次，然后置于食盐水中（一斤虾、半碗水、一匙盐），用筷子搅拌一会儿，取出虾仁，用冷水冲洗，直至水清为止，并要注意去泥。

61. 如何清洗使对虾保鲜

虽然对虾味道鲜美，营养丰富，但若洗刷不正确，会使鲜味大减。先洗净虾体，然后剥去外皮，取出沙肠。剥皮和洗涤的顺序不能颠倒，否则，洗虾时会冲掉部分虾脑、虾黄，使鲜味减少。

62. 除虾中污物

虾的味道鲜美，但必须洗净其污物。虾背上有一条黑线，里面是黑褐色的消化残渣，清洗时，剪去头的前部，将胃中的残留物挤出，保留其肝脏。虾煮到半熟后，将外壳剥去，翻出背肌，抽去黑线便可烹调。清洗大的虾可用刀切开背部，直接把黑线取出，清水洗净后烹调。

63. 清洗活蟹

用木棒等压住蟹皮，斩掉大脚后方洗得干净。

64. 用盐水清洗贝类

将贝类在盐水中泡一晚。所用的盐水需比海水稍淡一些，并放于暗处，贝类就会吐出沙子。

65. 胀发干贝的技巧

先去掉干贝边上的一块老肉，再用冷水洗净盛好，加入葱、姜、酒和适量

的水，水淹没干贝即可，上笼蒸大约1小时，能用手捻成丝状便可食用。

66. 清洗海蜇皮

将海蜇皮放入5%的食盐液中浸泡一会儿，再用淘米水清洗，最后用清水冲一遍，能除净海蜇皮上的沙粒。

67. 海蜇泡发窍门

用凉水将海蜇浸泡三四天，热天泡的时间可稍短，冷天可稍长，然后洗净沙粒，摘掉血筋，切成丝状，再用沸水冲一下，马上放入凉开水浸泡，这样海蜇不回缩。可拌上各种调味品食用，爽口味美。

68. 清洗冷冻食物

（1）在冷盐水中解冻鸡、鱼、肉等，不仅速度快，而且成菜后味道鲜美。也可将鸡鸭泡于姜汁里约半小时后再清洗，不仅能洗净脏物，还能除腥添香。

（2）将各种冷冻食品放入姜汁中浸泡半小时左右，再用清水洗，脏物易除，可清除异味，而且还有返鲜作用。

（3）将冻过的肉放入啤酒中浸泡15分钟左右，捞出来用清水洗净即可，而且还能消除异味。

69. 洗受污猪肉

用淘米水洗被脏物玷污的猪肉，比用明矾、盐等清洗更有效。将受污的猪肉浸泡在温热的淘米水中约5分钟，然后用淘米水洗一两遍，最后用清水冲洗，就能洗干净了。

70. 猪肠清洗技巧

取适量盐和醋放入清水中搅匀，放入猪肠浸泡一会儿，摘除脏物后，再用淘米水泡（加入几片橘片甚佳），最后用清水搓洗便可。

71. 用面粉辅助洗猪肚

先用刀刮一遍猪肚较脏的一面，然后用冷水冲洗。将大约20克面粉均匀地撒在猪的肚面上使其成糊状，一边用手搓捏，一边用水将其慢慢稀释，这样便可使脏物进入面浆中。猪肚的两面都可以用这个方法来清洗，来回搓捏两三遍就能清洗干净。

72. 用盐和醋洗猪肚

人们一般用盐擦洗猪肚，但效果不太好，若再加上些醋，就会有很好的效果了。因为盐醋可除去猪肚表皮的黏液和一部分异味，这是由于醋可使胶原蛋白缩合并改变颜色。清洗后的猪肚要放在冷水中刮去肚尖老茧。

注意：洗肚时一定不能用碱，碱的腐蚀性比较强，虽然能使肚表面的黏液脱落，但也会破坏肚壁的蛋白质，影响猪肚的营养价值。

73. 清洗猪心法

在猪心周围涂满面粉，待1小时后洗净，这样可使烹炒的猪心味美醇正。

74. 清洗猪肝法

将猪肝用水冲5分钟后，切好，再用冷水泡四五分钟，取出沥干，猪肝既干净又无腥味。

75. 清洗猪肺法

在水龙头上套肺管，将水灌进猪肺里，肺扩张后，让大小血管充满水，然后用劲压，反复洗，即能清洗干净。

76. 去除猪蹄毛垢

用砂罐或瓦罐盛水，烧到约80℃，将猪蹄放入罐中烫1分钟，取出，用手便可擦净毛垢。

77. 斜切猪肉

猪肉较为细腻，肉中筋少，若横着纤维切，会使烹制的猪肉凌乱散碎；所以要斜着纤维切，这样既不断裂，也不塞牙。

78. 横切牛肉

牛肉要横着纤维纹路切，因为牛肉的筋都顺着肉纤维的纹路分布，若随手便切，则会有许多筋腱未被切碎，这样就会使加工的牛肉很难被嚼烂。

79. 顺切鸡肉

鸡肉相对而言是最细嫩的，肉的含筋量最少，顺着纤维切，才能使成菜后的肉不破碎，整齐美观。

80. 切羊肉片

把羊肉洗净，去筋后将其卷好，放入冰箱冷冻室。准备一把刨木头的小刨子；吃涮羊肉时，用小刨子将羊肉像刨木头那样刨成片，这样刨出的肉片既薄又卫生。

81. 加水剁葱不辣眼

先将葱放在菜板上剖开，然后切成一寸左右的长段，再淋上一点自来水，但不要流出菜板，待5分钟后再剁，保证不辣眼。

82. 剁大棒骨

用大棒骨熬的汤，十分利于人体补充钙质。剁棒骨时可竖着拿住棒骨的一边圆头，再用菜刀背往棒骨的中间稍微用力一敲，待听到断裂声，再用手一掰就可以了。这种方法既不会损坏工具，也省力。

83. 剁肉加葱和酱油不粘刀

剁肉馅时刀上爱粘肉，剁得费劲。所以可先将肉切成小块，再连同大葱一起剁，或是边剁边倒些酱油在肉上。这样，肉中增添了水分，剁肉就不会再粘刀了，也就省劲了。

84. 热水浸刀剁肉不粘刀

剁肉前，先将菜刀浸泡在热水里3～5分钟，然后取出，用其剁肉，肉末就不会粘刀。

85. 拔家禽毛

对于比较细软的家禽毛，很难除净，特别是鸭毛。宰杀家禽前，先给它灌些酒或醋，加快其血液循环，使其毛孔扩张，然后再宰杀烫毛，这样就能将毛快速除净。

86. 鸡鸭快速褪毛法

在沸水中加一匙醋，放入杀好的鸡、鸭，水要漫过鸡、鸭，并要不断翻动。几分钟后取出褪毛，毛就极易褪掉。杀鸭后，要马上用冷水浸湿鸭毛，然后再用加了小匙盐的热水烫，才能将绒毛褪干净。

87. 烫鸡防脱皮

加入一匙盐在沸水中，先烫鸡的翅膀和脚爪，然后烫身体，这样能防止拔毛时脱皮。

88. 切松花蛋不粘刀法一

用刀切松花蛋时，蛋黄一般会粘在刀上，可将刀放入热水中烫一下再切，或者采用丝线将松花蛋割开，这样切既整齐又不粘蛋黄。

89. 切松花蛋不粘刀法二

可以在切蛋之前（剥皮）将其放在锅内蒸两分钟，这样再切时就不粘刀。

（二）　去味烹调

1. 加鸡蛋去辣椒辣味

如果辣椒太辣，可将其切成丝，

打入 1 个鲜蛋，然后用锅炒，可使辣味减轻。

2. 加食醋去辣椒辣味

若菜太辣，可放入少量食醋，便可以减轻辣味。

3. 去野菜涩味的方法

一般蔬菜的涩味可用盐搓或浸泡的方法除去。但野菜的纤维既粗又硬，所以有很重的涩味，得用热水浸泡才能除去涩味，也可加入少量碳酸钾浸泡。

4. 去冻土豆异味

冻土豆食用时有股异味。若用冷水将冻土豆浸泡 1 ~ 2 小时，然后将其放入沸水中，倒入 1 勺食醋，待土豆冷却后再烹饪，可除异味。

5. 用食盐去萝卜涩味

烹制萝卜前，撒适量的盐在切好的萝卜上，腌渍片刻，滤除萝卜汁，便可减少其苦涩味。

6. 用小苏打去萝卜涩味

在切碎的萝卜上撒些小苏打（萝卜与小苏打比例为 300：1），这样烹制的萝卜，便无涩味。

7. 用浸泡法去干猴头菇苦味

用开水将干猴头菇浸泡约 10 分钟，然后用温水清洗 3 次，每次要把猴头菇中的水分挤干，即可将苦味去除。

8. 用水煮法除干猴头菇苦味

将水煮沸后，放入干猴头菇，再继续煮约 10 分钟后取出，然后用温水将其清洗几遍，便可去除干猴头菇的苦味。

9. 去水果涩味

青色的水果往往有涩味，如青枣、青西红柿、青李子和不成熟的桃子等，可把青果子放在罐或缸内，喷上少许白酒，盖严实，大约 2 ~ 3 天后，果子会由青变红，涩味消失，更加甘甜。

10. 用温水去柿子涩味

将新鲜的柿子放在保温的容器里，加入 40℃ ~ 50℃的温水，淹没柿子便可，翻转柿子，使其表面均匀受热，盖好盖子。一天换 1 ~ 2 次水，一天后即可去涩。

11. 用白酒去柿子涩味

在柿子的表面喷上白酒（也可用酒精），然后放入比较密封的容器中，封口。大约 3 ~ 5 天后便能去涩。

12. 用石灰去柿子涩味

将新鲜的柿子浸泡在浓度为 3% 的石灰水里，密封，大约 3 ~ 5 天便可去涩。

13. 用鲜葱去米饭煳味

趁热取半截鲜葱插入烧煳的饭里，把锅盖一会儿，能除饭的煳味。

14. 用冷水去米饭煳味

把一只盛有冷水的碗压在饭里，盖上锅盖，用文火煨 1 ~ 2 分钟再揭锅，可除煳味。也可把饭锅放在冷水中，或放在用冷水泼湿的地面上，大约 3 分钟后，可消除煳味。

15. 去除馒头碱味

若在揭锅时，发现馒头中放多了碱，只需倒入二三两醋在蒸馒头的水里，再把馒头蒸大约 10 ~ 15 分钟，就能使馒头变白，无碱味。

16. 去除馒头焦煳味

找张干净的纸，包一块木炭，放在蒸馒头的蒸锅里面，把锅盖上，一会儿以后，就能大大减弱焦煳味。

17. 去除切面的碱味

在下切面时，加适量食醋，这样既能除碱味，还能使切面变白。

18. 去除干奶酪异味

风干后的奶酪会变味，把风干的奶酪切块（1~2厘米厚），用米酒浸泡一段时间，然后取出蒸一下（注意与水隔开），能使奶酪柔软无异味。

19. 除豆汁豆腥味

用约80℃的热水将浸泡好的黄豆烫一下（陈黄豆烫的时间稍长，5~6分钟，新黄豆烫1~2分钟），再用冷水磨豆子，这样可除豆汁的豆腥味。

20. 去豆浆的豆腥味

将黄豆或黑豆浸泡后洗净，再用火煮，开锅3~4分钟后将其捞出，放到凉水中过一遍，然后加工成豆浆，用此法制成的豆浆既无豆腥味，又可增强豆香味。

21. 用馒头去菜籽油异味

先将菜籽油烧热，然后放入几片馒头片用油炸，也可放入温面片或其他食品。待炸过的菜籽油冷却后，将其装坛储存，日常用于炒菜，不仅无异味，而且还有油炸的香味。

22. 用调料去菜籽油异味

将菜籽油烧热，改用中火，放入拍碎的生姜片、蒜瓣各50克，桂皮、陈皮、葱等各25克，以及少许茴香、丁香，待炸出香味后，再倒入料酒和白醋各25克，2~3分钟后捞出作料，将油封坛储存即可。这样加工的菜籽油不但无异味，而且宜贮存，不易变质。

23. 去除花生油异味

把油烧开，放入葱花，把葱花炸至呈微黄色时，离火晾凉，便可去除异味。

24. 鸡蛋去咸

打入一个鸡蛋可使菜变淡。

25. 食醋去咸

如果菜不慎做咸，加适量醋可以作为补救。

26. 用西红柿去汤咸味法

放几片西红柿在汤里，可明显减轻咸味。

27. 用土豆去汤咸味

放1个土豆在汤里，煮5分钟，能使汤变淡。

28. 用豆腐去汤咸味

加几块豆腐在汤里，能使汤变淡。

29. 米酒浸淡咸鱼法

若咸鱼太咸，可把鱼用清水洗净后，放入米酒里浸泡约3小时，即能减轻咸味。

30. 去酱菜咸味

若酱菜太咸，可加入适量的糖，放在罐子里密封几天，这样可去咸味添甜味。

31. 米酒去除酸味

在做汤的时候，若太酸，可放些米酒，即能减轻其酸味。

32. 去咖啡异味

不加咖啡伴侣或牛奶的咖啡有一种奇特的味道，喝惯了茶的中国人一般难以接受这种味道。但若加入咖啡伴侣或牛奶，会失去咖啡的清淡爽口。若加一小片柠檬皮在咖啡里，可淡化这种味道。

33. 去芥末辣味

在容器中用水把芥末和成糊状后，

用锅蒸一会儿，或用火炉烤一会儿，便可使辣味减轻。

34．用白酒去鱼腥味

洗净鱼后，在鱼身上涂抹一层白酒，约1分钟后用水冲去，便能去腥。

35．用温茶水去鱼腥味

按2～3斤鱼用一杯浓茶兑水的比例，把鱼浸泡约10分钟后取出。由于茶叶中的鞣酸有收敛之效，故可减缓腥味扩散。

36．用红葡萄酒去鱼腥味

鱼剖肚后，洒上些红葡萄酒，酒香可除腥。

37．用生姜去鱼腥味

将鱼烧上一会儿，待鱼的蛋白质凝固后，撒上生姜，可提高去腥的效果。

38．用白糖去鱼腥味

烧鱼时，加些糖，可除鱼腥。

39．用调料去海鱼腥味

生姜、大蒜等作料也可除鱼腥，还要注意，在炖鱼时，其腥臭味会变为蒸汽蒸发，因此不要盖锅盖。

40．用盐水去河鱼土腥味

河鱼有很重的土腥味，将半斤盐和半斤水调兑成浓盐水，放入活鱼，盐水会通过鱼鳃渗入血液，约1小时后便可除土腥味。若是死鱼，则需延长浸泡时间，要在盐水中浸泡大约2小时（也可用细盐搓擦），便可除土腥味。

41．用食醋去河鱼土腥味

把鱼剖开洗干净，放在冷水中，滴入些许食醋，也可放适量胡椒粉或月桂叶，这样泡过后的鱼再烧制时，就没土腥味了。

42．除泥鳅泥味

将泥鳅清洗干净后，把它们放入放盐的水中或用盐轻搓它们，泥味即可除。

43．除鲤鱼的泥味

鲤鱼有泥腥味，如果不除净，烧出的鱼就会有一股怪味。在清水中放盐或用盐轻擦，即可将其泥味去除。

44．用牛奶去鲜鱼腥味

鲜鱼剖开洗净后，再放入牛奶中泡一会儿，既可除腥味，又可增加鲜味。吃过鱼后，如果嘴巴里有味，可嚼上三五片茶叶，使口气清新。

45．除黄花鱼腥味

黄花鱼的肉质丰厚，味道鲜美。但须正确洗涤才有它特有的美味。洗黄花鱼时，应撕掉鱼头顶的皮，这层皮很腥，除去后能大大减少鱼腥味。只有顺着鱼的纹理撕去头顶皮，才能撕得整齐、干净。

46．除淡水鱼的土腥味

淡水鱼有很重的土腥味，要设法除去后再烹饪。淡水鱼剖肚洗净后，置于含有少量的醋和胡椒粉的冷水中泡约30分钟。烧鱼时再加点醋和米酒当作料，就可除去土腥味。

47．去除鱼胆苦味的窍门

剖鱼时，若不慎弄破鱼胆，被鱼胆污染的鱼肉会很苦。而酒、小苏打或发酵粉能溶解胆汁，可将其抹在被污染的部位，然后清水冲洗，就能去苦味。

48．用淡盐水去咸鱼味

用约2%的淡盐水浸泡咸鱼，由于两者之间存在浓度差，咸鱼中高浓度盐分会渗透到淡盐水中。将咸鱼浸泡2～3小时，再取出用清水洗净。这样即可将咸鱼咸味去除。

49. 用白酒去咸鱼味

先将咸鱼用清水冲洗两遍，然后倒入白酒浸泡2～3小时，可除咸鱼的多余盐分。

50. 用米酒去咸鱼味

洗净咸鱼，倒入适量米酒浸泡2～3小时，可除去多余盐分，且烹制后的鱼清香醇正。

51. 用醋去咸鱼味

在盆中放些温水，放入咸鱼（水没过咸鱼即可），再加入2～3匙醋，浸泡3～4小时，即可将其咸味去除。

52. 去除鱼污染味的方法

鱼被农药污染后会有火油味。宰杀前，把活鱼放在碱水（一脸盆清水中，加两粒约蚕豆大的纯碱）中养大约1小时，可除鱼的火油味。若是死鱼，用碱水浸泡片刻，也可减小火油味。

53. 去除虾腥味的方法

柠檬去腥法：在烹制前，将虾在柠檬汁中浸泡一会儿，或在烹制过程中加入一些柠檬汁，既可除腥，又能使味道更鲜美。

肉桂去腥法：烹制前，将虾与一根肉桂同时用开水烫煮，既可除腥，又能保持虾的鲜味。

54. 去除肉生味

堆放时间太长的肉，会有生味，先用淡盐水浸泡几个钟头，再用温水多洗几次。烹调时，多加作料，如葱、姜、料酒、蒜等，生味就没了。

55. 柠檬汁去除肉血腥味法

滴几滴柠檬汁在肉上，也可去除肉腥味，还能加速入味。

56. 用蒜片去除肉血腥味

炒肉时，放入蒜片或拍碎的蒜瓣当作料，可去肉腥。

57. 用洋葱汁去除肉腥味

将肉切成薄片，放入洋葱汁中浸泡，待肉入味后再烹调，就没有腥味了。对于肉末，可在其中搅入少许洋葱汁。

58. 去除肉的血污味

存放不当的肉会有血污味。用稀明矾水浸泡后反复洗涤，然后放入锅内煮（盖锅时一定要留条小缝透气），待煮沸后除去漂浮在水面的浮沫和血污，再取出用清水洗净即可。烹调时适量以葱、姜、酒等当作料，就可除去血污味。

59. 啤酒浸泡去除冻肉异味

将冻肉放入啤酒中浸泡约10分钟后取出，以清水洗净再烹制，可除异味，增香味。

60. 姜汁去除冻肉异味

用姜汁浸泡冻肉可除异味。

61. 用面粉去除猪心异味

在猪心表面撒上玉米面或面粉，稍待片刻，用手揉擦几次，一边撒面粉一边揉搓，再用清水洗净，这种方法也能除猪心异味。

62. 用牛奶去除猪肝异味

净肝血，剥去表面薄皮，放在牛奶里浸泡三五分钟，就能去除猪肝的异味。

63. 用刀割法去猪腰腥味

将新鲜的猪腰洗净，撕去表面的薄膜和腰油，然后将其切成两个半片。将半片的内层向上放在菜板上，拍打其四周，使猪腰内层中的白色部位向上突出，再用刀从右往左平割，即可除去异味。

64. 加调料去除猪腰腥味

将切好的腰花盛在盆中，放入少许用刀拍好的葱白和姜，再滴入些许黄酒，浸没腰花，过 20 分钟以后，用干净的纱布挤出黄酒，挑出葱白和姜，即可将腥味去除。

65. 用白酒去除猪肺腥味

取 50 克白酒，慢慢倒入肺管，然后拍打两肺，使酒渗入各个支气管，约半个小时后，灌入清水拍洗，即可除腥。

66. 用胡椒去除猪肚异味

将十余粒胡椒包在小布袋中，和猪肚一起煮，便能除异味。

67. 用明矾去除猪肠臭味

取 1 匙明矾研磨成粉，撒在大肠上，拿布用力擦，然后揉搓翻动几次，最后放入清水中洗净，就能除臭。

68. 用灌洗法去除猪肠臭味

先用盐醋混合溶液洗去肠子表面的黏液，然后放入水中，用小绳扎紧肠口较小的一端并将其塞入肠内，再往里灌水，翻出肠的内壁，清除脏物。洗净后，撒上白矾粉搓擦几遍，最后用水冲洗干净，便可除臭。

69. 用泡菜水给猪肠除臭

将猪肠放入泡菜水揉搓片刻，也能够帮助除去腥臭，使其味更美。

70. 用牛奶去除牛肝异味

先将牛肝用湿布擦净，再切成薄片，泡在适量的牛奶中，即可除异味。

71. 水煮狗肉去膻法

将整块的狗肉放入冷水中，煮沸，将水倒掉，再将狗肉按需要切成块状或片状，这样加工后再烧炒，狗肉就不膻了。

72. 煸炒狗肉去膻法

起油锅后，煸炒狗肉块，使狗肉中的水分不断渗出，将渗出的水分除去，待锅被烧干肉变得紧致，即可取出再做其他烹调。

73. 用调料去狗肉膻味

烹烧狗肉时，放入药材，如陈皮、砂仁等，或香料，如葱、姜、蒜、酒、五香粉等。也可加入萝卜段，待其熟后扔掉萝卜，继续烹烧。

74. 用米醋去除羊肉膻味

先把 500 克羊肉洗净，锅中加入水 500 克以及米醋 25 克，把羊肉切成块之后放入锅内。待煮沸后，把羊肉捞出再进行烹调，这样就能够去除膻味。这种做法更适宜用于制作冷盘。

75. 用胡椒去除羊肉膻味

用温水洗净羊肉，切成大块，与适量胡椒同煮，沸后捞出即可去除膻味。

76. 用鲜笋去除羊肉膻味

每一斤羊肉加半斤鲜笋，同时放入锅中加水炖，这样羊肉就不膻了。

77. 用大蒜去除羊肉膻味

将 500 克羊肉、25 克蒜头（或 100 克青蒜也可）放入锅里加水炖，便可去除羊肉的膻味。

78. 用茶叶去除羊肉膻味

泡一杯浓茶，待羊肉的水分炒干，把浓茶洒在羊肉上，连续洒三五次，羊肉就不膻了。

79. 用白酒去除羊肉膻味

红烧羊肉开锅后，加入白酒（500

克羊肉，9～12毫升白酒），不仅可除膻，还能使肉的味道鲜美。

80. 用绿豆去除羊肉膻味

先把羊肉浸泡在水中一段时间，漂尽血水。煮羊肉的时候再放一些绿豆和红枣同煮，此法也可去除膻味。

81. 用萝卜去除羊肉膻味

烧羊肉之前准备一些全身扎上细孔的白萝卜，然后把它们和羊肉一起下汤。待煮半小时之后取出萝卜。这样，在红烧或白烧时，羊肉就不会再有膻味了。

82. 用核桃去除羊肉膻味

取几个核桃，用水将其清洗干净，在核桃上扎上几个小眼，与羊肉同煮。这样炖的羊肉就不再膻了。

83. 用咖喱去除羊肉膻味

在烧羊肉的时候，按照500克羊肉配半包咖喱粉（约为50克）的比例加入咖喱粉，即可烧出不带膻味而且美味的咖喱羊肉。

84. 用鲜鱼去除羊肉膻味

将鲜鱼与羊肉（每500克羊肉配100克鱼）一同炖，这样可使肉和汤都极其鲜美。

85. 用山楂去除羊肉膻味

将几个山楂（或几片橘皮、几个红枣）与羊肉同烧，既能除膻，又能让肉熟得快。

86. 用胡萝卜去除羊肉膻味

将胡萝卜用清水洗干净后，切成块与羊肉同烧，再加上姜、葱、酒等作料，便能去膻。

87. 用药料去除羊肉膻味

将丁香、草果、砂仁、紫苏等药料碾碎，包在纱布里与羊肉同烧，可去膻，且羊肉别有风味。

88. 羊肉馅去膻法

准备30～40粒花椒（在馅多时数量稍增），放入热水中浸泡，水凉后，将水倒到羊肉馅里（去掉花椒），和其他的调料一起搅拌，直到馅的稠度合适，这样包出来的包子或饺子味美可口且无膻味。

89. 用核桃去除咸腊肉异味

煮咸腊肉时，放十几个钻了小孔的核桃一同烧，咸腊肉的异味可被核桃吸收掉。

90. 用醋去咸肉异味

若咸肉内并无异味，仅外面有异味，则可在水中加少量的醋将其清洗一下。

91. 用核桃去咸肉辛辣味

在煮咸肉的锅中，放几个钻了孔的核桃一起煮沸，就能消除咸肉的辛辣味。

92. 用白萝卜去咸肉异味

存放太久的咸肉会有异味，在煮咸肉的锅中放一个戳有很多孔的白萝卜，就能将咸肉的辛辣味、臭味和哈喇味消除。

93. 用酱油去除鸡肉腥味

将洗净的鸡肉放在酱油里浸泡，并要加些许白酒，或者加些生姜或蒜，大约10分钟后取出，就不腥了。

94. 水炖去除鸡肉腥味

把切好的鸡块放在锅中，加入冷水烧沸，过一会儿后捞出鸡块，倒去锅中的水，另换新水炖鸡块，并加入所需作料。这样加工，鸡肉醇香且无腥味。

95. 姜醋汁去松花蛋异味

有些松花蛋有股辣味或涩味，可将生姜末与食醋调成姜醋汁，把松花蛋切好后，将姜醋汁倒于其上，可除其辣味和涩味。若再放上辣椒油、味精、葱花、酱油等作料，可使松花蛋更可口。

96. 用茶盐水去松花蛋苦味

用清水将松花蛋洗净，放进茶盐水里浸泡 10 ～ 30 天。盐与茶水的比例为：茶叶 25 克兑食盐 300 克。茶叶加水 500 毫升，熬浓后晾一会儿，滤去茶叶，倒进泡菜坛里。在盐中加入 3000 克水，待搅拌溶化后跟茶水混合，然后浸入松花蛋，以完全淹没蛋为宜。这样泡制过的松花蛋，不仅可去掉苦涩味，而且色鲜，味道更美。

（三）烹调小技

1. 炒每道菜前应刷锅

不刷锅就炒菜对健康危害很大。因为锅里残留的汁经加热就变焦了，转化成一种很强的致癌物质，变焦蛋白质的致癌作用远高于黄曲霉菌。所以，炒菜前务必先刷锅。

2. 小火煎荷包蛋

用小火热油，使其保持完整的形态，外香内熟。

3. 旺火炒菜

用旺火热油，且油量要多，这样可使成菜香软可口。

4. 中小火蒸蛋羹

将蛋加进适量的水搅匀，在水烧开后连同碗一起放入，采用中小火蒸，15 分钟左右即成。

5. 炒绿叶蔬菜用旺火

旺火、热油，下锅后迅速翻炒，断生后即可出锅。

6. 炒豆芽用旺火

用旺火热油，不断地翻炒，且边炒边加入些水，可保持豆芽脆嫩。

7. 炒土豆丝用旺火

将土豆丝先放在水中洗几次，用旺火热油，不断翻炒，直至土豆丝变成黄色，再加调料，炒几下即成。

8. 识别油温的技巧

（1）温油锅，也就是三四成热，一般油面比较平静，没有青烟和响声，原料下锅后周围产生少量气泡。

（2）热油锅，也就是五六成热，一般油从四周向中间翻动，还有青烟，原料下锅后周围产生大量气泡，没有爆炸声。

（3）旺油锅，也就是七八成热，一般油面比较平静，搅动时会发出响声，并且有大量青烟，原料下锅时候会产生大量气泡，还有轻微爆炸声。

9. 爆锅怎样用油

做菜时若需要爆锅，应该采用凉油，凉油不是没烧开的油，而是指烧开晾凉后的油，没烧开的油含有对人体有害的苯，味道也不好。为什么不用刚烧开的油呢？因为油刚烧开时就爆锅，虽然闻起来香，但做出来的菜却不香。

10. 蒸肉何时放油

蒸肉类时，应注意用油的先后。比如蒸排骨应先将粉和调味料将排骨拌匀之后再放生油，这样才可使调味料渗入，如果先放油再放调味料的话，蒸出后的排骨就缺乏香味。

11. 花生油除鱼肉腥

鱼与肉类食物应用花生油，因为花生油的香味可除掉鱼和肉类的腥臊味。

12. 用芝麻油调味

凉拌菜、卤菜、汤菜宜用芝麻油。

13. 用植物油防面条粘在一起

在煮面条的水里加入一汤匙的植物油，则面条不会粘在一起。

14. 用植物油防肉馅变质

若肉馅一时用不尽，可将其放在碗里，将表面抹平，再浇一层熟食油，即可隔绝空气，这样存放就不易变质。

15. 用植物油腌肉

在猪腿肉上面切开几条纹，放到冷却的盐水里浸1天，然后取出晾一会，然后拿棉花蘸上菜油，在肉的表面涂抹一遍，放到太阳下面晒，即腌成肉。腌鱼时，只要除去鱼的肠、鳃及鳞，可不用洗，做法同上。

16. 用植物油避免溢锅

做汤时，汤易溢出锅外，若在锅口将食用植物油刷个6厘米宽的圈，汤就不会再溢出锅外，煮稀饭时也可仿此处理，同样可避免溢锅。

17. 用盐防溅油

先在热油里放少许盐，煎炒食物的时候油就不会外溅。

18. 用葱消油沫

若用植物油来起油锅，会涌出大量的油沫，可在油里放几段葱叶，稍等片刻，油沫便自会消除。

19. 炸花生米所需油温

以100℃左右适宜，油面由四周朝中间翻动，无油烟，三至四成熟。

20. 炒菜省油小技巧

炒菜时，可先拿少量油来炒，等将熟时，放入一些熟油，翻炒后即可出锅，可令菜汤减少，油能够渗进菜里，虽用油不多，不过油味浓、菜味香。

21. 煎炸食物防油溅

未放入食物之前，投入一些食盐于油中，待食盐溶化后再把食物放入，煎炸时油就不易溅到锅外，同时也可节约油。若油外溅时，马上往油锅中投入花椒4～5粒。油沫上泛时，可用手指蘸点冷水，轻轻弹进去，经一阵起爆后，泛起的油沫立即消失。

22. 用油炸食物蘸面包粉

可把油炸食物、面包粉和其他想要添加的干性材料一起放入塑料袋内，封紧袋口，上下摇动，使面包粉和干性材料充分地粘在食物上面，此法不仅蘸得均匀，而且手或盘子也不易弄脏。

23. 炸制麻花如何省油

在油锅内倒入300克水，待水沸之后再倒油，油开就可放麻花进行炸制。此法可炸约5千克面制的麻花，炸好的麻花不仅好看好吃，且省油。

24. 怎样炸辣椒油

将干红辣椒切成段，放入碗里，再往炒菜锅内倒进适量的食用油，放在火上烧热，然后把辣椒籽放进锅内炸，炸热后将火关掉，将热油倒进辣椒碗内，同时用勺均匀搅拌即可。关键是要掌握好火候和时间。

25. 加热前后调味

在加热前的调味称基本调味，有些原料则需用酱油、盐水等腌渍浸泡，有的则需除去腥膻的气味。在加热时调味称定型调味，它决定菜肴的风味，这也是操作时的重点。在加热后调味称补充调味，可弥补基本、定型两次调味的不足，比如，炸、涮、蒸烹制菜肴，当加热时不可以调味，所以可以借助此法增香增味。

26. 把握烹调加盐时机

（1）即熟时：在烹制回锅肉、爆肉片、炒白菜、炒芹菜、炒蒜薹时，应在热锅、旺火、油温高的时候将菜下锅，且应以菜下锅即有"噼啪"响声为好，当全部煸炒透时才放适量的盐，这样炒出的菜肴就能够嫩而不老，且养分的损失也较少。

（2）烹调前：在蒸制块肉的时候，因为肉块较厚，而且蒸制的过程中不可再添加进调味品，因此在蒸前须将盐及其他调味品一次性放足。若是烹制香酥鸡鸭、肉丸或鱼丸时，也应该先放盐或是用盐水腌渍。

（3）食用前：在制作凉拌菜，如凉拌黄瓜或是凉拌莴苣时，应在食用之前片刻放盐，且应略加腌渍，然后沥干水分，再放入调味品，这样吃起来才会更觉得脆爽可口。

（4）刚烹时：在烧制鱼与肉时，当肉经过煸，或是鱼经过煎之后，应立即放入盐和调味品，用旺火烧开，然后换用小火煨炖。

（5）烹烂后：在烹制肉汤、鸭汤、鸡汤、骨头汤等荤汤时，应该在其熟烂之后再放盐调味，这样就可以使肉中的蛋白质以及脂肪能较充分地溶解在汤中，从而使汤更为鲜美。炖豆腐的时候，也应该在熟后放盐，原理与荤汤相同。

27. 烹调用碘盐

（1）作用：发生碘缺乏症，主要是因为摄入的碘不足。若把碘加进食盐里，则可以通过食用食盐进行补碘，这也是迄今为止最有效且最实用的预防碘缺乏症的方法。

（2）特点：因为碘具有十分活泼的化学特性，易于挥发，怕高温、风吹及日晒等，因此，如果碘盐加工或存放的方法不当，也会丢失掉盐当中的碘。

（3）清洁：对于食用碘盐来说，要随吃随买，把它装进加盖的坛子或罐子内放好。若是购买的大粒碘盐有些不干净，应该细心挑拣，但不能用水洗或是用锅熬，不然的话，碘会大部分甚至全部升华掉。

（4）食用：炒菜熬汤时应先下菜，再放盐，万万不可用碘盐来爆锅，否则碘质会遇热升华。

28. 牛奶解酱油法

在炒菜的时候，若酱油放多了使色味过重时，可加入少许牛奶，即可解除。

29. 烹调用醋催熟

在对一些较为坚硬的肉类或禽类野味进行烹调时，可加进适量的食醋，这样不仅可以使肉较易烂软，而且有利于消化。

30. 烹调用醋杀菌

醋有十分强劲的杀菌作用，可以用来杀死肠道内的大肠杆菌、葡萄球菌、嗜盐菌、痢疾杆菌及其他的肠道致病菌。在制作家庭凉拌菜的时候，可加些醋。这样既能够增加风味，促进人的食欲，也能够起到预防肠道传染病的作用。

31. 烹调用醋保营养

醋还可以保护维生素，避免其遭受损失。比如，含有 B 族维生素及维生素C的蔬菜，在加热时维生素易被破坏掉，若适当加入一点食醋，则可以让这些维生素保持稳定，损失也极少。

此外，醋对蔬菜中含有的色素也有一定程度的保护作用，它可以让蔬菜保持本来的颜色。比如，把去皮后的土豆浸在放有食醋的水中，它就不会变黑。

32. 烹调用醋保健

醋有促进人体内的脂肪变为体能的作用，而且可以促进蛋白质和糖的代谢，所以醋还具有预防肥胖以及降低血压的作用。

33. 加烧酒使醋变香

可以在一杯醋里面添加一点烧酒，然后掺入少许食盐，进行均匀地搅拌。这样处理过的醋不但保持了原来的醋味，也会变得十分香，且更易于保存，即使长时间不用也不会产生白膜。

34. 用料酒去腥解腻

肉和鱼、虾都具有腥膻味。而之所以有腥膻味是因为它们含有一种胺类物质。胺类物质可以溶于料酒内的酒精。烹饪时加入料酒，这种胺类物质会在加热的时候随着酒精一起挥发，从而能达到去腥目的。

35. 用料酒增香

在烹调时，料酒中的氨基酸可与食盐相结合，从而生成了氨基酸钠盐，使鱼或肉的味道更加鲜美。此外，它还可以与糖相结合，形成诱人的香气。

36. 烹调用白酒不如料酒

白酒中的乙醇含量比料酒高，一般在75%左右。如果是用白酒来烹调菜肴，则菜肴的味道不够好，而且还会破坏掉菜肴的原味，不如料酒烹制的效果好。因此，在烹调时宜用料酒代替白酒。

37. 用江米甜酒烹调

用江米做成的甜酒来代替料酒，用于牛肉、猪肉、羊肉、鱼和鸡的烹制，味道非常鲜美，比料酒还好。

38. 调料蔬菜的香气妙用

可食用的调料蔬菜中都含有挥发性的油。姜的气味来源于姜烯、姜醇等。大蒜鳞茎，即蒜头，其中的蒜氨酸没有什么挥发性，所以无气味，也无臭味。只是当捣碎时，在蒜酶作用下蒜氨酸才会分解，成为有气味的蒜辣素。通常喜食者认为香，而厌食者则认为臭。葱及洋葱的气味来源于环蒜氨酸，其具有强烈的催泪功能。小茴香含挥发性油，烹调时会发出袭人之香气。具有浓烈刺鼻气味的芥末则来源于芥子甙。不同气味对人体感官作用的部位也不尽相同，要根据"葱辣眼，蒜辣心，芥末单辣鼻梁筋"等不同调料香气之特点，让其发挥最大功效。

39. 用过冬老蒜

过冬后的老蒜常会干瘪，为使不浪费，可剥出蒜瓣，挑出尚软且未腐烂的洗净，再切成薄片（要跟芽的方向垂直）。在蒜罐子里放少量食盐，再加蒜片捣成蒜泥，装好封严后放入冰箱冷冻室内储存，在食用时取一小块放进菜中即可。这样处理过的蒜能保存一段较长的时间。

40. 怎样发芥末面

把要发的芥末面放在碗中，慢慢地加入凉开水或者自来水，边搅拌边加水（但水不要加多了），待芥末成糊状后就可放在阴凉处，1分钟即可发好。这样既简单，效果又好。

41. 如何炒好糖色

酱油是不可以用来代替炒糖色的，

尤其是在烹调红烧肉和红烧鱼等菜肴的时候显得更加重要。炒糖色时，应等到油热之后再加进糖（红糖最好），放到锅里炒，再加进少量水。加水的时候应该注意：必须是加温水而不是冷水。这样做可以防爆，炒出来的糖色也好。

42. 应付油锅起火

如果炒菜时油锅起火了，应迅速盖上锅盖，隔绝空气，火就会自行熄灭；或者立即放几片青菜叶到锅里，也能灭火。

43. 怎样除煳味

把炸过东西的油过滤，然后滴几滴柠檬汁，就可以除去油的煳味。如果食物烧煳了，可以把它倒在干净的锅里，锅上盖一块餐巾，再撒些盐在上面，然后把锅放在火上加热一会儿，也能除掉煳味。

44. 用微波炉烤月饼

月饼久放后会变硬，可以先把月饼放入瓷盘内，喷上些水，再拿微波炉专用保鲜膜蒙好，然后放进微波炉内，中火烘烤2分钟，出炉后的月饼即使是低档的也很好吃，又香又软。

45. 用微波炉烧茄子

将约250克茄子去皮后切成厚度不超过1厘米的菱形平铺在磁盘上。用微波炉的最高挡加热10分钟，中间开门1次，等茄片软化后取出待用。在炒锅内加油将肉片炒熟，加少许蒜片、青椒丝，炒几下后再加西红柿片、茄子片，再炒一下后加糖、盐、酱油即可食用。

46. 用微波炉做豆腐脑

豆浆2袋(250毫升／袋)加入1份凝固剂1.0克，放入微波炉的专用容器中均匀搅拌，再放入微波炉中，高温加热5分钟即可。如用4袋豆浆，则加入2.0克的凝固剂，加热8分钟即可。

47. 用微波炉"炸"虾片

先将数片龙虾片放置在微波炉的专用容器内，放入微波炉中用中火加热20～30秒钟（时间不能过长，可透过微波炉的玻璃门观察），等到龙虾片膨胀到适当大小时取出即可。

48. 用微波炉"炒"瓜子

将约500克生葵花籽放进微波专用容器里（不加盖），把容器放入微波炉里。用功率750瓦的微波炉的话，高火，定时3分钟，到时间后取出微波容器，搅拌葵花籽，再把容器放进微波炉里，高火，又定时3分钟。到时间即可。若用的微波炉是较大功率的，可减少时间。这种用微波炉"炒"瓜子的方法，省时、省事、省钱，干净，火候也很容易掌握。

49. 用微波炉制果蔬汁

西红柿、西瓜、橘子等果蔬可拿微波炉来制汁。先将其切成小块（破开橘子瓣），放到容器里加热，待烂熟后用勺子挤出汁，适合婴儿食用。

50. 用电烤箱炸花生米

先将花生米放入盐水中泡再取出晾干，然后均匀地放入电烤箱并铺满一层，不要太厚。将食用油淋在花生米上拌匀，并放入2粒花椒到烤箱内。待花生米出现少许精盐后，加水5克搅拌均匀直到听到轻微声音后，切断电源。再用上锅蒸10分钟，用余热再烤5～10分钟即成松软鲜嫩的花生米。

51. 如何使江米越泡越黏

江米中的黏性是存贮于细胞中的，如果用水淘过就马上包，即使是上等江米都不会很黏。应用清水浸泡江米，一天换 2～3 次水，在浸泡几天后再用来包粽子，因为细胞吸水令细胞壁胀破，可释放出黏性成分，让粽子异常黏软。而只要每日能坚持换水，江米就不会变质。但是水量要足，不然江米吸足水以后暴露在空气之中，米粒就会粉化。

52. 使铝锅焖饭不煳

铝锅焖饭时易煳锅，可先用新铝锅煮一次面条，那么再用铝锅焖饭时就不容易煳了。

53. 煮烂饭法

出生 6 个月后的婴儿就可吃些烂饭了，但一般都需单独煮。若在做米饭时，等开锅后把火关小，再用小勺在锅中的米饭中部按一个小炕，让锅周围的水可自然地流向中间，这样等米饭熟的时候，中间部分的饭就烂糊了，不用再单做。

54. 如何使紫米易煮烂

紫米虽营养丰富，可是很硬，熬粥的话需数小时。可将米淘净，用高压锅煮，25 分钟即可煮熟。

55. 煮粥加油防溢法

在煮粥的时候，加点食用油在锅里（最好用麻油），这样，即使火非常旺，粥也不会再溢出，而且会更加香甜。

56. 甜粥加醋增香法

在煮甜粥快熟的时候，加入少量食醋，粥既能增加香甜，又无酸味。

57. 橘子煮粥增香法

在粥将煮熟的时候，加入几瓣已晒干的橘皮或橘子片，粥的味就会非常清香可口。

58. 热水瓶煮粥

将米淘好放进热水瓶里后再往里倒沸水，米要少于热水瓶容量的 1/4，水要离软木塞 12 厘米，再将木塞盖紧直至 4～5 小时后粥就能煮好了。

59. 用剩饭煮粥

用剩饭煮粥常常黏糊糊的，可先将剩饭拿水冲洗一下，煮出的粥就如新米一样不会发黏了。

60. 使老玉米嫩吃

煮老玉米时，在锅里加进 1～2 匙盐（要以吃不出咸味为宜），很快就可以煮好，而且吃起来比较嫩。

61. 用蜂蜜发面

每 500 克面粉要加 250 毫升水，把 1.5 汤勺的蜂蜜倒进和面水里，夏天用冷水，别的季节用温水。但面团需揉均匀，宜软不宜硬，待发酵 4～6 小时就可使用。这样蒸出的馒头不仅松软清香，而且入口味甜。

62. 蒸馒头防粘屉布法

馒头完全蒸熟后，揭开上盖，再蒸上 4 分钟左右，倒出干结的馒头，翻扣在案板上，约 1 分钟后再把第二个屉卸下来，依次取完，即不会再粘屉布了。

63. 用菜叶代屉布

蒸包子和烧麦时，可将圆白菜叶或大白菜叶代替屉布，这样既不会粘，也可免去洗屉布的麻烦，还可在菜叶上根据自己的口味放各种调料，做成一道小菜。

64. 使馏馒头不粘水

蒸馒头时常将屉布放到馒头下边，

若要馏馒头，就应将布放在馒头上边，而且要盖严，即可解决平常不拿布馏馒头的时候，馒头被蒸馏水搞得很湿而十分难吃的问题。若用铝屉，则最好将有凹槽的一面向下。

65. 勿在开锅后蒸馒头

蒸馒头不要等锅内的水烧开后，才将生馒头放进锅蒸。因为馒头急剧受热，里外不均，很容易使得馒头夹生，而且费火费时。若将生馒头放入刚加进水的锅里蒸，因为温度逐渐升高，馒头可受热均匀，就算有时候面发酵不好，也可在温度的渐渐上升中得到些弥补，这样蒸出的馒头又大又甜。

66. 用压力锅蒸馒头

因为压力锅内的压力大，温度高，馒头就容易蒸得透，而且淀粉转化的麦芽糖就越多，所以吃的时候越嚼越甜。压力大，淀粉分子链的拉力增强，吃起来就有嚼劲，有弹性。

67. 猪油增白馒头法

揉一小块猪油在发面里，可使馒头洁白、松软、味香。

68. 炸馒头片不费油

炸前把馒头片先用水浸透，取出，待馒头片表面无水珠时再入油锅炸，馒头片要即浸即炸，防止馒头片被泡碎。这样馒头片吸饱了水，炸时消耗的主要是水，馒头片不再吸油，很省油。这样炸出的馒头片金黄均匀且外焦里嫩，撒上白糖食用更香甜可口。同理，把馒头片掰成如丸子般大小的块，炸出后撒上白糖也很有风味。

69. 解馒头酸

热天时，若用碱不当可使馒头的酸度变高，难以下咽，但弃之可惜。

可将酸馒头放在盘上，再放进冰箱冷藏室里，4小时后取出，等馒头的凉气散尽后再食用。也可以烤着吃，那么酸味就可减轻许多。

70. 巧吃剩馒头

剩馒头，尤其在冰箱存放几天之后，干硬难啃，弃之可惜。可将鸡蛋和面粉加水，搅匀成稀粥状，然后将馒头切成片，浸泡5～10分钟，再用油炸，待稍黄即可出锅。这样的馒头口感不硬，味道也可以。若是3个馒头，则需3个鸡蛋、150克面粉，以及少许细盐和五香粉，拌匀后加水，以浸没馒头片为宜。

71. 用高压锅烤面包

当面粉经过发酵后，加入适量的鸡蛋、白糖和牛奶，待完全揉透用饭勺将其做成面包形状，然后再涂少许食油在高压锅里，将面团放入后，把盖盖好，加热约3分钟即可放气，将锅盖打开，把面包翻过来，再加热约3分钟即可。

72. 啤酒助制面包法

倒些啤酒在面粉中，揉匀，这样做出来的面包，既易烤制，又有种似肉美味。

73. 面包回软妙招

用原来的包装蜡纸把干面包包好，把几张纸用水浸透，摞在一起，包在其外层，装入塑料袋，过一会儿，面包就软了。倒温开水入蒸锅，再放点醋，把干面包放在屉上，盖严锅盖稍蒸一下，面包就软了。在饼干桶底放一层梨，上面放上面包，盖严盖，饼干桶内的食品可保持较长时间恒定温度。

74. 加工剩面包

炸猪排。把猪肉切成小片，拌上干

面粉，裹上蛋清，撒上用剩面包搓成的碎渣，入油锅中炸，待呈金黄色捞出，蘸上香菇沙司、辣酱食用，味美可口。相同做法，以虾仁代替猪肉也可做出非常美味的炸虾仁。

把剩面包切成片，再裹上一层鸡蛋清，然后用素油布包好，放入锅中蒸，硬面包可恢复松软；或把剩面包剁碎，再加入调料蒸丸子。

西式汤菜。把剩面包切成小丁，入油锅炸黄，用来做西红柿虾仁面包丁汤，奶汁面包汤等，还可把剩面包烘干、搓碎后加在肉末中，烹制出肉丸子。这种含有面包焦香的西式汤菜，另有独特风味。

75. 啤酒助制葱油饼法

掺些啤酒在做甜饼或葱油饼的面粉中，再发面，饼即会又香又松软。

76. 用土豆做饺子皮

拿土豆做饺子皮，不仅筋道好吃，营养价值也高。做法是：将土豆洗净，用水煮烂；然后剥去土豆皮，用饭勺将其搓成泥；再放入1/3的面粉掺进土豆泥内，用温水和成饺子面；在擀皮时会比面粉皮稍厚些，包馅后再上锅蒸20分钟就熟。

77. 快制饺子皮

将面粉加水调和并揉捏后放在案板上，按照需要制成薄片。然后，用瓶盖、杯口等，压在制好的面皮上拧几下即可。

78. 用白菜帮做馅

吃白菜时若把老帮子扔掉，很浪费。只要把白菜帮内白色或淡黄色的硬筋抽出（从菜帮皮薄的内侧抽），剁成馅后挤出水分，再加肉馅，可做包子和饺子，吃起来很嫩。菜帮做馅吃，

菜心炒着吃，整棵白菜就没有浪费。

79. 使打馅不出汤

吃饺子时，若以自来水打肉馅（韭菜、白菜）较易出汤，而只要取凉白开水打就可防止这种情况。

80. 饺子馅汁水保持法

要想保持饺子馅的汁水，关键在于将菜馅切碎后，不要放盐，只需浇上点食油搅拌均匀，然后再跟放足盐的肉馅拌匀即可。这样就能使饺子馅保持鲜嫩而有水分。

81. 防饺子馅出汤

包饺子时，常常会碰到馅出汤，只需将饺子馅放入冰箱冷冻室内速冻一会儿，馅就可把汤吃进去了，且特别好包。

82. 怎样煮元宵不粘

煮元宵的时候，应该先把水烧开，而元宵则要在凉水中蘸一蘸，然后再下到锅里，此法煮出的元宵才不会粘连。

83. 炸元宵油不外溅法

炸元宵时油容易向外溅，容易烫伤人。此时，可先将生元宵放入蒸锅中蒸10分钟左右，然后再炸，炸时不要把火开得太旺，这样，炸时就不会使油外溅，炸出来的元宵也外焦里嫩，十分好吃。

84. 煮豆沙防糊法

煮豆沙的时候，放1粒玻璃弹珠与其同煮，能让汤水不断地翻滚，能有效避免烧糊。此法不适合用于砂锅。

85. 绿豆汤速煮法

将绿豆用清水洗干净后，沥干，倒入适量的沸水里，水要没过绿豆1厘米左右，当水差不多被绿豆吸干后，再按需加入沸水，将锅盖盖严，然后再煮上10多分钟，绿豆就会酥烂，且碧绿诱人。

86. 烧饭做菜要加盖

粮食和蔬菜内含有的水溶性维生素，会在高温水中随水蒸气散失掉。所以，烧饭、做菜最好加盖，这样不仅能减少维生素的流失，而且能保持锅内热量，缩短烹饪时间。

87. 蒸菜防干锅法

在蒸锅内放入碎碗片，碗片即会随沸水的跳动不断地发出响声，若听不到声响就意味着锅内没水了。

88. 晾干水分后炒菜

不少人习惯刚洗好菜就炒，其实最好把菜洗完后晾干再炒。如果蔬菜带有很多水分，放入热油锅时就会迅速降低油温，会延长炒菜时间，从而损耗更多的维生素，而且食油会随水蒸气而挥发，污染空气。晾干后再炒，不仅没有以上的问题，还能使蔬菜色泽得到保持，成品味道也更为鲜美。

89. 炒菜防变黄妙法

绿叶蔬菜烹调时必须用旺火，先将炒锅烧热，放油后烧至冒烟，将菜放入，旺火炒几分钟后，加味精、盐等调料，炒透后立即起锅，这样方可避免菜色变黄。

90. 用冰水保绿炒青菜

烹炒绿色蔬菜时，在炒菜锅里滴入冰水（冰水要符合卫生条件），菜炒熟后可保持鲜绿，外观可人，食之味美。另炒青菜时不盖锅盖也可使其保持鲜绿，酱油尽量少放，不放为好。

91. 炒脆嫩青菜法

将洗净的青菜切好后，可以撒上少量的盐并拌匀，放置几分钟后，再沥去水分烹炒，这样炒出来的青菜就会脆嫩清鲜。注意：在炒菜时，盐要适当少放一些。

92. 防茄子变黑四法

（1）削去茄子皮后烹调。

（2）茄子在切后马上下锅，或是浸泡在水中。

（3）烧茄子时，加进去皮去籽后的西红柿，可防变色，也可增添美味。

（4）须洗净烹制茄子的铁锅，而且不应长时间放在金属容器里。

93. 炒茄子省油的方法

把切好的茄块（片）先撒点盐拌匀腌约 15 分钟，挤去渗出的黑水然后再炒，并且炒时不要加水，反复煸，至其全软为止，然后再根据个人的口味放入各种调味品，这样不仅省油而且好吃。

94. 防藕片变色烹调法

可将嫩藕切成薄片，拿滚开水稍烫片刻后取出，再用盐腌一下后冲洗；加进姜末、醋、麻油、味精等调拌凉菜，则不易变色。或是上锅爆炒，再颠翻几下，放入食盐和味精后立即出锅就不会变色。在炒藕丝时，应边炒边加水，才可保其白嫩。

95. 如何使蘑菇味更美

若用水浸泡干蘑菇，蘑菇的香味会消失。可用冷水将蘑菇洗净，浸泡在温水中，然后加入一点白糖。因为蘑菇吃水较快，可保住香味。浸进了糖液后，烧熟的蘑菇味道更鲜美。

96. 用葡萄酒炒洋葱

为避免洋葱炒焦，炒时加白葡萄酒少许，可保持鲜美。

97. 面粉助炒洋葱法

洋葱切好后撒少许干面粉再炒，菜

色可变得色泽金黄，菜肴可口脆嫩。

98. 冻萝卜烹调法

将已受过冻的萝卜放在冰水里浸泡约1个小时，待其完全融化后再用清水洗干净，然后再烹调：

炒食：用旺火快速地炒。

烧汤：将其切成细条，待汤完全煮沸后再下锅。

做馅：将其切成细条，与凉水一起下锅，烫煮，待萝卜七分熟时就将它捞出来，即可加些佐料来做馅。

99. 烹调速冻蔬菜

速冻蔬菜烹调前无须化冻、洗涤，用冷水冲一下即可去掉冰碴。为保持速冻蔬菜的鲜嫩味美，炒菜时可用旺火，做汤时要等汤沸后放入菜。

100. 开水浸豆腐去油味

豆腐在下锅时，可先放入开水中浸渍15分钟，可清除油水味。

101. 如何做粉皮或凉粉

将粉皮或凉粉切成小块或条，放进滚开的水里烫，轻搅3～5下，2～3分钟后灭火；捞出后放入凉水中，再换2～3次凉水。捞出后即可加辣椒油、醋、香油、麻酱、芥末油等调味品拌食。此法处理过的粉皮或凉粉柔韧、光滑，口感好，而且可以保证卫生，也能保鲜。余下的放进冰箱，再食用时口感不变。

102. 使冻粉皮复原

若鲜粉皮吃不完的话，放在冰箱里又会变硬和变味。但如果把它放在凉水锅里，且在火上稍微煮一会，等粉皮变软后，把锅放到自来水下冲一会，粉皮就能柔韧如初。

103. 腌菜脆嫩法

在腌菜的时候，按照菜的分量加入0.1%左右的碱，即可使叶绿素不受到损坏，使咸菜的颜色保持鲜绿。也可按照菜的分量加入0.5%左右的石灰，即可使蔬菜里面的果胶不被分解，这样腌出来的咸菜又嫩又脆。但是石灰不能放得太多，不然会使菜坚韧而不脆。

104. 淘米水腌菜法

用食盐和淘米水腌制萝卜、辣椒、豆角，色味俱佳。

105. 用酸黄瓜汁做泡菜

罐头酸黄瓜吃完后，把汤汁倒进一个大口的玻璃瓶里。将萝卜、圆白菜、黄瓜等洗净，切成小块，待晾干水分后放进瓶里，再放两根芹菜、小半个葱头和一块鲜姜，加少许盐和数滴白酒，盖好瓶口，3天以后即可入味，吃后继续按照上法泡入新菜。在泡两三次后可以将汤汁倒进干净的锅中加热，等开锅后将汤晾一下继续泡。用酸黄瓜的原汁做泡菜，又省事又味美。掌握方法后，可一直泡下去。但需要备一对专用筷子，切记筷子上不要有油。

106. 芥末助制泡菜法

加点芥末在泡菜里，可使泡菜的色、香、味俱佳。

107. 涩柿子快速促熟法

将涩柿子放入冰箱冷冻室，柿子冻透时或是一天后再取出，然后放进冷水中泡或是置于暖气片上、阳台上化冻之后，即可食用。

108. 食用冻黑的生香蕉法

生香蕉很涩，而且受冻后外皮容易变黑，一受热便会烂，且难以放熟，对于这样的香蕉，不要以为不能吃了而把它扔掉，有一种办法可把它变为美食：去掉香蕉皮，将果肉切成约一寸的小段，用碗或盆把面糊调稠，加适量白糖后搅匀，将其裹在香蕉段上，放入油里炸至黄熟，就可捞出食用了。这样的香蕉不涩，且香甜可口。

109. 红枣速煮法

将红枣的两端用剪刀剪去，再放入锅内煮，这样，红枣不但熟得很快，而且还能保持鲜枣的风味。

110. 掰碎大块冰糖法

大块的冰糖块不易掰碎，敲剁起来费劲且碎碴儿乱溅。可用微波炉的中挡"烧"2～3分钟，大块冰糖就能十分轻松地掰成小块了。

111. 蜂蜜结晶化除法

长时间存放蜂蜜，会在瓶里出现些类似白砂糖的结晶，此时，可连着瓶子一块放进冷水里慢慢地加热，当水温到70℃～80℃时，结晶即会自然溶化，而且也不会再结晶。

112. 啤酒泡沫保持法

若想保持啤酒的泡沫，可把啤酒放在低温、阴凉处，最好在15℃以下，以防震荡，降低二氧化碳在啤酒里的溶解度；可随开随喝，不要来回倾倒，使气体散发出来；要保持啤酒杯的清洁，以防泡沫量减少。

113. 做鱼应放料酒和醋

烹制鱼时，应该添加一些料酒和米醋，因为料酒和米醋会发生化学反应，然后产生乙酸乙酯，这种物质会散发出非常诱人的鲜香气，能够使鱼闻起来无比鲜香，而去腥的效果自然也十分显著。

若在烹鱼时加入米醋，可以使鱼骨和鱼刺中所含的大量的钙同醋酸进行化合反应，从而转化成为醋酸钙。醋酸钙易溶于水，利于人体吸收，因此钙的利用率就提高了，同时也更有利于人体吸收鱼的营养。

114. 腌渍使鱼入味

将鱼洗净，控水之后撒上细盐，再均匀地涂抹全身（若是大鱼，应也在腹内涂上盐）。腌渍半小时后清蒸或是油煎。这样处理过的鱼，在油煎时不粘锅，而且不易碎，成菜特别入味。

115. 啤酒使鱼增香

做炖鱼的话，先用油把鱼煎至金黄，再放入蒜、葱、糖、醋，然后浇上少量啤酒，鱼香的味道立马就能出来。因为啤酒可以帮助脂肪溶解，从而产生腌化反应，让鱼肉更为香美。

116. 烹制刺多的鱼放山楂

烹制鲤鱼、鲢鱼等骨刺很多的鱼时，可放入山楂，既使鱼骨柔软又能排解鱼毒。

117. 用鸡蛋煎鱼防粘锅

打碎鸡蛋，然后倒入碗中进行搅拌，再将清洗干净的鱼或鱼块依次放入碗中，让鱼的表面裹上一层蛋汁，最后将其放入热油锅中来煎，这样鱼就不会粘锅。

118. 用姜汁煎鱼防粘锅

将锅洗净擦干后烧热，然后在锅底用鲜姜涂上一层姜汁，再放入油，等到油热之后，再把鱼放进去煎，此法也可防鱼粘锅。

119. 热锅冷油防煎鱼粘锅

将炒锅洗净后烘干，先加入少量油，待油布满锅面之后把热的底油倒出来，另加入已熟的冷油，热锅冷油，煎鱼就不会再粘锅了。

120. 用葡萄酒防煎鱼粘锅

煎鱼时，在锅内喷小半杯葡萄酒，即可防鱼皮粘锅。

121. 煎鱼防焦去腥法

把烧热的锅用去皮生姜擦遍后再煎鱼，鱼就不易粘锅。由于生姜遇热后会产生一种黏性液体，它在锅底会形成一层很薄的锅巴，所以鱼不易焦。如果煎整条鱼，要提前约30分钟抹上盐，斜放在盘中或放入竹箩沥去水分。若是煎鱼块，提前约10分钟抹上盐，并将鱼表面的水分擦干。这样鱼身上的水分及腥味就可去掉。

122. 碱水去鱼腥味

若想使一些生活在被农药污染水域中的鱼吃起来不至于有极浓的水油味，事先准备一脸盆清水，放入两粒蚕豆大小的纯碱，制成碱水。在宰杀之前，将鱼放在碱水中，养约1小时后，毒性就会消失。如果买的不是新鲜的活鱼，宰杀完毕后将其放在碱水中浸泡后再洗净下锅，仍是有利无害的。

123. 面粉助煎鱼法

煎鱼前，将少许面粉撒在鱼身上，这样可使鱼在下锅时油不会往外溅，还能保证鱼皮不破、鱼肉不受损。

124. 冷水炖鱼去腥

用冷水炖鱼可去腥味，且应该一次性加足水，因为中途加水，就会将原汁的鲜味冲淡。

125. 如何炖鱼入味

可以在鱼的身上划上刀纹。在烹调前将其腌渍，使鱼肉入味后再烹，这种方法适于清蒸。可通过炸煎或别的方式，先排除鱼身上的一部分水分，并且使得鱼的表皮毛糙，让调料较容易渗入其中，这样烹煮出的鱼会更加有味。

126. 炖鱼放红枣

在炖鱼时放几颗红枣，可除腥味，使鱼肉和汤的香味更浓。

127. 用啤酒炖鱼

用啤酒炖鱼，可以帮助脂肪溶解以产生脂化反应，从而使鱼更加美味。

128. 怎样使烤鱼皮不粘网架

首先要将网架充分烤热，然后涂上少量醋和色拉油。腌浸过的鱼很容易被烤焦，最好能在网架上铺上一层铝箔纸再烤。

129. "熏"鱼技巧

将鱼块放入烧热的油锅，炸至外脆里嫩后捞出。与此同时，旺火烧热另一锅，放入各种调味汤料烹制，至卤味浓后出锅装盘，趁热放入炸好的鱼块，用筷翻动，使鱼充分吸收卤味，然后取出装盘。

130. 炒制鳝鱼宜用热油

鳝鱼用热油滑后，可以使其脆嫩、味浓。如果用温油滑的话，因为鳝鱼的胺性大，所以很难去除异味。

131. 炒制鳝鱼宜加香菜

若是在炒鳝鱼的时候配上香菜，可起到解腥、调味、鲜香等作用。

132. 咸鱼返鲜法

一些成品的咸鱼往往会太咸，若采取以下办法可去除一些咸味。把咸鱼放进盆中，加适量温水，再加入两三小勺醋，浸泡约3～4小时即可。或用适量淘米水加入一两小勺食碱，放入咸鱼，浸泡四、五个小时后捞出并用清水洗净。咸鱼采用上述方法处理后烹制,不光咸味减淡,肉质也较处理前更为鲜嫩。

133. 嫩虾仁炒制法

把虾仁放进碗里,每250克虾仁加进精盐和食用碱粉1～1.5克,用手轻轻地抓搓一会儿之后用清水来浸泡,再用清水洗净。用此法炒出来的虾仁通体透明如水晶,而且爽嫩可口。

134. 海蟹宜蒸不宜煮

海蟹富含蛋白质及人体所需的各种维生素和钙、铁。烹制海蟹时宜蒸不宜煮,因海蟹在海底生活,以海菜、小虾、昆虫为食,其肋条内存着少量的污泥及其他杂质,不易洗净。若用水煮,肋条内的污泥会随水进到腹腔,影响其鲜味;而且蛋白质等营养成分也会随水散失。蒸海蟹不仅可保存营养,也可保持其原有鲜味。应在水开后上笼,用旺火蒸10分钟左右即熟。在食用时可去掉肋条,蘸上食醋和姜末等调料,不仅肉质细嫩,且味道鲜美。蟹肉还可用来拌、炒、制馅,与原先一样味道鲜美。若将蟹肉制干,它的营养也不会受到破坏。

135. 蒸蟹如何才能不掉脚

蒸蟹时因蟹受热在锅中挣扎,导致蟹脚极容易脱落。若在蒸前用左手抓蟹,右手持一根结绒线时用的细铝针,或稍长一点的其他细金属针,将其斜戳进蟹吐泡沫的正中方向(即蟹嘴)1厘米左右,随后放入锅中蒸,蟹脚就不易脱落。

136. 海蜇增香加醋法

食用海蜇前2分钟,把醋倒入海蜇中搅拌均匀,可使海蜇增香,同时还可灭菌。醋不要放得过早或过晚。

137. 做海参不宜加醋

海参大部分是胶原蛋白质,呈纤维状,形成的蛋白质结构较为复杂。若是加碱或酸,就会影响到蛋白质中的两性分子,会破坏它的空间结构,因此使蛋白质的性质改变。若在烹制海参的时候加醋,就会降低菜肴的酸碱度,从而与胶原蛋白自身的等电点相接近,令蛋白质的空间构型产生变化,蛋白质分子便会产生不同程度的凝聚和紧缩。食用这样的海参时会口感发凉,味道要比不加醋的时候差许多。

138. 碱煮法使海带柔软

海带不易煮软,因为其主要成分是褐藻胶,这种物质较难溶于普通的水但却易溶于碱水。水中的碱若适量,褐藻胶就会吸水而膨胀变软。据此特点,煮海带的时候可加进少量碱或是小苏打。煮时可用手试其软硬,软后应立刻停火。注意:不可加过多的碱,而且煮制的时间不可过长。

139. 干蒸法使海带柔软

将成团干海带打开,放进笼屉内蒸约半小时,再拿清水泡一晚上。这样处理过的海带既脆又嫩,凉拌、炒、炖皆可。

140. 用醋嫩化海带

一般海带要是煮久了就会发硬,所以在煮海带前,可以先在锅里加几滴醋,这样海带就会很快软化。

141. 怎样使海带烂得快

在煮海带时往锅里放几个山楂,这样海带煮得又快又烂,可缩短大约1/3的时间。

142. 蒸海带拌菜炖肉味道好

干海带不必用水泡直接上锅蒸20

分钟。蒸过的海带，无论是凉拌菜还是炖肉吃，都十分易熟，且味道鲜美、口感好。

143.用盐水解冻肉

可使用高浓度的食盐水来给冻肉解冻，这样肉会格外爽嫩。

144.蒸制鱼或肉用开水

蒸肉或蒸鱼时应用开水，可使肉或鱼在外部突遇高温蒸气后立即收缩，这样内部的鲜汁不外流，蒸好的肉、鱼不仅味道鲜美，而且很有光泽。

145.煮带骨肉方法

适量加些醋煮排骨、猪脚，骨头中的钙及磷等矿物质就容易被分解溶进汤中，有益于吸收，促进健康。

146.烧前处理肉类方法

若要讲究口味，须注意切功和烧前处理。切肉块时切记要顺着纤维的直角方向往下切，否则肉质就会变硬。若是里脊肉，肥肉的筋要用刀刃切断。烤牛排时，带脂肪的上等牛肉用不着腌浸，可边烤边抹盐及胡椒粉。如果肉质较硬，把其放入红葡萄酒、色拉油、香菜调成的汁中约半小时至1小时即可。

147.烧肉不应早放盐

烧肉时先放盐的效果其实并不好。盐的主要成分为氯化钠，它易使蛋白质产生凝固。新鲜的鱼和肉中都含非常丰富的蛋白质，所以烹调时，若过早放盐，那么蛋白质会随之凝固。特别是在烧肉或炖肉时，先放盐往往会使肉汁外渗，而盐分子则进入肉内，使肉块的体积缩小且变硬，这样就不容易烧酥，吃上去的口味也差。因此，烧肉时应在快煮熟之时再放盐。

148.烤肉防焦小窍门

烤肉前，先在烤箱里放一只盛有水的器皿，由于烤箱内温度的升高会使器皿中的水变成水蒸气，这样就能防止烤肉焦煳。

149.炒肉加水可嫩肉

炒肉片、肉丝时加少量水爆炒，炒出来的肉会嫩得多。

150.蛋清嫩肉

在肉丁、肉片、肉丝中放入适量的蛋清，搅匀后静置15～20分钟，这样能够使成菜后的肉鲜嫩味美。

151.用醋嫩肉

一般很硬的肉都不容易煮烂，这时可以不断地用叉子蘸点醋叉到肉里去，放置半小时左右，再煮时肉质就会变得又软又嫩。由于醋放得很少，所以一般并不会影响肉味。

152.用胡椒粉增加肉香

煸炒肉丝肉片时，放葱丝、姜丝后也可放些胡椒粉，这样有利于除去肉腥味，增加肉香味，口感也很好，而且无明显的胡椒粉味，不会影响菜的整体风味。

153.用生姜嫩化老牛肉

把洗净的鲜姜切作小块，放入钵内捣碎，然后把姜末放进纱布袋里，挤出姜汁，拌进切成条或片的牛肉里（500克牛肉放一匙姜汁）拌匀，要让牛肉充分蘸上姜汁，在常温下放置一个小时即可烹调。这样处理过的牛肉不仅鲜嫩可口，且无生姜的辛辣味。

154.山楂嫩老牛肉

在煮老牛肉的时候，可以在里面放进几个山楂（或是山楂片）。这样能够使老牛肉容易煮烂，而且食用时不会觉得肉的质感老。

155. 拌好作料炒嫩牛肉

可将待炒的肉质较老的牛肉切成肉片、肉丝或是肉丁，在当中拌好作料，然后加入适量的菜籽油或是花生油，调和均匀后腌制半个小时，最后用热油下锅。利用这种方法炒出来的肉片能使得其表面金黄玉润，而肉质也不老。

156. 苏打水嫩牛肉

对于已经切好的牛肉片，可以放到浓度为 5% ~ 10% 的小苏打水溶液中浸泡一下，然后把它捞出，沥干 10 分钟之后用急火炒至刚熟，这样可以使牛肉显得纤维疏松，而且肉质嫩滑，十分可口。

157. 用冰糖嫩牛肉

在烧煮牛肉时可以放进一点冰糖，这样牛肉就能很快酥烂。

158. 用芥末嫩牛肉

先在老牛肉上涂一层凉芥末，第二天用冷水冲洗干净后就可烹调，这样处理后的老牛肉不仅肉质细嫩而且容易熟烂。

159. 如何炖牛肉烂得快

在炖牛肉的前一天晚上，可在肉面之上涂一层干芥末。在煮前把干芥末用冷水冲净。这样煮出的牛肉不仅熟得快，而且肉质十分鲜嫩。若在煮时加入一些酒或醋，那么肉就更容易煮烂了。

160. 用啤酒烧牛肉

为使牛肉肉嫩质鲜，香味扑鼻，可以啤酒代水烧煮，食之回味无穷。

161. 羊肉涮食法

在涮羊肉的时候，其羊肉片一定要切薄，要用专用的漏勺来涮，因为用筷子夹住的地方有时不能烫熟，难以将细菌和虫卵杀死。每次放羊肉的时候，不要放得太多，不要为了尝鲜而吃没有熟的。

162. 用电饭煲熬猪油

在电饭煲里加入一点水或是植物油，然后放入肥肉或猪板油。在接通电源后，就可以自动把油炼好，也不溅油，更不会煳油渣，所以油质清醇且无异味。

163. 用猪皮做肉冻

将猪皮洗净，放入水中煮，直至开锅。然后倒掉汤，另外加入热水、姜、葱、大料一起煮熟后，再取出切成细丁状。待炒锅油热，用淀粉将切好的豆腐干丁、胡萝卜丁、泡开的黄豆或是青豆调好，加入葱、姜、精盐、酱油一并炒熟，此时将肉皮丁倒至锅中，加汤，然后调入淀粉直至成为稀粥状，将其晾后切成块，即制成猪皮肉冻。

164. 用猪皮制酱

将肉皮煮熟，切成丁，与辣椒、黄豆以及豆瓣酱等一并烩炒，出锅即成为开胃可口的肉皮酱。

165. 煮火腿放白糖

事先在火腿表皮上涂上白糖，则火腿就很易煮烂，且味道也更为香甜鲜美。

166. 使汤鲜香可口的方法

一般家中做汤的原料是用牛羊骨、蹄爪、猪骨之类。若使之鲜香可口有以下方法：

骨头类原料须在冷水时下锅，且烧制中途不要加水。因为猪骨等骨类原料，除骨头外，还多少带些肉，若为了熟得快，在一开始就将开水或热水往锅内倒，会使肉骨头表面突然受到高温，这样外层肉类中的蛋白质就会突然凝固，而使得内层蛋白质不能再充分溶于汤中，汤的味道就自然比不上放冷水而烧出的汤味鲜。

切勿早放盐。因为盐具有渗透作用，最易渗入作料，析出其内部的水分，加剧凝固蛋白质，影响到汤的鲜味。也不宜早加酱油，所加的姜、料酒、葱等作料的量也须适宜，不应多加，不然会影响到汤本身的鲜味。

要使汤清须用文火烧，且加热时间可长些，使汤处于沸且不腾的状态，注意要撇尽汤面的浮沫浮油。若使汤汁太滚太沸，汤内的蛋白质分子会加剧运动，造成频繁的碰撞，会凝成很多白色颗粒，这样汤汁就会浑浊不清。

167. 熬骨头汤宜用冷水

烹制骨头汤应该用冷水，并且要用小火慢慢地熬，这样就能够将蛋白质凝固的时间延长，使得骨肉中所含的营养物质能充分地渗入汤中，这样汤才好喝。

168. 熬骨头汤不宜中途添加生水

在烧煮的时候，骨头中所含的蛋白质与脂肪会逐渐解聚而且溶出，所以骨头汤便会越烧越浓，烧好的时候如膏，而且骨酥可嚼。若在煨烧中途添加生水，就会使蛋白质和脂肪迅速地凝固变性而不再分解；同时，骨头也不容易被烧酥，而骨髓中的蛋白质和脂肪就无法大量地渗出，从而会影响汤味的鲜美。

169. 熬骨头汤的时间不应过长

骨头中所含的钙质不容易分解，若长时间熬制的话，不但不能将骨骼中的钙质溶化，而且会破坏掉骨头内的蛋白质，使得在熬出的汤中增加脂肪含量，这样反而会对人体健康不利。

170. 熬骨头汤适量加醋

加了醋，骨头中含有的钙和磷就能被溶解在汤里，这样既可以增加汤的营养，还可以减少汤内维生素的流失。

171. 鸡肉生熟鉴别法

一看、二摸、三刺法：一看，就是把水保持在一定温度的情况下，经预定烹煮时间后，若鸡体浮起，则鸡肉已熟。二摸，就是将鸡体捞出，用手指捏捏鸡腿，若肉已变硬，并有轻微离骨感，则说明熟了。三刺，就是拿牙签刺刺鸡腿，无血水流出即熟。

172. 烹调鲜鸡无须放花椒大料

鸡肉内含谷氨酸钠，可说是"自带味精"。所以烹调鲜鸡只需放适量盐、油、酱油、葱、姜等，味道就十分鲜美了。若再放进花椒或大料等味重的调料，反会驱走或掩盖鸡的鲜味。不过，从市场上买回的冻光鸡，因为没有开膛，所以常有股恶味儿，烹制时可先拿开水烫一遍，再适当放进些花椒、大料，有助于驱除恶味儿。

173. 用黄豆煮鸡

老鸡不容易煮烂，煮时可抓一两把黄豆放入。

174. 炖鸡先爆炒

炖鸡时，可用香醋爆炒鸡块后再进行炖制。这种做法不仅使鸡块味道鲜美且色泽红润，并能够让鸡肉快速地软烂。

175. 炖好鸡再加盐

在炖鸡的过程中，如果加盐，不仅会影响营养素在汤内的溶解，也会影响到汤汁的质量和浓度。而且，这样煮熟后的鸡肉会变得老、硬，吃起来感觉肉质粗糙，无鲜香味。所以，应该等鸡汤炖好后，温度降至50℃～90℃后，加适量的盐并且搅匀，或者是在食用的时候再加入盐来调味。

176. 如何给北京烤鸭加温

刚出炉的北京烤鸭味道鲜美，但放凉之后吃的话口感欠佳，所以如果买回家的北京烤鸭不能够及时食用，或是那些吃剩的烤鸭需加温，可将锅烧热，先不放油和调料，然后把削成片状的烤鸭倒到热锅当中，再用铲子来回地翻动，待煸炒1～2分钟之后将其控出油，再装盘即可食用。

177. 火腿煮鸭增香法

在煮老鸭的时候，加入几片腊肉和火腿，能有效地增加其鲜味。

178. 用醋嫩化老鸭

在凉水中加入少量醋后，再将老鸭一起放入，浸泡2小时左右，再用温火煮，这样老鸭就会很容易煮烂。

179. 分离蛋清蛋黄方法

打在漏斗中的蛋，蛋黄流不下去，仍留于漏斗中，而蛋清则顺着漏斗流出。

180. 烹制鸡蛋不宜放味精

鸡蛋在加温后，会产生谷氨酸钠。味精的主要成分就是这种物质，它有十分醇正的鲜味。若在炒鸡蛋时添加进味精，味精产生出来的鲜味会影响到鸡蛋自然的鲜味。因此吃起来口感不好，口味也不爽。而且，鲜味的重复实际上也是一种浪费。

181. 防蒸鸡蛋羹粘碗

鸡蛋羹容易粘碗，所以洗碗的时候会比较麻烦。但如果在蒸鸡蛋羹之前就先把一些熟油抹在碗内，再将鸡蛋打碎后倒进碗里搅匀，然后加水和盐，这样蒸出的鸡蛋羹就不会粘碗了。

182. 蒸鸡蛋不"护皮"的方法

在剥煮好的鸡蛋时，经常会碰到蛋清与蛋皮相粘连而不容易剥离的情况，这在民间俗称为"护皮"。但护皮的鸡蛋十分不好剥，解决这个问题的方法十分简单，只要将煮鸡蛋改为蒸鸡蛋便可。一般说来，待锅上气以后再蒸5分钟，鸡蛋就能熟了，而且即使在放凉后剥皮也不粘连。

183. 如何掌握煮鸡蛋时间

若是鸡蛋煮得过了火，在蛋黄表面会呈现一层灰绿色，像这样的鸡蛋则难以被人体吸收。科学的煮蛋时间，是把鸡蛋冷水下锅，至水沸后再煮3分钟适宜。

184. 煮嫩鸡蛋省火妙方

先将鸡蛋放入锅内，水要没过鸡蛋。煮开后立即把锅端下，但不可以打开锅盖，再焖5分钟便熟（也可以根据自己喜食的老嫩程度来掌握焖的时间，待捞出之后用凉水浸到不烫手的程度即可剥食。）这样做既能省火又可以掌握鸡蛋的老嫩。

185. 不宜用冷水来冷却刚煮熟的鸡蛋

若把煮熟的蛋放进冷水当中，蛋会发生猛烈的收缩，在蛋白与蛋壳之间会形成一层真空的空隙，而水中的细菌和病毒也很容易被负压吸收进鸡蛋保护膜和蛋壳之间的空隙当中。另外，在冷水中，细菌也可以通过气孔而进入蛋内。

186. 加盐易剥蛋壳

煮蛋时如果加入少量食盐，煮熟后就能够很容易剥掉蛋壳。

187. 煮茶叶蛋应注意

应该根据沏茶的温度控制在80℃~90℃的泡茶要领，在做茶叶蛋时不要把茶叶、鸡蛋和调料放在一起煮，可以在蛋煮熟后把它敲碎，待水温略降后放进茶叶和调料进行浸泡。这样制作出的茶叶蛋的茶香更加浓郁。不过要注意：在第二天吃以前要加温，但不要煮沸。

188. 炒蛋细嫩柔滑法

打蛋时无需太用力，要慢慢用筷子搅拌，否则蛋汁易起泡从而失去原有的弹性。当蛋汁倒入锅内时，切忌急着搅动，如蛋汁煮开冒泡，拿筷子戳破气泡除去里面的空气，这样蛋不会变硬。此法炒蛋细嫩柔滑。

189. 面粉助煎蛋妙法

煎蛋时，可先将油烧热，然后在油中放入少许面粉，这样可使蛋煎得既黄又亮，油也不会往外溅。

190. 如何摊蛋皮

热锅后，小火，放少量油。加入少许盐及味精在蛋汁中，下锅后迅速把锅端起来旋转，让蛋汁均匀贴在锅边。待蛋皮表面基本凝固后，拿一根筷子从蛋皮的一侧卷入并提起，先翻一半，然后再慢慢翻边。冷却后将其切成蛋片或蛋丝，此法制作的蛋皮鲜亮美味。

191. 做奶油味蛋汤法

调匀鸡蛋两个，用猪油炒，等蛋液快凝结时，适量加入白开水并以旺火烧煮，使其呈乳白色，然后放入盛有调料的汤碗内，即成可口美味的蛋汤。炒鸡蛋时，若炒成圆饼状，然后加水烧煮，味美形状也美。

192. 做蛋花汤的方法

把蛋汁倒在漏勺中，让蛋汁经洞均匀入汤，形成一薄层凝固悬浮，此法做出的蛋花汤鲜嫩可口。不大新鲜的蛋，下锅后易散乱，若在汤里滴上几滴醋，蛋汁下锅后也可形成漂亮的蛋花。

193. 用柠檬汁复稠蛋清

往分离好的蛋清中滴入几滴柠檬汁，能使其复稠。

194. 煮带裂纹的咸鸭蛋

将带裂纹的咸鸭蛋置于冰箱的冷藏柜中，直至凉透。然后取出，直接放到热水中煮。热水的温度应该以手指伸入后觉得很热但不烫手为宜。此法煮出的咸鸭蛋表面光滑完整，而且不进水、不跑味。

195. 烧煮牛奶

在煮牛奶的时候，若加热的时间太短、温度过低，会达不到消毒目的；但是时间太长、温度太高，却又会破坏其营养成分，还会使它的色香味降低，因此，在烧煮牛奶的时候，一定要用旺火，但是一旦煮沸后，要马上把火熄灭，稍过片刻再煮，再沸腾再熄火，如此反复3~4遍，即可两全其美。

196. 防煮奶煳锅法

煮牛奶时，往锅里倒牛奶的时候要注意慢慢地倒入，不要沾到锅的边沿；另外，煮的时候先用小火，待锅热后再改用旺火，牛奶沸腾（即起气泡）的时候再搅动，然后改用小火；此时锅的边沿虽然已经沾满奶汁，但也不会煳锅，且刷锅时较容易。

197. 煮奶防溢法

在煮牛奶的时候，滴几滴清水在锅

盖上，当这些清水快要蒸干的时候，将锅盖揭开，奶就不会再溢出来了。

（四）烹调主食

1. 用醋蒸米饭

通常熟米饭不宜久放，但若在蒸米饭时，以每 1.5 千克米加入 2～3 毫升醋的比例加入食醋，米饭就易于存放，而且这样蒸出的米饭不但无醋味，香味还更浓郁。

2. 用酒蒸米饭

若蒸出的米饭夹生，可用锅铲将米饭铲散，放入 2 汤匙黄酒或米酒，然后以文火再稍蒸一会儿即可消除夹生。

3. 香油煮陈米饭

将陈米淘净后浸泡 2～3 小时后滴入几滴香油一起煮，这样煮出来米饭的味道与新米几乎一样。

4. 做钙质米饭

把鸡蛋壳用清水洗净后放入锅中，用微火烤酥并研成粉末，然后再掺入已淘好的米中煮饭。这样就能把米饭中的含钙量大大增加，缺钙患者和儿童可以食用。

5. 用青玉米煮粥

选较老但带浆的玉米，拿擦饺子馅用的擦子把玉米粒擦碎（勿擦着玉米芯），再入锅加水，可如做玉米面糊那样煮粥，吃起来清香味甜，别有风味。

6. 做玉米山楂粥

将玉米面 250 克用凉水调成糊状，待锅里 1000 克水烧开以后，再倒进玉米面糊进行搅匀，熬至八成熟时放入山楂糕丁 100 克，煮 5 分钟即成。此粥具有开胃、防止动脉硬化、降血压以及健

美的食疗功效。

7. 做清热消炎的油菜粥

以 250 克粳米为例，应配 300 克油菜叶。待锅中水开，将洗好的粳米放进砂锅，待开锅后改用微火，熬到八成熟时，放进洗净后剁成末的油菜叶，再改为旺火开锅，用微火熬片刻即可。此粥对人体有清热消炎、健脾补虚的食疗作用。

8. 做除暑解热的荷叶粥

取粳米 150 克，搭配 3 张鲜荷叶及 75 克冰糖。将鲜荷叶洗净后，切成细丝放进砂锅，煎煮 30 分钟，然后取 450 毫升荷叶汁及 1 毫升清水，再加到洗净的粳米里熬煮到八成熟，加冰糖和一点糖桂花，直至煮熟即可。此粥是夏秋时可健脾、清热的美食。

9. 做草莓绿豆粥

取 250 克鲜草莓洗净切丁，将 150 克绿豆淘净后放入清水中泡 3 小时，再淘净 200 克糯米。把米、豆一并入锅，加入适量的清水烧开，再改用文火，煮到豆烂米开花，此时加进草莓及适量白糖进行搅匀，待稍煮片刻即可。此粥冷热皆可食用，香甜适口。

10. 做美味干果粥

取莲子、柿饼、红枣、葡萄干、鲜藕、杏干各等量，青红丝、山楂糕、瓜条各适量。将鲜藕切片，拿开水烫一下后待用。将莲子、柿饼、红枣、葡萄干、瓜条、杏干洗净，放进温水中浸泡 40 分钟，待入锅后上火煮，煮时需用勺常常搅动，防止锅底煳。开锅后转为文火，煮成粥状时放入青红丝、藕片和山楂糕，稍煮片刻，就可做好味道鲜美的干果粥。待晾凉后食用，可消食解腻、开胃润喉，是十分不错的保健食品。

11. 做解暑除湿的木瓜粥

木瓜味酸香浓，含有黄酮类化合物、苹果酸、酒石酸、维生素C等有机酸成分，具有舒筋活络、解暑除湿、醒脾胃的食疗功效。按150克粳米配3个鲜木瓜或60克干木瓜片的比例，先将木瓜加500毫升水，煎至250毫升后，去渣取汁，再加入已熬成八成熟的粳米粥内熬熟即成。

12. 做化痰止咳的橘皮粥

按照大米150克对新鲜橘皮250克的比例，加进清水1000克熬煮，待开锅后转为微火熬煮，直至把粥熬成。在食用时可拣出橘皮。此粥有化痰、止咳、顺气、健胃等功效。

13. 做止咳解热的鸭梨粥

春天时熬鸭梨粥，能对老年人、儿童的风热咳嗽病症有食疗的辅助作用。梨味甘性寒，有消炎、润肺、降火、清心止咳等功效。洗净3～4个鸭梨，切成薄片，去梨核后放入砂锅，加入水750～1000克，待烧开后放100克洗净的粳米，熬至八成熟时，加进冰糖75克，熬熟即成。

14. 做啤酒馒头

蒸馒头之前，可在发面内放进少量啤酒，这样蒸出的馒头味道好。若在发面内再掺进一些用开水烫过的玉米面，那么吃起来就会有糕点风味。

15. 用鲜豆浆蒸窝头

鲜豆浆除了可以用来当早点外，还可用来蒸窝头，这样蒸出的窝头既松软又香。

16. 制桂花窝头

将350克粗玉米面及150克豆面（也可不放豆面）放到盆内，一边用开水烫面，一边用筷子搅为疙瘩状，再盖好锅盖焖半小时。然后放50克红糖、50克麻酱（据个人口味增减）以及25克多的咸桂花，待搅匀后再做成小窝头，然后上锅蒸半个小时即可。

17. 做榆钱窝头

榆钱有安神的疗效。做榆钱窝头时的配比如下：放入70%的玉米面，20%的黄豆面及10%的小米面，调和成三合面。榆钱去梗后洗净，加进少许花椒粉、精盐和小苏打，拿冷水来和面，做成的窝头吃起来别具风味。

18. 做菊花馅饼

菊花清凉下火，味道芬芳。用菊花做馅饼，有独特的味道。采初开、适量的菊花瓣，清水洗净，切碎，和适量的猪肉末、荠菜、冬笋、食盐、葱、姜、酒、味精等作料一起搅拌均匀和成馅，将馅用和好的软面做成饼状，烘熟，不仅美味而且具有保健功效。

19. 热剩烙饼的窍门

首先火不要太旺，在锅里先放半调羹油，油并不需烧热，便可将饼放入锅内，在饼的周围浇上约25毫升开水，然后马上盖上锅盖，一听到锅内没有油煎水声时即可将烙饼取出。用这种方法热的烙饼如同刚烙完的一样，里面松软，外面焦脆。

20. 用高压锅贴饼子

用玉米面兑入两三成黄豆粉，再用温水和匀，然后加上少许发酵粉再搅匀。一小时后，把高压锅烧热，在锅底涂油，然后将饼子平放在锅底并用手将其按平，再将锅盖盖上，并加上阀，两三分钟后将锅盖打开，从饼子空隙处慢慢地倒些开水，加水到饼子的一半即可盖上盖，加上阀。几分钟后，当听不到响声后即可取下阀；再改用小火；水汽放完后即可铲出。这样贴的饼子松软香甜、脆而不硬。

21．摊芹菜叶饼

用清水将鲜嫩的芹菜叶洗净后剁碎，加入少许五香粉、盐，打入两个鸡蛋，再放入约 25 克面粉，搅拌均匀后按普通炒菜的方法将油烧热，将拌好的芹菜叶糊放入锅中，调成小火，用炒菜铲将其摊成 1 厘米左右厚的圆饼，两三分钟将饼翻过来，将锅盖盖上，大约两分钟后即可出锅。

22．制白薯饼

将白薯洗净、煮熟后去皮放入盆中，用手抓碎。一边抓碎一边加入面粉并揉匀，揉好后拼成饼状。将饼放入已加热的锅中并放油，烙熟后就是薯饼。并且外焦里嫩、香甜松软。

23．制土豆烙饼

将 500 克土豆去皮洗净并切片后用旺火蒸 20 分钟后取出，晾凉再压成泥。锅烧热后加入香油和植物油，将肉末 300 克炒香并加入葱末、姜末、精盐、味精少许，晾凉后掺入土豆泥中，再加入面粉 250 克，揉成土豆面团，拼成小饼。平锅烧热后淋上适当豆油，将小饼放入锅中，外焦里松软的咸香小饼就能烙成。

24．制西葫芦饼

把西葫芦洗净擦成丝后再用刀切碎，然后加入五香粉、盐、姜末、葱花、面粉、水适量，拿筷子搅拌成糊状待用。将饼锅烧热后放入油，用勺将面糊放入饼锅并做成小饼状，煎至两面发黄，外焦里嫩的西葫芦饼就制成了。

25．用速冻包子制馅饼

在饼锅中放少量油，再放入买回的速冻包子，点火后一边解冻一边将包子压扁，并两面翻烙。色焦黄、薄皮大馅的美味馅饼即能制成，省时省事又相当好吃。

26．用黄瓜摊煎饼

将半斤左右的黄瓜擦成丝后放在盆里，并加入二个鸡蛋、1 斤面粉、一点花椒粉、葱花和适量的盐，然后加温水搅拌至糊状。煎饼成金黄色，蘸醋、蒜吃，清香可口。

27．做西红柿鸡蛋面饼

将 150 克的西红柿洗净后切成 1 厘米左右的方块，与汁一起放入碗内并打入鸡蛋，再加入二两干面粉，用筷子打成浆汁。再倒入适量食油至不粘锅中，待油热后把浆汁分 3 份，倒入锅中并摊平。等变色后再翻烙一会，鲜香可口的面饼就做好了。

28．制翡翠饺子

在面粉中分别掺入油菜、菠菜等菜汁，这样煮熟后的饺子颜色像翡翠。特别注意的是，饺子要小而精，这样汁更易渗入。

29．制速冻饺子

取下铝制蒸锅的屉，洗净擦干后撒少量干面粉。将包好的饺子匀放在屉上，排列的中间需有空隙，以防止粘连；然后将其放进冰箱的冷冻室里冷冻 2~3 小时，等饺子皮变硬后即可取出来（切记：冷冻的时间不应过长，否则饺子皮会冻裂）。此时饺子已冻结在一块，可将饺子轻掰下来，放进塑料食品袋里，扎紧袋口，再重新放进冰箱冷冻室里即成。煮速冻饺子时，可等水煮沸后再把饺子从冰箱里取出来下锅，煮时将其旋转翻动，以防止粘锅，注意：煮的时间应略长些。因为速冻饺子干面有点多，为防发黏，可在水中放一点盐。

30. 做酸菜冻豆腐饺子馅

将冻豆腐挤掉水分，切成细末，放进炒锅中炒干，再用适量的花生油炸成金黄色，待晾凉后，和切好的酸菜一同放进锅中搅拌，要同时放进姜、葱、盐、味精等调料，(也可以一起放进肉馅)。

31. 做黄瓜馅素饺子

把两个鸡蛋打散，放进油锅内炒，边炒边捣碎，且越碎越好，待炒好之后，放进适量的盐腌半小时；再把一块豆腐切成一个个小丁（也是越小越好），然后另起油锅，油热后下豆腐，不停搅拌，然后倒进适量酱油不断地翻炒，直至豆腐丁发黄。再把黄瓜擦成细丝，挤出水。将放凉后的黄瓜丝、豆腐丁、鸡蛋丁一同搅拌，然后加进葱姜末、五香粉、味精等，馅就做好了。可用黄瓜水来和饺子面，黄瓜水若不够可适量加水。

32. 做烧卖

准备 1 斤馄饨皮、6 两肉馅，馅里适当加点水、油，馅稀一些会更加可口。调好后，在每个馄饨皮上放约纽扣大小的肉馅，然后用四指将其捏合，再拢好面皮腰部，这样皮边即变成外翻型的花朵状，放入蒸锅用旺火蒸 10 分钟即制成烧卖。

33. 做镇江汤包

先把 1 公斤瘦猪肉剁碎，然后把酱油、黄酒、姜末、白糖、白胡椒粉、麻油、味精及炒熟的麻仁等放入已剁碎的猪肉里均匀搅拌。将鸡头、爪与内脏去掉，煮 10 分钟左右，用凉水冲洗一下，再和肉皮、姜、葱、料酒放入锅中一起煮，待鸡煮烂后将鸡捞出，把鸡的肉皮跟骨头去掉，将剩下的鸡肉剁碎倒入原汤，冻成冻。最后，把冻剁碎，拌匀放入猪肉馅内。按照 50 克可做 3 个的分量，把面团擀成皮，收拢成圆形的包子。蒸 10 分钟左右便可食用。

（五）菜肴烹饪

1. 做土豆丸子

挑选淀粉含量高的土豆，把土豆煮熟，在尚未冷却时把土豆剥皮碾烂，趁热加些奶油或牛奶在土豆泥里。再加入面粉、生鸡蛋、胡椒粉等调味品于土豆泥中一同搅拌，做成丸子入油锅炸。为防止外焦内生，油温不宜太高，土豆炸至焦黄，松软柔嫩的土豆丸子即成。

2. 拌凉土豆泥

土豆煮烂或者蒸熟后再去皮，放在盘子里捣烂成泥后加入香油、盐、胡椒粉、味精少许，再加入切碎的香菜、小葱拌均匀，这样做成的土豆泥清爽、易消化。

3. 做鲜菌菜肴

菌类浸水后，吸水过多会影响原味。鲜香菇、灵芝菇、金针菇等均可以即炒（草菇要先焯再炒）。如担心买来的菇菌不干净，就拿湿布拭抹来代替浸水，以保持菌类的鲜味。

4. 做干菌菜肴

猴头菇、松茸、茶树菇、牛肝菌等干菌，用水浸软后再焯，以用于煲汤或炒菜。

5. 炸鲜蘑菇

取 250 克鲜蘑菇，顺着纤维撕成 1.5 厘米长的长条并洗净。用双手将水挤干后撒上盐。再将 100 克面粉，1 个鸡蛋，五香粉、味精、盐少许一起加清水调成糊状。然后将撕好的鲜蘑菇每根都粘上面糊后再下锅炸成金黄色，这样外焦里嫩，别有风味。

6. 用香干瘦肉炒芹菜

用微量的滚油把切好的香干、瘦肉翻炒好盛出，再把芹菜放在热锅中翻炒两下，然后加入炒好的香干和瘦肉，加适量开水，稍炒即可出锅装盘。

7. 做粉蒸芹菜叶

将适量的面粉、精盐和味精放在洗净的芹菜叶中均匀地搅拌，放入笼屉中蒸至芹菜叶变软后关火，再和用陈醋、蒜泥、香油所调的汁搅拌后食用。

8. 用芹菜油炸素虾

洗净芹菜根须，根粗的可切成两三份，把生粉、虾粉、蛋清、食盐、味精、料酒、胡椒调成糊，把芹菜根"拖糊"放入烧至五分热的油中炸，待呈黄色时捞出装盘，此"虾"外焦里嫩，味道鲜美。

9. 用芹菜腌制小菜

芹菜去叶洗净，沥水后切成 1.5 厘米长，胡萝卜洗净切成 1 厘米长，和熟黄豆（或花生米）以 2∶1∶1 的比例在盆内搅拌均匀，放入罐中腌制半个月即可。

10. 炒苦瓜

将苦瓜用清水洗净后切成丝，把炒锅放在火上，不放油，待锅一热就将切好的苦瓜丝倒入锅内煸炒，要是太干可加一点水，炒熟起锅待用。如果是肉丝炒苦瓜，可先炒好肉丝后再倒入苦瓜丝拌匀，加作料后出锅。作料中可放适量的白糖，喜欢吃辣的也可在炒前先炸点辣椒。

11. 吃冬瓜皮

将冬瓜上的白霜和绒毛洗掉后削下冬瓜皮将其切成细丝，加入姜丝、葱花和小辣椒一起烧炒，起锅前再加点醋、盐、香油和味精。这样吃起来酸辣脆香，味道很好。

12. 吃西瓜皮

将厚皮西瓜的瓜瓤挖出后再去掉绿皮，擦成丝后可做西瓜糊吃。要多放点盐，还要加姜末、葱丝、味精、五香粉，最好打一个鸡蛋。

13. 炒莴笋皮

将莴笋洗净、剥皮、切成细丝。炒时，除加盐外，还可加入适量的糖、辣椒、醋或胡椒。莴笋皮味苦、有劲儿，加上调料后则五味俱全。

14. 用雪里蕻做扣肉

先腌一些鲜嫩的雪里蕻（500 克菜、100 克盐），做成咸菜，再放到背阴处晾干，待用时放进水里浸泡 1 天（除去咸味），即可切段用来做扣肉菜底儿。

15. 做香椿泥

将香椿芽加盐、捣烂后加入香油和辣椒，这样做成的香椿泥味道鲜美，香辣可口。

16. 做香椿蒜汁

将大蒜和香椿一起捣碎直至稀糊状，加入凉开水、油、盐、酱和醋做成香椿蒜汁，拌面条吃，风味独特。

17. 做笋味茄子柄

将茄子柄及其连带部分晒干后用作各种荤菜的配料，也可单独用来红烧、炖等烹制成菜肴，这样做出的茄子柄味如干笋，十分鲜美可口。

18. 食剩拌凉粉

拌凉粉一般都有大蒜，所以第二顿吃时不仅凉粉变硬、没有原来筋道柔软，而且还有怪味。这时，只要加入葱、姜丝再上锅炒一下，口感、味道又会重新变得很好。

19. 蒸吃豆（腐）渣

用双层屉蒸米饭时，上面放米饭下面放豆渣一起蒸。米饭熟后端去上屉，把下屉的豆渣再蒸10分钟左右，然后端下来放在室温下。加葱、油、姜、盐用小火炒到有香味。这样做出的豆渣完全没有豆腥味。豆渣冷却后也可放入冰箱，随吃随炒。

20. 茶叶拌豆腐

将泡过茶水的茶叶（绿茶最好）控干水、剁碎，放上味精、精盐、香油、葱末或蒜末一起搅拌，再放入豆腐一起拌。这样不仅清热降压，而且鲜美适口，别具风味。

21. 制素火腿肠

将洗好的胡萝卜和芋头上锅蒸熟后剥去芋头外皮并捣成泥，将胡萝卜的表皮剥掉并切成丝，放在一起。加味精、盐、姜末、香菜叶、香油、少许胡椒面、蛋清，搅拌均匀后摊在准备好的豆皮上，摊成条形并卷紧。在豆皮的外层抹上糊，能防止开裂。上锅蒸10分钟，等凉后装入塑料袋再放入冰箱。吃的时候放油里用温火炸透，外焦里嫩且呈浅黄色，切成片来吃清淡爽口。

22. 做珍珠翡翠白玉汤

把胡萝卜去皮后削成小圆球状，再将白萝卜切片后削成小齿轮状，放入清水锅里加精盐、大料、白糖一起煮10分钟。用淀粉勾芡后再将打好的

鸡蛋淋在锅里，随即倒入汤盘，撒味精、胡椒粉、香油少许，或者放几片香菜叶。色香味俱全的珍珠翡翠白玉汤就做好了。

23. 烹制清蒸鱼

烹制前将鱼放入沸水中烫一下再蒸，这样不仅可以去除腥味，更重要的是鱼身经沸水烫过后，表面的蛋白质迅速凝固，使蒸制过程中，水分不易从鱼体内渗出，从而保持鱼的鲜嫩度。

24. 做酸菜鱼

500克鲜活鲤鱼两条，除鳞、净膛，用清水洗净后将水控干，切上花刀（或者切段），拍上面粉待用。

锅热时倒入50克色拉油，待热到六成熟时再放鱼煎成两面微黄后放到盘内。将两瓣大料、八粒花椒放入锅内用剩油略炸后再放入姜片、葱段、蒜片直至炒出香味后放鱼。

鱼热后放少量料酒盖锅焖一下，再放切成段的红辣椒和半包四川泡菜，最后将溶有糖的半碗水倒入锅内并没过鱼。先用大火烧开后再用温火炖，中间将鱼身翻1次。鱼汤出现牛奶状时可以盛出，撒上香菜就可食用了。

25. 用葱烹鲫鱼

把葱放进锅里，放上鲫鱼后再盖层葱，然后放入水、酱油、醋、酒、糖等，水加至淹没鲫鱼为宜，以旺火烧煮。约2分钟后打开盖，浇上生油后再把盖盖上，约15分钟，待汤汁浓稠时盛起，这样做不但鱼肉鲜嫩，而且鱼骨酥透。

26. 腌大马哈鱼

将大马哈鱼去鳞、洗净，开膛取出内脏后撒适量的盐，再用塑料薄膜裹好，1天后取出晾干即可。食用时，先

将鱼切成大约两指宽的鱼段，放在盘中，放上葱花、姜末，在锅内蒸 20 分钟即可出锅食用。

27. 用鱼鳞做佳肴

将鱼鳞刮下并洗净放锅里再倒入一碗水，一起煮开约 15 分钟，鱼鳞成卷形。将煮鱼鳞的水倒进碗里，水凉后就成凉粉状的鱼鳞粉。同拌凉粉一样，用香油、蒜泥、盐、醋调拌即可食用，爽口好吃。

28. 制鱼干丸子

将鱼干裹上含咖喱粉的炸衣（务必包裹均匀），再用慢火反复煎炸，炸至金黄色时捞出，凉一会儿，即味美香脆的鱼干丸子。

29. 吃皮皮虾方法

（1）用淡盐水浸泡、蒸熟吃；

（2）蒸熟后蘸着调好的作料吃；

（3）去掉硬皮后剁成肉泥加入淀粉、作料氽丸子；

（4）挤出肉后拌着青菜做虾脑汤。

30. 烹制"清蒸蟹"

清蒸最能保持蟹的鲜味，为最正宗的做蟹方法。将蟹洗净下锅，加入中药紫苏或黄酒、生姜、食盐烧煮，可避寒解腥。

31. 烹制"醉蟹"

用绍兴酒、花椒、生姜、食盐、橘子等为作料烹制，密封 1 周后，即可食用。若温度高，可缩短至 3 天。食用前先将蟹切开，去除蟹脐（俗称蟹裹衣）及其他秽物，略洗原卤，切小块食用，味道鲜美。

32. 烹制"面拖蟹"

将洗净的蟹一分为二，抹上溶糊的面粉，入油锅中微炸。此法为传统民间家常小菜，既好吃又方便。

33. 爆羊肉片

羊肉入热油炒至半熟，加适量米醋炒干，然后加葱、姜、料酒、酱油、白糖、茴香等调料，起锅时再加青蒜或是蒜泥，腥味大减，味美香醇。锅内打上底油，以姜、蒜末炝锅，加羊肉煸至半熟，再放入大葱，接着加酱油、醋、料酒煸炒，起锅后淋上香油，味美，无腥膻。

34. 炒猪肉片

肉片要切得很薄，而且要横纹切，切好后放在漏勺里，在开水中晃动几下，待肉刚变色时起水，然后沥去水分下炒锅，3～4 分钟即可熟，这样炒出的肉片鲜嫩可口。

35. 烹肥猪肉

肥猪肉一般人都不愿意吃。经以下方法烹制，其味道会大不相同。将肥肉切成薄片，放入调料后，在锅里炖，等肥猪肉八九成熟时倒入事先调好的糊状腐乳（按每 500 克猪肉加 1 块腐乳的比例），再炖 3～5 分钟起锅，此法除油腻，增美味。烹制较肥的肉时，炝锅时可放入少许啤酒，这样不仅利于脂肪溶解，还能产生脂化反应，此法使菜看香而不腻。

36. 用可乐炖猪肉

在做红烧肉时放姜、葱、大料、酱油，再加 1/3 大桶的可乐后用微火炖熟。如果口重的在出锅前可加盐少量。用这样的方法来炖鸡、牛羊肉、鸡翅，味道同样鲜美。

37. 烹制糖醋排骨

烹制前把排骨腌渍透，需约 3～4 个小时，用清油过油（排骨炸后不会色泽灰暗）。锅里留底油，加蒜末爆香，加入适量清水、精盐、白糖、醋和少量水淀粉熬成糖汁，然后把排骨入锅翻炒。待锅中汤将尽时，改成小火，不断翻锅，此时糖汁已经变成浆状，稍不小心排骨就会烧煳。随着不断翻动糖汁会越来越稠，至锅底没有糖汁时即可。

38. 炸猪排方法

将沾有面包粉的猪排放入油锅中炸一两分钟，在翻面后继续炸半分钟，即可盛盘。然后将猪排立在网架上1分钟，可用这一期间的余热，让猪排全熟。

将炒锅烧热后放油，在烧至九成热时，加入姜末、葱花、酱油、白糖、清水、黄酒及味精少许，待搅拌后再烧至七成热，然后分批把排骨块下锅，每批约7分钟，待排骨断生后捞出沥油，等油锅的油温回升至七成热时，将排骨下锅再氽一次，待排骨由淡红变成深红色时，再捞出沥油，然后浇上适当的卤汁即成。

39. 猪爪烹制法

（1）水晶蹄膏：加水放入蹄爪、生姜、葱烧开，加适量的黄豆或去皮花生米，以文火烧烂，至皮肉分离并且骨髓溶化，捞出蹄爪，剔除骨头后，再把皮肉放入汤中，捞去葱姜，放适量盐、糖、酒、味精等调料，至煮成糊状，淋上麻油后盛入容器内，冷却至凝成冻状，取出切片即成。

（2）八戒踢球：把猪蹄爪入锅后煮烂，放入酱油、糖、姜、酒、葱等调料烹制，把猪蹄爪装盘，然后把提前做好的肉圆摆在四周即成。

（3）咸猪蹄爪：先将鲜猪蹄爪洗净沥干并劈开，用粗盐腌制约四五天后取出，再晒上三四天后挂在通风处贮藏。食用时，洗净后先加清水烧开，后放入酒、姜、葱等调料，以文火慢煮约一个半至两小时即成。

40. 做猪肝汤

用猪肝来制作汤菜，可以不用上浆，但是烹制时，要先将汤烧开，然后放进猪肝片。等到汤滚后撇去浮沫，即可将猪肝捞出。烹制出来的肝片黄且嫩，汤汁鲜而清。

41. 烹制猪肚

烹调猪肚时，先将猪肚烧熟，切成长块或长条。然后把切好的猪肚放到碗里面，加进一点汤水，再放在锅内，蒸煮1小时左右之后，猪肚会胀1倍，而且又脆又好吃。但要注意：千万不能够放盐，因为一旦放入盐，猪肚就会收缩变硬。

先去掉生猪肚的肚皮，再取出里层的肚仁，然后剞上花刀，放入油中一爆即起。最后加进调料即可成菜。

在烫洗猪肚的时候，如果采用盐水来擦洗，则可以使得炸出的猪肚格外脆嫩。

42. 制啤酒丸子

在搅肉馅时用水量是平时的一半，其余的用啤酒补足；搅匀后挤出丸子到已熟的白菜汤锅内，等丸子熟后再放入味精、香菜、胡椒粉即可食用。

43. 制剩米饭丸子

将葱、肉剁碎和面粉、剩米饭、调料一起拌匀后炸成丸子，500克肉馅里加入1小碗剩米饭，吃起来不但香酥可口而且不腻，比用纯肉炸出的丸子还好吃。

44. 炸柿丸子

将软柿子去掉蒂和皮后放进盆里再加适量面粉，用筷子将其搅成软面团状。再用小勺边做丸子边将其放进热油锅里,直至金黄色后再捞出就能食用。

45.炖骨头汤

把脊骨剁成段,放入清水浸泡半小时,洗掉血水,沥去水分,把骨头放进开水锅中烧开。将血沫除去,捞出骨头用清水洗干净,放入锅内,一次性加足冷水,加入适量葱、姜、蒜、料酒等调料,用旺火烧开,10～15分钟后再除去污沫,然后改用小火煮30分钟至1小时。炖烂后,除去葱姜和浮油,加入适量盐和少许味精,盛入器皿内,撒上葱花、蒜花或蒜泥食用。其肉质软嫩,汤色醇白,味道鲜美。

46.炸肉酱

先在黄酱中加点甜面酱调匀备用,用葱姜末炝锅后放入肉末煸炒,至肉末变色放入事先调好的黄酱,待酱起泡时改用小火,此时放入盐、糖、料酒,加入适量开水稍烹炒一下,起锅前淋上香油,拌匀即可食用。

47.做"可乐鸡"

把鸡洗净、剁成块后再放入锅里,这时再往锅里倒入可乐,最好可乐要能浸没鸡块。等开锅后再用小火炖40分钟左右就能食用了。

48.制鸡肝松

把鸡肝洗净,用开水烫一下,切成细块入锅,加入适量的酱油、糖和酒等调料炒至锅中汤汁消失,盛起后加入打散的蛋,搅拌均匀,鸡肝松即成。

49.用鸭骨熬汤

吃过盐水鸭肉后将剩下的头、颈和一些碎骨头渣放入锅内加清水先用大火煮沸后,再改用小火熬至乳白色,再放入胡椒、葱丝、味精,一碗美味可口的汤便制成了。

50.用榆钱煎蛋

将200克鲜嫩榆钱洗净、控干后待用。将3～4个鸡蛋打入碗内后加适量胡椒粉、精盐和水调匀。将50克葱头切成碎丁后用大油炒出味来,再倒入榆钱,将其煸炒均匀。随后倒入蛋液并用微火煎之,等两面煎成黄色后就能出锅。出锅后再将其切成小方块,趁热食用。这样不仅软嫩可口,味美香浓,而且营养丰富,并有保健作用。

51.用茄子摊鸡蛋

将较嫩的茄子去皮、切成筷子头大小的茄丁后炒熟并盛于碗中,等凉后再打入鸡蛋并加盐拌匀,这样摊出茄丁鸡蛋的味道十分独特。

52.做土豆摊鸡蛋

将中等大小的土豆去皮、切成细丝后用水清洗。把土豆丝放在大碗里后打进两三个鸡蛋并用筷子将鸡蛋和土豆丝打匀。将搅好的蛋糊摊在烧热的平锅中,等两面煎黄、土豆丝熟透就可出锅装盘,再撒上少许精盐、味精、胡椒粉。喜欢葱味的,还可以放葱花少许在蛋糊中一起摊。

53.做酱油荷包蛋

煎蛋时放入盐后往往难以均匀溶化,这时可用酱油代替盐。当鸡蛋成形时再倒入酱油,蛋熟后立即出锅就行,注意不要等变凉后再吃。

54.制豆浆鸡蛋羹

蒸豆浆鸡蛋羹时,将熟豆浆当水用,量比放水时要多1倍,甜咸可根据自己的口味放。做两次后能知道放豆浆的量。这种方法做出的豆浆鸡蛋羹十分鲜嫩可口。

55.用鲜蛋蒸肉饼

将4只鸡蛋分蛋黄蛋清打入碗内,

往蛋清里加碎猪肉100克，碎马蹄肉和适量生抽、酒、碎葱花、盐、清水调匀，再装入擦过油的盛器内，把鸡蛋黄置于其上，上锅蒸15分钟即可。

56. 用鲜鸭肠蒸蛋

往滚水里放入2副新鲜鸭肠，取出后切小块，加入适量生抽、姜汁、酒、生粉。随即把4只鸡蛋打入碗内，加盐搅打至起泡，装碟，放上鸭肠，置火蒸5分钟左右出锅，加入熟油、生抽，撒上葱花即可。

57. 制作虎皮鸽蛋

鸽蛋蛋壳较薄沸水下锅极易破。可将其洗净，放入冷水锅内上火煮熟，捞出后再放冷水中浸凉，去蛋壳以备用。炒锅烧热倒入生油，烧至七成熟，将去壳的鸽蛋放入酱油均匀地搅拌，入锅炸至呈金黄色、表皮起皱时捞出。炒锅内留余油，烧热后放入葱段及姜片炒香，然后加入适量清水、黄酒、白糖、酱油、茴香烧沸，再下鸽蛋卤制。

（六）食品自制

1. 制咖喱油

取花生油50克烧热，放入姜末和洋葱末各25克，炒至深黄色，取蒜泥12克和咖喱粉75克，炒透后加入香叶250克，再加入少许干辣椒和胡椒粉便可。若要稠一些，可再加适量面粉。

2. 制辣油

先将油用旺火烧热，放入姜葱炸至焦黄后捞出。熄火，等油温降至40℃左右后放入红尖辣椒末，用文火慢爆，等油呈红色时便可。

3. 制甜面酱

将1000克白面发面后像蒸馒头一样，上屉蒸熟。下锅后放入缸或锅里并用塑料布盖严，以保持温度。再放到阴暗、不透风的地方发酵，约3天左右便长出白毛。刷去部分白毛后掰碎放在两个干净的容器里。按每1000克白面配300克水、120克盐的比例倒入容器里并用木筷子搅拌溶解。放在日光下暴晒，每天搅拌三四次，约晒20多天就能制成甜面酱。酱晒成后，放入味精和白糖少量，上锅蒸10分钟。这样处理后的面酱，色、香、味俱佳，风味独特，可长期保存。

4. 做红辣椒酱

把红辣椒和盛菜的容器洗净、晾干，再加适量细盐于切碎的红辣椒中，搅拌均匀后装入瓶中压紧。放白酒（500克辣椒约3毫升白酒）和盐少许，覆盖上保鲜膜，封口后放在阴凉处。10～15天后红辣椒酱即可食用。

5. 用酱油淀粉制黄酱

用温火烧花生油并倒入适量酱油和葱末，再放上淀粉一起搅拌，等炒到一定稠度且与炸酱颜色相似时，便能够出锅了。

6. 制芥末酱

将芥末放入瓶中并加少量冷开水和适量盐调成稀糊状，拧紧盖后放在蒸锅顶层。等蒸食好后放入香油，香油要能完全覆盖住芥末酱，冷却后放入冰箱下层。这样就能随吃随取，一两月都不会变质。

7. 制韭菜花酱

将1500克鲜韭菜花、500克鲜姜、1000克梨全都洗净后用打碎机打碎，并放入200克盐一起搅拌均匀，装入玻璃瓶中再封严口即可。

8. 制色拉酱

取1只蛋黄、2茶匙醋、1茶匙辣

椒粉、半汤匙盐、少许辣酱油放入碗内一起拌匀，再取约200克色拉油慢慢加入，边拌边加，反复搅拌。直至均匀后，即成色拉酱。

9. 腌酸白菜

准备食盐150克、白菜3000克。挑选白菜时宜选高脚白菜（也叫箭杆白菜）。将白菜的老帮及黄叶去掉，用清水洗净，晾晒2天后收回。

把食盐逐层撒在晾晒好的白菜上，装入缸内，边装、边用木棒揉压，使菜汁渗出、白菜变软，等全部装完后，用石块压上腌渍。在制作过程中不能让油污和生水进入，以免变质。

隔天继续揉压，使缸内的菜体更加紧实，几天后，当缸内水分超出菜体时，可停止揉压。压上石块，把盖盖好，放在空气流通的地方使其自然发酵。发酵初期，若盐水表面泛起一层白水泡，不要紧张，这是正常发酵状态，几天后便会消失。1月左右即可食用。若白菜在缸内不动，则可保存4个月左右。一旦开缸，在1周内应处理完。

10. 腌辣白菜

准备白菜、姜、蒜、苹果、梨、辣椒面、盐、味精。将白菜外层去掉，用清水洗净，里外均匀地抹上盐，腌半天（注：辣白菜的制作从头到尾都不能沾一点油）；腌半天后，挤掉水分；把姜、蒜、苹果、梨剁末儿，梨、苹果用1/3或者一半即可。

加入适量凉开水，把辣椒面、味精、盐调匀（辣椒面的量看自己喜欢辣味的多少，也要看辣椒面的新鲜程度），把姜、蒜、苹果、梨末儿倒入辣椒中搅拌；从最内层开始，把调好的辣椒糊从里到外均匀抹在白菜上，抹

完后，放入一个带盖的容器中，（注意容器须洗净，一定不要有油，如果无盖的，可用保鲜膜封住），盖好盖，放进冰箱，3～5天后便可食用。

11. 腌甜酱菜

把大白菜心装进布袋，在甜面酱中浸三四个小时后放入腌缸，以每10千克白菜心加甜面酱5千克计算，每天翻动1次，坚持20天即可。

12. 腌蒜泥白菜

将大白菜晾晒、脱水，把菜帮和绿叶去除，切去菜疙瘩，用刀一切两片，划细条后切小斜刀块，然后晒干。按每20千克鲜菜出菜坯8千克、每3千克菜坯配加蒜泥0.6千克及精盐0.5千克的比例拌匀装坛，密封坛口。

13. 做酸菜

把白菜的老帮掰去，放入沸水中烫至七成熟，捞出来后用冷水冲洗，然后放入容器内，加入清水、少许明矾及一块面肥，然后用石头压住，把菜全部淹没在水中，1周后便可食用。

14. 腌红辣大头菜

取大头菜5000克、酱油500克、盐50克、辣椒粉100克。用清水将大头菜洗好，然后切成不分散的薄片放入缸中，用酱油泡2～3天，取出。把大头菜片均匀撒上辣椒粉、细盐，放入容器中焖5天即成。

15. 腌雪里蕻

将雪里蕻用清水洗干净，控干放在容器里。按单棵排列成层，每一层菜茎与叶要交错放。撒上盐和几十粒花椒，一次放足盐量，一般是每5千克菜用盐500克左右；上层多放下层少放，均匀揉搓，放在阴凉通风处并防止苍蝇等小

虫飞入。隔2天后，翻一翻；待到第5天时，在菜上铺一个干净的塑料袋，压上石头。半个月后翻一翻，再把石头压在上面，待脆透后即可食用。凉拌或加入黄豆、肉末一起热炒都别有风味。

16. 腌韭菜

将韭菜洗净、控水、切成碎段后用盐拌匀。再放入切成碎末的鲜姜和切成小丁的鸭梨(500克韭菜加1个梨)就行。腌韭菜鲜绿、汁不黏且易存放。用来拌豆腐、拌面条，味道都很好。

17. 腌韭菜花

先将2.5克明矾、10克鲜姜、125克盐捣成细末。再将500克韭菜花洗净并沥干，切碎后加入姜、盐等辅料及味精，搅拌均匀后加盖密封，每天最少搅动2次，7天后腌韭菜花就制成了。

18. 制榨菜

将鲜榨菜头剥去根皮后洗净、切成半寸左右厚的大块，再拌上辣椒面、姜末、盐、五香粉等调料后放在盆中用重物压榨一两天。再除去部分绿水，然后放坛中密封12天后再取出，榨菜就能食用了。

19. 腌"心里美"萝卜

将"心里美"萝卜洗净后切成小方块放于盆中，撒上精盐并反复揉搓直至均匀。等盐渗入萝卜后装入泡菜坛或大口瓶中，用凉白开水浸泡并要没过萝卜。放于阴凉通风处，3日后就可食用，清淡可口、酸甜酥脆。

20. 腌酸辣萝卜干

取白萝卜5000克、白醋500克、精盐200克、白糖150克、白酒25克、辣椒面50克、花椒面15克、八角2枚。将萝卜须削去，洗净，切成长5厘米、宽1厘米的方条，晾晒至八成干；将精盐、白醋、白糖、辣椒面、味精、八角和花椒面撒在萝卜条上揉匀，然后淋上白酒并放入坛内，用水密封坛口，两周后即可食用。

21. 制"牛筋"萝卜片

选象牙白的萝卜，将顶根去掉直至见到白肉，再切成0.5厘米厚的半圆片放在干净平板上晾晒，隔天翻1次，晾晒3～5天或7～8天就能干。取500克酱油加适量水，与桂皮、八角、花椒一同煮沸，等凉后与萝卜片一起放入容器内腌制。上压一块石板，防止萝卜片浮起。腌时，颜色重可加点凉白开水，味淡可加点凉盐开水。为使容器盖通气，用木条将盖板架起。腌好后放在阴凉通风处，大约5天就能食用。

22. 腌酱黄瓜

取小黄瓜500克、甜面酱350克、精盐100克。用清水将小黄瓜洗净，一层小黄瓜撒上一层盐放入瓷缸内，盐腌15天(每天至少翻搅1次)；把用盐腌后的小黄瓜用清水洗净后浸泡1天，然后捞出，把水分沥净、晾干；把晾干的小黄瓜放进甜面酱中，酱腌8～10天即可(须经常翻搅)。

23. 腌酱辣黄瓜

取腌黄瓜8000克、白糖30克、干辣椒80克、面酱4000克。用清水将黄瓜洗一下，切成厚3厘米的方块，用水浸泡1小时，中间需换2次水，捞出后控干，装入内外洁净的布袋中(布袋内不可沾上污物)，投入面酱里浸泡，每天翻动2～3次；腌制6～7天后，开袋把黄瓜片倒出，控干咸汁，均匀拌入白糖和干辣椒丝，3天后黄瓜片表皮干亮即成。

24. 腌酱莴笋

取肥大嫩莴笋 3000 克、豆瓣酱 150 克、食盐 50 克。把莴笋洗净，削去外皮；放入消毒干净的小缸内用盐均匀腌渍，置于阳光下晒干；把豆瓣酱均匀涂抹在莴笋上，重新放入小缸内腌渍。3~4 天后，即可食用。

25. 制莴苣干

将鲜莴苣去皮后剖成 4 瓣或 8 瓣（不要将顶端切开）挂在绳上或铁丝上，晾干后装入塑料袋中，将袋口扎紧。冬天食用时要洗净、切段。

26. 腌蒜茄子

将一些中小型的茄子洗净后不去把。上锅蒸熟，等凉了用刀切三五下不切透。在每片之间抹些蒜泥和盐后放入大瓶或大碗内，盖好盖子。放在阴凉处或者放在冰箱内保鲜，大约 10 天后就可以吃了。吃时用干净筷子拿出一两个，将茄子把去掉，放入盘中加点香油就行了。

27. 腌五香辣椒

取辣椒 1000 克、五香粉 100 克、盐 100 克。用清水将辣椒洗净，晒成半干，把五香粉、盐均匀撒在半干辣椒上，入缸密封。15 天后即可食用。

28. 制干脆辣椒

取无虫眼、无破损而且比较老的数千克辣椒洗净、去蒂，放进开水中烫 1 分钟左右捞出，并在太阳下暴晒 1 天，直至两面成白色后剪成两瓣，用味精、盐腌 1~2 天后晒至全干，再装入塑料袋。吃时可用油炸成金黄色，这样就能香、脆、咸、鲜、微辣，是下饭、下酒的好菜。如果保持干燥，3 年都不会变质。

29. 制糖醋姜

将 500 克嫩姜用水泡后刮净姜上的薄皮，洗净控干后再切成薄片装入瓶中，用糖醋泡几天即可食用。

30. 腌糖蒜

准备鲜蒜 5000 克、红糖 1000 克、精盐 500 克、醋 500 克。将鲜蒜头切去，放入清水中泡 5~7 天（每天须换 1 次水）；用精盐将泡过后的蒜腌着，每天要翻 1 次，当腌至第 4 天时捞出晒干；将红糖、醋倒入水煮开（需加水 3500 克），端离火口凉透；将处理好的蒜装入坛，把凉透的水倒入，腌 7 天即可食用。

31. 腌糖醋蒜

将 1000 克紫皮蒜去根与皮后泡入水中并且每天换水，3 天后沥干，再与 500 克白糖、800 克醋拌匀，装入坛中并扎紧坛口，要经常摇晃坛子，约 1 个月后，糖醋蒜就腌成了。

32. 制北京甜辣萝卜干

将 1000 克萝卜用清水洗净后切成 6 厘米左右的长条萝卜块，最好刀刀都能见皮，将条块萝卜放入 70 克盐中，一层萝卜一层盐腌渍，每天翻搅 2 次。2 天后倒出来晾晒，等半干后用清水洗净，拌入 50 克辣糊、250 克白糖，北京甜辣萝卜干就做成了。

33. 制上海什锦菜

根据不同的口味，随意取些咸青萝卜丝、大头菜丝、咸红干丝、咸白萝卜丝、咸地姜片、咸生瓜丁、咸萝卜丁、咸青尖椒、咸宝塔菜等。数量种类由自己确定。将菜加水浸泡，翻动数次，2 小时后再捞出沥水。压榨 1 小时后，再在甜面酱中浸泡 1 天，捞出装袋，将袋口扎好，再放入缸酱中腌 3 天，每天需要翻搅 2 次。3 天后便可出袋，加入生姜丝后，再用原汁甜面酱复浸，同时加入适量糖精、砂糖、味精，每天翻搅 2 次，2 天后便可捞出，美味的上海什锦菜就做好了。

34. 制天津盐水蘑菇

取 1 克焦亚硫酸放入 5000 克清水中，倒入 5000 克新鲜蘑菇一起浸泡 10 分钟捞出，用清水反复冲洗后，再倒入浓度为 10% 的盐水溶液，沸煮 8 分钟左右，捞出后用冷水冲凉。再加入 1500 克精盐，一层层地将蘑菇装入缸中，腌制 2 天后再换个容器。再将 110 克盐放入 500 克水中，将其煮沸后溶解，冷却，再加 10 克柠檬酸调匀，倒入容器内，10 天后盖上盖。几天后，天津盐水蘑菇就制成了。

35. 制山西芥菜丝

将芥菜上的毛须及疤痕去掉后洗净、擦干，切成细丝。等锅内的植物油七成热后放入适量花椒炸成花椒油，再倒入芥菜丝翻炒。加入精盐适量，翻搅均匀后出锅、晾凉，装入罐中，盖严，放在北边的窗台上。约 1 个月后就能食用，风味独特。

36. 制湖南茄干

将茄子切掉蒂柄后洗净，再放入沸水中加盖烧煮，在还没有熟透时就要捞出晾凉。

把茄子纵向剖成两瓣，再用刀将茄肉划成相连的 4 条。按 20∶1 的比例在茄肉上撒些盐，揉搓均匀，然后剖面向上地铺在陶盆里腌大约 12～18 小时。

最后捞出暴晒 2～3 天，每隔 4 小时翻 1 次。然后，放清水浸泡 20 分钟，再捞出晾晒至表皮没有水汁。把茄子切成 2 厘米宽、4 厘米长的小块，拌些豆豉、腌红辣椒，再加入食盐，装入泡菜坛，扣上碗盖。15 天后湖南茄干就制成了。

37. 制四川泡菜

将 150 克红尖椒、350 克盐、150 克姜片、5 克花椒、150 克黄酒，一起放入装有 5000 克冷开水的泡菜坛中，将其调匀。

再将菜洗净后切成块，晾至表面稍干后装入坛中，在坛口水槽内放上些凉开水，扣上坛盖，放于阴凉处，7 天后便可食用。

泡菜吃完后，可再加些蔬菜重新泡制，3 天后即可食用。

38. 制南京酱瓜

取菜瓜 5000 克，先去籽除瓤，再拌入 150 克细盐，若是上午入缸，下午就要倒出缸。

第二天加 500 克盐后再腌 10 天。然后再加 250 克盐，腌第三次，过 15 天左右取出，将水分挤干。放在清水中浸泡 7 小时左右，挤去水分。放进稀甜面酱中酱渍 12 小时。

再用 50 克白糖、1000 克甜面酱、60 克酱油，拌匀后酱渍。夏天酱 2 天，冬天酱 4 天，这样南京酱瓜便可做成。

39. 腌镇江香菜心

将莴笋 5000 克去皮，先用盐 500 克腌 3 天，每天最少翻搅 2 次。4 天后取出，并沥去卤汁；第二天，再用 350 克盐腌 2 天，每天最少翻搅 2 次，捞出沥去卤汁。

最后用 250 克盐腌 2 天，每天最少翻搅 1 次，2 天后取出时将笋切成条或片，放入清水脱盐。夏季半小时、冬季 2 小时后捞出沥干，浸入回笼甜面酱中，2 天后将其捞出。12 小时后再浸入放有安息香酸钾、甜面酱的混合酱中，酱渍 7 天。最后放入由 10 克味精、2500 克甜面酱、250 克食盐、500 克白糖、10 克安息香酸钾、2000 克清水调制成的卤水，可久存的镇江香菜心就制成了。

40．制西式泡菜

把鲜嫩的圆白菜切成小块后配上少许黄瓜片、胡萝卜片，用水淋一下后放入干净且无油污的瓷瓦盆内，再放入少许花椒粒、几个干红辣椒。大约 1000 克圆白菜中加 30 克白糖、10 克精盐、20 克白醋拌匀即可食用，次日味道最佳。

41．腌制韩国泡菜

选无病虫危害、色泽鲜艳、嫩绿的新鲜白菜，去根后把白菜平均切成 3 份，用手轻轻将白菜分开（2 ～ 5 千克的分成两份，5 千克以上分成 4 份）。然后放入容器中均匀地撒上海盐（上面用平板压住，使其盐渍均匀）。6 小时后上下翻动 1 次，再过 6 小时，用清水冲洗，冲净的白菜倒放在凉菜网上自然控水 4 小时备用。

去掉生姜皮，把大蒜捣碎成泥，将小葱斜切成丝状，洋葱切成丝状，韭菜切成 1 ～ 2 厘米的小段，白萝卜擦成细丝。将切好的调料混匀放入容器中，把稀糊状的熟面粉加入，然后放入适量的虾油、辣椒粉、虾酱，搅匀压实 3 ～ 5 分钟。把控好水的白菜放在菜板上，用配好的调料从里到外均匀地抹入每层菜叶中，用白菜的外叶将整个白菜包紧放入坛中，封好，发酵 3 ～ 5 天后即成。

42．制朝鲜辣白菜

将白菜洗净后切成较宽的长条，撒上姜末、细盐、蒜末和辣椒面；蒜末要多些，姜末要少，辣椒面用量根据喜辣程度而定。最后浇上适量的白醋再加以搅拌就做成了。若加入梨丝、黄瓜条，不仅颜色好看，吃起来更是爽口清香。

43．做酸甜莲藕

取莲藕 500 克（注意：要选择鲜嫩的莲藕做原料）、香油、料酒各 5 克、花生油 30 克、花椒 10 粒、白糖 35 克、精盐 1 克、米醋 10 克、葱花少许。

将莲藕去节，削皮，粗节一剖两半，切成薄片，用清水漂洗干净。炒锅置火上，放入花生油，烧至七成热，投入花椒，炸香后捞出，再下葱花略煸，倒入藕片翻炒，加入白糖、米醋、料酒、精盐继续翻炒，待藕片成熟，淋入香油即成。

44．西瓜皮拌榨菜丝

将去瓤、削皮的西瓜皮切成条、块或丝状，再放些盐和榨菜，不放任何配料。一盘清香爽口的凉菜就做成了。

45．自制粉皮妙法

首先用白铁皮制成直径 24 厘米的圆盘若干只。取淀粉 1000 克，陆续加水拌成粉浆（需稀糊状），再均匀搅拌溶解于水后的 4 克明矾溶液。准备沸水 1 锅，然后在圆盘中抹油，需浮在沸水上，等烫热后，倒粉浆 1 汤匙于圆盘内，摊平摇摆粉浆，盖上盖子。待表面粉皮干燥后，将圆盘放进冷水盆中，浮于水面后冷却揭下就是一张粉皮。粉皮均匀而薄为佳。

46．做广式杏仁豆腐

先取 500 克牛奶与 250 克栗粉，将其搅拌调稀、过滤；再取 500 克鲜奶加 350 克水煮开，过滤后再煮开，和先前调好的栗粉浆一起煮至起大泡，将蛋清 150 克抽打起泡后，倒入其中，然后晾透，再放入冰箱中冻成豆腐。然后将杏仁 125 克浸泡去皮，炖软；鲜奶 1250 克和糖 500 克烧开，同放入冰箱冷冻。食用时，取豆腐切成片状，分别放入豆腐糖水和炖过的杏仁，即可制成广式杏仁豆腐。

47. 做豆腐花

将黄豆用水浸泡3小时左右，把豆皮洗去，加入清水磨碎，再用纱布滤去豆渣。将豆浆水煮沸。取适量石膏粉、栗粉与清水250克调匀，一手拿煮沸的豆浆，一手拿石膏粉水，同时倒入大盆中，使两者水柱冲撞，不要搅动，用盆盖盖好。待过20分钟后即成豆腐花，食用时可适量加入各种调料。

48. 做风味豆腐脑

先在锅里打卤，再放入豆腐脑，只要开锅就做好了。还有更快捷的，水烧开后放入豆腐脑煮一下就可以。加入合意的调料后很是清爽可口。

49. 做冻豆腐

在寒冬腊月，把豆腐放在室外摊开，任它受寒冰冻，直到出现蜂窝状，即成冻豆腐，即可随意烹调食用。

50. 做奶豆腐

将变酸的奶放在火上煮开后，奶与水自然就会分离，再把酸水滗出来不用（也可加糖喝），把余下来的奶渣继续熬煮，并不时地用勺翻炒，直至成奶糖块状，即为奶豆腐。

51. 自制臭豆腐

将切成扁方形豆腐放入开水锅里煮沸5分钟左右晾干，然后分层码放到小盆里，并在每层上撒些葱末、姜末、盐、五香粉、味精等调味品，最后盖好盆盖发酵4～8小时，冷天时间需略长，即可制成美味可口的臭豆腐了。

52. 制速食海带

用凉水将干海带泡发，用清水将其清洗干净，然后将其逐条卷成海带卷，放入蒸锅屉上，蒸40分钟左右。将海带卷晾凉后切成细丝状，再摊开晾干或者放在暖气片上烘干均可，再放入塑料食品袋中。吃时再用适量开水泡发，炒菜或凉拌都非常方便。

53. 制鱼鳞冻

将新鲜或冰冻过的鱼用清水洗干净，刮下的鱼鳞再洗一次。放入铝锅中加水适量煮至鱼鳞变软，将过滤后的汤汁放入冰箱冷却。过夜后洁白、高营养的鱼鳞冻就能制成。加放调料，味道鲜美。

54. 制糟鱼

将鲜鱼掏出内脏、去鳞后放阴凉处吹干。先在鱼背上切几个刀口，将盐均匀涂抹于各处后再悬挂阴凉处。等鱼水分蒸发后再切成棋子般大小各块放于容器中。每放两层鱼撒一层调料，最后一层用调料封顶，放阴凉通风处30天即可食用。取出鱼段后放半勺糖、半勺醋、两勺植物油，姜、葱、蒜少许，放入锅中蒸15分钟后就能食用。甜咸适度，柔韧有嚼头。

55. 制五香鱼

将鱼洗净、切段后控干。将蒜、姜各3克拍碎并倒入白糖、酱油、味精、五香粉、适量酒，一起拌匀。当鱼炸至发黄后立即捞出放入料汁中，浸泡1分钟左右即可食用。

56. 做鱼干

将2汤匙食盐加入1杯水中，把小鱼放进盐水里浸1分钟左右后用线把小鱼一个个穿在一起，放在日光下晒3～4个小时，即可成美味的鱼干。

57. 做人造海参

肉皮洗净后沥干，将其切成条状，

放入油锅中炸透，然后挂起来风干，经胀发后即成。

58. 做人造海蜇皮

将肉皮表面的脂肪刮去，浸泡在60℃左右的温水中，10分钟左右后，再放入 pH 值为 3.5 的稀盐酸溶液中，泡 30 分钟左右后将其切成细丝，再放入 0.5% 的稀氢氧化钠溶液中，浸泡 5 分钟左右后，将其反复洗净即可。

59. 做黄豆肉冻

用清水将肉洗净后，切成肉丁，放入炒锅内炒，待炒熟后加入适量的盐、糖、水、酱油，稍微煮一下，将胡萝卜丁、黄豆也放入，待煮烂后，放入适量琼脂，等琼脂完全被溶化后起锅，待完全凉后，即可成黄豆冻。

60. 做五香酱牛肉

先将膘肥牛肉的骨头剔掉，然后用清水将其洗干净，漂去血水，再把它切成 1 厘米左右的方块状。将黄豆酱和适量水拌匀后，放入旺火上煮 1 小时，待煮沸后将汤面浮酱捞净，再将小方块牛肉放入汤中煮沸，加入茴香、橘皮、黄酒、盐、生姜、糖等调料，用旺火再煮 4 小时左右（随时注意除去汤面浮物），在煮的过程中要翻动几次，以防烧不透。最后再用文火煮 4 小时左右（要不时地翻动），即成五香酱牛肉。

61. 做苏州酱肉

取皮薄肉嫩、带皮肋条的肉 1000 克，用清水洗净后切成长方块。在肉上撒些盐和硝酸钾水溶液，再在肉表面上擦上精盐，待放置 5 ~ 6 小时后，放进盐卤缸中腌制，冬季腌 2 天左右，春秋季腌 12 小时左右，夏季 4 ~ 5 小时即可。将水煮沸，放入 2 克大茴香、1.5 克橘皮、10 克葱及 2 克生姜，再将肉料沥干后投入，用旺火烧开，加入 30 克黄酒、30克酱酒，用小火煮 2 小时左右，待皮微黄时加 10 克食糖，半小时后即可出锅。

62. 腊肉的腌制

肥瘦适宜去皮、去骨的鲜猪肉 10千克，大小茴香、桂皮、细盐 700 克，花椒、胡椒共 100 克，60 度白酒 300 克，酱油 350 克，葡萄、糖各 50 克、白糖 400 克，冷开水 500 克。

把大小茴香、花椒、桂皮、胡椒焙干碾细和其他调料拌和，把肉切成 4×6×35 厘米，放入调料中搓拌，拌好后放入盆中腌制。腌 3 天后翻一次，再腌 4 天后捞出，放入洁净的冷水中漂洗，洗好后放在干燥、阴凉、通风处晾干。

以杉、柏锯末或玉米心、花生壳、瓜子壳、棉花、芝麻夹等作熏料。熏火要小，内温度控制在 50℃ ~ 60℃，烟要浓，每隔 4 小时翻动 1 次。

熏到表面全黄（约 24 小时）后放置 10 天左右，吊于干燥、通风、阴凉处即成。

让它自然成熟可保存 5 个月；放在厚 3 厘米生石灰的坛内密封坛口可保存 3 个月；装入塑料食品袋中扎紧口，埋于草木灰或粮食中可保存 1 年以上。

63. 做卤肉

用乳腐卤、甜面酱、豆瓣酱、白砂糖、白酒等配成的卤汁，将五花肉洗净后沥干，切成 3 厘米左右的肉条，用绳子将肉条串好，浸入卤汁中浸泡 12 小时，取出来后，放到太阳下晒，晚上继续浸入卤汁，早上再放到太阳下晒，大约 2 ~ 3 天后，卤汁便会全部吸透，用蜡纸包好，晾在通风处，两星期后即可。

64. 做香肠

准备主料：750 克瘦猪肉，250 克肥猪肉；辅料 100 克糖、100 克白酒、40 克盐、姜粉、味精、五香粉。将主料分别切成蚕豆粒大的肉丁并拌和在一起，加入辅料拌匀（若有红葡萄酒加入一点可使香肠颜色更红）。用温水将肠泡软后再用清水将其洗干净，一端用线把封口扎住，另一端套在漏斗嘴上，把肉丁灌入肠内。将针消毒用针在肠上扎些小孔，以排除其内的空气和水分，再将肉挤紧，用消过毒的细线按适当长度一节节扎好，挂在通风处，直至晾干即可。

65. 速制咸肉

将需腌制的鸡、鸭、鱼、肉等洗净后用盐擦遍后放在大碗或盆内，再放几粒大料花椒，用面积差不多大小的铁片或石块压上。再另用一个塑料袋将碗或盆包上，放在冰箱内的抽盒上，四五天后咸度适宜、又香又可口的咸肉就能食用了。

66. 加酒腌蛋

将 25 克花椒、750 克盐加水煮开，待水凉后倒入装有蛋的坛内，水要淹没鸭蛋。再倒入 50 ~ 100 克白酒（可促使蛋黄出油）。将坛口封好，20 天左右便可食用。

67. 用盐水腌蛋

将鸭蛋浸泡在碱水中，然后将开水和盐煮成饱和盐水溶液。将浸泡过的鸭蛋放入晾凉的饱和盐水溶液中，加盖。若放在气温在 15℃ 以上的地方，腌 20 天即可。

68. 用菜卤腌蛋

将腌菜的菜卤煮沸后，把沫去掉，倒入罐内，待冷却后，将鸭蛋放入浸泡 30 天左右，即可成黑心的咸蛋。

69. 用稻草灰腌蛋

把蛋放在浓米汤中浸泡一下，在蛋的大头周围沾上些稻草灰、小头则蘸上些盐，大头朝下，一层层把它们放入坛内，用黄泥把口封好，过 15 天便可食用。

70. 制绿茶皮蛋

将 75 克食盐、750 克生石灰、25 克绿荷叶、75 驼参一起放入陶制容器，倒入 3 千克开水搅匀并盖上盖。等罐内的沸腾声停止后再打开盖，用木棍搅拌均匀、冷却。放入鲜鸭蛋（鸡蛋）50 个，并加黄泥和盐水少许拌匀，封严罐。1 个月后即可食用。

（七）甜品自制

1. 制冰糖西瓜

把西瓜去籽，切成小方丁置入盛器，入冰箱内冷冻约 70 分钟。取一只锅置于火上，加入清水、冰糖和白糖，熬化后撇去浮沫，装入大碗冷却后放入冰箱冷藏。食用时把西瓜方丁、冰糖水混合即可。

2. 制西瓜冻

一个西瓜、200 克藕粉用水调至稀糊状，20 克桂花糖，200 克蜂蜜，8 粒乌梅用清水洗净后，去核、切碎。将西瓜洗净、切成两半、去籽、取汁后入锅点火，加入桂花糖和乌梅煮沸，再将藕粉糊倒入锅中后搅匀煮；加入蜂蜜调匀后装入深盘中，放入冰箱后便能很快凝结成味香色美的西瓜冻。吃时用刀切成小块即可。

3. 制西瓜酱

把厚皮西瓜削皮，去籽切碎后，放入锅内以文火炖软，再加入葡萄糖和白糖各 50 克，琼脂或果冻粉适量，继续熬至其浓缩成甜西瓜酱。或者把西瓜去硬皮和籽倒入坛中，放入适量发酵后的黄豆、食盐拌匀，再用纱布封口。此后，每天搅拌 14 次，当有泡沫出现时，可用勺子盛出倒掉，待到 15～40 天后，西瓜豆瓣酱即成。

4. 做糖橘皮

用清水将橘皮洗净后放入糖中浸泡，待 1 个星期后再将糖和橘皮一起放入锅中烧煮，冷却后晾干，即成了糖橘皮，同样也可当作点心糕饼的配料。

5. 制陈皮和柑橘皮酱

将晒干的柑橘皮放于瓷锅内用清冷水浸泡，每天换水，连换 3 次后取出。放在瓷盆中加盐蒸 15～20 分钟后取出晒凉，隔天再蒸第二次。取出后将柑橘皮切细再蒸 3 次后取出再加入白糖和甘草末，调和后晒干即可食用。将晒干的柑橘皮与酸梅汁放于坛中密封浸泡半月以上，如果柑橘皮被泡软了，就能捣碎成酱状并食用。

6. 做金橘饼

取 50 克明矾粉、100 克食盐用开水把它们配制成溶液，再取鲜金橘 2500克，用小刀在其周围切出螺纹后放入溶液中浸泡 12 小时左右，然后将金橘取出来晾干，用开水冲泡，去核压扁，再用清水将咸辣味漂去，过 3 小时左右换一次水，将其晾干，再用 1300 克砂糖与金橘逐层拌和，糖渍 5 天后连同糖浆一起倒入铝锅内用小火烧煮，再把 700克砂糖陆续加入，使糖汁逐渐渗透到金橘内部，当表面显出光泽时即可成清香可口的金橘饼。做好的金橘饼可放在原来的糖浆中，也可贮存在瓷器容器中。

7. 做果汁冻

首先将洋菜与 200 克果汁同煮，待洋菜化后加入一匙白糖，将其拌匀，然后放在小火上加热，使糖逐渐溶化，直到煮沸，待凉后倒入杯中，放入冰箱即可。

8. 制葡萄冻

取 1000 克优质葡萄浸泡在 140 克食醋中片刻，用清水将其清洗干净，放入干净的罐内，填紧。将 25 克盐、500克糖、少许胡椒、一小块桂皮加清水煮开，冷却 10 分钟左右后，将渣滤除，倒进装有葡萄的罐内，搁水连罐蒸 6 分钟左右，晾凉即可。

9. 做豆沙

把红豆放入冷水中浸泡 1 小时左右，用文火将其焖煮 2 小时左右，待红豆煮烂后用细筛将豆皮筛去，把水分滤去，放入锅中，加油、糖、水，用旺火熬并同时翻动，当熬至呈稠厚状时再起锅，冷却后即可成豆沙。

10. 制脆苹果

把鲜苹果去掉皮、核后，切成约 1 厘米厚的方条或块、丝，放入适量的味精、精盐、香油，拌匀后就能食用，微甜爽口。

11. 制苹果酱

取 100 克苹果洗净、晾干后切成小块;400 克冰糖加水以文火煮化;酒曲 1个并碾碎。将冰糖水、苹果、酒曲混合后装入干净的小缸内密封;两周后，每日打开并搅拌 10 分钟以便空气进入。再两周后，苹果醋就制成了。

12. 制草莓冻

500 克草莓、琼脂 4 克、冰糖 200克。将琼脂放入清水中浸泡后捞出再放入 100 克清水中加热使其溶化，放入冰糖。水沸后再放入洗净的草莓，等水再次煮沸后 1～2 分钟就可以倒入干净的容器中，等凉后放入冰箱冷藏。这样做出的草莓冻不仅清凉剔透，而且还保留草莓味。

13. 制草莓酱

准备草莓、蜂蜜、牛奶、白糖、柠檬。将草莓用清水洗净后切成小块，放进小锅里。加水（要刚好没过草莓）。用小火煮20分钟左右，然后再加入少许鲜奶。将火调小，加入蜂蜜，开始慢慢地熬，约20分钟左右，草莓酱会慢慢地变成黏稠状，这时，加入半个柠檬，这样，不但可以使味道非常清新，而且还能起到凝固作用。待把果酱放凉后，就可以装瓶，并要加盖密封，把瓶子放入开水中消毒20分钟，取出保存即可。

14. 制香蕉草莓酱

将500克草莓洗净后放入搅拌机内，再倒入150～200克鲜奶和适量白糖、半根或一根香蕉一起搅拌成糊状后，放微波炉玻璃器皿内，再用高火加热3分钟。这样做出的香蕉草莓酱口感很好，可以保质1个月左右。

15. 制蜂蜜芝麻酱

蜂蜜和芝麻酱都是营养丰富又美味的食品，将它们按比例调匀后再涂抹在面包或饼干上，不仅味道很好而且通便去火。

16. 做醉葡萄

取优质葡萄晾干后倒入干净的瓶子内，加入适量的白糖，倒入相当于瓶子容量1/2或1/3的白酒，摇晃均匀后密封保存，以后每隔3天开盖放一次空气，10天左右便可食用。其味道又酸又甜，并有浓郁的酒香。

17. 做醉枣

把无损伤、无虫眼优质新鲜的红枣用清水洗干净，按1∶3的比例把红枣

和60度的白酒加入到没有装过油、盐、酱、醋的干净缸、坛内，拌匀后贮存，然后盖严实，用干净的塑料纸或者黄泥将口封住，不要随便将盖开启，1个月左右即可成醉枣。

18. 做蜜枣

将500克小枣用清水洗净后放入砂锅中，加750克清水烧开再转用小火熬煮。八成熟时加入75克蜂蜜再煮至熟后晾凉，盖上保鲜纸放入冰箱内，就能够随食随取，并有润肠、止咳的食疗作用。

19. 做蜜枣罐头

将上好的小枣洗净，用热水泡两小时后装入罐头瓶中至八成满。将蜂蜜60克均匀地浇在上面，不要盖瓶盖。上锅蒸1小时出锅，马上盖严、放于阴凉处，可以随吃随取，是体弱者和老年人的保健补品。

20. 制红果罐头

将1斤新鲜红果用清水洗净后去核、切片，装进带有盖的容器里，然后再放入适量的白糖（可根据自己的口味来放），倒入开水后把盖封好，待凉后放进冰箱，约3天后即可食用。

21. 制水果罐头

将山楂横断切开后去籽，将水煮开后放入已经去掉皮、籽的桃、梨、苹果等水果，接着再放入蜂蜜、糖、桂花、盐少许，这时罐头已经香味扑鼻、酸甜可口了。装缸放入冰箱，能保持一周时间。

22. 家庭制蛋糕

将鸡蛋9个，搅拌至乳状后，加入100～500克白糖再搅拌。

再加入400克面粉和1克食用苏打粉搅成稀面糊，倒入有少量花生油的烤盘上。

当烤箱温度达300℃时，把烤盘放

入烤箱上层；用旺火烤 10 分钟再取出，并在上面抹食用油，加点金糕条和瓜子仁。再放入烤箱下层，用微火烤 5 分钟，蛋糕就制成了。

23．制"水晶盏"

鸭梨、苹果各 2 个洗净去核并切成 1 厘米方块，橘子或广柑 7 个去皮、去籽切成小方块；将其放入砂锅中，倒入 100 克凉水，加入一小瓶荔枝罐头将其一块煮开，5 分钟后再加入 50 克冰糖。等凉后倒入瓷盆中，盖上保鲜纸放入冰箱冷藏，可随吃随取。

24．制橘皮酥

橘皮酥酥甜微苦、香味浓郁，能润肺止咳、化痰，老幼皆宜。

将橘皮用刀片去掉内侧的白筋后切成细丝，铺散开后自然干燥片刻。

将油放入锅内并烧至六七成热，将橘皮丝放入油里炸，颜色变成金黄色后捞出。凉后将橘皮丝放在干净盘子里，撒些白糖，橘皮酥就制成了。

25．做山楂糕

将 1000 克山楂劈为两半放入锅中煮，待煮熟后再用细铜筛将其滤成酱状，然后倒入铝锅中，加水将其煮开，然后再放入 1000 克白砂糖，待白砂糖溶化后，再用文火煮至 60 度的糖度，便可装入盒里冷却，再把它切成长方形，便成山楂糕。

26．做绿豆糕

将 2500 克绿豆粉过筛后，加入 2000 克糖、50 克桂花均匀搅拌。在蒸笼屉内铺上一层纸，铺入糕粉，压平，撒上些细粉，再用油纸压平，切成正方形小块，待蒸熟冷却，即可成绿豆糕。（注：若用绿豆制作，需煮烂，将皮去掉并挤去水分。）

27．做重阳糕

在小块胡桃肉、芝麻内加入 250 克白糖、糯米粉及 500 克粳米粉拌成馅心。按 4：6 的比例将粳米粉、糯米粉倒入盆内，加 750 克清水、500 克糖油，拌至松散均匀，静置 1 小时以上，让糖油水渗透到粉里。将糕面分成 3 块，一块染成玫瑰红、一块染成苹果绿，一块用本色。再用细绷筛把糕面筛成粉粒形状。垫上纱布，铺上白糕面，上铺馅心，再铺绿色糕面，又铺馅心，最上面铺上玫瑰红糕面，表面再撒红绿丝、核桃肉、瓜子仁、芝麻。然后上蒸笼，用旺火蒸 30 分钟，用手指轻轻按压糕面，有弹性即可取下，切成斜块后即成重阳糕。

28．制豆沙粽

将 500 克豆沙放入 250 克猪油里炒匀、炒透，同时加入 250 克糖，出锅后再加少许糖桂花。将粽叶折成斗状后填进豆沙馅和糯米，包成五角方底的粽子状，扎紧后煮熟。

29．制百果粽

将萝卜、青梅、冬瓜条各 25 克用白糖水煮后并沥干水分，再放入白糖腌渍一天。加入杏仁、葡萄干、红绿丝、瓜子仁各 15 克，制成百果馅。取粽叶折成斗状并填入百果馅、糯米，将其扎成五角方底锥形，上锅煮熟后即可食用。

30．制脆枣

将优质大枣洗净后用干净的纱布包好，放在暖气片上大约一周时间，就变成清脆可口的脆枣了。

31．做奶油花生片

取 500 克花生米与细沙一起翻炒直至微黄酥脆，将其筛净，待冷却后将皮去掉。再取 500 克不加水的白砂糖用竹片搅拌均匀后使之溶化，当白糖烧至起泡沫的时候，加入 2 克小苏打、20 克熟猪油、2 克香兰素，拌匀后将熟花生米倒入继续搅拌，过一小会儿停火，将其倒在台板上，用面杖把它们压成薄片，切成小块，晾透后即可。注意：切勿使其受潮。

（八） 饮品自制

1. 制毛豆浆

将毛豆的豆粒剥出后用清水洗干净，然后，用绞碎机将其绞碎，再将豆浆用包布滤出，最后再用锅把豆浆煮熟。这样，所煮出的绿色豆浆别具特色、香味浓郁。另外，在锅中放些油，多放些葱花，将滤出的豆渣炒熟，将会是一盘非常美味可口的菜肴。

2. 制咸豆浆

将虾皮、油条丁、榨菜丁、紫菜、葱花放入空碗后加适量的盐、味精和酱油，再倒入煮开的豆浆，美味可口的咸豆浆就制成了。

3. 做酸牛奶

将新鲜牛奶加糖一起煮沸后自然冷却到 35℃时再加入少许酸奶（1 杯奶中加 2 汤匙酸奶为准）。盖上消毒纱布后放于 25℃的常温处，10 小时后就能食用。食用前可以先取出 2 汤匙掺入新鲜牛奶内，下次制作时可以用。

4. 做奶昔

奶昔是一种味道香浓的奶制泡沫饮料，生活中可用如下方法自制：将鲜牛奶倒入锅内，放在火炉上使奶微温后取下，再往锅内放 20 克奶粉、1 克淀粉或面粉、5 克巧克力粉，搅拌至三者完全溶于温奶之中，再用微火边煮边搅拌，

待烧开后，加入 5 克黄油、20 克白糖，待溶化后，加入 5～6 滴红葡萄酒，搅拌均匀后将火关掉，再将糊状溶液倒入杯中，待自然冷却后，再将杯子放进冰箱冷藏室，2～3 小时后即可食用。

5. 制冰激凌

将鸡蛋 550 克打成泡沫状后放入淀粉 75 克、300 克奶粉、白糖 850 克、1.5 克香草粉香精、15 克海藻酸，再用 3500 克清水溶解、过滤后调匀；加热至 80℃并保持半小时以便杀灭细菌，冷却后放进冰箱中冷冻。每 15 分钟搅拌一次，搅拌能减少冰碴且细腻润滑。10 小时左右就会凝结成型，这样冰激凌就制成了。

6. 制西瓜冰激凌

将西瓜瓤 1500 克打碎后将瓜籽取出，再加入白砂糖 400 克、鸡蛋 2 只、清水 1000 克后搅匀，然后在 80℃高温下加热灭菌 30 分钟，冷却后放入冰箱凝结，西瓜冰激凌就制成了。

7. 制草莓冰激凌

将袋装的冰激凌溶化后加入少许白糖搅拌均匀。将草莓洗干净放在盆里后把冰激凌浇在草莓上。草莓冰激凌不仅酸甜、爽口，还有清淡的奶味。

8. 做蛋糕奶油冰激凌

将奶油蛋糕上厚厚的一层奶油放入容器后加入少量的水，将其搅拌成糊后再放入冰箱冷冻，不久之后，可口的冰激凌就能食用了。

9. 制可可雪糕

600 克鲜牛奶，250 克砂糖，100 克奶油，25 克可可粉，注入 500 克清水再一起放锅中煮沸。然后再用细目筛过滤并且不断搅拌，晾凉后注入模具中再放入冰箱冻结，雪糕就制成了。

10. 制葡萄冰棍

将葡萄洗净、剥去皮后紧密挤压在冰棍盒里，不要加水就冷冻起来。这样纯天然的葡萄冰棍就制成了。吃起来原汁原味，清凉可口，也可以根据口味加入白糖或者牛奶等。

11. 制西红柿刨冰

将西红柿洗干净放入冰箱冷冻后再取出。用手摇刨冰机将其刨成碎块后再拌入适量白糖，这样西红柿刨冰就做好了，并且清凉爽口。在吃时要是加入少量的奶油或冰激凌，另有一番滋味。

12. 制菊花冷饮

将 12 克白菊用 2 公斤开水冲泡后再加入适量的白糖，凉后就能代茶饮。

13. 玉米水做饮料

玉米水不仅保留玉米的香味还有很好的保健作用，具有去肝火、利尿消炎、预防尿路感染等。煮玉米时最好留些玉米须及两层的青皮，这样味道和药效都更好，也可在玉米水中加入糖。

14. 制酸梅汤

将乌梅放入锅内，加入少量水煮沸半小时后将乌梅渣滤去，再加入白糖搅匀、晾凉后放入冰水或冰块即可饮用。

15. 制酸梅冰块

取适量的酸梅粉放入水中后加糖一起溶解再入锅，煮沸后晾凉倒入冰块盒中放进冰箱冷冻室内即可。

16. 做绿豆汤

每天早晨上班前（或晚上）将洗净的绿豆放入没有水碱的保温瓶中，等水煮沸至 100℃后倒入瓶内，将盖盖上。这样第二天早上（或者下班回来）再把保温瓶内的绿豆汤倒入干净器皿中，凉后再放入冰箱就能够随喝随取。

17. 制西瓜翡翠汤

将西瓜的内皮切成小块后加水煮烂，再加入白糖适量，等凉后就能饮用。

18. 制清凉消暑汤

取党参、莲子、薏米、百合、玉竹、银耳、淮山药、南沙参、枸杞、蜜枣各 50 克加入适量冰糖后放砂锅内，放水直至超过药面两手指即可。用大火烧开后用小火煨两小时，补脾益肾、清热解暑、凉润心肺、增强体质的消暑汤就制好了。

19. 制可可饮料

将白糖和可可粉按 2∶1 的比例搅拌均匀后倒入少量热牛奶或开水，并调成糊状，然后放在炉火上边加热边搅拌，煮沸后就能食用。

20. 制巧克力饮料

将巧克力粉适量拌入砂糖后加入少量热牛奶，搅拌均匀后再加热，并边搅边加入热牛奶，煮沸后即可饮用。

21. 制草莓饮料

将 1 杯草莓洗净、捣碎后加入大半杯牛奶、少许精盐和 1 汤匙白糖，搅拌均匀后就能饮用。冰冻后味道更好。

22. 制橙子饮料

在大半杯的热牛奶中倒入 1/4 杯橙汁，再加入 1 汤匙的白糖并搅拌均匀，冷却后即可饮用。

23. 制樱桃饮料

在半杯樱桃汁中加入 2 汤匙糖、1 汤匙柠檬汁、少许精盐后一起煮沸再用微火煮 5 分钟，再加入 1 杯半牛奶后搅匀，冷却后即可饮用。

24. 自制葡萄汁

将优质鲜葡萄放于钢精锅内，然

后用平底茶缸将其碾碎并加热5分钟至70℃左右,再倒入4层纱布中过滤。或者借助器具挤压,这样能提高出汁率。这时再将白糖倒进果汁中搅拌均匀并煮沸后趁热装瓶,并拧紧瓶盖,等自然冷却后就能食用。

25. 自制西瓜汁

将西瓜切成两半、取瓤、捣碎后初步取汁。再用消过毒的纱布包住液汁没有取尽的瓜瓤,并使劲压挤使汁液全部榨出。直接饮用西瓜汁或加适量白糖再存入冰箱待用均可。

26. 自制柠檬汁

将柠檬放入热水中浸泡数分钟后,再将果球开个小口,这样能挤出较多的汁液。将一根硬质塑胶吸管的口部剪成斜状,以便插进柠檬里。要取汁的时候,稍微挤压吸管后柠檬汁就会从吸管口溢出。平时用保鲜膜包好后放在冰箱里就能长期使用。如果是间断地取用少量柠檬汁,就不必要将柠檬切片。

27. 自制西红柿汁

将西红柿切成小块后用纱布包住再挤汁,然后将取出的汁放于旺火烧沸后即离火,冷却后再往里加入冰块、蜂蜜、汽水等即可饮用。

28. 自制鲜橘汁

剥出橘子的橘瓣后将上面的白衣除去,放入容器中,再用金属勺压挤使其流出橘汁。或者用干净纱布包裹住橘瓣再挤汁。用挤果汁器直接挤汁会比较方便省力。在挤好的汁液中放入白糖就可饮用了。

29. 做柠檬啤酒汁

准备1瓶啤酒,适量柠檬汁和碎冰块,另备置1只稍大的玻璃啤酒杯。把冰块放入杯内,慢慢注入啤酒及柠檬汁,然后搅拌均匀即可。

30. 做西红柿啤酒汁

准备啤酒1瓶,适量西红柿汁及小冰块。另备置1只稍大的玻璃酒杯。把小冰块放入杯内,注入冷却过的啤酒,再将西红柿汁倒入,搅拌均匀后即可饮用。其特点是:色泽亮丽,口感微酸,解暑提神,维生素C含量高。

31. 制绿豆茶

将30克绿豆、9克茶叶(装入布包中)放入水中煮烂后去掉茶叶包,再加适量红糖服用。

32. 制苦瓜茶

将苦瓜上端切开、去瓤后放入绿茶,盖上端盖后放于通风处,当其阴干后取下洗净,同茶叶一起切碎、调匀,每次取5～10克用沸水冲泡半小时后连续饮用。

33. 制鲜藕凉茶

将鲜藕250克切成片,放在铝锅中后再加入4000克水,用温火煮。等水煮剩2/3时就能食用。放入适量的白糖等凉后饮用更佳。注意不能用铁锅,否则藕可能会发黑。

34. 制胡萝卜果茶

将500克胡萝卜洗净、去皮、切片,500克红果洗净、去核、去柄,加3至4倍的冷水后放铝锅或不锈钢锅上煮熟并加入250克白糖,晾凉后用加工器打成糊状即成。胡萝卜一定要去皮,否则会有异味。不能用铁锅煮,否则会变色。若是太稠可以倒入适量开水再煮一会儿。

35. 制杏仁茶

将杏仁200克放入热水中浸泡10分钟后去皮,连水一起磨成浆汁。或用石头捣烂后滤渣取汁后再放入铝锅中，加入1800克清水、600克白糖煮沸，杏仁茶就做好了，也可冲淡饮用。加些牛奶就是杏仁奶茶了。夏令时热饮冷饮均可，解渴极佳。

36. 制茉莉花茶

用新铝锅、铁锅将茶叶烘干后再用开水煮沸。不能用炒菜锅，这样茶叶会变味。傍晚时采摘含苞欲放的茉莉花用湿布包裹，等花略开后按茶、花（10：4）的比例放入茶叶内拌匀并一同装入罐内，2～3小时后再倒出，拌匀后再装入罐内盖严；第二天上午将花拣出来，并将茶叶烘干，再按茶、花（10：1）比例重拌1次，就能冲泡饮用。要是想让香味更加浓烈，可再多制几次。

37. 制胡椒乌梅茶

将5个乌梅、10粒胡椒、5克茶叶碾成末状后用开水冲服，每天1～2次，连续一周。胡椒味辛、性大热，入胃、肺、大肠后能助火、健胃、散寒，适用于虚寒型疾病。

38. 做冰镇啤酒茶

把啤酒和沏好的茶水放入冰箱冰镇，饮用时把两者兑在一起，消暑解渴。

39. 做菊花风味啤酒

1瓶啤酒、300毫升菊花露、适量碎冰块。碎冰块放入杯内，倒入冰镇啤酒、菊花露，搅拌均匀即可饮用，具有色泽金黄、气味清香、入口清凉之特点。

40. 做香槟风味啤酒

320毫升黑啤酒、320毫升香槟酒。啤酒冰镇后慢慢倒入盛有香槟酒的啤酒杯，搅拌均匀后即可饮用。

41. 做绿茶风味啤酒

啤酒80毫升，柠檬糖浆25毫升，鲜柠檬汁25毫升，绿茶水50毫升。把啤酒、柠檬糖浆、鲜柠檬汁、绿茶水混合后搅拌均匀，冰镇即可。

42. 制白米酒

先将糯米用温水浸泡4小时后蒸熟，再用冷水淋洗2次，待温度降到室温后，将已溶入冷水的甜酒曲倒入糯米饭中搅匀，取干净薄膜密封后放在被絮里保温，然后用80℃的热水装入热水袋、盐水瓶中加温，每6小时需换1次热水，共换3～4次，可使它加速发酵。冬春季节一般50小时左右即能做成。

先蒸熟糯米，打散后放凉，撒上些酒药粉末，拌匀并浇少量凉开水，装入容器中盖好，夏天放2～3天，冬天需放在温暖处5～6天，便可。

43. 制西瓜酒

将西瓜的蒂部切下一块做盖子，然后放入几粒用清水洗净后捣碎的葡萄，将盖子盖上，用黄泥将西瓜盖糊严，使它不漏气，放于阴凉处自然发酵。约8天后开盖，即可成西瓜酒；将西瓜的原汁取出，兑入1/2白酒，将其搅拌均匀后，静置片刻，即可成西瓜酒。

44. 制葡萄酒

白露过后选择晴天将葡萄的青、烂粒及梗去除后，用清水洗净，晾干后，碾碎放入杀过菌的小缸中（留出1/3的容量），再蒙上两层纱布后放置于25℃的温度中3～4日就会自然发酵。每天上下翻搅3～4次，等皮渣下沉后用虹吸法吸出上浮的酒液并放入大瓶中再发酵，吸出的澄清部分去掉沉淀后就是天然原汁干红葡萄酒，饮时若加糖则酒质浓郁醇香。

45.制草莓酒

用清水将 2000 克草莓洗净后，去蒂，然后再加入 1000 克白酒，将其浸泡半个月，将酒液滤出，装入坛中贮藏半年，即可。

（九） 储鲜技巧

1.用保鲜膜的技巧

（1）尽量少用。

（2）尽量不让保鲜膜与含脂肪高的食品直接接触。

（3）不宜重复使用或使用时间太长。

2.冷藏各种食物的技巧

为了更好地发挥冰箱的作用，在进行食物储存前，了解一些用冰箱储存食物的常识，会提高冰箱的利用率。

（1）用喷雾器将要保存的芹菜和菠菜喷上水，然后装进塑料袋中，再在塑料袋的底部剪出几个洞，便可以放进冰箱里了。

（2）用塑料袋包好姜，然后放在冰箱的架上吊挂，如此放置生姜可防腐。

（3）用塑料袋装好豆腐，然后放在冰箱的货架上吊挂，如此放置可防腐。

（4）浇点水在可口可乐瓶子和啤酒瓶上，置于冰箱中只需冷藏 40 分钟便可以冰好，如果不浇水的话，需要 2 个小时才能冰好。

（5）切成两半的瓜果在其切面上用薄纸贴敷上，再放置于冰箱里冷藏，不用过多长时间便会冷却，而瓜果的香味不会受到影响。

（6）如果用冰箱贮存面包，面包很容易变干，可以用洁净的塑料纸将面包包起来再用冰箱冷藏即可保持水分不散失。

（7）剩余的食物切忌放在开启的罐头中，这是由于铅会外泄，污染食物。

（8）最好用容器将果汁盛装起来，以此来保存维生素 C 不受破坏。

（9）用纸盒盛装鸡蛋，可防止冰箱中的臭味被蛋壳上的孔吸收。

3.储藏速冻食品的技巧

（1）不可将速冻食品直接放进冰箱恒温箱中冷藏。

（2）包装已经拆封或已破损的速冻食品，应该在外面加套一个塑料袋，并且将袋口扎紧，然后放进冰箱中冷冻保存，这样可以避免产品油脂氧化或变得干燥。

（3）已经解冻的食品最好不要再次放进冰箱中冷冻，那样保存质量不如以前，食用时也会影响味道。

（4）冷冻室里食品不要放得太满，否则会使得冷冻室内的冷气对流受到影响。

（5）速冻食品不宜保存时间太长，应该尽快食用。

4.冷藏食品防串味的技巧

食品在放入冰箱前，应该区分生、熟食品，要先放进容器内，比如带盖的瓷缸、塑料袋或饭盒等，然后再放入冰箱中冷藏。对于带腥味的食物比如鱼、肉等要先清理干净，擦干后在装进食品用塑料袋中，把袋口扎紧，然后放进冰箱中冷藏。这样保存食物，不但可以防止食物间气味互串，还可以防止食物中的水分挥发，可以保持食物特有的风味。

5.存大米的方法

（1）盛放大米的米具要干净、密封性好，并且盖子要盖得严实，如缸、坛、桶等。用米袋装米的话，要用塑料袋套在米布袋外面，并且把袋口扎紧。

（2）控制温度在8℃～15℃之间，保存效果最好。

6. 塑料袋无氧存米

（1）取若干个透气性比较差的无毒塑料袋，把每两个塑料袋套在一块备用。

（2）将大米铺在通风阴凉处，晾干，装进套在一块的塑料袋内。

（3）尽量要装得满一些，装好后，将残余的空气用力挤掉，将袋口用绳拴紧，因为塑料袋里空气较少，且大米已干透，塑料袋的透气性又很差，大米与外界空气隔离了。经过此法，可长期保存大米。

7. "袋"加"缸"存米

可将好的大米摊开晒干后，放入口袋里，将口扎紧，然后入进米缸里，并把米缸放在通风、干燥处。入夏后，由于温度随着气温的升高而有所增大，"缸""袋"里面的大米会从中间向米袋、由内向外发热。此时，每隔约10天，就将大米从"缸""袋"里倒出来，散热、降温，然后再重新收藏好即可。

8. 海带吸湿存米

海带晒干后，内有很强的吸湿能力，且有杀虫和抵制霉变的功能。在存放大米的时候，可在大米里放10%左右的干燥海带，由海带把大米外表的水分吸干，这样，就能有效地防止大米变质或生虫。因为大米的水分都被海带吸去了，因此，应每星期将其取出来晒干，然后再放到米中。

9. 大蒜辣椒存米

将大蒜的皮去掉后与大米混合装入袋中，或者把大蒜拆散、辣椒瓣成两段与大米共存，即可起到驱蛾、杀虫、灭菌的效果。

10. 花椒存米

将花椒放入锅内煮（水适量、20粒花椒），晾凉后，将布袋浸泡在花椒水里，晾干后，倒入大米，再用纱布将花椒包起来，分放在米的底、中、上部，将袋口扎紧，放在通风阴凉处，既能驱虫、鼠，又能防米霉变，使米能安全过夏。

11. 茴香防米生虫

按1∶100的比例取八角茴香，用纱布把茴香包成若干个小包，每层大米放2～3包，加盖封紧。

12. 橘皮防米生虫

把吃完的柑橘的皮放在粮柜上，粮食便没有飞蛾、黑甲虫和肉虫的骚扰，柑橘皮的清香可防虫。

13. 用冷冻法除米虫

时间放置长的米面在夏季特别容易生虫，而在冬天的生虫率比较低，因此，可将过冬后所存放的米面，以5千克为一份，分别装进干净的口袋里，把袋口扎紧，然后将其放入冰箱的冷冻室，冷藏48小时，取出后等一段时间，经过这样的处理后，即使是在夏天，米面也不易生虫。

14. 食品袋储存面头

把用作发面引子的面头用没有毒的塑料薄膜或干净的食品袋密封起来，这样面头就不会干、不会硬、也不会发霉。把它放在通风阴凉处，还能防止它与其他的食品串味。

15. 保鲜切面

把切面分成几小份，分别装入塑料袋中用冰箱的冷冻室冷藏，再次食用时，可以自己选择数量随吃随煮，即便是结冰的切面，只要用沸水一煮，筷子一搅，切面便散开了，如同刚下的一样。

16. 存挂面防潮

由于在生产挂面的过程中，是用鼓风机将挂面吹干，难免会夹有没有吹干的潮湿挂面，这样特别容易返潮，特别是包装纸上抹糨糊的地方。买回来的挂面，应该将挂面摊开，放在通风的地方吹干，再用报纸包好，用绳子系牢，就不容易变质了。

17. 放花椒贮挂面

摊开刚买回来的挂面，将其充分晾干，装进干净的塑料袋内，再放一小袋花椒，然后扎紧塑料袋口。需要食用时，取出来后要扎紧袋口，这样，可有效防止挂面生虫、霉变。

18. 用芹菜保鲜面包

面包打开袋以后很容易变干，如果把一根芹菜用清水洗干净后，装进面包袋里，将袋口扎上后再放入冰箱，可保鲜存味。

19. 隔夜面包复鲜

先在蒸筛里放上隔夜的面包，然后往锅里倒上小半锅温开水，放上些酸醋，这样把面包蒸上一会儿就可以了。

20. 防饼干受潮

在已开封的饼干袋中，放入几块方糖，把口扎紧，即可防止饼干受潮。

21. 受潮饼干回脆

把饼干放进盘子里，放入冰箱中冷冻，一两天后，饼干就脆了。

22. 存月饼

不可以把月饼放在盒里，否则容易坏掉。可以在竹篮里垫上纸，然后把月饼在竹篮里摆好，接着再盖上一张纸，每两天上下翻动一次。这样做，月饼最多可以存放半个月，最少也能保证7～10天内不会坏掉。

23. 贮存糖果的方法

（1）贮存糖果的时间不宜过长，用铁盒子来贮存硬糖不能超过9个月，贮存普通的糖果不能超过半年，对于含蛋白、脂肪较多的糖果，其存放则应约3个月。贮存的时间一长，这容易出现发沙、返潮、变白、酸败等现象。

（2）糖果怕潮、怕热，在贮存的时候一定要注意调节湿度和温度，一般室内的湿度为65%～75%，温度为25℃～30℃为好。

（3）不能将糖果放在有阳光照射的地方，也不能跟水分比较多的食品放在一起。

24. 收存干燥剂防糕点受潮

进入伏天后，空气的湿度会变大，糕点、饼干之类的食品就很容易受潮而发软。其实，在很多的食品包装袋里，都有一袋干燥剂。若将这些干燥剂贮存下来，放在饼干桶、点心盒等比较容易受潮的容器里，即能起到很好的防潮作用。

25. 沸水浸泡存豆类

绿豆、豇豆、赤豆、小豆、豌豆、蚕豆等最易生虫，存放以前可把它们倒入竹篮（其厚度不要超过5厘米）里，浸泡在沸水中，搅拌半分钟后，马上倒进冷水中冷却、滤干，放在阳光下暴晒，待干透后，装进铁桶或瓷坛内，再放几瓣大蒜。经过这种处理后，可保存1年不生虫。

26. 干辣椒存绿豆

把绿豆的杂物拣去，摊开晒干，装入塑料袋中（每包3千克左右），再放些碎干辣椒，密封，放置在干燥、通风处，即可防虫。

27. 饮料瓶存绿豆

将空的饮料瓶子用清水刷干净，晾干，将绿豆装进去。把盖盖紧，可以长期储存，用的时候也很方便。此法还能存放其他各种粮食。

28. 存花生米法一

在入伏以前，用面盆盛装花生米，在上面喷洒白酒，同时用筷子搅匀，直至浸湿所有的花生米红皮，然后用容器保存。每100克花生米需喷洒25克白酒。年年用此法能吃到夏后的花生，而且不生虫，不影响味道。

29. 存花生米法二

把花生米放在容器中，晒 2～3 天。然后把它晾凉，用食品袋装好，把口封好扎紧，放入冰箱内，可保存 1～2 年，随取随吃随加工，味道跟新花生米一样。

30. 保油炸花生香脆

过夜的油炸花生米会变软，不再香脆可口，可用下面的方法维持花生米的脆性：在刚出锅的油炸花生米上，洒一些白酒，均匀搅拌，热气散一会后，再把盐撒上，这样做出的花生米，即使放置几天也会香脆可口。

31. 夏季存枣

把半干的枣用水洗净，用压力锅蒸（注意不能煮），开锅后压住阀门等待 10 分钟，然后把火关掉，等锅放凉后，把锅打开，将取出的大枣放在干净的容器中保存，吃的时候适量取出即可。经过处理的大枣已经糖化了，表面发亮，这样便不会生虫也不会发霉了。

32. 用陶土罐保存栗子

将饱满栗子挑选出来，将其放入陶土罐内，再掺入些潮湿的细沙，搅拌均匀。在罐口和罐底多放些黄沙，罐口用稻草堵住，口朝下倒放。容器的直径不能太大，存贮一段时间后，要全部倒出来检查 1 次，将发黑的和较嫩的栗子挑出来即可。

33. 用黄沙保存栗子

把纸箱或木箱的底部铺上一层 6～10 厘米的潮黄沙，湿度以不粘手为度。然后按照栗子与黄沙 1∶2 的比例拌匀放入箱子，上面再铺一层 6～10 厘米的潮黄沙，拍实。最后把箱子放在干燥通风处保存。

34. 用塑料袋保存栗子

将栗子装进塑料袋里，放于气温稳定、通风好的地下室内。当气温在 10℃ 以上的时候，要打开塑料袋口；在气温低于 10℃ 时，要扎紧塑料袋口来保存。刚开始的时候，每隔 7～10 天就要翻动 1 次，待 1 个月后，翻动的次数可以适当减少。

35. 用加热法保存栗子

准备一口锅，把栗子放在锅里，放水直至没过栗子即可，然后烧开水，慢慢停火后，滤掉热水，然后把栗子用凉水清洗干净，把栗子表层的水分晾干后装进塑料袋放进冰箱冷藏便可以了。

36. 保存山核桃

由于山核桃比一般的核桃含油量要高，所以难保存。但是如果将其放入铝皮的箱内贮藏，就大大减少了它与空气的接触，从而避免了返潮，能长期保存。若没有铝皮箱，可将其尽量密封好。

37. 食用油的保存

应避免油直接接触金属和塑料容器，应尽量放在玻璃、瓦缸中保存。因为铁、铜和铝制金属以及塑料中的增塑剂,能加速油的酸败。可按 40∶1 的比例向油中添加热盐,可起到吸收水分的作用,并将油放在背阴通风处保存。温度以 10℃ ~ 25℃ 为宜。

38．维生素 E 存植物油

贮藏植物油最主要的就是要避光、防潮和密封。如果放一颗维生素 E 在每 500 克的植物油中,搅拌均匀,可以大大延长植物油的寿命,1 ~ 2 年都不会变质。

39．花生油的储存

将花生油入锅加热,放入少许茴香、花椒,油冷却后,倒进搪瓷或陶瓷容器中存放,不会变味,味道特别香。

40．防食盐受潮变苦

食盐易受潮变苦,可将食盐放在锅里炒一下,也可将一小茶匙淀粉倒进盐罐里与盐混合在一起,这样,食盐就不会受潮,味道也不会变苦。

41．用苏打水储存鲜果

柑橘等鲜果因为表皮很容易感染细菌而烂掉,所以不易保存。如果把它们先在小苏打水中浸泡 1 分钟,这样的鲜果可以保鲜 3 个月。

42．用混合液储存鲜果

用淀粉、蛋清、动物油混合而成的液体,在新鲜水果表面均匀地涂抹上一层,待液体干燥后,会形成一层保护膜,阻隔水果的呼吸作用,从而达到延长水果寿命的作用。

43．存苹果法一

选用无病无损伤的中等大小的成熟苹果,用 3% ~ 5% 的食盐水浸泡 5 分钟,捞出晾干,用柔软的白纸包好备用。把一个盛满干净水的罐头瓶开着盖放入到一个缸的缸底,空余的位置,把包好的苹果层层放进去。装好后,缸口用一张塑料薄膜密封。此法保存苹果可以保持 4 ~ 5 个月还鲜美甜香。

44．存苹果法二

找一个木箱或者纸箱,把四周和箱底都铺上 2 层纸。把苹果 5 ~ 10 个装入一个塑料袋中,然后趁低温时,2 袋塑料袋对口放到箱子里,码好。最后,上面盖 2 ~ 3 层纸,再铺一层塑料布,封盖完毕。

45．存苹果法三

先准备一个贮存苹果的缸,在缸中放入自来水,然后在水中放进一个支架,略微超过水面,最后把苹果放在支架上保存即可。需要注意的是放水的多少要根据缸存苹果的量来确定,大概是能装 10 千克苹果的缸倒入 500 毫升的水便好了,还有如果天气很冷,还需在上面盖上几张报纸保温。用这种方法贮存的苹果,四季都不干皮,脱水,而且甜脆可口。

46．河沙保鲜橘子

准备细河沙,湿度为可用手捏成团、齐胸口高丢下即散的程度。把河沙铺在缸等器皿中,铺一层河沙一层橘子,直到铺满。最上层铺较厚的一层沙子。每隔 15 天检查 1 次。

47．小口坛保鲜橘子

选一只可装 15 ~ 20 千克的小口坛子,将柑橘放入其中,放置在阴凉通风处,注意 1 周以后封口,之后每隔 4 ~ 5 天开盖通风 1 次。如发现坛子内壁有水珠用干布擦掉就是了。这样储存的柑橘 5 ~ 6 个月也不会烂。

48．复鲜干橘子法

橘子皮干了不好剥,可用泡水法复鲜干了的橘子,方法是:把橘子放在水中,水高以没过橘子为宜,如果橘子皮不是很干，在水中泡过一夜便可，如果橘子皮很干，在不坏的情况下，可以延长泡的时间，只是需要注意每天要换水1次。橘子皮待到变软便可取出食用了，其味道如同新鲜橘子一样可口。

49.冰箱保鲜香蕉

将待熟的香蕉放进冰箱里贮存，可使香蕉在比较长的时间内保持新鲜，即使是表皮变了色也不会影响食用。

50.食品袋保鲜香蕉

香蕉买回来如果一次吃不完，如使用冰箱或存放于一般条件下，香蕉容易冻坏或变黑。如果用食品包装袋保存或是无毒塑料膜袋，将袋口扎紧，使之密封，即可将保鲜时间延长至1周以上。

51.葡萄存法一

葡萄冷冻后的酸度会减少些许，不但味道好，保存也容易。可用塑料袋将洗净的葡萄放在冰箱冷冻室里冷藏，食用时只要取出立刻自来水冲洗干净便可，此时葡萄特容易剥皮，吃起来比较省事，还可以在去皮的葡萄上加白糖搅拌均匀做成凉菜，味道也不错的。

52.葡萄存法二

用一个纸箱，里面垫上2~3层纸，选取成熟的葡萄密密地摆放在箱中。把箱子放在阴凉潮湿处，如果温度控制在0℃左右，可以保存1~2个月。

53.荔枝保鲜法一

用一个盛有清凉自来水的陶质或塑料容器来保存新鲜荔枝，只要把荔枝用剪刀剪成完整的粒，放入预先准备好的容器中，早晚换清水两次便可。随吃随取，用此法荔枝可至少保鲜4天。

54.荔枝保鲜法二

由于荔枝本身有呼吸作用，能放出大量二氧化碳，因此如果把它放在一个密封的环境，能够形成一个氧气含量低，二氧化碳含量极高的储藏环境。采用这种方法贮藏荔枝，在常温下可以保存6天；1℃~9℃的低温下，能保存一个月。家里也可以直接用塑料袋密封。

55.龙眼保鲜法

热烫保鲜法：首先将果穗浸入开水中烫30秒，取出后放到四处通风的地方，使果壳逐渐变硬，以保护果肉。20~30天后果肉依然能保持新鲜。

56.存放蔬菜可消农药

新采摘的未削皮的瓜果不要立即食用，因为农药在空气中，可以缓慢地分解成对人体无害的物质。所以对一些蔬菜，可通过一定时间的存放，来减少农药的残留量。此法适用于番瓜、冬瓜等不易腐烂的瓜果。一般存放期为10~15天以上。

57.蔬菜需要垂直放

经测定发现，蔬菜在采收后，垂直放置相对于水平放来讲，更便于蔬菜营养成分的保存。这种现象原因在于垂直放的蔬菜，其内含有的叶绿素要多于水平放的蔬菜，并且时间越久，两者差异会愈大，叶绿素中含有造血成分，可以为人体提供很好的营养元素，并且垂直放的蔬菜保存期也要比水平放的要长，蔬菜的生命力延续了，我们食用起来也会有很大益处。

58.存小白菜的技巧

将优质小白菜择好洗净，再用开水焯一下，然后捞出来过凉水，待凉透后切段，装进小袋里，放到冰箱冷冻室。在做汤或吃汤面的时候放一些，方便卫生。

59. 用大白菜贮存韭菜

冬天的时候,如果青韭或黄韭有剩余没吃完,我们可以选择一棵大白菜(需要大而有心的),用刀在其脑袋上切一刀至1/2处便可以。在用刀在刚才所切部中间沿着菜梢的方向再切一下,切的深度以2厘米比较合适。这样便可将白菜的菜心掏出,而将要保存的韭菜放到里面,然后把切口合好,这样处理过的韭菜不但不干不烂,而且可保存数天,下次食用时依然鲜嫩,保持原来香味。

60. 冬瓜防寒

冬瓜防寒保存,首先要选择那些表皮没有磕碰并有层完整白霜的完好冬瓜,然后在干燥阴凉的地方铺上草垫或放上一块木板,把冬瓜放在上面即可保存4～5个月不会变坏。

61. 防已切冬瓜腐烂法

切开的冬瓜如果剩余,可用大于冬瓜切口的干净白纸贴在切口处,并且白纸全部贴住切口、按实,这样处理的冬瓜可保存三四天依然可以食用。

62. 存香菜法一

在盘中放约半盘水,注意不要放多,将一把香菜放入这个盘子中泡存,翠绿可持续一个星期,食用时随取随吃,又方便又新鲜。

63. 存香菜法二

把新鲜的香菜用绳了捆成若干小份,用报纸将其上身包起来,再用塑料袋将香菜根部稍微扎起,切勿扎紧,以防根部腐烂。待一切包好后将根部朝下,置于阴凉通风处保存。此法保存,香菜保质期可达一个星期,再次食用,翠绿如初。

64. 切头存胡萝卜

胡萝卜可以把两头切掉保存,因为这样就可以不使头部吸收胡萝卜的水分。

65. 冬天保鲜胡萝卜

胡萝卜去尖头,掰尽叶子,用水浸一下,控干水备用。用一张无毒的聚乙烯塑料薄膜包好,再用玻璃胶纸密封至不透气。把包好的胡萝卜放入地窖或潮湿的地方,温度保持在0℃～5℃。这样胡萝卜可以一冬新鲜。

66. 保鲜黄瓜法一

用木桶把黄瓜浸泡在食盐水中。这时从木桶底部涌出很多小气泡,这样可以增加水中的含氧量,从而维持黄瓜的呼吸,不至于蔫掉。如果水充足,可以用流动水如溪水、河水等。此法在夏天18℃～25℃的高温下,仍能保存黄瓜20天。

67. 保鲜黄瓜法二

秋季,将没有损伤的黄瓜放入大白菜心内,一般每棵白菜可以放入2～3根黄瓜,根据情况而定。然后绑好大白菜,放入菜窖中。用此法保存黄瓜到春节仍能鲜味如初,瓜味不改。

68. 装袋冷冻法存青椒

将青椒装入干净的塑料袋里,将袋口扎紧,放在冰箱冷藏室内的中、下层,每隔6天左右检查1次,可贮存一个月左右。

69. 装袋贮存法存青椒

将青椒装入干净的塑料袋里,并留些空气在袋中,然后将袋口扎紧,放在通风阴凉处,每隔3天左右检查1次,可使青椒汁液饱满,保持新鲜。

70. 盐腌保鲜鲜笋

剥去笋壳,用清水洗干净,从中间纵剖成两半,加入跟炒菜时数量相等的盐,放在有盖的容器中,然后再放在冰箱里，可存放一个星期。若在存放的过程中，有些地方（特别是表面）发黑，不会影响食用。

71. 沙子保鲜冬笋

用旧木箱（纸箱）或者旧铁桶（木桶），在底部铺一层 6～10 厘米的湿黄沙，在上面将无损伤的冬笋尖头向上铺在箱中，然后再将湿沙倒入箱中填满拍实，湿沙以不沾手为度。湿沙要盖住笋尖 6～10 厘米为宜。将箱子置于阴凉通风处保存。此法可以保存冬笋 30～50 天之久，最长可达 2 个月以上。

72. 蒸制保鲜冬笋

把冬笋削壳洗净备用，个大的要从中间切成两半。蒸或煮五六成熟时捞出，摊放在篮子里，晾干挂在通风处。可保鲜 1～2 星期，此法适合有破损或准备短期食用的冬笋。

以上介绍的方法不会改变冬笋原来的品质和味道。

73. 冷藏贮存莴笋

（1）纸袋冷藏法：把莴笋放进纸袋后，再放入冰箱贮存即可。

（2）布包冷藏法：将布打湿后，包好莴笋，然后装进干净的塑料袋里，放到冰箱里即可。

74. 贮藏茭白法一

买回茭白，去梢，留有 2～3 张茭壳，要求茭体坚实粗壮，肉质洁白。放入水缸或水池中，加满清水后压上石块，使茭白浸入水中。注意经常换水，以保持缸、池水的清洁。此法适用于茭白的短期贮藏，质量新鲜，外观和肉质均佳。

75. 贮藏茭白法二

铺一层 5 厘米左右厚的食盐在桶或缸里，然后把经过挑选、已去梢，且带有壳的茭白按照顺序铺在桶或缸里，当堆到离盛口还有约 7 厘米的时候，用盐封好，这样，就可以使茭白贮存很长时间。

76. 贮存鲜藕法

在贮存鲜藕的时候，应挑选些茎大而粗壮、表皮没有损伤的，分节掰开，用清水将表皮的泥土洗净，然后放进装有清水的容器里，水要没过藕节。若是冬天，可 1 星期换 1 次水，秋天应 5 天左右换 1 次水，以防止清水发臭、变质。采用此法，一般可以保存鲜藕约 40 天。

77. 菠菜存放

在背风的地方挖一个 30～40 厘米深的坑，在气温降低到 2℃时，把菠菜每 500 克捆成小捆，菜根朝下放好。最后上面覆盖 6～7 厘米厚的细土就行了。菠菜可以保存 2 个月。

78. 保鲜芹菜

吃剩的芹菜过一两天便会脱水变干、变软。为了保鲜可以用报纸将剩余的芹菜裹起来，用绳子将报纸扎住，将芹菜根部立于水盆中，将水盆放在阴凉处，这样芹菜可保鲜一周左右的时间，不会出现脱水、变干的现象，食用时依然新鲜爽口。

79. 保鲜香椿

将洗净的香椿用开水微烫一下，再用细盐搓一下，装于塑料袋中用冰箱冷冻贮藏，食用时只要取出适量便可，此法可保存香椿一年有余；另外一种方法是把洗净的香椿（可以切碎）用细盐搓过后用塑料袋包装，食用时只要放在开水里烫一下即可，味道不变，最适合用于夏季拌凉面使用。

80. 防土豆发芽

（1）用麻袋、草袋或者垫纸的箱

子装土豆，上面放一层干燥的沙土，把它置于阴凉干燥处存放。这样可以延缓土豆发芽。

（2）把土豆放入旧的纸箱中，并在里面放入几个没熟的苹果，就可以使土豆保鲜。因为，苹果在成熟的过程中，会散发出化合物乙烯气体，乙烯可使土豆长期保鲜。

（3）将土豆放入浓度约为1%的稀盐酸溶液里浸泡15分钟左右。然后再储存土豆。这样土豆贮藏一年以后，相对会减少一半的损耗，同时也不影响它的食用及繁殖。需要注意的是，要避免阳光直晒以及定期翻动检查。

（4）用小土窑保存土豆，定期通风，只要温度适当，土豆可以保存好几个月。

81. 用盐保鲜蘑菇

蘑菇放水中煮，注意水里需加盐形成10%的盐水，30秒至1分钟后捞出晾干水分。冷却后，按照盐250克，蘑菇500克的比例，先在缸底铺上一层一寸厚的食盐，然后再铺一层蘑菇，然后再铺一层食盐，如此往复直到把缸填满。最后用饱和食盐水灌缸封口，压上石头，防止蘑菇漂浮。此法可以保存蘑菇一年左右。食用时，蘑菇鲜美如初。

82. 用冷冻法保鲜豌豆

（1）将豌豆剥出来，装入干净的塑料袋里，将口扎紧，放在冰箱的冷冻室里，每次食用的时候再用开水煮熟，其味即可跟新鲜豌豆完全一样。

（2）将剥皮的豌豆放进容器中，加入适量自来水，水高以刚没过豌豆为宜，然后将容器放进冰箱冷冻，待结成冰后便可取出，稍放一会，便成豌豆冰块了，将其取出后，用塑料袋装好后放进冰箱

里冷藏。用此法保存即使在冬天也可以尝到新鲜的豌豆。

83. 保存豆腐法

方法一：将洗好的豆腐，放入锅中短时间煮或蒸一下，注意不要煮久，然后放在阴凉通风的地方。

方法二：把豆腐放入清水中浸泡，水质一旦变混时要立即换水。天热时，一般1天要至少换3次水，这样豆腐才不会变质发黏。

84. 洋葱贮藏三法

（1）挂藏。大量贮藏时，可搭挂在空屋里或者在干燥处搭棚、设木架挂洋葱辫；小量贮藏时，可将充分晾晒好的洋葱辫挂在屋檐或者温室后坡下，只要通风、干燥、雨淋不着就可以。

（2）垛藏。在干燥通风的地方，用石块或圆木垫起高30厘米左右、宽1.6米左右的垛底，把完全晒干的洋葱辫堆成1~1.6米高的垛，盖上3~4层席子，四周围盖2层席子，用绳子将其横竖绑紧，保持干燥，防止日晒雨淋。

垛后封席初期，倒1~2次，每次下雨之后都要检查一下，如有漏水，晒干后再盖好席子。天冷时应加盖草帘保温。寒冷地区，当气温降到零度以下时，拆垛搬到仓库或空屋里继续贮藏，温度保持在 -2~3℃。

（3）坯藏。此法只限于少量贮藏，将充分晒干好的洋葱头混入细沙土中和成泥，制成2.5~5千克重的土坯，晒干后堆在通风干燥处。注意防雨防潮、天冷时防冻，发现土坯干裂时应及时用潮土填补裂缝。

85. 水湿保鲜生姜

找个有盖子的大口瓶子，在瓶底上

铺垫一块着水的药棉。药棉湿了即可，以免水多烂姜。把生姜放在药棉上，盖上瓶盖即可，随用随取，非常方便。

86. 用食盐保鲜生姜

把生姜洗净后埋入食盐罐里，这样可以防止失去水分，不干瘪，也能比较长时间保持新鲜。

87. 用白菜叶保鲜大蒜头

将大蒜用新鲜白菜叶包好，用绳子捆好后放置于通风阴凉处，保持干燥，此法可保鲜数天。

88. 用袋装法保鲜大蒜头

将皮白、圆融且无虫的大蒜头放在已撒了精盐的塑料袋里，置于18℃左右的环境中，可使蒜保存一年。但是，每隔7天左右要开袋透透气，若发现霉烂、发芽或干瘪的蒜头，要及时把它们拿出来，以免"传染"。

89. 用白酒"醉"活鱼

买回活鱼想留到傍晚时，可滴几滴白酒在活鱼嘴里。当活鱼"醉"后，便可把它放回水中，再将它们放在黑暗潮湿且通风的地方，这样，在傍晚想食用时，鱼还活着。

90. 用可乐瓶保鲜鱼

找一个大可乐瓶装入半瓶水，将瓶口封住后快速摇动，这样便会产生大量气体，气体会融入水中，将这些水倒进鱼盆中，盆内便会充满充足的氧气了，濒死的鱼呼吸到充足的氧气便会鲜活起来。当鱼再次翻白时，只要从盆中倒出一些水，用上述方法再次换水，鱼很快便会活跃起来。

91. 禽鱼等的冷藏

为了保持刚宰杀过的鸡、鸭、鱼等

这些原料烹调后的鲜味，要先将其洗净后沥干，在冰箱外放置2小时后再冷藏。

92. 用热水浸后藏鲜鱼

先把鱼放入88℃的热水中，浸泡2秒钟，这样细菌和其他酵母就被杀死了。待鱼表面变白以后，再储藏在冰箱。这样鱼的储藏时间可以延长2倍。

93. 用芥末保鲜鱼肉

芥末不但是一种调味品，还可用其来做鱼肉的防腐剂。用水将芥末调好后，装入一个小碟中，与鲜肉、鲜鱼放在一个密闭好的容器内，放在一般的室温下，鲜肉、鲜鱼即可存放4天不变味。

94. 水汆储存鲜虾

在把鲜虾放进冰箱里贮存前，先用油或开水汆一下，处理完后，可使虾体内的显色物质、蛋白质、游离生态滞留在细胞里，成为不容易变味的氨基酸分子，这样即可使红色固存，鲜味持久。

95. 用淀粉盐保鲜虾仁

将虾仁的皮剥掉后，放入清水中，用几根筷子将其顺着同一方向搅打，反复换水，直至虾仁发白。然后再把虾仁捞出来，将水分控干，再用干净的棉布将虾仁中的水分吸干，并加入少许干淀粉和食盐（也可同时放少量料酒），再顺着同一方向搅打数分钟。经过这样处理的虾仁，可以更好地贮存待用。

96. 用大蒜贮存虾皮

用淡水将新鲜的虾皮洗干净后，捞出来沥干，然后将其均匀地放在木板上晾晒，待完全干后，贮藏起来，并加几瓣大蒜，密封起来贮存即可。用此法贮存虾皮其味美如初。

97. 用盐水贮存虾皮

用清水将虾皮洗干净后，放入锅

内，加入适量盐（每约 500 克虾皮里放约 100 克盐）与水同煮，待水开后将其捞出来，放在篮子里沥干，然后放在干净的塑料袋里密封起来贮存即可。

每次打开后，一定要将袋口封好，防止返潮。

98. 存养活蟹方法一

新买回来的活蟹，若想放几天再吃，可将其放在大口坛、瓮等器皿里，铺一层泥在底部，稍稍放些水，然后把蟹放进器皿里，放于阴凉处即可。若器皿比较浅，要加一个透气的盖在上面，以防蟹逃走。

99. 存养活蟹方法二

若买回来的蟹比较瘦，想让它肥些再吃，或者由于贮养而变瘦，此时，可喂些打碎的鸡蛋或芝麻（并加上些黄酒），但是不能放得太多，以防蟹吃多了而胀死。

100. 贮藏鲜蟹肉

在螃蟹大量上市的时候，可将买来的活蟹用清水洗净后，将其蒸熟，剔出蟹肉，剥出蟹黄，然后放入炒锅内，加上适量的精盐、姜末、清水及料酒，待水差不多烧干后，盛进干净的瓦罐里，倒入些熬热的猪油（需没过蟹肉），冷却后，将罐口密封好，放在阴凉处。食用的时候，将猪油拨开，挖出蟹肉，再迅速盖好，贮存即可。

101. 用"暴露"贮存法收藏海味干货

很多购来的海味干货（如：海米、虾皮、海带等）都含有潮气，容易变质，因此，应将其先放在阴凉、通风且比较阴干的地方。然后再用干净的纸把它们分别包好，扎几个通风小孔在白纸上。悬挂在通风避光的地方保存即可。

102. 用蒜葱贮存海味干货

取一只干净陶罐，将大蒜和大葱剥好后一起铺在罐底。然后，把海味干货放入罐内，再码一层葱叶在它上面，将盖盖严，可长期保存。

103. 盐水浸泡法贮存海蜇

海蜇泡发好后，若一次吃不完，可以将其完全浸泡在盐水里，以防止被风干后，难以咀嚼。

104. 用塑料袋贮存海参

若海参贮存不当，就会变质，其正确的贮存方法是：把海参完全晒干、晒透，然后装入无毒的双层塑料袋里，将袋口扎紧，挂于干燥通风处，在夏天时再暴晒几次，即可长时间贮存海参不变质。

105. 醋贮存鲜肉

（1）把醋酸钠放入水中，溶解成 0.5% 的溶液，将鲜肉放进溶液中浸泡 1 小时左右，取出后放入干净容器中，放置在常温下，可保鲜 2 天。

（2）将生肉用沾过醋或浸过醋的干净布或餐巾包起来，过一晚上仍然能保持新鲜。

106. 盐贮存鲜肉

将肉切成大小均为 1 厘米左右厚的片状，用沸水烫一遍，等凉后，涂上盐面在其两面，然后放进容器里，再用一块干净的纱网将口封住，使之受风，放于阴凉处，约一天后鲜肉里即会渗出水分，采用此法，在盛夏也可保存 20 天左右不变质。

107. 胡椒和盐贮存鲜肉

按照每次的食用量将肉切成块，用保鲜袋分别装好，放进冰箱里。如果是切成薄片的肉，要将它们稍稍地错开放入保鲜袋中。若是跟牛排一样的厚肉，则要涂上少许胡椒和盐将它们一块块地用保鲜袋装好以后再放入冰箱里。

108. 锅蒸贮存鲜肉

将鲜肉放入高压锅里蒸，直至排气孔冒气，然后把减压阀扣上离火，可保存两天左右。

109. 涂油保存鲜肝

猪肝、牛肝、羊肝等由于块头比较大，家庭烹调时一次吃不完，若食用不完的鲜肝放置不当，就会变干、变色。此时，可以在鲜肝的外面涂上层油，放进冰箱里贮存，下次再食用的时候，仍然会保持着原来的鲜嫩。

110. 熟油隔离贮存肉馅

肉馅若一时用不完，可把它们盛在碗中，抹平表面，再浇上一层炸熟的食油，可使其与空气隔绝，存放起来不容易变质。

111. 用食油存火腿

火腿若保存不当，就会变哈喇、变质、走油。其保存方法是：在火腿表面擦抹一层食用油，然后装进不漏气的干净食品袋里，将袋口扎紧，放入冰箱内，这样即可长时间保存不变质。也可将其切成大的条块，分别放进盛器里，用食油将火腿完全浸没，如此可保存更长时间。

112. 用白酒贮存香肠

香肠是含油脂比较多的食品，容易变质或变味。若放一杯白酒在坛子里，然后将香肠平放在坛子的四周，等全部码满后，再洒些白酒在上面，然后将坛子口密封起来，放于阴凉处，即可使香肠保存一个夏天都不坏。

113. 冷藏鲜鸡蛋要卫生

直接将买回来的新鲜鸡蛋放在冰箱架上，是一种很不卫生的做法。因为蛋壳由于外界污染在其表面会形成假芽孢菌、枯草杆菌、大肠杆菌等细菌。如果鸡蛋上有禽粪、污斑、血迹，微生物会更容易污染鸡蛋，而且这些微生物大都可以在低温下繁殖生长。所以，一定要先把买回的鸡蛋进行处理：先挑选出有血斑、禽粪的鸡蛋，将这些脏物用湿布洗掉，然后再用洁净干燥的食品袋把鸡蛋装起来，放在冰箱的蛋架上便好了。

114. 速烫贮藏鲜蛋

将鸡蛋放进沸水中浸烫半分钟，晾干后密封起来，可保存数月不坏。

115. 抹油贮藏鲜蛋

蛋类特别不容易保存，尤其在夏天，极易腐败、变质。若将食用油均匀地涂抹在蛋壳上，即可防止蛋内的水分和碳酸蒸发，阻止外部的细菌侵入蛋内。若涂上一层石蜡或凡士林在蛋壳上，也可阻止细菌的进入。

116. 盐贮藏鲜蛋

将新鲜的鸡蛋埋在盐里，或者将其埋在草灰里，也能久藏不坏。

117. 豆类贮藏鲜蛋

在盛器的底层，放上 2 寸左右的清洁豆类，放上一层蛋（大头需向上放着），再铺上一层豆子，可贮存几个月。

118. 谷糠贮藏鲜蛋

铺一层谷糠在容器内，然后再放一层蛋，等装满后，每过 10 天就要翻倒一次，每个月至少检查一次，把变质了的蛋挑选出来，谷糠必须保持干燥、清洁，放蛋的场所也要通风、干燥、凉爽。这样，可使鸡蛋保持几个月不坏。

119. 贮存咸蛋

蛋腌的时间一长，就会变得发硬、过咸，其味道也不鲜美了。若把蛋腌好后，捞出来煮熟，晾干后，再放回盐水中，这样，蛋就不会再咸了，而且也不再会变质。此法可以贮存一年以上。

120. 防止开封奶粉变质

奶粉开封以后不易保存。简单的办法就是取一点脱脂棉，蘸上一些白酒，塞在奶粉袋子的开口处，并用绳子连同棉花一起扎紧。

121. 松花蛋切忌存放冰箱内

由于松花蛋是用碱性物质浸制而成，蛋内饱含水分，若放在冰箱内贮存，水分会逐渐结冰，而导致松花蛋原有的风味改变。低温还会影响松花蛋的色泽，使松花蛋变成黄色。所以，松花蛋不宜存放于冰箱内。如家中有吃不完或需要保存一段时间的松花蛋，可放在塑料袋内密封保存，可保存3个月左右，风味不变。

122. 啤酒存放方法

（1）把啤酒存放在阴凉、低温的地方，啤酒中泡沫会稳定下来，如果把啤酒用杯子盛着，泡沫会快速消失。

（2）为了减少二氧化碳在啤酒中的溶解度，不宜振荡啤酒。

（3）用清洁的杯子盛啤酒，这样就可以不影响啤酒表面的张力，从而使啤酒的泡沫量降低，加快泡沫消失。

（4）为防止二氧化碳逸散，不可以过早把啤酒倒在杯子里，鲜啤酒应该随喝、随开瓶，同时不能来回倾倒啤酒，否则，啤酒中的气体会很快散泄出去，影响啤酒口味。啤酒开盖后的几分钟内要用清洁的橡胶翻口瓶塞盖好啤酒瓶口。

123. 倒放啤酒保鲜

把啤酒瓶倒放着，瓶子中的气体往上跑，用倒放的方法可以有效防止气体的溢出，从而达到保鲜的效果。

124. 延长冰块冰镇时间

在冰块上撒少许食盐，可以延长冰块冰镇时间，这样饮料、啤酒降温快，冰镇时间也比平时长。

125. 家庭存葡萄酒

要想贮存好葡萄酒，适当的贮藏场所是关键，一般温度为10℃～14℃，湿度保持于70%，专业酒窖便是如此。不过一般家庭，只要选择隔光、隔热效果好的保丽龙纸箱或瓦楞纸纸箱用来装酒，并将其放在通风阴凉并且温度比较稳定的地方便可，这样酒的保存期也比较长。

一般情况，白葡萄酒的保质期在6个月，红葡萄酒保质期为2年。开了瓶但没有喝完的酒，将其换至小瓶中最经济实用了，并且这样瓶中不易存住空气，这样剩余的酒便又可保存一段时间了。

地点对于保存酒来说比较重要，摆酒的方式也很关键。葡萄酒一定得横着摆放，这样的好处是酒渣的沉淀比较便利，而且酒液也能润湿软木塞，软木塞便可以保持湿润，能紧紧地塞住瓶口，密封比较好。

126. 药酒贮存

（1）用清水将容器洗净，然后用开水将容器煮沸消毒，方可用来配制药酒。

（2）家庭配好的药酒应及时装进颈口较细的玻璃瓶中（也可装进其他有盖的容器中），并将口密封。

（3）家庭自制好的药酒应贴上标签，并注明药酒的名称、配制时间、作用及用量等内容。

（4）药酒应存放在10℃～25℃的常

温下，不能与煤油、汽油及有刺激性气味的物品存放在一块。

（5）夏季不能把药酒贮存在阳光直射的地方。

127. 人参贮存

人参主要的成分是：人参酸、皂苷、维生素、挥发油、糖分及酶等。由于冰箱的湿度较大，如果把干燥的人参放入冰箱中贮存，取出后，吸附空气中的水分，人参将会变软，极易发霉、生虫。若把人参用无毒的塑料袋或者纸包好，放进盛有石灰的箱子或米罐内，即可保持参体干燥，质地坚实，这样保存的人参其煎汤的汁水充满清香，也比较容易研磨成粉末。

128. 贮存茶叶用罐

如果买回的茶叶需要长期保存，我们最好选择锡罐进行盛装，而尽可能的不用木制或铁制的茶罐。如果选择不锈钢的容器，必须用火将容器的外面烤一下。如果选用纸制的茶罐进行保存，要先放进少许茶叶以便把罐中的异味吸收掉。保存茶叶要放在阴凉通风处，避免阳光直射。此外，应选择5℃左右的低温来保存，效果最好。

大量的茶叶需要储存时，可用铁罐或瓦坛罐。瓦坛罐首选宜兴出产的陶瓷坛，这种坛有很多优点，比如保温性好，还可以减少茶叶香气的挥发。

茶叶在容器中装满后，需用布条或草将坛子的盖缠严密封，然后放在比较适宜的地方。注意必须隔1～2个月将坛内的石灰换1次。

如果家里没有瓦坛罐，可以选择双层盖的大铁罐来代替，用这种罐盛装茶叶，如果在其内放置一些干燥剂，保存效果会更好。

129. 贮存茶叶用瓶

（1）贮存茶叶时，应装在深色玻璃瓶、锡瓶或陶瓷容器里，最好使用有双层盖的铁制茶听或者长颈锡瓶。保存茶叶的容器要洁净、干燥（竹盒不宜放在干燥的地方），不能有异味。装茶叶时应装满，以免空气进入。

（2）把茶叶放在性能较好的保温热水瓶里，用木塞把瓶口塞紧，再封上白蜡，用胶布把它裹上，可长期贮存茶叶。

130. 贮存茶叶用桶

把茶叶放置在薄牛皮纸里捆紧，分层放在干燥无味、无破损的坛子或无异味、无锈的铁桶里。在放置茶叶的时候，层与层之间应放些经过风化的石灰（每隔1～2个月生石灰要更换1次），并盖好桶盖。若用坛子贮存，则应用牛皮纸把坛子塞好，上面盖些棉花或草，放于干燥处。

131. 茶叶生霉的处理

夏天，若茶叶生了霉，千万不要放在阳光下晒，应将其放入锅内干焙约10分钟，味道即可恢复，但一定要保证锅的清洁，且火也不宜太大。

132. 选择保存蜂蜜的器皿

可用木制、玻璃、陶瓷等容器贮存蜂蜜，但不可以用金属容器来贮存，也不可以用塑料制品。一般人都以为用铁罐盛装蜂蜜密封性会好很多，但是事实不是如此，如果这样保存，人在食用这种蜂蜜后不仅吸收不到有效的营养成分而且会有恶心、呕吐等身体不适的中毒症状出现。

出现这种情况是因为：碳水化合物跟浓度为0.2%～0.4%的有机酸混合后，在酶的化学催化作用下，会部分生成乙酸进而腐蚀铁皮使之脱落，由此蜂蜜中的铁、铅以及锌的含量便会大大增加，蜂蜜便变质而不能食用了。

133.储藏白糖防螨虫

白糖保存需要密封，并且保存期不宜太长。如果白糖密封不好的话，不到一年螨虫便会出现。在食用储存时间比较长的白糖前，必须对白糖进行加热处理，当水的温度达到70℃，不过3分钟螨虫便会死掉，便可放心食用了。

134.储藏白糖防蚂蚁

食糖的罐子非常容易爬入蚂蚁，但是如果将几根橡皮筋套在罐子上，蚂蚁因为讨厌橡胶的气味就不会碰糖罐子了。

三、居住

（一）家装设计

1.春季装修有效防潮

春季装修完毕后，气味不易散出，若入住，会影响身体健康。因此，装修后应该在室内多摆放一些绿色植物，因为植物的光合作用能够去除异味。也可以在室内放2~3个香蕉、橙子或者柠檬，这些水果都能快速去味。

2.春季装修出现开裂不宜马上修补

春、夏季装修完毕的居室在秋季可能会因为气候改变而出现问题，比如木地板收缩导致板缝加大或者不同材质的接口处出现开缝等。一般说来，这些情况都属正常，完全可以修补，但专家认为并不应该在出现问题时马上修补。由于季节变更，墙体内或其他部分的水分正在逐渐挥发，导致这些部位的开裂。此时虽然修补好了，但水分会继续挥发，仍可能导致墙体再一次开裂。因此，应该等到墙面水分适宜于外界气候时，再请装修公司对问题进行修补，这样能达到更好的效果。

3.雨季的木质材料装修

（1）地面工程：以9厘米板打底，注意应以板条形式，而不能够整块铺贴，其间距最好是木板长度的倍数，间隙约10厘米。木地板和四周的墙面之间必须留有伸缩缝约1厘米。施工完毕后，切勿忘记拔出四周那些用于定位的全部木销。铺贴地板前，应该在地板背面横切两道槽，深度约为3毫米。在与木龙骨固定时，气钉及胶水应该适当少使用一些。

（2）墙面及天花工程：隔墙及天花板若用木夹板制作，其板面须刷一层清油，保证木板不会受潮、返黄。贴墙纸时，必须在墙纸表面涂一层防潮光油，这一工序必不可少。

4.秋季装修有效保湿

在秋季干燥的气候下，涂料易干，木质板材不容易返潮。不过正因如此，保湿应是秋季装修的重要注意事项。

（1）过干的秋季气候很可能导致木材表面干裂并出现裂纹。因此，木材买回后应该尽快做好表面的封油处理，从而避免风干。特别是实木板材和高档饰面板更应多加小心，因为风干、开裂会使装饰效果受到影响。

（2）壁纸用于贴墙前，一般应该先在水中浸透，再刷胶贴纸。秋季气候干燥，使壁纸迅速风干，容易导致收缩变形。所以壁纸贴好后宜自然阴干，要避免"穿堂风"的反作用。

5. 冬季装修有效防毒

冬天寒冷的气候，使得工人们在施工时往往紧闭门窗，殊不知此举虽保暖，却极容易出现中毒现象。现在装修虽然都提倡使用绿色环保材料，但是，在装修时特别是用胶类产品铺地板、贴瓷砖、涂刷防水层、给壁柜刷漆时，仍然会挥发出大量甲醛、苯类等危害人体健康的物质。因此，在装修时切记开窗、开门，让这些有毒气体散发出去。

6. 旧房装修有效防水

装修旧房时，其防水工程的施工应遵照以下程序：

（1）拆除居室踢脚线以后，无论防水层是否遭到破坏，一律返刷防水涂料，要求沿墙上10厘米，下接地面10～15厘米。

（2）厨房、卫生间的全部上、下水管均应做到以顺坡水泥护根，返刷防水涂料，要求从地面起沿墙上10～20厘米。再重做地面防水，这样与原防水层共同形成复合性防水层，使防水性能得到巩固和增强。

（3）用户在洗浴时，水可能会溅到卫生间四周的墙壁上，所以防水涂料应从地面起向上返刷约18厘米，从而有效防止洗浴时的溅水湿墙问题，以免卫生间对顶角及隔壁墙因潮湿发生霉变。

（4）在墙体内铺设管道时，必须合理布局。不要横向走管，纵向走管的凹槽必须大于管径，槽内要抹灰使之圆滑，然后刷一层防水涂料，防水涂料要返出凹槽外，要求两边各刷5～10厘米。铺设管道时，地面与凹槽的连接处必须留下导流孔，这样墙体内所埋管道漏水时，就不会顺墙流下。

7. 家居装修有效防火

地砖不能全部使用大理石材质。与木地板及其他地板砖相比，大理石板的重量是它们的几十倍，甚至高达上百倍。因此，地面装修时若全部铺设大理石，极易超过楼板承重极限。

不能直接在墙壁上挖槽、埋电线。因为墙体受潮之后容易引起漏电，进而导致火灾的发生。

不要将煤气灶放置在厨房的木制地柜上，更不可把煤气总阀置于木制地柜中。否则，地柜若不慎着火，就难以关闭煤气总阀，后果将非常严重。

8. 家居装修有效保温

冷空气一般由居室的门窗边缘进入。因此门窗若不必开启，其边缘的缝隙最好是用纸或布密封。热损耗最大的是门窗玻璃，因此，门窗若长期不能受到阳光直射，应用布帘遮住玻璃。日光的直接照射能提高房间内的温度，因此，应力求阳光可以畅通无阻进入室内。有条件的话，尽量选用双层门窗，其较强的御寒能力能使室内减少约50%的热损失率，并能减少约25%的冷空气侵入量。

9. 家居装修有效防噪

降噪声处理在室内装修中是必不可少的。以下是几种预防室内噪声的有效方法。

（1）玻璃窗选用双层隔声型。

（2）选用钢门。因为镀锌钢门的中间层为空气，能够有效隔声，使得室内外的声音很难透过门传送。另外，钢门四周贴有胶边，这样钢门与门身相碰撞时就不会产生噪声。

（3）多用布艺等软性装饰。因为布艺这类产品吸收噪声的效果不错。

（4）居室内各个房间具有不同的功能，装修时要注意相互之间的封闭，并且墙壁不应该太光滑。

（5）多选用木制家具。由于木质纤维的多孔性，能起到良好的吸音作用。

10．小卫生间也能变"大"

卫生间面积小时，对于抽水马桶、洗脸盆、浴盆这三大基本设施的装修设计，宜使用开放式。这样不仅能大大节省空间，又可以节省给水和排水管道，设计简单、实用。

选用红色墙砖与白色洁具，以及黑色大理石材质的洗脸池和台面，红白黑三色相互映衬，对比十分强烈。

大面积玻璃镜的使用能够"改造"卫生间。可将两面大玻璃镜安置在卫生间内，一面镜子斜顶而置，另一面贴墙。此举不仅能盖住楼上住户延伸下来的下水管道，还能使空间富有变化感。通过两面玻璃镜的反射作用，小卫生间在视觉效果上足以"扩大"为大卫生间。

11．粉刷墙面的六大关键

（1）新刷的纸筋灰墙的外层石灰必须完全干燥，然后才能进行粉刷，不然会导致墙面出现花斑，从而影响美化效果。

（2）粉刷墙面时，必须对石灰浆、液不断搅拌，否则石灰浆容易沉淀，墙面在粉刷后会出现或深或浅的条纹。

（3）粉刷原则为：竖刷、由上而下、一笔套一笔。当然，也可以横刷、由左至右，但是都要切记不能漏笔。

（4）若墙面为深色的旧石灰墙（不包括胶白墙面），或者斑点较多，在刷新色之前，要先用白灰水刷1次，干燥之后才能套刷新色。

（5）若墙面为石灰墙面且粉刷还没有超过半年，加刷酸性的彩色干墙粉，比如绿色、天蓝色等，容易导致中和以及泛色的现象，必须多加注意。

（6）自己动手一定要注意安全。

12．使墙面不掉粉屑

在灰浆的配制过程中，若掺入少量食盐，石灰浆的黏附力会增强，刷过的墙面会不易掉粉屑。一般来说，生石灰和食盐的比例为100：7。

13．使墙面更洁白

浆液中若掺入少许蓝墨水或蓝淀粉（含量为0.5%），能使墙面更加洁白。

14．使墙面变彩色

按照以下方法操作，就能刷制出彩色墙面。

将适量粉烟（1.5%）加入石灰浆中，能刷出灰色墙面。

将适量黄土粉（10%～25%）加入，能刷出淡黄色墙面。

将适量钵绿或铬绿（1%～5%）加入，能刷出浅绿色的墙面。

将适量红土粉（5%～8%）加入，能刷出粉红色墙面。

需要注意的是，在配制过程中，应该先用少量灰浆进行试验，待色泽适宜后再大量配制。另外，在正式粉刷前，最好先试刷小块墙壁，以确定颜色是否合适。

15．家庭刷墙漆的方法

家装墙漆常用刷、滚、喷（包括有气喷与无气喷）等方法。"刷"是采用毛刷施工，是平面效果，但毛刷会留下刷痕。刷漆时加水的比例控制在20%～30%之间，不要超过35%，高于这个稀释比例容易出现脱粉、流挂、浮色、漏底等问题。"滚"指使用滚筒施工，是毛面效果，近似于壁纸，如拉毛、毛面、滚花、肌理、质感等。采用滚筒施工时可以少加水或不加水稀释。"喷"是采用喷枪施工，表面平整光滑，手感、丰满度好，是最好的平面效果。"喷"分为有气喷与无气喷两种，按要求施工的最终效果是相同的，但有气喷需要几道工序才能达到比较好的效果，而无气喷1次就可以满足施工厚度要求。

注意：刷完涂料之后，要开窗通风1星期。

16. 冬季灰浆防冻

冬季粉刷时，在石灰浆调制过程中，若加入适量食盐，可以使石灰浆、液的防冻性能增加；改冷水为温热水调拌粉浆，能使粉浆自身的温度提高。

17. 用催干剂装修冬季墙面

若装修在冬季进行，调配厚漆时，可以在 −5℃时加用催干剂（一般为 40克），这样一来，涂刷完成 24 小时之后，就可以进行下一道工序。

18. 用火炉加速冬季墙面干燥

冬季为了防冻，粉刷、油漆时，最好在室内烧一个火炉，以便提高室温，加速墙面干燥。

19. 拼铺木地板 DIY

无论是横槽式还是平式木地板，都可以直接铺于水泥地面，而没有必要使用龙骨（桦木）加以衬托。

以材料大小为依据，确定好地板所要铺设的花形，按照设计好的尺寸将木料锯割整齐并刨平。

短木料加工好以后，在其两边钻眼，然后用竹签将它们互相拼接，成为 50～100 平方厘米大小的方块。

平整规方地面，力求地面平整方正。如果过于不平，可以使用水泥和107 胶将其刮平，干透后再铺地板。方正地面非常重要，必须要用墨线画出边角，并且分出中点，随墙顺铺会导致边角歪扭，影响美观。

测量地面整体面积，在房间中央用灰线或墨汁弹好一个"十"字线。

在地面上刷好胶水，胶水稍干后，把木板贴于地面。

贴地板时宜围绕地面正中的"十"字线，依次平整地贴上去，同时顺手把它们压平。

地板铺好之后，可以把相邻的地板用电刨刨平。

若使用的材料为夹板，至少需要五层夹板。

拼铺完毕，待干燥后，打蜡上光。

20. 强化木地板铺装

（1）家里的强化木地板板面有时会出现起拱现象，导致这一现象的原因可能是在铺装地板时，地板条与四边墙壁的伸缩缝留得不够，或者是门边与暖气片下面的伸缩缝留得不够。因此，地板起拱后，适当地将伸缩缝扩大不失为一种行之有效的解决措施。

（2）某些强化木地板在使用时接缝上翘，除了地板本身存在的质量因素，铺装时施胶太多也有可能是原因之一。此时就应该适当将伸缩缝扩大，或者在中间隔断处做过桥，并且加强空气的流通。

（3）常见问题还包括地板缝隙过大。地板的缝隙应小于 0.2 毫米。若缝隙过大，应该更换为优质胶剂；同时，安装时宜尽量将缝隙捶紧；施工完毕后，要用拉力带拉紧超过 2 小时；最后，养护时间应超过 12 小时，其间不准在室内走动。

21. 简易的地板上蜡法

水泥地板和木质地板都应该先擦洗干净地面，地面干透后才能上蜡。

要将蜡放于铁罐内，在火炉上将其烤化，把煤油缓慢掺入铁罐内，注意蜡和煤油的比例为122.5∶1。掺入同时要搅拌至蜡油状。

用一块干净的干布，蘸上蜡油涂在地面上。涂蜡油时要均匀，不能太厚。

涂完2～3平方米后，停2～3分钟，然后用手去摸，若不粘手，立即用另一块清洁的干布在上面擦拭，只需几下，就能出现光泽。

22. 墙砖与地砖不能混用

有人喜欢在卫生间的地面上铺设五颜六色的花墙面砖碎片，也有人把颜色素雅的地砖当作墙砖。实际上，这种做法既不安全，又不科学。

从严格意义上来说，墙砖和地砖通常分别属于陶制品和瓷制品。二者不仅物理特性各不相同，而且选黏土、配料，甚至是烧制工艺的整个过程区别都很大。就吸水率而言，墙砖约为10%，而地砖只有1%。

厨房和卫生间经常要用大量的清水清洗地面，因此宜铺设吸水率低的地面砖。以免瓷砖受过多水汽影响而藏污纳垢。墙面砖一般具有比较粗糙的背面，有利于利用黏合剂与墙面牢牢相贴。相较之下，地砖就很难在墙上粘贴牢固。而墙砖铺于地面时，会因为吸水率太高而吸收过多水汽，不易清洁。因此，墙砖与地砖是不能混用的。

23. 正确切割瓷板砖

瓷砖的特点是正面硬而脆，反面质地却较疏松。因此，切割瓷砖的时候，可以按如下步骤操作：

找来一废锯片，用钢丝钳剪断其中的一端。

利用废锯片断裂处尖锐的锋刃，依据所需规格，在瓷砖反面用力刻画大约1分钟。

当切割到瓷砖厚度的一半深时，把瓷砖浸泡在水里饱吸水分，待质地稍变松软后，即可从水中取出。

使切割线与桌子边缘对齐，然后在瓷砖上放一把直尺，直尺的边缘要与切割线对齐。

最后，左手压住直尺，右手同时轻压一下，瓷砖就会沿着切割线整齐地一分为二。

24. 清除陶瓷锦砖污迹

陶瓷锦砖上的污迹忌用金属器具等铲刮，也不能用沙子或砂轮擦拭，因为那样会使得陶瓷锦砖表面因为受损而变粗糙，甚至有可能出现划痕。更不能用硫酸或者盐酸溶液刷洗，否则水泥填缝腐蚀后，会使瓷砖松脱。污迹不同，采用的去污方法也不同：

如果是石灰水留下的斑迹，可以洒水湿润后，用棕刷擦洗，然后用干布擦拭干净。

如果是食物残汁或油污，可以用温热的肥皂水刷洗后，用清水洗净。

如果是水泥浆等硬迹，则宜采用滑石打磨。

25. 灶面瓷砖用石灰防裂

在灶面上粘贴瓷砖时，最好是掺入一点石灰。这样既可以使砂浆的黏结性增强，同时瓷砖还不会因为灶面温度的高低变化而开裂。

26. 家具贴面识辨

(1) 木贴面：在制作过程中，实木

被切成大概2毫米厚的小木片，经过特殊粘连，贴于家具表面，然后再涂上漆，经过紫外线烘烤即可。其特点：触摸光滑，用手指敲击其表面，产生厚实感。表面木纹虽不规则，但很清晰，在板块角落处能看到约1毫米的木皮，这类家具是贴面家具中的精品，售价较贵。

（2）胶贴面：又叫防火胶板贴面。感觉粗糙，细看表面有很多气孔，常在办公家具的板材里出现，木纹模糊，而且规则，售价约为木贴面的一半。

（3）纸贴面：先把木纹印刷于纸上，后在板材上贴好，经过油漆涂刷，手感光滑，木纹模糊可是也有规则，在角落处很容易剥出纸皮。这种家具，材质低廉，价格便宜，售价为木贴面的1/5～1/3，可是在使用时很容易产生贴面卷起、划伤等现象。

27. 识别橱柜质量的方法

检查橱柜质量可看以下3个方面：

（1）看抽屉。橱柜质量如何，先看抽屉。有些橱柜，装上了金属滚轴路轨，把其抽屉拉开到约2厘米后，它能够自动关起来。也有些橱柜，装的是纤维滚轴路轨。相比而言，前者能承受更大的重量，常超过34千克。

（2）看接合部。质量好的橱柜，会把模型接紧再加螺丝固定木板，作为接合位置。

（3）看底板。抽屉和框门里底板的厚度是鉴定橱柜时要讲究的，这个部位的用料要比抽屉其他地方的用料厚实，只有这样，抽屉才能承住最大重量而底部又不变形。

28. 按照房间的功用选择居室配色

（1）客厅：客厅应该简洁大方，色调以幽雅淡逸为宜，可以选择鹅黄、淡绿色，在感觉上使客厅更加宽敞、舒适。

（2）书房：书房最好选用灰绿或淡蓝色，给人以清新、明亮之感，因为过暖过杂的色调容易使人疲劳、困倦。

（3）卧室：以暖色调为最佳，例如橙色、黄色等。在气候温热的南方，宜选用苹果绿，以节能灯或日光灯为配套照明设施；在气温较低的北方，则宜选用浅粉或浅杏黄色，以白炽灯为配套照明设施。

29. 客厅灯具的选择

客厅的灯具应选用吸顶灯或吊灯，显得庄重而明亮。

至于灯具的造型，不仅要求美观、大方，而且其风格应与居室整体的摆设和色调达到和谐统一。

灯光的色调宜柔、宜"热"，为房间营造出温暖、柔和的室内气氛。

光线强度应该强弱适中。客厅面积如果较大，可以在墙壁上装一对高度约为1.8米的壁灯。在沙发中间若有茶几，可以在其后方摆放一盏高度约为1.6米的落地灯。不宜在沙发对面安装灯具，以免直射人的眼睛。

30. 打造居室开阔空间的方法

选用组合家具。和其他类型的家具相比，组合家具在储放大量实物的同时还能节省空间。家具的颜色若与墙壁表面的色彩一致，能增加居室空间的开阔感。家具宜选用折叠式、多功能式，或者低矮的，或将房间家具的整体比例适当缩小，在视觉上都有扩大空间之功效。

利用配色。装饰色以白色为主，天花板、墙壁、家具甚至窗帘等都可选用白色，白色窗帘上可稍加一些淡色花纹点缀，因为浅色调能产生良好的宽阔感。其他生活用品也宜选用浅色调，这样能最大限度发挥出浅色调所具有的特点。在此主色调基础上，选用适量的鲜绿色、鲜黄色，能使这种宽阔感效果更理想。

利用镜子。房间内的间隔可选用镜屏风，这样屏风的两面都能反射光线，可增强宽阔感。将一面大小合适的镜子安挂在室内面向窗户的那面墙上，不仅因为反射光线增强室内明亮感，而且显出两扇窗，使宽阔感大增。

利用照明。虽然间接照明不够明亮，但也可以增强宽阔感。阴暗部分甚至给人另有空间的想象。

室内的统一可产生宽阔感。用橱柜将杂乱的物件收藏起来，装饰色彩有主有次，统一感明显，看起来房间就要宽阔得多。

31. 居室空间利用法

居室空间较高时，可以将高于1.8米的剩余空间建搭成小阁楼，以贮存一些平时并不常用的衣箱、杂物等。如果阁楼上需要安排床铺，却又不便站立，可以增建一个能在阁楼入口处上方站立的台子，同时可将这个台子制成书架或衣柜。若房屋为老式结构，也可将房屋通道上方利用起来变成储物间。可以在室内门、窗及床头上挂设一些小吊框；至于房角、门后及衣柜、床铺上端的多余空间，也应加以充分利用。鞋箱可以利用一些边角板材制成横式组叠式安装在门后；各种木板头也可利用起来，制作成形状各异的角挂架，置于房间角落。

32. 利用小屋角空间

居室面积不够大时，应该充分利用室内那些靠窗的屋角。

(1) 茶几。以稍大并且呈方形的茶几为最佳。茶几摆放于屋角后，将两张沙发成直角摆放。一是充分利用了空间，二是增进人们坐在沙发上聊天时的亲切感。

(2) 电视机。满足电视机背光、防晒的两大要求，同时腾出更多空间用于观看电视节目。

(3) 音箱。一个大音箱，或者左右两个立体声音箱均可。立体声音箱分别摆放在两个屋角时，相对而言间距更远，从而使声场分布更均匀。音箱上面可以放一盆吊兰等花卉，不仅节约空间，还能增添幽雅的气氛。不过浇水时须特别小心。

(4) 写字台。应放在窗户右侧的屋角，因为光线最好来自左前方。写字台上方的墙面，可以用挂画、年历及其他饰品点缀，再以台灯和小摆设相配，使屋角变得温馨、舒适。写字台旁可摆放一个书架，会更加方便。

(5) 落地灯。由于落地灯有尺寸很大的灯罩，为了不会显得过于突出，最好放在屋角。至于落地灯周围的安排，则以躺椅或沙发为最佳。

(6) 圆弧架。条件允许的话，可以做一个圆弧形架子摆放在屋角，日用品、装饰品都能摆放在架子上，方便人们的日常生活。

(7) 搁板。屋角上部也可以利用来做几块搁板，高度以人手够得着为准。搁板上下的间距可以任意等分或不等分，书籍、花卉、其他物品都能摆放在搁板上。搁板下地面可以直接放一盆大型花卉，如米兰、龟背草等，充分利用空间的同时更添雅致风情。

33. 打造舒适房间六招

要布置出舒适满意的房间，应该考虑以下6方面：

(1) 布置前做好计划。确定房间的长宽高，结合自己的要求，制订出合理实际的方案。

（2）仔细选购自己满意的家具。如果家具是现有的，要进行合理安排，一一就位。

（3）居室空间要充分利用。家具可以适当选用活动的或多功能的。特别要注意的是，要为孩子留下足够的活动空间。

（4）色彩搭配要和谐。选择一种色调作为整个房间的色彩基调，若同时运用其他色调，要注意相互统一、协调。尤其是色彩面积较大时，力求与其他家具的色彩一致。色彩素雅，是房间安定舒适的必要条件。

（5）照明设施要合理、美观。最好根据需要，设置多种不同功能的照明灯具，如整体照明、局部照明、特别照明等，这样既能使日常生活更加便利，灯光又能烘托、调节出良好的室内气氛。

（6）陈设的格调要高雅。挂在墙壁上的装饰品要与整个墙面的风格一致。在房间里留下富余的空间。可考虑在某些合适的位置做重点装饰。力求窗帘与其他织物在色泽和面料等方面的统一和谐。陈设品宜精选，不宜到处罗列。

34．用图案法布置小房间

许多城市家庭的住房都不够宽敞，如何布置才能使小房间显得紧凑宜人，是城市居民普遍关心的问题。视觉上的某些错觉能影响人们对空间的高低、大小的判断。如不同的墙纸花纹，会带给人们截然不同的扩大或缩小的视觉体验。为增强宽阔感，装修墙壁时宜使用那种带有菱形图案的壁纸。

35．用色彩法布置小房间

房间较小时，利用色彩进行装饰能收到明显的效果。色彩不同，人们对距离、重量和温度的感觉也就大不一样。比如暖色调的红色、橙色、黄色等，易给人以凸起感；相反，冷色调的蓝色、青色、绿色等，易使人形成一种景物后退的错觉。

一般情况下，小房间的主要色调宜为亮度高的淡色，如浅绿色或淡蓝色等。这样的颜色易使空间显得开阔一些。

中性的浅冷色调也能改变由于空间窄小造成的紧迫感。面积较小而且低矮的房间宜用远感色，如使用同一种浅冷色调涂刷天花板和墙面，也能收到开阔空间的效果。

如果房间为长方形，相邻的两面墙壁其中一面可以选用白色或者其他淡色的涂料，而另一面则选用同种色调的深色涂料。因为色调的深浅对比，能够使两墙之间的距离产生视觉上的拉长感。

床单、桌布、沙发套等纺织装饰品颜色宜与墙壁相同或相似，这是由于单调的配色也能使人产生一种室内空间上扩大的感觉。

36．用重叠法布置小房间

房间较小时，家具以上下重叠的方式巧妙组合，并在放置时尽可能贴墙，这样房间中部能够留出的空间就比较大，方便室内的日常活动。

37．用空间延伸法布置小房间

透明体一般都具有良好的反光作用。布置小房间时，可以利用这一特点贯通室内空间。比如在迎门的墙上悬挂一面大面积的镜子，壁檐选用镜面制作，桌子、茶几表面用玻璃替代，窗帘质料宜为半透明等。

38．暗厅变亮法

有的暗厅很大，8～20米不等，宜用作走廊，如果用作客厅，则在布置方面，需要动些脑筋。一般说来，可采用如下方法：

(1) 用人工光源补充光线：在立体空间中，光源塑造出的层次感耐人寻味。比如曝光灯这类光源若射到墙壁或天花板上，效果会非常奇特。如将射灯的光打到浅色画面上，效果也很好。

(2) 把色彩基调统一起来：色调阴暗沉闷对于暗厅布置是大忌。异类的色块由于空间的局限性，会破坏掉整体的温馨与柔和。可以选用亚光漆或枫木、白桦饰面的家具，以及浅米黄色的柔丝光面砖。在不会破坏氛围的前提下，采用浅蓝色来调试墙面，能够改变暖色调的沉闷感，从而较好地调节光线。地面材料，要尽量选用浅色调，这样可增加客厅亮度。

(3) 增大活动空间：要按照客厅大小设计家具尺寸，不要在厅内放置高大家具。可定做一组壁柜，漆浅色调，为节省空间，厚度不宜大。如此设计，视觉上简洁清爽，厅内自然光亮。除此之外，一切死角都要充分利用，并保持整体基调的一致性。

39．用物理方法使居室夏日也清凉

窗帘选用浅色调，若能在玻璃窗外粘贴一层白纸则更佳。

当西晒时，窗户可加挂一扇百叶窗，避免阳光直射进来。

对屋面隔热层做加强处理。

加强绿化，以调节居室周围的小气候。如在居室外墙上引种一些爬山虎，再在居室周围种几棵白杨或藤蔓植物等，在开放式阳台上多养些盆栽花草。

在上午 9～10 点至下午 5～6 点这个时间段内尽可能将门窗关闭，并挂上窗帘，以使屋内原有低温得以保存。

天气干热时，可洒凉水在地面，水蒸发的过程也能吸收热量。

（二） 居室美化

1．客厅的美化

好些客厅在屋顶上有显露的"过梁"，让人产生沉重感，很生硬。要是用装饰材料把"过梁"装扮成曲面状或曲线，将使天花板变得轻巧。假若居室客厅门太多，则可把不常去的房间门藏起来，例如做个可拉动的滑轨，（假的书柜）来遮掩，不露出破绽，让人无法察觉。假若居室房间窗子太少或太小，则可在墙上适当开个假窗，让人感觉视野开放。

2．浴室和卧室的美化

可以运用清新自然的暖颜色，如：浅棕色、淡黄色、原实木色或淡绿色，让卧室充满了休闲之气。在室中也可点缀少许花瓣，摆上些许鹅卵石或贝壳，给卧室带来清爽气息。

另外，还可用大色块来装饰浴室，就是用黑、红、白大色块分割。墙壁用白色瓷砖，白色的洗脸池、浴池和黑色的天棚、红色的浴帘、毛巾架相映衬，给人一种不拥挤的视觉。柔和的灯光经过洗脸镜的散射，让浴室充满了温馨和舒适。

3．厨房和餐厅的美化

厨房和餐厅是一家人一起享受快乐用餐时光的场所，也是忙碌的家庭成员彼此交流的中心。在这样的情形下，厨房的装饰一般可采用绿色，把大自然的色彩带到家里。木原色本身就具有自然的质感，绿色植物能让厨

房充满活力，在墙上或其他地方使用绿色来装饰，能展现其特有的清新。

4. 阳台变花园

绿色植物应成为装扮阳台的首选，据阳台的面积大小，找些需要的材料，做个能移动的，精致的花架，从而便于花木全面吸收阳光。选择的花木等种类不要太多，宜选性相近的花木，这样，照料容易，且事半功倍。还可在阳台上栽种相思草或吊兰，最好是在阳台空间设置一个悬挂的钩环栽种它们，以供观赏，且具有立体感，阳台像花园一样，效果好。

5. 居室添自然色彩法

假若你喜欢感觉自然，那你可把自然的感觉带进居室装饰中。表面用清漆能流露出木质的美感；藤编织的图案能让你更亲近自然；绿色植物所带来的清新的气息，能够净化空气。

6. 客厅角落装饰

在客厅角落可设置别致的精品台，在其上可摆些手工艺品或鲜花，其造型应当大方、简单、用木质配上适当的金属作为材料最好。也可直接去家具店采购自己喜爱的金属架，用它来装饰角落，也可在墙角的上方挂个花篮，再放些气味芬芳、色彩亮丽的绢花或干花。设置角柜放在角落上下两头，玻璃隔层板设置在中间，可采用扇形形状。间距任选，把工艺品放置在层板上。然后，把射灯装在处理好的角落上方，使角落繁花似锦，充满生机。

7. 家用电器配置

以实用为主的电器，用来做装饰并不好。但若把它们精巧地"隐藏"于木质的花格挡板或木质的橱柜之中，且能很方便地把它们拉出推进，那效果相当不错。这就是常说的"露温馨，藏冷硬"的居室美化技巧。

8. 室内布艺配套

居室窗帘，适合"三位一体"的配套，就是：床罩、布艺沙发、窗帘三者的配套。它们全是大色块，若搭配恰当则为居室增色，若不当则影响整体环境。假若窗帘布是6种颜色的，则枕套、床罩、靠垫、沙发套等都应该取窗帘布的主色调，作为基本格调。可选其中的2～3种颜色，讲究神韵相通，不求花型一致。

9. 搭配藤铁工艺家具

经过染色等特殊处理的藤铁组合很流行，比如：蓝色、绿色、白色等，让人觉得既沉稳又活泼。要摆设好藤铁家具，就要掌握好居室环境和色彩之间的关系。如居室色调是深色，则应配深褐色或咖啡色的藤铁家具，坐垫和桌布的色彩，应该在色系相近又不太深的色彩中挑选。如居家空间是浅色的，那藤铁制品就应选中性或另外颜色的，再配上明亮色泽的布或坐垫。

10. 室内垃圾桶美化技巧

室内垃圾桶的美化可参照下列技巧：

材料：针线、软尺、零碎花布、松紧带。制作步骤：把垃圾桶清洗干净，用软尺把垃圾桶的高度、上下周长量好，把布依尺寸裁好。把松紧带缝在布的上下两边，后按垂直标准，缝成圆柱形，做个桶形布套。缝个蝴蝶结作为布套的装饰。最后用布套把垃圾桶套起来。

11. 选用窗帘

（1）布料：薄型窗帘透光程度好，白天在室内，让人有一种安全感和隐秘感。冷色布料的窗帘适合夏季，暖色布料的窗帘适合冬季，中性色调的窗帘布料适合春秋两季。

（2）功能：在书房的，要求轻且薄，可使光线柔和又显明亮；在卧室的，要求厚实，弱化室内光线，给人以宁静舒适之感。冬季，多层窗帘能很好地阻击室内外冷暖空气的对流，起到提高室温的作用。夏季，则需要有效的通风，宜用竹帘、半悬式窗帘或珠帘等。

（3）厚薄：由于多数家庭只挂一层窗帘，故不宜太厚，要有一定的透光性；但也不能过薄，以晚上开灯后从户外看不清室内的活动为宜。

（4）色彩：窗帘的色彩最好与墙面和家具的色彩相协调。如墙壁是淡蓝或黄色，桌椅是紫棕或近褐色，可采用蓝色或金黄色的窗帘。墙壁是白色或象牙色，桌椅是淡黄色，可采用橙红色或黑蓝相间的花纹布窗帘，若加白色透明纱效果更佳。此外，如果墙面上挂的饰物较多，则应选用纯色窗帘，以免使人眼花缭乱。

12. 选配夏季窗帘

透光性强，色彩浅是夏季窗帘的特点，比如：纯白、淡绿、淡蓝等。其搭配需讲究如下技巧：

窗帘杆头是红色的，铁质的窗帘杆是黑色的，再配上薄纱的绿色窗帘，是浪漫人士的首选。

木质窗帘杆配上彩色的薄纱窗帘，爱美但却不喜张扬的人会喜欢。

白色薄纱配清雅竹卷帘，当风吹过，薄纱随风飘扬，意趣无穷。

铁质杆窗帘的黑色配上薄布的蓝色窗帘，相接处打个绳结，能带来动感。

而书房的窗户则适合挂百叶窗帘，

特别是银灰色的，且它与现代家具也很相配。

13. 给窗帘增情调

在窗帘内侧可以稍加点缀，如粘上彩色小纽扣、卡通形象、五彩斑斓的电光纸片等，再配以一些得体的小朵绢花、花边、小彩灯、个人生活照等，便能锦上添花，为窗帘增添浪漫迷人的情调，使室内更加光彩照人。

14. 用彩色射灯

如果把颜色不同的一些射灯装在博物柜里，工艺品将更富有吸引力。特别是在晚上，和朋友一起欣赏之际，把射灯打开，工艺品将魅力四射。在墙上的饰品、艺术挂画等，同样可用射灯照耀，使其观赏性更强，充分显现出它们的美。

15. 用水晶灯饰

选购水晶灯饰，需讲究如下几点：

（1）居室结构。楼房高矮、房间间距、顶梁的设计、室内的装设等，在装置、选择灯饰时，都是应考虑的因素。

（2）灯光效应。只有光源清晰，水晶灯饰才有效果，因此要配上光线明亮的灯泡，普通型的就可以，而不要配上彩色或磨砂灯泡。这样，色彩绚烂的水晶灯效果就出来了。同时，为了不同场合的需求，也可装个调节器，来调节光线。

（3）吊灯垂饰品质的选择。水晶灯饰自身的设计很重要，但其能否艳丽动人、能否安全适用且完美无缺，都与其垂饰有很大关系，一般人都没有标准去识别其优劣，一不小心就会以假当真。

（4）照明面积。水晶灯能对室内照明起很大作用。常理下，衡量水晶灯的照明面积，可按其灯泡瓦数或直径去衡量。一般说来，直径是 12 寸的水晶灯，照明面积在 50 ~ 70 平方米，相应地，灯泡约为 60 ~ 100 瓦。

16. 用墙面小挂饰的技巧

墙面挂饰一般包括字画、挂历、镜框等装饰品。它们能在美化环境的同时陶冶人们的艺术情操。挂饰的选配因地因人而异。地理因素包括：房间格局、墙壁富余面积；个人因素包括：经济条件、文化素养、职业习惯、个人爱好等。

一般来说，面积较小的房间，宜以低明度、冷色调的画面相配，从而产生深远感；房间面积较大的，宜选配高明度、暖色调的画面，从而产生近在咫尺的感觉。

房间若朝南，光线充足的话，宜选配冷色调的装饰画；反之，朝北的房间其装饰画应以暖色调为主，而且画幅应该挂于右侧墙面，使画面与窗外光线相互呼应，以达到和谐统一，增添真实感。

17. 用字画装饰房间

（1）用来休息的卧室，常在墙上配些画幅不是很大的、看上去平和恬静的油画或镜框饰品。而充满活力的饰物则适合挂在青少年的卧室。在厅堂或者文学、艺术人士的房间，宜首选名画、名言等饰品，以显其品味，另外把色彩缤纷的静物写生画挂在起居室内，能让人食欲大增。

（2）年画、字画、竹编画及绳编画适用于中式家居布置。油画、版画及大幅彩照适用于西式家居布置。

（3）竖幅字画较适合墙面高的房间，反之，则挂横幅。室内环境也影响挂饰的选择，如果是绿色充满室内，则宜选用有树木的大幅挂画来布置。

（4）想用镜框照片来装点室内，就不宜选一个镜框里由很多的小照片拼成的那种，那样格调不高，显得小气，宜选挂大幅照片。镜框颜色应与家居墙面、家具的颜色统一，比如：淡黄色或浅棕色的镜框适合配白色墙壁，金黄色则适合配苹果绿的墙壁。

（5）用字画来装饰要注意字画之间的间距，不要过密，要留有一定空间，让人的视觉有休息的余地。一个房间里的字画饰品，应挂在同一高度，而镜框，比较适合的位置是：距离地面 1.5 ~ 2 米，倾斜角度保持 10 度为宜。

18. 用照片装饰房间

（1）悬挂：居室面积小，可把照片挂得高于常人平视线，应当配镜框悬挂。居室面积大，适宜把照片前倾式挂好。

（2）隐藏：尽量隐藏挂钩和挂绳。无法藏的话，则可考虑用专用画镜钩，把它挂在居室画镜线上。

（3）镜框：选好位置，先在墙上钉好钉子，并且还要在镜框背面的中心位置钉个钉子，可用螺丝圈，另还要在其上系根带子。然后，捏住绳中心把它挂上去，并用绳围绕钉一圈。这样，因镜框自身的重力加上墙面的支托，镜框被自然而平稳地固定于墙上。

19. 用挂毯装饰房间

（1）选择：用挂毯来装饰房间，应按房间的风格选取相配的画面，假若房间布局突出了时代气息，那就应选现代画派的挂毯画面与之相协调。假使房间布局"古色古香"，那就要选有中国民俗特色和民族色彩浓厚的挂毯画面，以显其相互衬托，和谐一致。

（2）协调：挂毯的尺寸、颜色应与房间的面积、色调相配套。要使挂毯画面更美丽、清新，可用壁灯来装饰，但装在其上方的壁灯，形状、颜色应与挂毯画面相协调。

20. 用旧草帽做壁挂

把旧草帽分拆成草辫，洗净后，将它晾干，并把它缝成交织在一起的吉祥鱼，再给它装饰些颜色，那样就做成了一个充满民族风情的小壁挂。

21. 巧用贴图与挂物

自制简易铅垂，作为贴图挂物工具。将一些小物品如苹果、小锁、钥匙串等用普通的缝衣线悬挂，简易铅垂就制作好了。贴图挂物时，若因为没有合适原参照物而无法确定正斜时，可以利用自制铅垂紧靠需要挂贴的图物的某一竖边，铅垂的缝衣线如果与图物竖边完全重合的话，那么表明图物已经摆正。

利用图钉巧挂镜框。在镜柜下方的两角一边钉一枚图钉，不仅能增强镜框悬挂时的稳定性，还避免镜框背面积存灰尘。

平等双钉有利于稳固、端正。钉好钉子后，在附近地方再钉一颗与之平行的钉子，有利于挂正镜框一类的挂物。

22. 选用工艺品

居室桌柜、几架的台面上宜陈列一些工艺品，这对居室环境能起到点缀、美化作用。

工艺品的选用应与居室的整体气氛相协调。要考虑居室内的条件，比如布置色彩基调、风格等。若为中式房间，宜摆放中国传统工艺品；西式房间摆放的工艺品则宜具有现代特色。

选购工艺品应该少而精，宜小不宜大，还要注意材质、造型、釉彩和制作工艺等。

工艺品的摆放位置也有讲究。床头柜上最好能摆放一只插几支香味塑料花的花瓶，收音机上方可以摆放一只动物造型的装饰品。

23. 选用纺织品

首先，纺织类装饰品应该与家具使用同一色调，同时与室内其他陈设和谐统一。也可以根据使用性质的不同进行分类，比如椅套、沙发套、台布可为一类；电视机、音箱等为一类；床罩、枕套等为一类。每类纺织品均应选用一种主要色调，否则，五光十色将导致居室内凌乱不堪。

需要注意的是，台布的花纹图案以素雅自然的淡色调为最佳，不可过多、过碎，其面积尺寸要和所盖的家具大小相符。

电视罩、电扇罩等，主要功用是防尘、防晒，因此应选择那种质地比较厚实的面料，如平绒、灯芯绒、纤维布等。

床单、枕套等，虽是实用物品，但是若选择得当，也能美化房间。

在选用纺织装饰品时，应考虑到其用途，以及地面、墙壁、家具的色彩、格局等多方面的需要。

24. 居室空间的绿化

居室空间充分利用，造成立体化的观赏效果，不但能扩展绿化的面积，而且能增强艺术观赏的价值。主要方式如下：

（1）悬挂：可以把用来装饰的花篮或框架、盆钵等挂在门侧、柜旁、门厅、窗下，且在篮里种植些常春藤、吊兰和枝叶垂下的植物。

（2）使用花格架：把花格架板嵌在墙上，在其上放些枝叶往下垂的花木。居室中有些既需要装饰又不适合挂字画的墙壁，如沙发椅的上方，门边的墙面，都可以安置花格架。

（3）使用高花架：高花架容易移动，方便灵活，且占地面积小，能把花木升高，使空间绿化，能达到立体化绿化室内的理想效果。

25. 卧室绿化

雅致、俊逸、幽香、小巧是绿化卧室的要点。在卧室中适合摆放的有：树桩盆景、山水盆景，同时还有如：梅、竹、柏、松、棕竹、文竹、佛手等。尤以兰花、水仙等植物最为合适。

26. 书房绿化

书房的特点是素雅、清静。其绿化要突出这些特点。案桌上可以选择一些水仙、仙客来及君子兰、蟹爪兰、文竹等植物摆放；再如：佛手、石榴等果子类植物，可摆放在书柜上；桌子旁边就可以放些中等或者低矮的常绿花木。

27. 客厅绿化

客厅绿化，要突出欢快、热烈的氛围。宜首选大型或中型的常绿花木，并且配以花、果等观赏植物，比如：松、柏、竹、棕竹、龟背竹、蜡梅、梅花、蒲葵、山茶等，但有刺植物不能放。

28. 用盆景装扮客厅

盆景有"无声诗、立体画"之喻。宽敞是客厅的特点，装饰时宜选长条形盆景，以便显出气势磅礴、气度不凡的特色。但假若客厅面积小，则适宜摆放小巧精致的盆景，可以选幽深椭圆形的或者重叠的山水盆景，使到访的宾客有一种别致的纵深感，感觉房中有房，景中有景。另外还可以做个古色古香的架子跟盆景配套，也可在墙上贴些与室内山水相协调的意境高远的书法作品，或在墙上挂些风光亮丽的摄影画，体现出既文雅又缤纷亮丽的特色，这些装饰都是合适的。

29. 营造花草满室的自然空间

盆景、盆花的规格应该和居室的面积以及家具的数量、色彩统一协调。同一房间内的盆景、盆花应该在大小、式样、种类等各方面相互搭配。居室面积不太大时，若以盆景点缀室内环境，尽可能充分利用室内的空间，这样既能美化环境，又不会过多占用有限的空间。

30. 不同房间选不同花草

客厅：宜选择那些花繁色艳、姿态万千的花卉；观叶植物宜放于墙角；一些观花、观果类植物宜放于朝阳或者光线明亮的地方。

书房：为幽雅清静之地，书架、茶几、书桌案头上，宜以1～2盆清新的兰草或飘逸的文竹作为点缀。

卧室：恬静舒适，宜摆放茉莉、含笑、米兰以及四季桂花等花卉。这样，芬芳的花香，能使人们心情舒畅，改善睡眠。比较理想的室内植物还有仙人掌。夜间它能够吸收二氧化碳，而放出氧气，既为室内增添清新幽雅之感，又能增加空气中的氧气含量和负离子浓度。

阳台：宜摆放榕树、月季、石榴、菊花等具有喜光、耐干、耐热等特征的花草。

31. 能为新房除异味的植物

（1）吊兰。吊兰能有效地吸附有毒气体，1盆吊兰等于1个空气净化器，就算没装修的房间，放盆吊兰也有利于人体健康。

（2）芦荟。芦荟有吸收异味的作用，且能美化居室，作用时间长久。

（3）仙人掌。一般植物在白天，都是吸收二氧化碳，释放氧气，到了晚上则相反。但是芦荟、虎皮兰、景天、仙人掌、吊兰等植物则不同，它们整天都吸收二氧化碳，释放氧气，且成活率高。

（4）平安树。平安树，又称"肉桂"，它能放出清新气体，使人精神愉悦。在购买时，要注意盆土，如果土和根是紧凑结合的，那就是盆栽的，相反，就是地栽的。要选盆栽的购买，因其已被本地化，成活率高。

新居有刺鼻味道，想要快速除去它，可让灯光照射植物。植物在光的照射下，生命力旺盛，光合作用加强，放出的氧气更多，比起无光照射时放出的氧气要多几倍。

32. 对环境有害的植物

（1）夹竹桃内含多种强心液，且全株有毒，如若中毒，会有腹泻、恶心呕吐等现象，能致命。

（2）水仙花，其鳞茎有毒，内含石蒜碱。中毒后有腹痛、呕吐等现象。

（3）一品红的白色乳状汁液是有毒的。人体与之接触，会皮肤红肿，不小心吞食有腹痛、呕吐现象。

（4）万年青。含有草酸及天门冬毒，假使误食，会导致咽喉、口腔、食道、胃肠黏膜等灼伤，甚至使声带受损。

33. 不适合卧室摆放的花木

（1）百合花、兰花。这些花香气太浓，能刺激人的神经兴奋，从而导致失眠。

（2）月季花。其发出的浓郁香味，让人有憋气、胸闷不适、呼吸困难等感觉。

（3）松柏类花木。其散发的香味能刺激人的肠胃，不但影响食欲，而且使孕妇有恶心呕吐、心烦意乱感。

（4）洋绣球花。其散发的微粒，一旦与人体接触，可能导致皮肤过敏。

（5）夜来香。在晚上，夜来香散发

的微粒能刺激人的嗅觉，久闻，将使心脏病或高血压患者有郁闷不适，头晕目眩感觉，严重者能加重病情。

（6）郁金香。其花朵里含有毒碱，长久接触，将会导致毛发脱落。

（7）夹竹桃。夹竹桃能分泌出乳白色的液体，接触过长，能使人中毒，引起智力下降，精力不振的症状。

34. 辨产生异味的花卉

人们把花草作为居家装饰是比较常见的，因为植物能使房间美化，可是，不是所有的花草都适合居家装饰的，比如：玉丁香、松柏类、接骨木等，不宜放置屋内，它能影响情绪。松柏类分泌的脂类物质松香味浓，人闻久了会导致恶心、食欲不振等症状。而玉丁香发出的气味能使人气喘，郁闷。

35. 辨耗氧性花草

夜来香、丁香等花草，在呼吸时能消耗大量氧气，影响儿童和老年人的身体健康。夜来香在晚间光合作用停止时，还将排出大量废气，导致心脏病或高血压患者感到不适。

36. 辨使人产生过敏的花草

有些花草，人们常接触，会导致皮肤过敏，如：洋绣球、五色梅、天竺葵等。过敏现象为：奇痒，难以忍受，皮肤表面出现红疮。因此，居室装饰不要用易引发过敏的花草。

37. 让室内飘香的花草

（1）将不同品种的花瓣晒干后放在一起，随便放在餐厅或居室，都能让房间香味无穷。

（2）把不同品种的花瓣晒干后装在袋里，放些许在衣柜里，柜里的衣物也将具有缕缕幽香。

（3）如果喜欢生活气息更浓的香味，可首选薄荷、荷兰，把它们放在篮里，置于合适场所，令人感受到无边旷野的情趣。

（4）把装有桂皮、丁香、咖喱粉等的香包放在有衣物的木箱里，那种味觉将美妙无穷。

（5）想使卧室香气弥漫，可用布袋装些有香气的干树叶，放在床边即可。

（6）在壁灯、吊灯、台灯上洒些香水，这样，香味将随着灯泡的热量布满房间。

（7）把在香水里浸泡过的吸墨纸放到柜子、抽屉、床褥等地方，能长时保留香味。

（三） 花卉养护

1. 春季花卉换土法

春季里，室外的温度不断升高，而各种花卉也相继到了生长的旺季，盆花换土时要依花择土，下面四种土壤养花比较合适：

（1）素质泥土（也称红土母质）。先把胶泥摊露在室外，让其经过风吹雨淋和日晒后，再配粪肥就可使用。主要用于养白兰、茉莉、橘子、杜鹃、兰花、山茶等南方的花卉，也可用来扦插育苗。

（2）旧盆土。即换盆时剥离花卉根部的土，使用时要过一下筛。这种土最大的特点是肥力不很暴，不容易使根部烂掉，主要用在播种和移植种苗。

（3）风沙土。主要是养盆花时配比土的主要成分，优点是不但腐殖质的含量较低，碱质也极少，土质松散而且排水力强，所以多数盆栽花卉（除山茶、白兰、杜鹃、茉莉等南方花卉外）大多使用这种土。

（4）粪肥掺土。花卉大都按粪土的比例"一九"来配制，也可按"三八"。如果是树形高大且长势茂盛的花卉，可以加大1成的粪肥配土。在换盆时，若是放3～5片马蹄片配合土做底肥效果会更好。

（5）常用盆土。一般以六成土壤和二成细沙，再加上二成粪土末结合的混合土为宜。向阳的秋海棠、绣球花可适量加些大沙土；君子兰花可适量把腐熟的马粪、沙土成分增大。这种土排水力极强，根部发育也会很好。微酸性土壤适合于从南方移植到北方的一些花卉。在配土时少放些硫酸亚铁（黑矾）也可，用松柏树木根部的落叶及土壤，或发酵淘米水、洗菜水制成微酸性水土。

2. 夏季盆花护理

（1）牡丹。牡丹既怕热也怕湿，在盛夏的季节，应将其放置在通风凉爽的地方，不需要经常浇水。

（2）仙人掌类。虽然它的耐旱性非常强，但当它的气温超过38℃的时候，仍有可能会被灼伤。在高温的季节，千万不要施肥，但是需要经常喷水，以降低其温度。

（3）月季。月季花比较喜欢肥水，要使肥水能得到充足的供应，应半个月就施一次鱼肥水或腐熟的豆饼水，在7月中旬，要停止施肥。由于夏天容易发生白粉病及黑斑病。前者用多菌灵，后者用波尔多液，每半月就要喷治1次。

（4）米兰。米兰既喜热又喜光，在夏季生长非常旺盛。在开花的前后，每10天要施1次已稀薄好的矾肥水，当气温超过30℃的时候，要停止施肥。保证供水充分，经常往叶面喷水可有效地防止落花、落蕾。

（5）兰花。盛夏是兰花生长的旺季，

要保证它生长所需要的养分和水分。兰花在高温下容易发生炭疽病，除了要改善其环境，保持它的通风、透光外，当发生病害的时候，可用托布津，每隔10天喷治1次。

3. 夏季养花时伤病的防治

由于夏天的气温高，其水分蒸发也快，如果护理不周，就会把花卉灼伤或令其生病，所以要更加认真保护。对于阴性或半阴花卉，夏季应避免高温和光线直射。应该采取一些遮阳的办法，也可以通过喷水降低温度。杜鹃每日都应该浇水，还要向叶面及地面喷一些水，以起到保湿降温的作用。

夏季里病虫害发生率较高，清除病叶枝要及时，必要时可用药物防治。

4. 夏季管理休眠花卉

休眠花卉在夏季的管理要注意通风避阳，控制水量和施肥量。将休眠花卉放置在阴凉通风的地方，还要注意避免强光照射，还应向地面洒一些水达到降温的效果，这样就能让其更好地休眠。为防止烂球或烂根，要及时停止施肥。对夏季休眠中的花卉要控制浇水量，来保持盆土湿润。夏季休眠花卉正值雨季时可将花盆放于能够避雨的地方，这样可以防止植株被水淋以避免盆内积水对花卉造成不利影响。

原产于地中海气候环境中的多年生花卉草木（如鹤望兰、倒挂金钟、仙客来、洋水仙、郁金香、马蹄莲、天竺葵、花毛茛、小苍兰等），进入休眠期或半休眠期状态的时间一般在夏季。

5. 秋季修剪盆花

当盆花发出的嫩芽过多时，要保留一部分生长，把其余的摘去，这样就不会徒耗养分。修剪时把保留的枝条留叶抠芽。而对于长势很强的植株进行重剪，生长弱的要轻剪。一般可做的工作有以下几点：

（1）除侧芽。花木生长中的第二次高峰是秋季，此时要把花木的侧芽除掉，保证植株生长状况良好。

（2）修枝。把细弱枝、交叉枝、重叠枝、病虫枝剪去，增强植株通风、透光的强度，预防发生和蔓延病虫害。

（3）去蕾。花蕾过多时要进行疏蕾，让顶端的花蕾能够得到足够的养分，使其生长增大。

（4）摘心。部分花会在冬季开花，要把它的花木去顶摘心，对植株的高度进行控制，以增加花朵。

（5）曲枝。要让花木株形平衡，而且优美，可把过旺的枝条，适当地拉向一侧，使其弯曲成一定的造型。

6. 秋季花卉入室

秋季的天气开始转凉，大部分花卉要搬进室内，花卉入室方法可依花而异。

（1）月季。月季花不可入室太早，否则来年开花会少并很小，也可能不开花。1年以上的月季花，大都较耐寒，能在0℃以下正常生长，在零下5℃，也可能不会使花受到冻害。

（2）三角梅。三角梅的气温在10℃上下时就会停止生长，如果低于2℃～3℃就会受到寒害，－5℃时会被冻伤，甚至冻死。

（3）茉莉。茉莉花在7℃下时不会被冻害；紫薇、扶桑、紫荆也是如此。可以在温度为7℃上下时搬进室内，5℃时会被冻伤。

（4）石榴花。石榴要放在封闭平台

上过冬最佳。要使它安全过冬，需使温度在0℃以上、15℃以下。若室内温度在15℃以上，来年会开花少，或者不开花。

7. 秋季喜凉类花卉的护理要诀

在夏季，仙客来等喜凉类花卉正处在半休眠或者休眠的状态，等9～10月气候逐渐转凉后，要及时上盆、翻盆，进行分株上盆等工作，尤其注意加足底肥。栽植深度因花种而异，栽植的深度对其以后生长有很大影响，要正确实施。一般仙客来的球茎要在土面1/4处露出；风信子的球茎要全部入土，然后在上面盖土2厘米；郁金香的鳞茎要入土2/3；马蹄莲的块茎要盖土3～4厘米。在栽植时要浇透水，在没有大量发叶前要控制浇水量。另外，在深秋时，对于观叶植物和怕冻的花卉要逐渐控水，并控制氮肥，且要增施磷钾肥并增加光照，这样会提高花卉体液的浓度，增强抗寒能力。使树干增粗的高峰时间是秋季，对绑扎已经定型的盆景，应进行及时松绑，以避免对花卉造成绑痕，使观赏价值受损。

8. 冬季养护观叶花卉

（1）温度与湿度。冬季的时候，要尽早把观叶植物移入室内，若是移到有暖气的房间，则要时常喷洒雾状水于叶面，提高室内空气湿度。房间内白天和晚上的温差要尽可能缩小，在黎明时，室内的最低温度不要低于5℃～8℃，而白天则要高到18℃～20℃。若观叶植物放在窗台上，最容易受到冷风侵袭，要使用厚窗帘遮挡。

（2）浇水要适量。在冬季，气温逐渐下降，植物生长缓慢，等到严寒时，几乎就不再生长。这个时候就要减少盆土浇水的次数。冬季浇水要以盆土的表面在干燥2～3天后再浇为原则。对于有暖气和可以保持一定温度的房间，要继续及时浇水。像蔓绿绒、发财树等绿色观叶植物，大部分生长在热带和亚热带地区，不很适应寒冷的气候，要使它们很好地度过冬天一定要注意浇水和保温。植物本身在冬天的活动能力会变弱，若此时浇水过量，就会成为植物的负担，不利于过冬。所以要等到土壤表面的水干了再浇水最好，1星期浇1～2次即可。

（3）光照要适宜。一些观叶植物喜欢阳光，则要放置于向阳的窗户附近。如果在室内和遮阴地方放置的观赏植物过久，切忌突然放在室外让光直射，如此操作会引起叶片被光灼伤。白天要把植物放在窗户边日照比较好的地方，这对照顾植物也很关键。切不要直接放在阳光下暴晒，最好能拉上窗帘或者放在磨砂窗的旁边。到了晚上，窗旁的温度较低，则要把花卉移至较温暖的地方。也不要让暖气对着植物吹热风，否则会因暖气太过干燥，造成植物枯萎。

9. 辨花卉得病的先兆

若花卉出现了下列几种情况，就很可能是花卉生病的前兆。

如果顶心新叶正常，可是下部老叶片却逐渐向下干黄并脱落，还有可能呈现焦黄和破败状态，这就显示花卉缺水很严重。

新叶肥厚，可是表面凹凸且不舒展，老叶渐变黄脱落，此时停止施肥加水，实为上策。

瓣梢顶心出现萎缩，嫩叶也转为淡黄，老叶又黯淡无光，这是因为土壤积水缺氧，从而导致须根腐烂，要立即进行松土，而且停止施肥。

枝嫩节长，又叶薄枯黄，这主要是由于花枝大，而花盆太小，造成肥水不足所致，换大一点的花盆即可解决。

10. 辨花卉缺乏营养

若是花卉缺乏营养素，则有许多先兆，要及时采取救护措施。

缺钾。老叶会出现棕、黄、紫等色斑，而叶子也由边沿向中心变黄，叶枯之后极容易脱落。

缺镁。老叶逐渐变黄，而叶脉还是绿色，花开得也很小。

缺铁。新叶的叶肉会变黄。把铁丝的一端弯成匀形，以保持其绿色。

缺钙。容易使顶芽死亡，叶沿、叶尖也枯死，叶尖会弯曲成钩状，甚至根系也会坏死，更严重时全株会枯死。

缺氮。植株发育不良，而下部老叶会呈淡黄色，并逐渐变干枯以至呈褐色，可是并不脱落。

缺磷。其植株会呈深暗绿色，老叶的叶脉间会变成黄色，使叶易脱落。

如出现上述花卉营养缺乏的几种情况，可及时采取两个方法加以改善：

首先，要按时换盆并施基肥。在换盆时用机质丰富的土施。其次，可以在花卉生长盛期施液肥，一般每隔10天可施肥1次。

11. 给花卉灭虫

发生虫害后的花卉，除了用杀虫剂，也可用一些日用品进行杀虫，效果极好，灭虫的窍门有以下几点。

（1）喷洒烟草水。取40克的烟末放进1000毫升的清水中浸入2天，把烟末过滤出，再次使用时再加入1∶10的清水，就可以喷洒盆土和其周围，预防线虫。也能用香烟灰在花土表面均匀地撒，这样烟灰里的有毒物就可以把盆土中的虫子杀灭，又可以作为激素和肥料。

（2）喷洗衣粉液。先用34克洗衣粉，再兑1000毫升水，搅拌成溶液，在螨虫等害虫周围处喷洒，连续喷2～3次，就能防治，防治效果达100%。

（3）喷草木灰水。先取草木灰300～400毫克，浸泡在1000毫升的清水中2天，过滤液就可喷洒受害的花木，其防治虫害的效果显著。

（4）啤酒。是对付蜗牛有效而价廉的一种药物。先将啤酒倒进小盘内，再放在花卉的土壤上，这样蜗牛就会被吸引到盘中而被淹死。

（5）喷葱液。首先取鲜葱20克切碎，然后在1000毫升清水中浸泡一天，待滤清后就能用来喷洒，1日可多次，连续用3～4天，这种害虫就会被杀死。

（6）喷蒜汁液。先把20～30克大蒜捣碎，再滤出汁液，然后对清水2000毫升，进行稀释后，就能喷洒于受虫害花木上，这种灭虫驱虫效果能达9成以上。

（7）敌敌畏药液。先把"敌敌畏"药液沾到有棉球的小木棒上，再插到花盆中，然后把花盆用塑料袋套上，经过一夜工夫，就会把全部虫子杀死。

12. 防花卉的蛀心虫

花卉有很多科类的蛀心虫，比如粉蛾幼虫、天牛幼虫及其他类型昆虫的幼虫等。蛀心虫开始是蛀入嫩枝，再往干部蛀入，蛀虫已经进入枝内，如果不尽快将其驱除掉，将会使枝花叶枯萎。防治蛀心虫可参考以下几点：

（1）先观察虫害。家庭中养的花卉，包括樱花、蔷薇、无花果、葡萄等极容易被虫侵害。只要是有粉状虫类附于枝干上的，肯定有蛀虫，蛀虫在花茎上生卵，孵化后会变成青虫，沿着茎爬动。植物在早春发芽而成嫩枝时，要及早在其表面撒驱虫的药剂。若幼虫已蛀入枝干，严重时也可以剪去蛀孔以下6厘米左右的枝条，要带上虫体。

(2)凡士林杀虫法。可用凡士林油把蛀孔涂塞，空气不流通，就会把蛀虫闷死。如果无效，可用铁丝伸入蛀孔，把虫体钩出。若蛀虫被刺死，在铁丝头上会出现附着的水浆。

(3)敌敌畏灭虫法。先拿一小团的棉花球浸透敌敌畏，然后塞在蛀孔中，孔口再用黏土或者凡士林油等封闭，这样就会把蛀虫杀死。

(4)酒精灭虫法。注射纯酒精在蛀孔中，使之渗入到枝干，把虫杀死。

13.用香烟治蚜虫病

如果花卉长了蚜虫，可以先点燃1支香烟，使其微倒置，让烟气熏有蚜虫附着的芽叶，这样蚜虫就会纷纷滚落。若是花棵较大，用烟不容易熏，可用1支香烟，在1杯自来水中浸泡，再用烟水喷洒表面2～3次，也能除去蚜虫。

14.用牛奶治壁虱虫

家庭花卉的一大害虫是壁虱，这种小小的害虫会使枝叶皮色变得枯萎，可先把1/6的全脂牛奶和面粉，在适量的清水中混合，待搅拌均匀后再用纱布过滤，然后再把过滤出的液体喷洒于花卉的枝叶上，即可起到把大部分壁虱和虫卵杀死的效果。

15.夏季除介壳虫

夏季是防治介壳虫的一个关键时期。这时要经常性地观察，看枝叶上是否出现乳黄极小的青黄色虫子（长仅约

0.3毫米左右）在蠕动，发现后，要立即喷洒40%氧化乐果或者80%的敌敌畏2000倍液，每隔一周喷洒1次，连续3次，就能把介壳虫基本消灭。也可用在花木店购买的"除介宁"花药喷杀介壳虫。除此之外，也可把生有介壳虫的叶面展平，再选与叶片大小相当的一段透明胶带粘贴在介壳虫的虫体上，轻轻压实，然后把透明胶带慢慢揭开，而介壳虫也就会随着胶带被粘出来，从而把介壳虫根除，而且还对叶面起到保护作用。

16.杀灭螨虫和红蜘蛛

7—8月时，山茶、茉莉、杜鹃等花木上的红蜘蛛、柑蛹、短须螨等会急剧增加，受害的叶子很快呈现出灰白和红褐色。需要及时用709毫克螨特的1500倍液，或者是40%的三氧杀螨醇的2000倍液进行喷杀，也可以用"杀螨灵"等喷杀。

另外，一般6—7月是害虫食叶的高峰期。洋辣子，也称刺蝶，在这段时间孵化的小幼虫，群集或者是分散在叶背，叶片被啃食后呈网纹状的橘斑，必须抓紧喷洒909敌百虫，还可以用80%敌敌畏的1000倍液，或者用菊醋类农药2000倍液。

17.用陈醋治叶枯黄

栀子花和杜鹃花喜欢酸性的土壤，常用硬水浇灌就会使泥土中石灰含量不断增加，从而引起花卉叶面出现逐渐发黄枯萎的现象。若是用2匙陈醋和1升水兑制的溶液在花卉的周围每隔15天浇1次，就会防治叶面发黄，预防枯萎现象的发生。

18.用特效硫黄粉防花病

在培育花卉时，使用硫黄粉对花木

防腐、防病有独特的功效。

（1）防腐烂。扦插花木时，先将其插于素沙中，待生根后再将其移入培养土里培育。若是直接插在培养土中极易腐烂，成活率也很低。可是如果在剪取插条后，随即蘸硫黄粉，然后再插入培养土中，就能防止其腐烂，不但成活率高，且苗木生长也很健壮。除此之外，铁树的黄叶、老叶被剪除后，会不断流胶汁；榕树、无花果等修剪以后，就会流出白色液汁，容易感染；君子兰在开花结籽后，要剪取花箭就易流汁液，可能会引起腐烂等，此时都可撒硫黄粉在剪处。伤口遇到硫黄粉就不再流汁，而且能快速愈合。新栽树桩根部被剪截后，撒硫黄粉于切口处，也可有效防止感染导致腐烂，以增强其抗逆性，促进生根。

（2）防病害。在高湿、高温和通风不良的环境下，紫薇、月季等花木极易发生白粉病，用多菌灵、退菌物、托布津、波尔多液等杀菌剂喷洒防治效果均差，不能控制病害，如果用硫黄粉防治就有特效。其方法是：先用喷雾器把患病植株喷湿，再用喷粉器把硫黄粉重点喷洒在有病的枝叶表面，没有患病的枝叶可以少喷一些，以起到预防作用，几天以后白粉病就消除了。对于盆栽花卉的白粉病来说，可以把桂林西瓜霜（治口腔溃疡的药）的原装小喷壶洗净，经晾干后，装进硫黄粉就可喷。也可以把较厚的纸卷成纸筒，要一头大一头小的，再将少量硫黄粉从纸筒大头放入，然后对准植株部，从小头一吹，就会使硫黄粉均匀地散落。

（3）防烂根的感染。在花卉嫁接中，嫁接口是最容易受到感染以至于影响其成活的，这时可用硫黄粉对其进行消毒。比如用仙人掌或三棱嫁接仙人指、蟹爪兰后，要立即在嫁接口上喷洒硫黄粉，3天以内要荫蔽防雨水，以后就是不用塑料袋罩住，也不会使其感染腐烂，这样成活率就高达95%以上。如花卉已经发生烂根，也能用硫黄粉治疗。像君子兰会常因浇水过多，或者培养土不干净而烂根，可把其从盆中磕出，再除去培养土，并剪掉烂根，然后将根部用水冲洗干净，待稍晾一下，就趁根部微润时，喷上硫黄粉最好，再使用经消毒的培养土种植，生长1个月左右就能长出新根。

19. 配制营养花土

配制营养土可选用几种材料加以调配，就会疏松肥沃且排水透气性好，其配制技巧有以下几点。

（1）菜园、果园土。采用菜园或果园里种熟后的泥土，再加些粪尿，使其堆积起来，经过几个月之后再将其研细，把石块、杂物除去即可。

（2）腐叶草皮土。拾集路边带草的土，和落叶、蚕豆壳、菜边皮、豌豆壳等拌匀，并封堆，然后浇些尿液，经发酵腐熟后掺用即可。

（3）炉灰土或粗沙土。把从河滩上取来的粗沙或炉渣研细经过筛后的灰末，再拌成培养土，这样可使土壤的质地疏松，而且排水性能好。

（4）用菜园里的园土50%，加30%腐叶粒与20%粗沙土，掺合起来，培养土就制成了。若是再加上10%～30%含量的河塘泥末更佳。

20. 花肥自制方法

培育花卉所需要的花肥是完全可以自制的，方法如下。

（1）氮肥：可以促进花卉的根茎、

枝叶等的生长。把花生、豆子和芝麻等已经过期的食品放入花盆中，发酵以后，就成为很好的氮肥。

（2）磷肥：作用是增强花卉的色彩，有利于果实变得饱满。将杂骨、蛋壳、鱼骨、鳞片、毛发等埋入花盆中，就是极佳的磷肥。

（3）钾肥：它的作用是防止病虫害虫。将茶叶水、洗米水、洗奶瓶水以及烟灰等倒入花盆，就是很好的钾肥。施肥前，将花卉所需肥料按比例配成肥液，用医用空针筒按不同花卉的施用量，注入盆。可在盆边分几个点进行以便均匀。这种方法很卫生，也很适合阳台上使用。

21．去花肥臭味

因为一部分自制的植料是用鱼骨、杂骨、马蹄、豆子等发酵制出来的，所以经常会有一股臭味，而且不易散去。为了清除臭味，可以将几块橘皮放入花肥水内，就可除掉花肥的臭味，如时间过长可再放入一些橘子皮。由于橘子皮里含有大量香精油，发酵后也会变为很好的植料。因此，橘皮泡制出的植料，非但不会降低肥效，并且花肥中还带有一种芳香气味，增加人们的舒适感。

22．防止幼苗凋谢

购买植物的花苗回家时，有时会因为长途或天气的原因，回到家门时，花苗枝叶开始凋谢，原因是未能做到对土和水的保养。应尽量保持原有的土壤质量，再用疏松和吸水性较强的瓦坑纸包妥根与泥，并弄湿，然后用胶袋裁盛，使其保持温润，这样就不用愁幼苗凋谢。

23．防止盆花淋雨

很多盆花不宜淋雨，在培育过程中应多加注意。

（1）君子兰：君子兰雨淋后会将各种细菌和灰尘带入植株中心，在通风不良和温度高的情况下容易变成病株，它的叶片会从叶基部开始一步步腐烂。

（2）倒挂金钟：在夏季进入半休眠状态的倒挂金钟，不能用过湿的盆土，尤其是雨淋后很容易脱叶烂根。

（3）大丽花：其根为肉质根，盆土内含水量太多又加上通风不良，很容易造成烂根。

（4）瑞香：其根为肉质，恶湿耐干，适宜选在高爽处种植，夏天一旦遭风雨袭击，就会很快萎蔫以致死亡。

（5）大岩桐：受雨淋后的大岩桐叶子易发黄，根块也会腐烂，严重时还会整株死去。

（6）文竹：文竹，对盆土的要求是见湿见干，盆内水分太多或者是雨后积水，都会造成枝叶枯黄或烂根。

（7）四季海棠：盛夏时，处于休眠状态的四季海棠，一般不需要过量的水分。若受雨水浸泡过久，根部很容易腐烂。

24．改变鲜花颜色的方法

要想把鲜花原有的颜色改换一下，可参考以下几种窍门。

（1）变黄。把煮熟的胡萝卜放在水中浸泡 20 ～ 30 天，再浇到花盆中。以后每月施 1 次，过半年后，原来的花色就会变为橘黄色或者橘红色。

（2）变紫。把白色菊花放置在阳光下，需每天照上大约 8 ～ 10 小时，这样白菊花就幻化为白中串紫色、紫色或出现红紫色。

（3）变蓝。常对白色杜鹃花浇以茶水，花瓣迟早会出现蓝色。

（4）变红。把 400 ～ 500 倍的磷酸

二氢钾喷洒于花面上，能使粉色系的花变为红色，白花变成红花。

25. 不同花种的选盆要点

花盆是花卉生长的载体，同时又是一种装饰，二者搭配合理时，会互相衬托，增加观赏价值。选用陶盆可因花而异，高型的签筒类花可选盆口小盆深的类型，宜栽海棠、杜鹃、米兰、茶花、石榴等悬垂式花草。从生状花木类应用大口而高短适中的花盆，枝叶交错、红绿相间、丰满动人。铁树、棕榈、金楠、玉兰以及荷花、睡莲等栽种宜用特大型花盆（又称花缸）。黄杨、雀梅、榆桩、五针松等宜用浅型盆栽培，这样能突出枯荣相济的枝干和曲折苍劲的盘根，耐人寻味，古雅凝重。文竹、仙人球之类的花草宜用微型的掌上花盆，显得小巧纤美、娇柔娟秀、清丽别致。

26. 盆花清洗方法

空气中有灰尘污染，盆花需常清洗，清洗时应掌握一些方法：

用清水淋湿植株，再用左手托住植株要清洗部位、右手用一块蘸水的软布擦去上面的尘土。此时应注意对于枝叶尘端的嫩叶、嫩枝只能用清水喷淋。老叶、老枝上面灰尘较多，擦洗要仔细。对特脏的部位可用软布蘸0.1%的洗衣粉溶液擦洗。

也可以把凉开水放于喷壶中对植株进行冲洗，用洗衣粉擦过的地方要多冲几次。由于煮沸的水硬度较低，不容易在植株的表面留水痕，所以会使植株光洁，充满生机。

清洗观叶植物时，一般都是采用清水擦叶，虽然叶面当时擦干净了，很快又会变脏。这时应用软布蘸啤酒擦叶，不但使叶面擦得干净，还能使叶面变得更加油绿，充满光泽，保持时间也很长久，有极佳的擦拭效果。

27. 鲜花保鲜技巧

鲜花买回来以后，若采取下列几个技巧处理可以使其新鲜度保持较长时间。

(1)百合花——可在糖水之中浸入。

(2) 山茶花、莲花——可将其在淡盐水之中浸入。

(3) 菊花——可涂上少许的薄荷晶在花枝的剪口处。

(4) 郁金香——可将数枝扎束，用纸包住再插入花瓶中。

(5)梅花——可把花枝切成“十字形”剪口再浸入水中。

(6) 蔷薇花——可用打火机在花枝的剪口处烧一下，然后插入花瓶中。

(7) 杜鹃花——用小锤把花枝的切口击扁，再浸泡在水中2～3个小时，然后取出插入花瓶内即可。

此外若是鲜花已经出现了垂头时，可把花枝的末段剪去约1厘米左右，在装满冷水的容器中插入花枝，只把花头露于水面，约2小时后，就会使鲜花苏醒过来。

28. 辨花盆是否缺水

观叶法——如果花卉的枝叶明显地出现萎缩、下垂，就表示缺水。

观土法——如果盆土的表面有发白状态呈现，就表示缺水。

叩盆法——先用手指叩击盆壁，若有清脆声响发出，就表示缺水。

压土法——用手指压盆土表面，若盆土显得十分坚硬，就表示缺水。

29. 自来水浇花方法

一般情况下的家庭住的都是楼房，浇花使用自来水是最为方便的选择方式，但用自来水浇花同样也有一些方法。

因自来水含有氯化物，用来浇花时，须将其放于桶或者缸中，要经过两三天的日晒，水中的氯气会挥发掉，也可以在自来水中加入 0.1% 的硫酸亚铁溶液，再用来浇花，这样既可防盆土被碱化，又可以使植株健壮。同时我们也可用煮沸冷却后的自来水（自来水中的氯化物在沸后或挥发或沉淀，会使碱性降低）浇花。但同时，还要注意补浇一些肥水，这样才能使植株生长旺盛。

30. 雨水浇花

利用各种装置来贮留雨水，这样，收集来的雨水即可作为一般浇花的水，能节约用水。

31. 残茶浇花

用残茶来浇花，既可以为植物增加氮等养料，又能保持土质里的水分，但是，要根据花盆温度的情况，有分寸地定期地来浇，而不能随便倒残茶来浇。

32. 变质奶浇花

当牛奶变质后，可以加些水来浇花，这样对花儿的生长有益，兑水应多些，使牛奶比较稀释才好。没有发酵的牛奶，不宜浇花。因为它发酵的时候，所产生的大量热量会"烧"根（即烂根）。

33. 淘米水浇花

用淘米水经常浇米兰等花卉，即可使其花色鲜艳、枝叶茂盛。

34. 养鱼水浇花

若家里面养了花草又养了鱼，可以用鱼缸里面换出来的水来浇花，这些水里，有鱼的粪便，比其他用来浇花的水更加营养。

如果采用此方法，不但可以节约不少水，还能让花草和鱼都长得更好。另外，在换水的时候，可以用一个吸管，将鱼缸底的沉淀物吸到盆里面，等沉淀以后，再将盆里面的水过滤一次，然后，再将过滤出来的清水用作第二天换水用，将剩下的脏水用来浇花，这样，每天给鱼缸换水的时候，只要补充少部分自来水即可。

35. 自制酸性水养花

自制的酸性水可以在居家花卉培育中派上用场，可借鉴下列几种方法使用。

（1）用醋兑水 250～300 倍，喷洒花木，这样能使枝叶发绿变亮。还应注意防止醋酸蒸发，应在早晚时间喷洒。

（2）夏季用西瓜皮（橘子皮也可）加水泡制 7～10 天，其他季节可泡制 20～30 天。这种水不但呈微酸性，而且含有磷、钾、氢、钙等营养元素。

（3）水中加入食用柠檬酸（适量），同样可使水变为微酸性。

（4）将松柏叶或青草切小段放入用塑料薄膜密封的水缸沤制，捞出发酵后的残渣，用其上清液浇灌花木，效果极好。

（5）经沤制发酵后的淘米水，不但呈微酸性，并且含有微量元素和丰富的氮、磷，是用来浇灌花木的优质酸性水。

（6）雨水和雪水接近中性，属于很容易被花木吸收的软水。花木用雨水浇生命力最强、生长最旺盛。

36. 自动浇花技巧

有时出门后因为无人照料家中的花，尤其是无人浇水，花的成长会受到不好影响甚至死亡。介绍几种自动浇花的技巧，可使盆土在 10～15 天内保持湿润：

（1）布带吸水法。用桶盆盛满水，选吸水性好的布带，一头泡水里，一头埋花盆里。通过布带的吸水作用，可使水流入盆土。

（2）瓶水浇灌法。用装满水的空饮料瓶，在瓶盖上钻4个2毫米直径的小孔。倒埋瓶于盆土中，深浅以瓶中没有气泡上冒为佳，这样水就可缓慢渗透到盆土下层。

（3）塑料袋滴水法。用装满水的塑料袋，扎紧袋口，再用针在袋底部刺一小孔，放于花盆中，注意让小孔贴着泥土，这样水就会慢慢渗漏出湿润土壤。注意针孔不宜太大，以免漏水过快。

四、休闲

（一）养鱼钓鱼

1. 选择观赏鱼容器的技巧

平常所见的用来养观赏鱼的容器，一般是用透明的玻璃制造的。选择容器，首先要看观赏鱼的品种，再根据它的体形大小和数量多少，以及生活习性、生态环境等的一些情况，做出合理的选择。

（1）海水鱼容器：热带海水鱼（也称海水鱼），也是观赏鱼的一种，其色彩绚丽鲜艳，人见人爱，成了宠物中的新贵，在体形上看，海水鱼比热带鱼要大些，在水质方面其要求更高，还有过滤设施也需完善。因此，一定要使用适当大的容器，由于海水里带有腐蚀性毡，所以，一定要用硅胶黏合制造而成的全玻璃容器，而不可以使用桐油石灰和石棉漆以及角铁（角钢）这三种原料组合制造而成的容器，否则会发生化学作用，对鱼有害。

（2）金鱼容器：鉴赏金鱼通常是以俯视为主，所以被称为顶观鱼，因为它那美丽的体色一般表现在其头部和背部还有尾部，自古以来，人们都将金鱼饲养在一些盆、缸以及池中。盆、缸、池有着比较开阔的水面，其水中溶入了空气中的一些氧容量，对金鱼的生长和发育非常有利。

（3）热带鱼容器：因为热带鱼的背部颜色很普通，其美丽的色彩分布在身体的两侧，所以被称为侧观鱼。因此，必须将热带鱼饲养在用透明的玻璃制造的容器中，它的美丽形态才能被显示和欣赏。

2. 设置水族箱的技巧

设置水族箱，必须根据居室里的实际环境来决定尺寸的大小和放置的位置，通常不要放置于阳光直射处，否则大量滋生出来的藻类会影响观瞻。用来放置水族箱的柜橱和架子，一定要很牢固，不可以有丝毫晃动；最好在水族箱的顶部加一个盖板，以免因为使用电热棒而造成水分蒸发，影响了居室的环境。

根据饲养的鱼的品种来设置水族箱，其方法有以下几种。

（1）饲养金鱼。设置饲养金鱼的水族箱，需配置以下几种设备：上部过滤器1台、水泵1个、吸水管1根和清洁刷1把，这些设置可以起到净水、增氧的作用，还可以换水、清洁缸壁。由于金鱼能够耐低温，所以不需要添置电热棒。

（2）饲养热带鱼。设置饲养热带鱼的水族箱，需在饲养金鱼的水族箱的配置上添加一根电热棒，以达到在气温低的时候给水加温的作用。电热棒的选购，首先要注意其是否有自动控温功能，有自动控温功能的可使水温保持在一个设定的范围内。

（3）由于造景缸均以水草为主，所以，应配置以下几种设备：植物专用灯、过滤器（可用外置式或沉水式的）、有自动控温功能的电热棒。而且要在缸底铺上沙并掺些基肥，最好能增加一套能供应二氧化碳的系统，再配置一些清洁刷和吸水管等必备的工具。在布置水草的时候，应按照前后顺序来排列、种植，前景草种在最前面，中景草种在中间，后景草就种在最后面。

（4）饲养珊瑚或海水鱼等一些海洋生物。应配置以下几种设备：植物专用灯、滴流式的过滤器、吸水管和清洁刷，还有珊瑚蓝灯和电热棒等。缸底需铺上珊瑚沙，然后按自己的喜好叠放一些生物石，要注意时常测试和调整酸碱度和亚硝酸盐含量。

3. 水族箱保持清洁的方法

为了将水族箱水质保持清洁，投饵量一定要定时定量，一般按每日1～2次投饵，每次不要投太多，投入的饵最好能让鱼在半个小时以内吃完，不然，未吃完的饵料会腐烂，这样就会破坏水质。

另外，沉渣和粪便应定时地用乳胶管吸除，吸的时候应先用水灌满胶管，两只手捏住胶管的两端，然后把一端放进水族箱里面，另一端放在水族箱外面的地上，在地上放一个盛水的容器，将两只手松开，水族箱里的浑水和沉渣就可以通过乳胶管流到放置在箱外的盛水容器中，吸的时候应常移动放在水族箱

里面的胶管，直到将里面的杂物吸干净，然后再慢慢地将新水补充进去。

4. 养金鱼数量与水族箱容积的匹配技巧

通常家养的水族箱都是体积比较小的长方形水族箱，这种水族箱不可养太多的鱼，例如，用一个长、宽、高分别为40厘米、25厘米、30厘米的容器，一般可以饲养小金鱼64尾，其长度在5～7厘米之间。如果用圆形玻璃缸（直径和高分别为26厘米和13厘米），可饲养超过8厘米长的成鱼44尾。较小的玻璃缸不宜饲养鱼，应该将鱼饲养在一些豪华型陶瓷缸或大玻璃缸中，还应配置一个小型的充氧机，以便在缺氧的时候用。不过，养鱼最忌机械行事，以上的放养密度一般只能作为一种参考数字，最重要的还是要看水质的好坏、水温的高低和鱼体的强弱。通常，鱼体大，养的数量就要偏少；冬季可以多养一些，夏季最好少养一点；水温较低的时候可以多养，水温太高了就要少养。

5. 管理秋季水族箱的方法

（1）多补充营养。由于在冬季极不方便为鱼治病，所以，在进入冬季之前，就应将鱼的抗病能力增强。增加摄入活饵是增强鱼的体质的一种最好的方法，因为活饵均含有病菌，为此，建议大家购买消过毒的冷冻活饵，要看清楚是否为正规厂商生产。对水草来说，其最好的营养就是光照。在秋季凉爽的气候中，水温不易升高，可以毫无顾虑地开灯了。

（2）多过滤。由于在气温变化比较频繁的秋季里，20℃～30℃的水温是最适宜水草生长的温度，也是最适宜有害病菌生长和繁殖的温度，所以最重要的是做好防治工作。为抑制繁殖出一些有

害病菌，特别是防治在秋季里比较流行的水霉菌，可以用有益菌来抑制有害菌，所以创造一个有利于硝化细菌等一些有益细菌的环境是很重要的。因为水霉菌以及其他的一些有害细菌均为厌氧型细菌，而一些有益细菌如硝化细菌等一般为好氧性细菌，为此，应将水中的含氧量增加。通过过滤而成的水质循环正好可以均匀扩散水族缸氧气，最好是再适当地充充气，如果有条件还可增加一些有益的硝化细菌。这样厌氧细菌就没有可乘之机，而增加了有益菌的优势，水质当然也就不会有问题了。

6. 水族箱中养殖水草的方法

在水族箱中养殖水草有以下几个需要注意的地方。

（1）配置。水草的配置，首先要注意的是前、中、后景颜色的搭配、既要协调形状，又不能配置过于雷同的风格。比如，罗贝力作为前景种植，巴戈草作后景种植，虽然近看色彩不同；但如果在离鱼缸3米之外，其细微的差别就很难看出来，只能看到均为圆叶的两种水草，这样艺术性就不够。若将水男兰放在罗贝力后面，前面的为圆叶，后面的为羽状叶，这样差异就比较大，趣味也会倍增。为了将鱼缸景观保持相对稳定，一般不适宜养殖一些生长得很快的水草。长大的贝克椒草叶子会变得很密，将它作前景会显得非常美观。比较常见的水草，诸如水玲珑、大柳、对叶草等，巧妙地将它们组合起来，效果会非常好。

（2）养法。养殖水草还要掌握好水温。18℃～25℃是最适宜的温度。有良好的光照水草才能正常生长，最好是架在鱼缸上的日光灯的灯光或折射阳光，中间要用玻璃板相隔。除了水的洁净要注意之外，还要注意不让水草浮出水面，如果水草过高，必须及时将其分叉。水草最好栽植在比较大的碎石中，通常选择直径大概为0.5厘米的碎石。

7. 使水草生长旺盛的技巧

水草的种类有很多，有些叶大根少，如罗汉茜、皇冠草，为了不让它们浮起就需要用一些石子将它们压住，如果因对水质不适应而造成叶子偏黄，则应将其不时地取出来，用清水洗干净之后再进行栽植，平时要更换一些新鲜水到鱼缸里面，也可以将其栽植在小花盆里，再连盆一起轻轻地放入鱼缸内，这样不仅有利于水草的生长，而且其密度也会变疏，既可以使水草生长得旺盛又能使景色变得好看。

8. 投放观赏鱼饲料量的计算方法

要将饲料的投放量把握好，以下几种方法可供参考。

可以根据鱼的体重来计算，通常每日的投饲料量应该为所有鱼的体重的3%～5%。

可以根据鱼的摄食情况来确定适当的投饲料量。通常，投入饲料后，一般观赏鱼会在20分钟之内吃完饲料。如果用了20分钟或超过20分钟的时间还没有吃完饲料，就说明投放的饲料太多。如果鱼很快就将饵料吃完了，而且还在紧张地觅食，就说明所投放的饲料太少，可看情况再投一些。另外，还可以根据鱼的生理状况和天气来调节饲料量的投放。如果是晴朗的天气就可多投一些饲料，如果在阴天或者闷热的天气里，就应该少投一些饲料；如果发现鱼有病，游动得缓慢，而且没有觅食的兴趣，则应该少投或暂时不要投放。

9. 掌握热带鱼放养密度的技巧

放养热带鱼的密度要根据充气设备、鱼体大小及水体的生态条件来决定。如果有充气设备，有适宜的水温和茂盛的水体，氧气就比较充足，可以多放，否则就应少放。

通常所用的水族箱规格应该为长60厘米，宽35厘米，高35厘米，这种水族箱可以放30～40尾小型鱼，16尾左右中型鱼，或6尾左右体大的鱼。如果规格为：长40厘米，宽30厘米，高30厘米的水族箱，可放养20尾左右小型鱼，6～8尾中型鱼，或4尾左右大型鱼。

增加花色品种，可以使水族箱里的景色变得更加好看，还可将各种鱼混合养，调配热带鱼和其他鱼混养的密度可以按照上面提到的比例进行。

10. 让金鱼提早产卵的方法

合理的肥育放养、加强管理秋季的饲养，是能够让金鱼提前产卵的最主要的方法。用活鱼虫等多种饲料作主食，适当地增加饲料量以及延长光照时间，使金鱼的生殖腺提早发育成熟。在立春前后利用人工升温来提高水温，适时合理地更换新水，增加金鱼的食欲和日照的时间等是非常有效的方法。更有效的方法是使用空气泵将水中的含氧量提高等方法刺激金鱼的性腺，使其成熟，这样就可以让金鱼提早产卵。

11. 为金鱼补氧的最佳时机

喂养金鱼的时候，如果饲养水体的水溶氧在2毫克以下，金鱼就会出现到水面吸氧和"浮头"的现象，而且会使其呼吸频率明显加快，并发出一些轻微的响声，这种响声被称为"叫水"。这是鱼缸内缺氧的现象，最好马上补充鱼缸内的氧气，或者减少金鱼数量。金鱼消耗的氧气量，和鱼的多少、大小、运动量以及水温的高低有着密切的关系，鱼粪、鱼饵的腐化，也会消耗鱼缸内的氧气，这时如果没有及时地采取措施，金鱼很容易因缺氧而窒息，造成逐渐死亡。增加水中的溶解氧物质的含量、将新水加注鱼缸内，将水体环境改善，这些都是为金鱼补氧的最简单又十分有效的方法。如果有条件的话，可以采用循环水或小型增气机来养鱼。

12. 在雨天养金鱼把好三关

一些大型鱼缸摆放在露天处，如果遇到下雨天，在喂养金鱼的时候一定要把好3关：

(1)投食关。在下雨之前，一般天气会比较闷热，会使金鱼的情绪有比较大的波动，以至于降低了它们对食物的兴趣，很难将所投的饲料吃完。为了防止水质被一些过剩的食物所污染，应该将食物的投放量适当减少。

(2)遮盖关。由于雨水显酸性，若雨水混入了鱼缸，就会大大地酸化鱼缸内的水质，酸化的水极大地危害了不耐酸性的金鱼。另外，雨水中还带有很多的灰尘和其他的有毒物质，非常不利于金鱼的生长。为此应将鱼缸加以遮盖。

(3)防病关。如果遇上了连绵不断的阴雨天气，金鱼几天见不到阳光，就会降低其抗病能力，此时一定要注意清洁水质的保持，最好将少量食盐放入水中，可以将水中的病菌杀死。

13. 春天金鱼的喂养方法

春天喂养金鱼，需要注意以下几点。

(1)做好准备工作。把金鱼放到室外之前，应把室外的鱼缸（盆）和其他的一些工具浸泡在高锰酸钾溶液中进行消毒。消完毒，将其洗干净，然后灌满新水，再添加些许老绿水，放到阳光下晒几天，尽量使室内和室外的水温一样，就可以在一个晴朗和煦的日子把金鱼放进室外的缸（盆）内。

（2）做好防病工作。一般在阳春三月，金鱼的抗病力不强、体质又比较弱，所以很容易患烂鳃病、白点病、水霉病。为此将金鱼移出盆的时候要小心地操作，千万不要擦伤鱼体，并防止寄生虫和细菌侵入鱼体，防止金鱼患病。

（3）做好管理工作。由于金鱼刚刚结束冬眠，其消化系统的功能还没有恢复，如果在这个时候将金鱼移出盆，改变了其环境，在48小时之内，金鱼不能完全适应，因此要将金鱼喂食量减少或者不喂。金鱼被移出盆后，要经常在阳光下晒一晒，入夜时要用东西将鱼缸盖住，防止晚间的气温突然下降，将金鱼冻死。在金鱼快要产卵的时候，换水不要换得太勤，而且要适当地调节换水量，不能换得太多。

14. 夏天金鱼的喂养方法

在炎热的夏天喂养金鱼，需要注意以下3点。

（1）避免缺氧。在夏季里，金鱼有比较旺盛的新陈代谢，在比较高的水温下，会快速地消耗掉水中的溶氧，所以，首先应该适当地将放养金鱼的密度降低，防止因缺氧而造成"中暑"现象（如浮头等）。

（2）控制水位。鱼缸的水位深浅，与金鱼的生长和水温的变化有着比较密切的关系。如果水较深，水温就会相对稳定；如果水较浅，水温就容易受气温的影响而迅速地发生变化。夏季里，饲养金鱼的水位应当加深，一般将水温控制

在30℃以内。在适当的放养密度情况下，应在25～30厘米深的水位中饲养金鱼，如果饲养小鱼，则应该将水位深度适当地降低一点，水深在20～25厘米为最佳。

（3）适时换水。在高温期间，必须坚持每天换1次水，新换水的水温比原缸中水温应低1℃～2℃，这样可维持鱼缸中水的溶氧量，还可防止产生如硫化氢、有机酸等有害物质，避免金鱼中毒。注意，最好不要在中午进行捞鱼换水的工作。

15. 秋天金鱼的喂养方法

秋季的气温变化比较大，在9—11月中喂养金鱼的技巧侧重以下几点。

(1)9月。由于夏季刚过，残暑未消，有时候还有可能出现高温现象，但是下半月暑气已消，气温比较适宜，金鱼的食欲增长，正是给金鱼催肥的一个好季节，所以要加强供应饵料，促进金鱼的身体生长发育。但是换水的次数就应当相对减少，一般为7～10天换1次水。还应该对金鱼患白点病和烂鳃病进行防治。对新引进的金鱼，更要注意饲水水质是否稳定，投饵量是否适当，以预防发生各种疾病。

(2)10月。10月的天气开始变凉，昼夜的温差比较大，当气温下降，金鱼的食欲会增加，此时，应注意加强给金鱼催肥，让其安全越冬。而且要加强供应饵料，促使种鱼和幼鱼肥胖，打好安全越冬的基础。一般10天换水1次，以预防各种疾病，特别要防止霉菌的感染。

(3)11月。尽管此时气温已慢慢地降低，但是金鱼的食欲还不错，所以应继续加强供应饵料，以增强金鱼的体质。还应适当减少换水的次数，一般为15～20天换水1次最好。可以在中午

的时候进行投饵。此时，金鱼进入了一个比较容易饲养的时期，也是家庭养鱼的一个好时期，可增加供应饵料，以促进鱼体肥胖，另外还要将挑选鱼种的工作做好。

16. 冬天金鱼的喂养方法

冬季里喂养金鱼，以下几点必须注意：

(1) 用水。在冬季里，一般金鱼都进入了休眠期，所以最好浅水饲养，换水不要太勤，应以"老水"为主。最好是在鱼缸的底层铺上一些干净的鹅卵石或粗沙等。

(2) 温度。应保持15℃～30℃的室温，如果有寒流侵袭，一定要把一个棉套套在鱼缸外，缸口也需盖上一些保暖物，但一定要留通气孔。白天，要将鱼缸放在窗台的向阳处，千万不要将其放置在靠近火炉的地方或者暖气上，否则水温过高，会使缸内的空气稀薄，导致鱼儿缺氧。晚间，不要将鱼缸放在北面比较阴冷的门旁或窗台。

(3) 饲料。可将金鱼的饲料分为植物性和动物性两种。在冬季应采用动物性的饲料为主料来喂养金鱼。植物性的饲料品种比较多，而且价格较便宜，如大米饭、小米饭、馒头、面包、面条、熟玉米粒、饼干等均可，但是在饲喂的时候，必须将这些饲料弄碎，然后撒在水中。动物性饲料包括蚯蚓、虾皮、鱼虫、瘦肉和鱼肉等，但是在饲喂之前应予以加工，例如，鱼肉应先煮熟，然后剔除鱼骨，将其制成小块，喂的时候宜少不宜多；将河虾煮熟，然后去皮，将其撕成碎渣，再拿去喂鱼；蚯蚓必须先用清水浸泡，然后切成小段，才可以喂食；虾皮也需先用清水浸泡，然后撕碎

投喂等。如果用羊、牛、鸡肉以及瘦肉来喂养，应先将其煮熟煮烂，再去除油腻，然后切碎再喂，切记喂的时候要适量。

17. 在春季养龟的技巧

要养好龟关键在春季，以下几点必须掌握：

(1) 喂食。给龟喂食的时候，宜"定时、定点、定量"，切忌时饥时饱，这样很容易紊乱龟的消化功能。

(2) 防病。在日常的管理中，宜"勤换水、勤观察"。主要是对龟的爬行、食物以及粪便颜色和形状的观察，这样可以积累及时发现病龟的经验。春季，疾病较容易传播，因此，饲养时，必须做好疾病预防工作。可以用消毒液或3×10的高锰酸钾定期浸泡容器进行消毒。

(3) 换水。喂食后4小时可进行换水工作，新换的水与原来的水的温差不可超过5℃，如果水温差过大，就会引起龟不适。

18. 垂钓的鱼饵配制方法

配制垂钓的鱼饵要因鱼而异，而且要把握以下几种方法：

(1) 鲤鱼饵。玉米粉和大豆粉是鲤鱼最爱吃的食物。在玉米粉里掺入少量面粉，拌些蛋清然后蒸熟，就可用作鱼饵。红薯也可以用作鱼饵，把红薯切条，然后蒸到七八成熟即可。

(2) 草鱼饵。钓草鱼的时候，首先要观察一下河塘里是否有杂草，如果有，可以用蟛蜞和蛙蚰做钓饵；如果没有，则可用葱白头、嫩绿的菜叶或葱叶做钓饵。

(3) 鲫鱼饵。将少量面粉加入大豆粉里，然后用开水拌匀，钓鱼的时候，只需将拌匀的粉捏一小条即可。由于这种钓饵有很重的腥味，鱼即便在很远的

地方也能闻到。另外，蚯蚓也是一种较好的鱼饵，但是，最好不要使用当天所捉到的蚯蚓做饵，因为，如果将刚捉回来的蚯蚓用细泥或茶水喂养几天，蚯蚓会变得有韧性，其色泽也会变鲜亮，这样，既能吸引鱼又比较不容易被咬断。

（4）鲢鱼饵。将土豆泥、豆腐渣、新鲜的稻糠、面粉和炒熟的大麦面等原料按一定的量混合在一起，然后将其搅拌成比较容易溶在水里的团状物。体积要适当大，水分也要适量。

（5）白条鱼饵。小虾是白条鱼最爱吃的食物。用小虾作饵，可先去掉小虾的头，然后再用手从小虾的尾部到头部进行挤压，这样虾肉就会完全露出来。

19. 防钓鱼脱钩的方法

为了提高上钩率，防止已上钩的鱼脱钩，首先要对不同种类的鱼的咬钩方法进行准确区别和判断。

（1）鲤鱼咬钩法。当鲤鱼咬钩的时候，一般是先下沉，出现了部分浮漂，此时不要轻举妄动，要等到浮漂再次出现在水面，而且呈平衡状态的时候再提竿，这样可以防止鲤鱼脱钩。

（2）草鱼咬钩法。草鱼会用很多种方法咬钩，它有时抢着就跑，有时停下就吃。因此，在垂钓的时候，其浮漂的动向也是需要注意的。

（3）钟鱼咬钩法。当钟鱼咬钩的时候，它会慢慢地下沉，浮漂也是呈慢慢下沉的状态，最好是等到所有的浮漂下沉之后再将竿提起，这样就可以防止钟鱼脱钩。

20. 钓鱼抖腕提竿的技巧

抖腕提竿事实上有两个动作。提竿的正确动作，是首先抖动手腕，再快速

而有力地将钓竿抖动一下，这样鱼钩就会急速地将鱼嘴钩住，然后向上提竿。说具体一点，就是先是抖腕，利用手腕的力量，抖动一下钓竿，竿尖就会上抬大概20～30厘米，如果这时有鱼，钓线会紧绷；如果这时没有鱼，钓线就会松弛，然后再提一次竿，或换食或遛鱼。需要特别注意的是，抖腕和再次提竿并非两个动作，而是一次动作的两个不同阶段，抖腕的时候，不能出现脱节现象，抖腕之后，不能放松钓线，尤其是在有鱼的时候，钓线更不能放松，否则鱼儿便会脱钩。因此要特别注意将抖腕和提竿这两个动作衔接起来。用海竿钓鱼的时候，也可以利用抖腕动作。用海竿钓鱼，当鱼咬住钩后竿尖会点头晃动起来，如果上钩的是条大鱼，竿尖就会随之弯下去，这个时候提竿的动作不要太猛，而应先抖腕再提竿。如果要换饵料，也应该在提竿收线之前抖腕。有时候，可能并没有发现鱼咬钩的任何反应，在收线的时候才发现有鱼，那么，利用这种先抖腕再提竿收线的技巧，可能会有意外的收获。

21. 春季钓鱼技巧

春季钓鱼有以下的几种选择：

（1）天气的选择。早春钓鱼最好选择一个晴朗的好天气，时间为早上7点以后最佳。因为在7点之前，其水温和气温都会比较低，鱼儿一般不会到处游动，所以不易上钩。钓鱼最好选择在池塘里，而且撒饵做窝的位置要根据池塘的深度来决定，最好选择1～1.6米深的水位和离岸较远的地方，地形必须选择朝阳的地方。

（2）钓具的选择。在自然的水域里，人们垂钓的对象通常是以鳊鱼和鳙鱼

等小型的鱼为主，一般比较大的草鱼和鲤鱼较少，所以应该选择灵敏度相对较高的 3～5 号垂钓，其细线的直径应为 0.16～0.2 毫米，再配置一个小漂轻坠，以较灵敏的垂钓为佳。春季钓鱼最好用手竿，钓竿以软竿为佳，长度以 5.443 米为最佳。

（3）饵料的选择。一般垂钓都会采用一些混合饵料，这样可适合很多种鱼的口味。使用饵料量可因鱼和塘而异，在自然的水域中，其用量以少食多餐为佳。在鱼池中，为了适应池鱼的吃饵料习惯，应采用垂饵，需在适当的时候补饵，这样钓获的数量会有所提高。

（4）水域的选择。春季，通常选择在浅水区垂钓，比如有水草的滩头、岸边等，鱼喜欢活动在活水区，因为新鲜氧气和食物均来自于活水，所以进水口的两旁和流动的活水边是钓点最佳选择。选择水域应将点设在鱼密度大、水面小或肥水的塘口。垂钓水域最好不要选择水流得太急或流域比较宽的水面。

22. 在特殊天气里春钓的窍门

春天一般应在晴天钓鱼，而且应选择向阳的地方钓。风力在 4 级以下最好，而且刮南风为最佳，或在那种晴了很长时间才下雨，又有 1～4 级南风的天气里垂钓为最佳。也有人在一些特殊的天气里垂钓，只要掌握以下一些窍门，同样会有很大的收获。

在雨天钓鱼。春天一般都下着蒙蒙细雨，下雨后，其水温不会下降得很快，其水质也会变得更加清新，而且会大大增加溶于水里的氧气。地面的水会将地面上的一些昆虫、菜叶或植物残屑带进河塘、水库，这样鱼儿便有了天然的饵料。所以，最好在这样的天气里垂钓。垂钓的时候，下钓的地方要离岸边远一点。因为此时的鱼儿通常会在水上嬉戏，所以，在这个时候垂钓，一定要使用长竿和长线，而且要远距离垂钓。会浮钓的钓手，最好采用浮钓，这样可以事半功倍。

在有风的天气钓。天气在清明节后会逐渐变暖，通常会刮 1～3 级的和风，由于风带着水动，可增加充足的氧气，还会将水中的一些藻类植物、微生物以及漂浮在水面上的谷糠、昆虫、杂草或花粉吹至下风口处，这样，鱼儿就会随着这些食物移到下风口处，所以，在下风口下钓，一定会有收获。

在有雾的天气钓。春天的早晨经常会有雾，这时，鱼儿一般都不吃不动。雾要到 8～9 点钟才会开始散开，等气温慢慢地升高，鱼儿就会活跃起来，然后开始到各个地方觅食，此时钓鱼最佳。

23. 夏季里钓鱼的技术要点

在夏季里钓鱼时应掌握好以下几个技术要点：

天气的选择：最好在气温为 30℃以下，或伴有小雨的阴天，或刮 2～3 级风及暴雨之后的天气里出钓。因为，在那种天气里，气温偏低，而且水中的溶氧量也高，鱼儿会特别活跃，食欲也特别旺盛。

时间的选择：通常在早上 9 点之前和下午 5 点之后出钓为最佳，因为这段时间气温转低，鱼儿都会抓紧时间进食。

钓场的选择：钓鱼应选择在深水里钓、在活水里钓、在树荫处钓以及在入水口处钓。因为这些地方的水温都偏低，而且水中的溶氧量比较高，鱼儿喜欢聚集在这些地方进食、休息、躲藏，所以，在这种地方可以钓到大鱼。需要注意的是，应该在大水域里钓，而不要选小水塘钓。

鱼种的选择：对于鲢鱼、鳙鱼、草鱼来说，高温天气是它们一年当中的旺食期，但是鲤鱼却不喜欢这样的天气。所以，出去垂钓之前，需要多做些准备，比如早晚选择钓鲤鱼，中午就钓鲢鱼、草鱼和鳙鱼。

24. 冬天里钓鱼的技术要点

在冬天钓鱼需掌握以下几个技术要点：

天气的选择。在寒冷的冬天钓鱼，最好选择雨过天晴、暖和及晴朗的天气。初冬季节，最好的垂钓时间是在来寒潮的前一天。

时间的选择。一般垂钓的最佳时段为上午的 10～12 点和下午的 2～4 点，5 点次之。

渔具的选择。如果垂钓的地方是在水库或者是比较宽广的水面，那么，最好采用可两用的手竿和海竿，投竿时，将竿投向较远较深的水中；如果在河流或鱼塘里垂钓，比较适合采用手竿；如果是钓目鱼和鲫鱼，则用小钓和细线比较好。

鱼饵的选择。由于各种鱼类所处的水域不同，所以，它们的吃食习惯也有一定的差别。钓鱼前，最好根据实际情况，带多种饵料。比如钓草鱼可采用酒渣苞谷，钓鲤鱼可采用熟的苞谷面，用来钓鲫鱼的饵料比较多，如大米饭粒、鲜虾、红色蚯蚓和养鱼的饵料等。

钓场的选择。一般要将垂钓场所定在深水或阳光充足、靠近水草且避风处，有活水流动的浅滩也是一个很好的钓位。但事先一定要试钩，且要观察清楚水底是否有杂物，是否干净，然后再钓。

（二） 休闲旅游

1. 看旅游广告的方法

旅游公司为了招揽游客，一般都会打出一些相关的广告，为了避免受骗上当，应当学会看旅游广告的一些方法：

（1）看航班条款。通常，旅行社只会在广告上注明航班的机型，而不会注明其起飞时间。一般来说，如果是在不太好的时间段起飞，其航班价格就会偏低，如果是旅行社包机，航班价格就会更低。一些旅行社为省钱，就会为旅客买晚上的航班。导致游客第 2 天旅游的时候体力不足，从而游兴大减。

（2）看旅游车条款。当游客到达旅游的目的地后，游玩的时候一般是乘坐旅游车。有的旅游车性能比较好，有的性能就比较差，比如，在炎热的天气里，有的车空调不凉。还有购买保险方面，有的旅游车会购买，但有的不购买。

（3）看酒店条款。游客们所住的酒店，旅行社一般都会在广告上注明其星级。一样的星级，会因酒店所处的不同地段而产生价格差异。离市区比较远或不在景区的酒店，其价钱相对比较低，但是，这样每天往返景区与酒店的长途交通，就会浪费大量时间以及消耗大量体力。

（4）看景点条款。景点清单通常都是一长串地出现在广告里，这样就会让人们看到其"行程丰富"的表面假象。事实上，那些清单很有可能是已经过"分解"的，例如将一个景点的几个分点的名字排上去。或者选择一些免费或门票便宜的景点。交钱的时候，一定要仔细地核实一下上面所讲的景点的含金量，不能只看其报价。

（5）看门票条款。很多旅行社表示团费就包含门票，但是，一般旅游景区都会分"小票""大票"。"大票"只让游客进入景区大门，而"园中园""景中景"都要单独收费。

（6）看饮食条款。一般旅行社都会在广告上注明包多少餐，一些旅行社还会注明每餐多少元。但是其所提供的具体食品是不是货真价实，就有很大的文章了。

（7）看购物条款。如果旅行社安排的旅行总天数相同，但安排的购物节目较多，其价格就会偏低。即使导游不利用各种办法使游客购物，但游客却因此花费了很多的宝贵时间，而且游览项目也会相对压缩，这样游客的损失就会比较大。

2. 识别旅游全包价

通常包价旅游分为散客包价和团体包价，散客包价一般是指不超过 10 人的旅游团体，付给旅行社的旅游款项需一次性交清，所有相关的服务需全部委托给一家旅行社办理。团体包价指的是超过 10 个人的旅游团，其委托服务和付款方式与散客包价是一样的。综合服务费、房费、城市间交通费和专项附加费是包价旅游最重要的 4 个部分。

（1）综合服务费：综合服务费一般包括：基本汽车费、餐饮费、翻译导游费、接团手续费、全程陪同费、领队减免费、宣传费和杂费。

（2）房费：一般可根据游客意愿，预订低、中、高各档次饭店，旅行社将按照与饭店所签订的协议上的价格向游客收取费用。

（3）城市间交通费：汽车客票、轮船、火车或飞机的价格。交通费的折扣标准价格，是由交通部、铁道部、中国民航局和国家旅游局所规定的。

（4）专项附加费：责任保险费、游江游湖费、特殊游览门票费、专业活动费、汽车超路程费、风味餐费以及不可预见的费用等。

3. 识别半包价和小包价

旅游社的报价除了报全包价以外，还会报半包价或小包价。

（1）半包价。就是在全包价的基础上，将午、晚餐费用扣除的包价形式，以达到将产品直观价格降低，以及将产品竞争能力提高的目的，同时也能够更好地去满足游客们的用餐要求。

（2）小包价。即选择性旅游。游客们所预付的部分费用只包含饭店房费、接送服务费、国内城市之间的交通费、早餐费及手续费。剩下的部分费用在当地现付即可。小包价的游客可以按照自己的兴趣、经济状况和时间来自由地选择参观游览、导游、节目欣赏和风味餐等。因小包价既经济又实惠，所以比较受游客们的欢迎。

4. 夏季旅游藏钱技巧

夏天穿的衣服比较单薄，口袋也少，把钱藏入口袋中，会显得很鼓，不雅观也不安全。利用以下的技巧可以解决这种问题：

（1）最好将钱藏在随身带的小包内或胸前的腰包里，用有背带的小包最好，把包夹在腋下，背带吊在肩上。注意：在公共场合千万不要将包背在背上，否则窃贼有可能将包划破或将包抢走。

（2）要掌握好将钱拿出来的技巧。在旅游的途中，旅游者要采用"按囊取钱"的方法将钱拿出来，比如：要买几块钱的东西，就不要往装着 50 元钱的口袋里拿钱。而且要一直平衡各种面值的钞票。在购物、吃东西的时候要花一些中等面值的钱，在付款的时候，最好要付多少整数，就拿几张整钱出来。如果零票被花完了，要及时在没有人的地方拿出大面值的钱，在下一次消费的时候将其换成中小面值的钱。

（3）应该注意的是，对藏钱处既要做到时时小心，但又不可太显眼，旅游者千万不要因为怕失窃而总是抱住或攥紧自己的钱袋。如果是跟随团队旅游，旅游者最好是结伴而行，相互也好有个照应，这样就算小偷盯上了游客，也不容易找到机会下手。

5. 外出旅游省钱

外出旅游时可参考以下方法来省钱：

（1）错季旅游：在旅游旺季的时候，不但旅游的人比较多，而且住宿和景点的价格都比平时的价格高出很多。精明的旅游者不会选择旺季，这样不但能节省开支，还能悠闲自在地欣赏风景。

（2）有选择性地游览：风景区和名胜区的游览一般都需要购买门票，如果要游览所有的景点和古迹，不但会增加经济负担，而且很费时间。为此，应有选择地游览参观此地最具代表性或最具特色的景点。

（3）交通工具的合理选择：如果旅游的时间不是太紧张，最好是购买轮船票或火车硬卧票或打折的飞机票，以节省交通方面的开支。此外，如果路途较近，可步行或乘公共汽车，这样既节省费用又健身。

（4）不要盲目购物：购物的时候一定要控制好自己的购买欲。最好只买一些有纪念意义的商品，这样既可以方便行动又可避免在购物中被敲诈。

（5）用餐尽量不要选在景点处：在景点处品尝此地有特色的风味小吃或用餐，其费用会比较高，如果在马路边或街道边的小店铺品尝小吃或吃饭，味道和效果都差不多，而价格却便宜得多。

（6）选择住宿旅馆的技巧：根据住宿的行情来看，住宿费高的一般是设在景点区内的旅馆，但离景点较远的旅馆的住宿费就要少一些，为此，最好选择价格便宜、有安全保障而且交通方便的旅馆住宿。

6. 携带旅游物品

（1）各种有效的证件。游客未满 16 周岁，要带上学生证。游客已满 16 周岁，要带上身份证。可以享受一些优惠的有特殊身份的游客，如教师、记者、军官、学生等，需带上教师证、记者证、军官证和学生证等。如果是夫妻一同旅游最好带上结婚证。

（2）携带的物品要求。乘坐交通工具的时候，严禁携带一些易燃易爆和有毒等有危险性的物品。

（3）免费携带的物品重量。乘坐飞机时所携带的物品重量要在 5 公斤之内，每件物品的体积不可以超过长 20 厘米 × 宽 30 厘米 × 高 50 厘米。大人乘坐火车时所携带的物品不能超过 20 千克，小孩所携带的则不能超过 10 千克，外交人员不得超过 35 千克。乘坐汽车的时候，全票的不能超过 10 千克，儿童票的不能超过 5 千克。

7. 外出旅游前的药物准备

在外出旅游的时候，应备好以下几种常用的药物：

（1）防暑药。如藿香正气水或藿香正气丸、十滴水、仁丹、清凉油、风油精等。

（2）感冒药。新速效感冒片、感冒清热冲剂、白加黑感冒片、速效伤风胶囊、银翘解毒丸、通宣理肺丸、日夜百服宁、桑菊感冒片等。

（3）抗肠道疾病的药物。磺胺类药或广谱抗菌药。

（4）抗过敏药物。如息斯敏、扑尔敏。

（5）晕车药。如舟车宁、乘晕宁。

（6）治疗外伤的药。如创可贴、"云南白药喷剂"、胶布、绷带等。

此外，心脏病、高血压等患者，还应带上必备药。

8. 选定旅游景点

选择旅游景点要依照个人的兴趣：爱山的可登黄山、五岳山和庐山等；喜水的可去青岛、大连、厦门、北戴河；怀古的最好去寻访四大佛山和六大古都。

要量力而行：要根据个人的经济条件，选择既经济实惠又能满足兴趣的旅程。

要考虑时间：当时间有限的时候，要适当地安排行程，否则可能会影响假后的工作和学习；如果有足够的时间，就可以放心地多游几个景点，以丰富游程。

9. 旅游时走路的五要诀

（1）要走不要跳：旅游时，蹦蹦跳跳或走得太快会加重膝盖的负担，容易造成劳累或受伤。

（2）要匀不要急：以均匀的速度行走，是最省体力的方式，而且能够保持良好的心态。但如果急一阵歇一阵，那就会非常累人。

（3）快去慢返回：旅游出发的时候可以走得快一点，返回的时候则要走得慢些，否则会使疲劳的关节和肌腱受伤。

（4）走阶不走坡：上山和下山的时候尽量避免走山面斜坡，而要走石阶，因为这样较符合生理和力学的要求，即安全又省力。

（5）走硬不走软：走在石板、沥青、水泥等较硬的地上行走通常都比走在湿地、河滩、草地等较软的地面更加安全和省劲。

10. 旅游不可坐的车

为了旅游安全，以下的几种车不可坐：

（1）"病"车。车况不太好的车辆就像一个隐形炸弹，若经过了长途的奔波或连续的行驶陡坡、弯道等路段的时候，就有可能不定时"引爆"，造成严重的后果。通常从外观看，"病"车有以下几种情况：外表不整、歪斜、部件陈旧、破烂、车躯欠稳。

（2）超员车。每种车辆都规定了载客载重的标准，若超负荷运行，难免发生交通事故。尽量不要在乘车高峰期乘车，或改乘其他的交通工具。

（3）沾酒车。醉酒或酒后开车非常危险，如果遇上这种沾酒的车，在任何的情况下，都不要搭乘，最好报警。

（4）农用车。通常用于拉沙运土、农业生产等车就是农用车，它完全不具备载客的条件，但是不少在边远山区旅游的游客为了贪图便宜、方便，经常毫不思考地搭乘农用三轮车，而常因司机对车况、路况不太清楚等原因，出现了很多车毁人亡的事故。交通法规严厉禁止农用车营运和载客。

（5）黑车。千万不要去乘坐"黑车"

和无牌无证的车，它们会带来很多的麻烦。

（6）疲劳车、超速车。为了增长经济收入，一些客运司机、车主多拉快跑，日夜兼程，疲劳驾驶，引发事故。为了生命安全，要坚决拒乘。

11.乘车防盗法

若要防止在乘坐公交车的时候被窃，应该注意以下几点：

（1）要事先准备好零钱：在乘车前，就准备好零钱在口袋里，若没有零钱，可以取一张大面值的备用。千万不要在候车时或车上从整沓钞票中抽取零钱来买票。

（2）钱要与月票分开：不要把钱和月票放在一起，月票可以放在外衣的口袋里，钱包必须要放在内衣或包内的口袋里。

（3）要把背包放在身前：车辆运行及上车时，不要把背包放在身侧或身后，要放在自己眼睛最容易看到的地方。

（4）注意要外松内紧：若带有巨款在身上，应该在内心保持高度警觉，但外表要显得非常自然、轻松。不要不时翻看提包或用手紧紧地捂住放钱的口袋。

12.自驾车旅游的准备

目前自驾旅游已成为一种时尚出游方式。若要享受自驾旅游的快乐，"驾迷们"应做好以下的一些准备：

（1）出游前，应对车辆彻底全面地检查和维护一次，包括变速箱和齿轮箱的润滑油以及刹车、底盘、灯光、轮胎、方向、油、水、电、悬挂装置等，一旦发现问题，要马上修复。自驾车出游虽然惬意，但必须带齐一些随车工具。除了千斤顶和车轮扳手外，还要带上路线地图、照明用具、野营装备、通信装置、望远镜及山地车，还有警示牌、指南针、应急灯等应急装置也是必需的。另外驾驶证、行驶证、汽车救援卡、通信工具、零钱等一些必需品也要随身带着。因车外出时，会跨比较大的区域，可能会因比较大的气候变化，引起旅游者水土不服，个别人还会出现呕吐、头晕、腹泻，部分人会出现晕车等现象，为此在行前还应备些消炎药、风油精、碘酒、眩晕停等药品。车内若有空调，请勿吸烟，以免污浊车内的空气。

（2）出行前，要先确定好行车的路线和休息的站点。还要清楚路途上需花的费用，最好有一个非常清楚的线路图和周密的计划。建议：自驾车出游，以结伴同行最佳。

13.自驾旅游的选伴

自驾车旅游时，选择旅伴是件很重要的事。通常选择旅伴需注意以下几点：

（1）远途开车，选一个懂得车辆基本维修技术的人同行最佳。

（2）同伴的人数最好按座位的额定数来确定。

（3）最好是男性人数多过女性人数。

14.自驾车旅游的注意要点

自驾车旅游以确保安全为重，以下几点值得注意：

（1）最好不要个人租车旅游，特别是刚刚才学会开车的司机，不要将旅游当作一次练车的经验，对车或路况不熟悉，均容易发生事故。

（2）自驾车旅游，最好找一辆或更多的车同行，万一出了事故还可以互相有个照应。多辆车同行时，一定要保持车和车之间的距离，不要太远。

（3）旅游不是赶路，最好不要走夜路。走夜路不但危险，而且易疲劳，还会影响旅游者的心情。

（4）不要把油用光了才加油。当油跑完了一半，看到好的加油站就随时加一些油，千万不要怕麻烦，即使加不到好油，将好油与次油"和"着烧也要比把次油烧光对车的损坏性小一些。

（5）如果是短途旅游，最好不要将汽油带在车上；如果是远途旅游而且离公路较远，最好携带 1～4 个安全的铁汽油桶以备用。

（6）合理地安排好行车距离，避免疲劳驾车。日行车的最多里程为：普通公路 200～300 公里，高速公路 300～400 公里。停车的时候，要注意锁好车门、车窗并将贵重物品随身带走。

15. 排除旅途中险情

（1）万一车在半路坏掉，如果是路况较好的白天，可考虑将车拖走；如果是晚上，可拨打当地的 114 查询当地的汽车救援号码请求救援。

（2）如果需要别人拖车，要讲究拖车技术。其技术包括：应保持拖车绳平直，保持前后车速度一致；前面的车要转向或停车的时候，需事先打转向灯和踩两下刹车灯，以提醒后车，防止撞在一块。

五、 清洁

（一） 消毒

1. 漂白水消毒

用漂白水来进行消毒时，其与清水的比例是 1∶490。漂白水杀毒，虽然功效显著，但它味道太浓，且在稀释时，如果分量掌握不好的话，其所含的毒性能伤害抵抗力弱的小孩，对家具表面也有可能损害，使家具褪色。

2. 用煮沸法给餐具消毒

煮沸消毒是一种效果最可靠的方法且简便易行。一般是先将食具完全浸没于水里，煮沸 10 分钟便可。如是肝炎病人用过的食具，应先煮沸消毒 10 分钟左右，然后再取出，用清水将其洗净，再煮沸 15 分钟左右。若是肝炎病人食用后剩下的食物，应将其煮沸半小时后，再倒掉。

3. 用蒸汽法给餐具消毒

在锅内用蒸汽消毒，也就是我们所说的隔水蒸，主要是依靠水烧开后产生的蒸汽来杀灭细菌。此法要等水完全烧开后，再继续烧 10 分钟左右才会有效。

4. 用微波炉消毒

（1）纸质类。钱币、书籍等用微波炉来消毒时，一般要先包扎好，外面再裹上湿毛巾，然后才可以放入微波炉内（功率要大于 500 瓦），一般 4 分钟就可以了，若肝炎消毒则需 8 分钟。

（2）布质类。一定要在湿润的条件下才能进行消毒，外面要用塑料或纸薄膜包裹，消毒时间和纸质类基本相同。

（3）食具、茶具、奶具。在茶具、食具、奶具里装上适量水，外面裹上塑料或湿布薄膜，奶嘴消毒一般 2 分钟就可以了，其余的基本和纸质类相似。

5. 用日晒给菜板消毒

在阳光下把菜板暴晒半小时以上，能起到一定的消毒作用。加入 50 毫升苯扎溴铵在 1000 克水中，将菜板浸泡 15 分钟左右，然后再用干净的清水将其冲洗干净，消毒效果不错。

6. 用热水给菜板消毒

洗刷一遍菜板，可减少 1/3 的病菌，若用开水淋烫，残存在菜板上的病菌就会更少。每次用完菜板后，将上面的残渣刮干净，撒些盐在菜板上，不但可以杀菌，还能防止菜板干裂。

7. 清洗消毒儿童玩具

在热水中加入洗涤剂用来清洗玩具，用刷子刷洗缝隙处，最后用清水多冲几遍，这样大多数微生物可以洗去。但对于患过传染病的孩子，其玩具需要进行更好的消毒处理。

8. 用消毒剂清洗儿童玩具

可用 0.1% 苯扎溴铵溶液、75% 的酒精、0.1% 氯所配制的溶液来清洗儿童玩具。

可用 0.1% 的碘酒、高锰酸钾溶液，3% 的过氧氢等消毒剂来洗涤儿童玩具。

对于那些不怕染上颜色和腐蚀的塑料玩具进行消毒。其消毒剂的作用时间一般为半小时以上，消毒剂一经处理后，一定要用清水将消毒液彻底除去。

9. 给牙具消毒

在刷牙的同时，各种微生物和食物的残渣会黏附有牙刷上面；牙缸、牙刷一般都处于潮湿、阴暗的环境中，而食物残渣又是微生物生长的良好培养基，这就会让很多微生物迅速地繁殖和生长，引起人体胃溃疡、肠道疾病等。

用蒸煮或者开水冲洗 10～20 分钟可以消毒。或用 0.1% 高锰酸钾溶液中浸泡 30 分钟以上。也可用 0.02% 的氯已定溶液常常浸泡牙缸和牙刷，可使牙缸和牙刷常常保持洁净的状态。将牙具放入臭氧消毒柜中消毒约 15 分钟左右，也可达到同样的效果。

10. 给牙签消毒

有很多牙签的卫生指标都不合格，很容易将销售、生产过程的微生物带进口腔中，引起疾病。因此在使用牙签前，最好将购买回来的牙签包装打开，分成若干小的包装，并用纸包好，放入蒸锅中蒸煮（最少 20 分钟），取出后将其晾干，保存在干净的地方，在使用的时候，用一包打开一包，尽快用完。

11. 毛巾的消毒方法

由于毛巾的使用率高，毛巾上常常有痰液、鼻涕以及其他的分泌物沾染，其中有许多是致病性的微生物，所以要经常进行消毒。

（1）个人专用的毛巾，可以先用开水煮沸 12 分钟左右，然后再用肥皂清洗干净，晾干后即可使用。

（2）把毛巾的污渍去除，用清水清洗干净后，折叠放在微波炉中，在 650 瓦功率下，运行 5 分钟即可达到消毒的效果。

（3）把毛巾放进高压锅中，加热保持半小时左右即可。

（4）把毛巾浸泡在放有 0.1% 的苯扎溴铵的溶液中（需浸泡一刻钟以上），然后将毛巾取出，用清水将残余的消毒剂清洗干净，晾干后即可。

12. 用暴晒法给衣物消毒

对于那些不能洗涤的服装（如裘皮、

皮装等），可用日光暴晒法消毒：把衣服摊开，将其放在太阳直射下暴晒6小时以上。在暴晒的过程中一定要经常翻动，使衣服各面都能均匀地受到阳光的照射。对于医院及其他职业特殊的人员，或者家中有患病成员的，其衣服就应用更加严格的消毒法。

13. 用消毒剂给尿布消毒

将换下来的尿布放在消毒剂溶液中浸泡10分钟以上，待浸泡消毒后，再用洗衣粉或肥皂将消毒剂和污物洗净，放在阳光下暴晒即可。

14. 用蒸煮法给尿布消毒

用洗涤剂将尿布上的污迹清洗干净，拧干后放入锅中蒸煮，煮沸10分钟以上，用清水冲洗干净后于日光下暴晒即可。

15. 给宠物消毒

（1）管制。在户外散步时，要尽量管好自己的宠物，尽量减少它与其他宠物的接触，不要让它在没有管束的条件下到处乱跑。

（2）隔离。将人与宠物隔离开，包括人与宠物的吃、住、睡等都要全部分开。

（3）食物。不要给它们吃生食，要给它们提供清洁、干净的食物和水。

（4）防病。要及时给宠物打各种相关疫苗，特别是狂犬病疫苗，预防发生疾病；对得病的宠物，要及把它送到宠物医院就诊；要经常清洗和消毒动物的日常用品。

（5）洗手。每次人与宠物接触之后要严格洗手。

16. 如何对二手房进行消毒

如果你购买了二手房那么对它进行一次彻底的消毒是很有必要的。假如你

想保留居室的墙面而墙面已做装修，可以用3%的来苏水溶液或者用1%～3%的漂白粉澄清液，也可以用3%的过氧乙酸溶液喷洒。喷洒在地面时一定要均匀，同时应该注意墙壁的喷雾高度应控制在2米以上，喷洒以后必须关闭门窗1小时左右。除此，按每立方米空间，用4～8毫升食醋加上水稀释并加热，然后用蒸汽熏蒸1小时即可，应该注意的是要隔天再熏一次。

17. 用精油抗菌

精油是一种可以常用洁净家中的用品，因为它不但可减缓压力、调整情绪，还可以抗菌抑菌，让家中每时每刻都拥有芬芳和健康。为了营造一个健康芳香的环境，一般可以点一支香熏炉在房间里，用无烟的蜡烛作热源，使植物的分子都散发出来，以达到非常好的防菌效果。类似的植物还有松木、茶树、薄荷、天竺葵、柠檬、桉树、佛手柑、杜松子等。

18. 用香烛抗菌

很多香烛都含有抗菌抑菌的植物成分，不但能保持芳香的环境，同时还具有抗菌效果，例如佛手柑、杜松子或桉树。

19. 用干花香包抗菌

干花香包是天然植物的骨髓，如琥珀、薰衣草、佛手柑、薄荷、香橙、丝树花、白琥珀等所做的干花香包，将其放在室内或衣柜中，可以散发出芬芳的气味，起到净化空气的作用。

20. 用花草茶抗菌消毒

花草茶的功能比较多，不仅可以美丽容颜，有些还具有排毒净化、消炎杀菌的功效。如：桉树对防止病毒侵入身

体，有一定的抵抗作用，可使人精神爽利，精力充沛；玫瑰不但能美容，还能很好地排除体内多余的毒素和水分等。

（二）　除污

1. 清洁玻璃

若家里有凹凸不平的玻璃，清洁起来会非常麻烦。可以先用牙刷将窗沿及玻璃凹处的污垢清除掉，然后再用抹布或海绵将污垢去除，再蘸些清洁剂来擦，当玻璃与抹布之间发出了清脆的响声时，表示玻璃已经干净了。用清洁剂在整块玻璃上画一个"×"字，然后再用抹布去擦，即可很容易擦干净。

2. 用醋擦玻璃

擦玻璃前，在干净的抹布上蘸适量食醋，然后用它反复擦拭玻璃，可使玻璃明亮光洁。

3. 用白酒擦玻璃

擦玻璃前，先用湿布将玻璃擦一遍，然后再在湿布上蘸些白酒，稍稍用力擦拭玻璃，可使玻璃光洁如新。

4. 用大葱擦玻璃

取适量洋葱或大葱，将其切成两半，然后用切面来擦拭玻璃表面，趁汁还没干的时候，迅速用干布擦拭，可使玻璃晶光发亮。

5. 用牙膏擦玻璃

时间久了，玻璃容易发黑，此时可在玻璃上涂适量牙膏，然后用湿抹布反复擦拭，可使玻璃光亮如新。

6. 用烟丝擦玻璃

用香烟里的烟丝来擦挡风玻璃或玻璃窗，不但除污的效果非常好，而且能使玻璃明亮如新。

7. 去除玻璃上油漆迹的方法

（1）茶水法：若是较浅的油漆，可用刷子蘸茶水来刷除。

（2）松节油法：可用指甲油或松节油来去除油漆迹。

（3）食醋法：先涂抹些热醋在玻璃上，然后再用干的抹布擦拭。

8. 去除玻璃上涂料迹的方法

（1）松节油法：先把表面的涂料刮去，然后再用软布蘸上些松节油来擦拭，即可去除。

（2）石油精法：先用小刀或竹片刮去玻璃上的涂料，然后再用石油精擦拭。

9. 去除玻璃上霜的方法

若挡风玻璃或玻璃窗上霜比较厚，则可加少许明矾在盐水中，用它来擦玻璃，除霜效果极佳。

10. 用吸尘器清洁纱窗

把报纸贴在纱窗的一面，再用吸尘器去吸，即可把纱窗上的灰尘清除。吸尘器应该用刷子吸头。

11. 用碱水除纱窗上的油污

将纱窗取下来后，放在热碱水中，用不起毛的布反复擦洗，然后再用干净的热水将纱窗漂洗干净即可。

12. 用面糊除纱窗上的油污

取100克面粉，将其打成稀面糊，然后趁热刷在纱窗上，待10分钟左右后，用刷子反复地刷洗几遍，再用清水冲洗干净，即可去除油污。

13. 用牛奶洗纱窗帘

在洗纱窗帘的时候，在洗衣粉溶液中加入适量的牛奶，这样能把纱窗帘洗得跟新的一样。

14. 用小苏打洗窗帘

首先将浮灰去掉，然后放进加有洗涤剂的温水里轻轻地揉动，待洗完后，再用清水漂洗几遍，然后在清水中加入500克小苏打，把纱窗帘浸入水中漂洗，这样能把纱窗帘洗得非常洁白。

15. 用牙膏清洁金属门把手

在干布上挤些牙膏，然后用其来擦拭金属把手上面的污点，即可很轻松地去除。

16. 清洁墙壁技巧一

若墙壁已脏污得非常严重，可以使用深沉性的钙粉或石膏沾在布上摩擦，或者用细砂纸来轻擦，即可去除。

挤些牙膏在湿布上，可将墙上的彩色蜡笔和铅笔的笔迹擦掉。不能用水来洗布质、纸质壁纸上的污点，可以用橡皮来擦。若彩色的墙面有新油迹，可以用滑石粉去掉，垫张吸水纸在滑石粉上，再用漏斗熨一下即可。若是塑料壁纸上面沾了污迹，可喷洒些清洁剂，然后将布擦干后反复擦拭，即可焕然一新。

17. 清洁墙壁技巧二

高处的墙面，可以用 T 型拖把来清洁，夹些抹布在拖把上，再蘸些清洁剂，用力推动拖把，当抹布脏后，拆下来洗干净，再用，反复几次，当把墙壁彻底擦洗干净即可。下面的墙面，可以喷些去渍剂，然后再贴上白纸，约30分钟后，再擦拭干净即可。

18. 除壁纸上的油渍

撒些滑石粉在油渍上，然后垫一张吸水纸在滑石粉上，再用熨斗熨一下便可去除。

19. 除墙壁上蜡笔迹的方法

（1）砂纸法：用细砂纸能将蜡笔迹轻轻地磨去。

（2）钢丝球法：可用厨房里专用的钢丝球来轻轻地擦除。

（3）熨斗熨烫法：在蜡笔迹处盖上一块布（以法兰绒为佳），然后用熨斗熨烫一下，待蜡笔熔化后，用布将其擦除即可。

20. 除墙壁上镜框痕迹的方法

（1）橡皮擦法：可先用橡皮擦擦，若擦不掉，再用砂纸将其轻轻地磨去。

（2）清洁剂法：可在布上蘸点清洁剂来擦拭。

21. 除地板上污痕的方法

（1）撒盐后清扫残剩蛋液：如果将蛋液或者整个鸡蛋掉在地板，可撒少量食盐在其上，10 分钟左右后轻轻一擦，即可干净如初。

（2）倒点醋：当用拖布拖厨房地板的时候，可适当地倒些食醋，其效果极佳。

22. 除地板上口香糖的方法

（1）洗涤液法：若塑料地板上不小心粘上了口香糖，可用一根小木棍包上些布蘸些洗涤液来擦拭，在擦的时候切勿用力过猛，只需轻轻擦即可。

（2）竹片刮除法：喷漆或油漆地板可先用竹片将口香糖轻轻地刮除（千万不要用刀片刮），然后再用一块蘸有煤油的布擦拭（若怕油漆脱落，可用洗涤剂擦拭）。

23. 除地板上的乳胶

在抹布上蘸点醋来轻轻地擦拭地板，可将胶轻松地去除。

24. 清洁塑胶地板

用水来清洁塑胶地板的时候，会使水分及清洁剂跟胶起化学作用，而使地板面翘起或脱胶。若水不小心泼洒在塑胶地板上了，应将其尽快弄干。

25. 除木质地板污迹

木质地板要经常擦、抹、扫才能保持其光亮、清洁。若不小心沾上了脏水或饮料，必须用软布蘸些家具油来擦拭干净。若染上了顽固性的污渍，可以用钢丝球来轻轻地擦除。

26. 除瓷砖地板污迹

若瓷砖地板上不小心沾上了污迹，应马上用一块软布蘸些普通的清洁剂反复擦拭，即可除去。

27. 除大理石地板污迹

大理石地板的防侵蚀防污性特别差，一旦其表面沾上了污迹，马上把清洁剂稀释后来反复擦拭地板，即可去除污迹。千万不能用苏打粉或肥皂等来清洗。

28. 清洁炉灶的方法

在做菜的时候，常常会有些汁液溅在炉灶上，在做完菜后，借助炉灶的余热用湿布来擦拭，其效果非常好。若要清除灶上陈旧的污垢，可喷些清洁剂在灶台上，然后再垫上些旧报纸，再喷些清洁剂，几分钟后，将报纸撤去，用沾着清洁剂的报纸将油点擦去即可。

29. 清洁煤气炉

煤气炉是油垢较集中的地方，可喷上厨房清洗剂先用铁丝球擦洗，擦下油垢后再用微湿的抹布擦拭干净。擦拭煤气炉时，炉嘴处可用细铁丝去除碳化物，再利用细铁丝将出火孔逐一刺通，并用毛刷将污垢清除。

30. 除煤气炉上的污垢

煤气炉上的火架很容易弄脏，用一般的清洁剂很难清洗干净。此时先盛满一大锅水，然后把火架放入锅内煮，待水烧热后，污垢自然会被分解而自然剥落。

31. 除煤气灶污渍

（1）盛盘、锅架：将其放入煮沸了的滚水里，煮约20分钟，等油污浮起来后，再用锅刷刷洗干净即可。

（2）开关：用洗洁剂将其刷洗干净即可。

（3）导火器：先用钢刷将油污刷掉，然后，再用竹签将孔内的污垢清除即可。

（4）橡皮管：在管子上直接涂抹些清洁剂，待油污溶解后，再用不要的牙刷或菜瓜布刷洗，然后，用清水将其冲洗干净即可。

32. 清洁灶台的技巧

在瓷砖表面喷些清洁液，然后再铺上些纸巾，待一晚后（纸巾会将油渍充分吸收），用湿的抹布即可很容易抹得焕然一新。抽油烟机也可以采用此法。

33. 清洁煲底、锅底、炉灶

清洁煲底、锅底或是炉灶时，可先将煲底、锅底烧焦的食物及炉灶的污渍用温水弄湿，并且撒上大量的食用苏打粉，然后，将它们放置上一整夜。这样，即会使烧焦的食物及污渍被充分软化，只要用软刷即可轻易去掉。

34. 排气扇清洗办法

当排气扇被油烟熏脏以后，可以用布蘸些醋来擦拭。用锯末来清洗排气扇，其效果比较好。洗法是：取些锯末回来后，将排气扇拆下来，将锯末用棉纱裹起来，或者直接用手抓着锯末来擦拭，油垢越厚，就越容易擦掉。擦拭完后，再用清水冲洗干净即可。

35. 清洗抽油烟机法

（1）将抽油烟机打开，让其运转，然后喷洒些浓缩的去渍剂在扇上，约5分钟后，再喷些温水，已被溶解的油污即会流进储油的盒里，将储油盒直接取下来清洗干净即可。

（2）清洗抽油烟机的面板相对而言要简单些，可以先喷些清洁剂，然后再贴上纸巾，使污垢能被清洁剂分解；约30分钟后揭下，再用海绵轻轻地擦拭，用纸巾将清洁剂吸收，即可将大部分油污吸走，比用喷清洁剂的效果要好些。

（3）在使用抽油烟机的储油盒以前，可先垫一层保鲜膜在盒内，要留一部分保鲜膜在盒外，当污油每次积满后，只要换一下保鲜膜即可。也可以先倒些洗涤剂在盒内垫底，这样，污油即会总浮在上面，清洗起来也就比较容易。

（4）每次做完菜以后，不要将抽油烟机马上关掉，让它继续运转，即可把残留在空气里的水和油烟及没有完全燃烧完的一氧化碳一块抽走，即可减少油污沾染室内的厨具的机会。

36. 除抽油烟机、煤气炉上的污渍

对于台面常会累积油渍的煤气炉和抽油烟机来说，可先用"浴厨万能清洁剂"喷湿纸巾覆盖在上面，过一段时间进行清理就行了。

37. 除水龙头的污渍

如果有硬水沉积物在水龙头的残留中，可将柠檬片的一面对准水龙头嘴，然后再用力按压它，并转动几次，即可消除。

38. 除厨房瓷砖上的污渍

（1）对沾有油污的瓷砖，可在瓷砖上覆盖些卫生纸或纸巾，然后在它上面喷些清洁剂，放置一段时间，这样清洁剂就不会滴得到处都是，而且油垢还会自己浮上来。将卫生纸撕掉后，再用布蘸些水多擦拭几次，即可去除。

（2）若厨房的灶面的瓷砖上有了油污物，可取一把鸡毛蘸上些温水来擦拭，其效果极佳。

39. 清洗马桶窍门

在木棍的一端绑些废旧的尼龙袜，然后蘸些发泡性强的清洁剂来刷洗马桶，即可将马桶周边所形成的黄色污垢全部去除。每个月只要清洗1次便可。

40. 擦拭浴缸三窍门

（1）用旧报纸来擦拭浴缸，可将上面的污垢去除。

（2）用毛刷或干净的软布蘸些洗衣粉来反复擦拭浴缸，再用清水冲洗干净即可。注意：千万不能用炉灰或沙土之类的来打磨。

（3）在海绵上蘸些肥皂来擦拭浴缸，可立即去除上面的污垢。

41. 疏通下水道的技巧

下水道堵塞的正确疏通方法是：先放满清水在水斗里，轻轻旋动一下帮，当它贴紧排水口后，用力拉上将其吸出，不要做往下推的动作，就能疏通下水道了。

42. 速排塑钢阳台滑槽积水

穿几根线绳在排水孔中，使它的外头垂着搭出阳台，里面留出部分横卧在滑槽里，阳台一旦积水，线绳就会起到疏导的作用，积水也就不会流进阳台了。

43. 用凉茶水擦拭家具

用抹布蘸些喝剩下的浓茶水来反复擦拭家具，可以使暗淡的漆面恢复原来的光泽，这是因为茶水中有保护漆膜的

单宁酸。

44. 用牙膏去除家具污迹

若木制家具上有了污垢，可在软抹布上蘸少许牙膏来擦拭，再用干布将其擦拭干净即可。

45. 用玉米粉去除家具污垢

若家具上有了污垢，可先用残茶叶来擦拭，再撒上些玉米粉擦拭，即可去除污迹。

46. 清洁电器的方法

电视、音响和电脑都是精密的电器，在清洁的时候，不能用水来擦拭，在清洁家电的时候，可以用比较轻的静电除尘刷擦拭灰尘，且能防止产生静电。家电用品上面用来插耳机的小洞或者按钮沟槽，可以用棉花棒来清理。如果污垢较硬，可使用牙签包着布来清理。

47. 清洁真皮沙发的方法

擦拭真皮沙发不能用热水，不然会因为温度太高而使皮质变形。正确的方法是用温布来轻轻地抹擦，若沾了些油渍，可用稀释好的肥皂水来擦拭。

48. 用土豆去除银器污迹

在苏打水中放入生土豆片，放到火上煎煮片刻，待水稍凉后用来擦拭银器，即可恢复原有的光泽。

49. 用盐水清洁银器

当银器光泽暗淡时，可加些水在铝锅中，将其煮沸后加5汤匙食盐，再把银器放入锅内煮5分钟左右，取出后用清水冲洗干净，用干净的软布擦干即可。

50. 用盐水去除藤竹器具积垢

若竹器、藤器上有了积垢，可用盐水来擦洗，既能把污垢去除，又能使其柔软，恢复弹性。

51. 用荷叶去除锡器污垢

用荷梗或荷叶烧水来清洗锡器，即可将锡器中的污垢去除。

52. 用柠檬皮去除瓷器积垢

若瓷器上有水渍或茶垢，可取部分柠檬皮和一小碗温水，然后将其倒入器皿内浸泡4~5小时，即可除去。

53. 用青菜去除漆器油污

若漆器沾上了油污，可反复用青菜叶擦拭，既可将污去除，又不会将漆面损伤。

（三） 去味

1. 用木炭去除电冰箱异味

将含有两块碎木炭的容器，置于电冰箱的冷藏柜中，可除电冰箱异味。

2. 用柠檬汁去除电冰箱异味

将切开的柠檬或柠檬汁存入电冰箱中，即可去除冰箱里的腥臭怪味。

3. 用砂糖去除电冰箱异味

在电冰箱里面放入些砂糖，也可去除电冰箱里面的异味。

4. 除厨房异味

（1）食醋蒸发法：放些食醋在锅里加热蒸发，异味就没有了。

（2）烘烤橘皮法：将少许橘子皮放在炉子上烤，厨房异味将被橘皮发出的气味冲淡。

（3）柠檬皮法：将切开的橙子或柠檬皮放入盘中，置于厨房内，可冲淡厨房里的异味。

5. 除厨房大葱刺激味

将一杯白醋放在炒锅里煮沸，过

一段时间后，炒洋葱或大葱的刺激气味就会自然消失。

6．除厨房油腥味

（1）烧干茶末法：厨房中有鱼腥味时，可在烟灰缸放些茶末，并将其燃烧，即可去除。

（2）煎食醋法：在煎鱼的时候，放点醋在锅里，则会减少厨房的鱼腥味。

7．除碗橱异味

（1）食醋去味法：碗橱用布蘸醋擦拭，待晾干即可去除碗橱的异味。

（2）木炭去味法：在碗里盛些木炭放在碗橱里，即可除去碗橱的异味。

（3）牛奶去味法：将1杯牛奶放在新油漆过的碗橱里5个小时左右，油漆味即可消除。

8．用肥皂水去除塑料容器味

先将肥皂水盛满在有异味的塑料容器中，然后加入少量的洗涤剂，浸泡2～3小时后洗净，异味即可去除。

9．用漂白剂去除塑料容器味

将塑料容器用漂白剂浸泡一会儿，容器上的异味即可去除。

10．用小苏打去除塑料容器味

在1升的清水中放入1茶勺小苏打，然后把塑料容器浸入，再用干净的软布擦拭1遍，即可去除异味。

11．除炒菜锅异味

（1）在锅中放入1勺盐，放在火上炒十几分钟，异味就会去除。

（2）抓些茶叶放在锅里煮沸5～10分钟，然后刷洗一下炒菜锅，异味即可消除。

12．除炒锅内的油渍味

将一双没有油漆的筷子放在炒锅内，加入适量水，烧开水后，即可消除油渍味。

13．除菜刀的葱蒜味

用盐末擦拭一下切过葱蒜的刀，气味即可去除。

14．除水壶异味

用漂白粉溶液把水壶放在里面浸泡一夜，然后用清水将其冲洗干净，晾干，异味即可去除。

15．防水壶霉味

将1块方糖放在水壶里，可防止水壶有霉味。

16．除瓶中异味

在瓶中倒入芥末面稀释水，浸泡数小时后，刷洗干净即可。

17．除瓶中臭味

木炭有吸臭味的功能，将少许木炭放入瓶中，放置一夜，瓶子就不臭了。

18．除凉开水的水锈味

清除凉开水中的水锈味，可先在水壶内加2～3小匙红葡萄酒，即可使水不变味。

19．除居室异味一

空气污浊，居室内便会有异味，滴几滴香水或风油精在灯泡上，遇热后会散发出阵阵清香。

20．除居室异味二

在转动的风扇上面滴上几滴花露水或香水，可使室内清香。

21．除居室烟味

（1）用浸过醋的毛巾在室内挥动，或用喷雾器来喷洒稀醋溶液，效果很好。也可将1小盘氨水或醋放在居室的较高处，也可清除居室内的烟味。

（2）用清水将柠檬洗净后，切成块，放入锅中，加入少许水，将其煮成柠檬汁，然后将汁放进喷雾器里面喷洒在屋子里面，即可将臭味去除。

（3）室内最低处点燃1～2支蜡烛，约15分钟左右后开窗通风，可使室内烟味消失。

22．除居室宠物异味

在饲养猫、狗的地方洒上烘热后的小苏打水，因饲养宠物而带来的特有异味就可以除去了。

23．用活性炭除甲醛异味

购买1000颗粒状活性炭除甲醛。将其分成10份，放入碟中，每屋放2～3碟，3天内可基本除尽室内异味。

24．用红茶除甲醛异味

将500克红茶放入两脸盆热水中，放入居室中，并开窗透气，两天内室内甲醛含量将下降90%以上，刺激性气味可基本消除。

25．用盐水去除油漆味

在刷过漆的房中放两盆盐水，油漆味即会马上消除。

26．用茶水去除油漆味

若是木器家具有油漆味，可以用茶水将其擦洗几遍，油漆味即会很快消除。

27．用牛奶去除油漆味

把煮开的牛奶倒入盘中，把盘子放到新油漆过的橱柜里，将橱柜的门关紧，约5小时后，油漆味即可除去。

28．用醋除油漆味

新购买回来的木漆容器，会有一种难闻的气味。这时，可以将其浸泡在醋水中，用干净的布将其擦洗干净，便可消除此味。

29．用茶水去竹椅异味

夏天，用竹子制作的凉席、竹椅等竹制品容易有味，时间一长还容易生细菌。若用毛巾蘸些茶水擦拭竹制品，则它会变得既干净又亮，还会有一种清香味（若用隔夜剩下的茶叶水擦拭效果也很好）。

30．除烟灰缸异味

在烟灰缸的底部均匀地铺上一层咖啡渣，即可消除烟灰缸异味。

31．除煤油烟味

在蜂窝煤及煤油上加上几滴醋，可使其烟味减少或消除。

32．除花肥臭味

给花卉上肥后，房间内会产生一种臭味，此时，可将剪碎的橘皮撒在上面，既能增加土壤的养料，又可除臭。

33．除厕所异味

（1）在厕所里燃烧火柴或者点燃蜡烛，或在马桶里倒入可乐，室内空气就会改变。

（2）将丝袜套在排水孔上，减少杂物阻塞排水孔的机会，水管保持清洁，排水孔的臭味便去除了。

34．用醋除厕所臭味

放1杯香醋在厕所内，臭味便会马上消失。由于香醋的有效期一般是1星期左右，因此，每隔1周就要更换1次香醋。

35．用清凉油除厕所臭味

打开清凉油盖，放于卫生间角落低处，即可消除臭味。一般情况下，一盒清凉油可用2～3个月。

36．防垃圾发臭

天热，垃圾容易有味，时间一长，

就容易发臭。

（1）将茶叶渣撒在垃圾上，可防止动物内脏、鱼虾等发出臭味。

（2）在垃圾上撒些洗衣粉，可有效地防止生出小虫子。

（3）在垃圾桶的底部垫上报纸，当垃圾袋破漏后，报纸即可吸干水分，防止发臭。

37. 除垃圾异味

动物内脏、鱼虾等垃圾，是厨房里散发臭味的主要原因，此时，洒点酒精是去除腥臭味、杀菌的良方。将水和酒精以3∶7的比例调成稀溶液，倒进喷雾器里，当遇到鱼骨的残骸时就喷些，还可以用于橱柜下或冰箱内部等容易产生异味的卫生死角里。

38. 除垃圾桶臭味

将废报纸点燃后放入垃圾桶中（注意：垃圾桶需是金属制品），臭味即可消除。

39. 除尿布的臊味

（1）食醋去臊法：将少许食醋放入洗尿布的水里，即可达到除味的效果。

（2）新洁尔灭去臊法：将两三滴新洁尔灭溶液滴入水中，搅拌均匀后，浸泡洗净的尿布，取出晒干，即可去除臊味。

40. 除衣物的樟脑味

（1）电风扇去味法：在衣服熨烫前，先用电风扇吹五六分钟，衣物上就没有樟脑味了。

（2）冰箱去味法：将衣物装入塑料袋，加入除臭剂，扎紧袋口，放进冰箱里，樟脑味很快就会消失。

（3）晾晒去味法：将衣物晾在阴凉处，几天后樟脑味即可消失。

41. 除皮箱异味

取食醋用布涂擦皮箱表面，然后晒干，异味即可消失。

42. 除鞋柜臭味

（1）将鞋子从鞋柜中搬出来，并彻底清理干净，用布擦拭，在鞋柜内铺上旧报纸数张。

（2）在布袋或旧丝袜里塞茶叶渣或咖啡渣，扎成小包，将做好的小包塞入鞋内，摆在鞋柜角落，有很好的消除霉菌和异味的效果。

（四）　防虫

1. 除家具蛀虫

（1）涂油去蛀虫法：当发现家具有蛀虫时，涂上少许柴油，即可将蛀虫杀死。

（2）敌敌畏去蛀虫法：用1份敌敌畏、94份煤油混合药液、5份滴滴涕，或者用煤油配制成浓度为2%～5%的敌敌畏药液，涂刷3～4遍家具。若虫洞比较大，可用脱脂棉蘸药液将其堵住。如虫洞深且小，可用注射器将药液推入。

2. 除毛毯蛀虫

在毛毯上用厚毛巾蘸水略拧干后铺好，用高热的熨斗熨烫，使热气熏蒸毛毯，可除去蛀虫。

3. 书籍防蛀

将烟草加水煮沸2～3小时，制成烟草液，再放入些吸水性能较强的纸片浸泡，待晾干后，即可成烟草液纸，将其夹在书页中，能有效地防治书籍害虫。

4. 书虫防治四要点

（1）防潮。温度和湿度较高而且比较脏的地方是书虫容易生存的地方，在下雨的时候，书房要保持经常通风，以降低温度，同时还要经常搞好室内卫生，抑制害虫的滋生。

（2）整理。经常挪动图书，藏书较多的地方，可以防止害虫定居繁殖，每年春秋季节要全面清除和整理1次。

（3）灭虫。蛾子或寄生虫这类害虫能蛀食衣物、家具，对图书的危害性很大，发现后应该及时消灭掉。

（4）防治。在存放图书的柜中，每层要放1～2块樟脑精或香草等驱虫剂，可以达到防治虫害的作用。

5．驱除室内昆虫

（1）头油去虫法：取一些头发油在室内喷洒，即可将昆虫驱逐出去。

（2）蛋壳去虫法：鼻涕虫在居室中比较常见，将蛋壳晾干研碎、撒在墙根、厨房、菜窖或下水道周围，鼻涕虫就不会再来了。

（3）漂白粉去虫法：在跳蚤、蟑螂常出没的地方，撒些漂白粉，可消灭跳蚤、蟑螂等害虫。

（4）柠檬去虫法：将柠檬榨成汁，撒在室内，不仅可驱逐苍蝇、蟑螂，室内还有一股清香。

6．用卫生球除宠物身上的跳蚤

在猫的身上搓进1～2粒卫生球粉末，跳蚤即会被杀死。

7．用去虫菊粉除宠物身上的跳蚤

将猫、狗用热肥碱水或皂水浸洗干净，再用毒鱼藤粉或除虫菊粉撒擦，同时全面洗晒被褥和衣物，跳蚤即可除去。

8．用橙皮驱除猫咪身上的跳蚤

切碎、研磨新鲜橙皮，取其汁兑入温水中，均匀地喷洒在猫咪的身上，然后再用柔软、干燥的毛巾将猫咪裹严，大约半小时后，用清水将猫清洗干净即可。

9．用桃树叶驱除猫咪身上的跳蚤

在摘桃的季节，可去果园摘取一把桃叶，将其放在塑料袋里，并加入少量的清水，把猫放在袋内，露出猫头，将袋口扎紧。用手轻轻揉捏桃树叶，即可去除猫身上的跳蚤。

10．防蚂蚁窃甜食

套上几根橡皮筋在糖罐的外面，一闻到橡胶的气味，蚂蚁就会远远地避开。

11．菜橱防蚁

撒放数十粒花椒在菜橱的周围，可以有效地防止蚂蚁窃食。此法简便实用，效果良好。

12．用盐驱蚂蚁

撒些盐在蚂蚁经常出入的地方，蚂蚁就不会再出现了。

13．用锯末驱蚂蚁

在蚂蚁经常出入的地方放些用水泡过的锯末，蚂蚁会远远地避开。

14．用石灰驱蚂蚁

撒些石灰在木器地的地面上，或撒在木器里面，均可以防止爬入蚂蚁。

15．桌腿上包锡纸防蚁

家中如果有蚂蚁，经常爬到桌子上，爬进剩饭里，用锡箔纸把桌腿包上，锡箔纸尽量包得平滑，蚂蚁就很难爬上餐桌。

16．电蚊香片再利用

用过之后的电蚊香片，大部分都被扔掉，极为可惜，可以仿照点盘式蚊香，点燃用过的蚊香片，吹灭明火，使其自然燃烧，也能驱赶蚊子；如关闭门窗驱蚊效果更佳。

17. 用夜来香驱蚊子

在夏日，阳光下吸收足够热量的"夜来香"花，在夜晚来临时，会释放出大量的香气，无论室外或室内，只要有棵"夜来香"在身旁，就不会被蚊虫叮咬。因此，在炎热的夏夜，放一棵"夜来香"在家里，同时具有使空气清新、驱蚊虫的作用。

18. 用风油精驱蚊子

在点蚊香前，滴洒适量的风油精在整盘蚊香上，可使蚊香不呛人，且满室清香，其驱蚊效果非常好。在进蚊帐之前，洒几滴风油精在蚊帐上，可使蚊帐内的空气状况改善，且增加驱蚊效果。

19. 用电冰箱驱蚊子

当家用电冰箱背后的压缩机工作时，其外壳的温度常为45℃～60℃，且热度均匀，将市场上买来电子灭蚊器灭蚊药片，在傍晚的时候，分放在冰箱压缩机的外壳上，利用它的余热来蒸发药片，也可达到较好的灭蚊效果。这种方法既经济又简单易用。

20. 杀灭臭虫

（1）敌敌畏杀虫法：将80%的敌敌畏乳剂加水400～500倍兑成的稀溶液，喷洒在有臭虫的地方，然后将门窗关严。8小时后，臭虫即可死去。如过10天再洒1次药，即可杀灭虫卵。

（2）苦树皮杀虫法：每间房买苦树皮（即玉泉架）0.5千克，煮沸1小时左右后，将渣去除，然后在有臭虫的地方用刷子涂抹些药水。隔10天左右抹1次，连续3次即可将臭虫全部消灭。

（3）煤油杀虫法：将煤油洒遍壁橱或床的周围，不但能杀死臭虫，其他虫类也会被消除。用此法灭臭虫时，要注意防火。

（4）桉树油杀虫法：在适量的肥皂水、松油混合液中，放入桉树油、桉树叶适量，调匀，涂于臭虫常出没的地方，即可将臭虫消除。

（5）螃蟹壳杀虫法：在辣椒面内加入同等分量的螃蟹壳干粉，搅拌均匀，然后拌入适量的木屑，可消灭臭虫。

（6）白酒逐虫法：在床沿浇上白酒，即可驱逐臭虫及其他虫类。

21. 食醋驱蝇

取一些纯净的食醋在室内喷洒，苍蝇就会避而远之。

22. 橘皮驱蝇

在室内燃烧干橘皮，既可驱逐苍蝇，又能消除室内异味。

23. 洋葱驱蝇

用一些切碎的洋葱、葱、大蒜等放在厨房或室内，这些食物有强烈的刺激和辛辣性的气味，可驱逐苍蝇。

24. 西红柿驱蝇

放一盆西红柿在室内，能驱逐苍蝇。

25. 残茶驱蝇

将干茶叶放于臭水沟或厕所旁燃烧，不仅能驱逐蚊蝇，还可除去臭气。

26. 不同季节灭除蟑螂法

（1）早春：蟑螂隐匿的场所采取喷药防治，药剂要均匀地喷于蟑螂栖息的洞穴、缝隙。这样可以达到去除蟑螂的目的。

（2）初夏：啤酒瓶盖内装些灭蟑螂颗粒剂，放置在蟑螂栖息的活动场所。

（3）寒冬：这个时间厨房的调味品橱、煤气灶橱及自来水等是蟑螂隐匿的地方，这个时间蟑螂的活动能力不强，爬行也比较缓慢，很容易被捕获。在消灭蟑螂时，应把物体上的蟑螂卵鞘摘下来踏碎杀灭。另外，投毒饵时要做到堆数多，放置时间长，防潮，这样使蟑螂有更多的机会吞食毒饵。同时，要及时将家中无用的物品清除掉，以减少蟑螂的滋生繁殖条件。

27. 用鲜黄瓜驱蟑螂

在食品橱里放些新鲜的黄瓜，蟑螂就不会靠近食品橱了，两三天后再将鲜黄瓜切开，使它继续散发黄瓜味，即可继续有效驱除蟑螂。

28. 用洋葱驱蟑螂

将切好的洋葱片放在室内，这样，既可延缓其他食物变坏，又可以达到驱除蟑螂的效果。

29. 用肥皂灭蟑螂

将肥皂切成一块块的小片，然后将其冲泡成浓度约为0.3%的肥皂水，用喷雾器把肥皂水喷在蟑螂身上，蟑螂马上会挣扎，随即死亡。

30. 用酒瓶诱捕蟑螂

放少许糕点屑在一个空酒瓶内，瓶口再抹上些香油，将其斜放在柜边或墙角，即可诱捕蟑螂。

31. 用丝瓜络诱捕蟑螂

在切成一半的老丝瓜络空隙内塞些面包屑、油条，放在蟑螂经常出没的地方，蟑螂钻入瓜络里觅食就会永远出不来了。

六、 节水节气节电

1. 每次放水不宜过多

在洗衣服的时候，若水量过大，衣服漂浮起来，就会使它们之间的摩擦力减少，洗不干净衣服，因此在用洗衣机洗衣服的时候，要以刚刚漫过衣服，且能自如运动为宜。若水量过大洗衣机的载重量就会加大，容易影响洗衣机正常的运行。另外，每次所用的漂洗水量也最好相同，漂洗完后，要尽可能把衣服拧干，减少污水，然后再放清水，这样，既可减少所放水量，又能很快就洗完衣服，省时又省水。

2. 减少漂洗次数节水

在洗衣服的时候，很多人都认为只有漂洗后的水跟没洗过衣服的水一样，才算洗干净了。其实不然，因为衣服干净后，其漂洗过的水也会因洗衣机内残留下来的脏水或衣服的颜色而稍带些变色，衣服在洗衣机里转动的过程中，漂洗后的水也会跟着转动而产生些泡沫，这些都不能表明衣服干净的程度。

3. 提前浸泡减少机洗水耗

在用洗衣机洗衣服前，先将衣物浸泡一会儿，能将漂洗的次数减少，漂洗衣物所消耗的水也会减少。

4. 重复利用机洗水

洗衣机能将水自动排掉，这样虽然省力，但它漂洗后不很脏的水被排到水道里，可以先准备桶或盆，将排水管放到准备好的桶或盆里，把较干净的水留下来，以备洗下批衣服用，一次便可以节约 20 ～ 40 升清水。也可以用这些水来洗拖把、冲马桶等。

5. 半自动洗衣机更省水

半自动的洗衣机，只有甩干和洗涤的功能，虽然费力气，但省水效果极佳。全自动洗衣机一般采用一次洗涤，以漂洗两次为准，每次最少要用 110 升水；而半自动洗衣机，每次的常量约为 9 升，一缸水可以洗几拨衣物，即使再重新注 3 次水，漂洗 3 次，也只用 50 升水。

6. 控制机洗程序可节水

若巧妙地使用好全自动洗衣机，也同样能达到节水效果。全自动洗衣机的满周期用量约为 227 升，不满周期用量约为 102 升，这样可以节省 125 升水量。

衣服比较脏的时候，可以漂洗多次，若不太脏，就可以选择漂洗一次，至于软化、弱洗、强洗等要在十分必要时才选用。有些更新型洗衣机，在程序控制上分出了更多的水位段，若把水位段细化，洗涤启动的水位也就降低了 1/2；洗涤的功能也可以设为一挡、二挡或三挡。可以根据不同需要来选择不同的清洗次数和洗涤水位，从而达到节水目的。

7. 衣服集中洗涤节水

脏衣服堆成堆了才洗可以节约水。洗的时候，可以用较大的盆，放些消毒液，避免相互污染。

然后再将两三件衣服一块漂洗，漂洗前一批衣服的水可以继续漂洗后一批，依次漂洗所有的衣服，漂洗完后所剩下水，还可以用来洗拖把、冲马桶或者拖地用。漂洗第二遍的时候也如此，一件紧接着一件来洗，可避免中途浪费水。

在用洗衣机洗少量衣服的时候，水位不要定得太高，否则衣服在里面漂来漂去，相互之间缺少摩擦，反而洗不干净，且浪费水。如果达到一定额定数量再洗，既可省力，又能加大衣服间的摩擦，更容易将污渍去除，还节约水。

8. 洗菜浸泡可节水

洗菜时可以先将蔬菜适当地浸泡一下，让水充分溶化蔬菜里的残留农药和其他的水溶液中的有害物质，在浸泡的过程中，还能放一些添加剂，如盐、碱、小苏打等，再用干净的清水冲洗，既可清除所残留的农药，又能有效节水。

9. 先择好菜后洗更节水

洗菜前，先将菜择好，并抖去上面的浮土，将不新鲜、被虫咬过或者留下痕迹的地方去掉，然后再用水洗，这样不但能将洗涤的次数减少，而且节水，吃起来也更加放心。

10. 去油污再洗碗可节水

每次吃完饭后，盘碗中总会留些油污或剩菜，直接去洗，不但油腻烦人，而且还得多用好多水，这时，可用些餐巾纸将剩菜或者油污尽量擦干净，然后再用自来水洗，即可将碗洗干净，且在洗碗的过程中也不会再油腻了。洗完碗的水里由于没有太多的油，还可以用来冲马桶等，又可节约水。

11. 用盆洗碗可节水

洗碗的时候，不要直接放在水龙头下面洗，最好用盆来洗。洗同一个碗，用水龙头来冲洗，用水量是 114 升左右，而放在盆里面冲洗，用水量才 19 升左右，可以节约 95 升左右的水。

12. 洗碗机洗碗节水

用洗碗机通常在满周期使用的时候，用水量为 61 升，在不满周期使用时，用量为 26 升，可节约 35 升水量。因此，在用洗碗机洗碗的时候，没有必要选择满周期使用。

13. 集中清洗碗筷可节水

有些人为了省点力，一般都是炒完菜后，就将锅洗好，并连同做菜的时候所用到的盆碗也一块洗了，吃完饭以后，再洗一次碗筷。其实此法既不省力，又费时，且还特别浪费水。可将所有要洗的碗筷锅盘都集中在一起，泡在盆里一块洗。这样，既不必一顿饭就洗很多次餐具，也大大地减少了冲洗用水。

14. 关自来水龙头节水技巧

首先试着关到不漏水时为止（不要因为怕漏水而使劲关），在关的过程中，找出关闭到不漏水时的开关角度，以后再关水的时候就用这种角度，随着使用时间的延长，不时地进行开关关闭位置的调整，这样，能使皮垫老化的时间延缓，节约用水。

15. 控制淘米的遍数可节水

大米中富含着人体所必需的营养素，若淘米的方法不得当，淘洗时，就很容易使米粒表层的营养素随水而流失。试验表明，在水中将米饭进行一次搓揉淘洗，会损失它所含的 4% 的蛋白质，10% 的脂肪，5% 的无机盐。因此，在淘米的时候，要适当地控制一下淘洗的遍数，这样既可防止营养素流失，又节约了水。

16. 十种节气好习惯

（1）做饭的时候，不要用蒸的方式，因为蒸饭的时间是焖饭时间的 3 倍。

（2）用高压锅来做主副食，用比较薄的铁炊具来代替既笨重又厚的铸铁锅。

（3）用液化气或者煤气来做饭菜时，最好将一个炉子上的几个炉眼一块使用，这样既可节约时间，又可节省燃料。

（4）大块的食物应该先切成小块，然后再下锅，这样既可节约时间，熟得也快。

（5）若是冰冻食品解冻或者加热熟食，最好用微波炉，这样既节能又方便。

（6）在蒸东西的时候，不要放太多水在蒸锅里，一般以蒸好后，锅里面只剩下半碗水为好。

（7）先将壶、锅表面的水渍抹干后，再放到火上面去，这样既可使锅外面的热能很快地传到锅里面去，也可以节约用气。

（8）在饭、菜做好时，将煤气关上，让炉灶上的余热来持续着烹饪所需要的热量。做汤的时候，所加的水也要合适，不要太多，若水太多会消耗更多的煤气。每次可多做些米饭，吃不完的也可以先妥善放好，然后可以用来做一些比较简单的快餐。

（9）要将锅底铲干净。锅底很容易积聚些黑色的锅灰，且有时会是厚厚的一层，这样锅的导热性会比较慢，要经常把锅底的灰清除干净，这样，传热会比较快些，日积月累，即可省下不少气。

（10）灶头与锅底距离一定要适当，其最佳的距离应该在 20～30 毫米。正常情况下，火苗的高度分低中高 3 个层次，可以根据使用目的的不同，而采用不同高度的火苗。

17. 调整火焰颜色节气

将燃气开关打开点火后，若火焰呈

红黄色，则说明缺氧，则燃烧不充分，说明空气太多，且热量还没有完全被释放出来。这时应该调整一下灶具的风门，等火焰呈紫蓝色的时候再开始炒菜。因为，若是紫蓝色，说明燃烧充分，其热量也达到了最高，炒起菜来既省时，又省气。另外，要保持厨房很好的通风环境，在燃烧灶具的时候，需要消耗一定的氧气，同时，废气也会排出室外，如果能够保证厨房里有良好的通风环境，便能满足灶具所耗氧的需要，则既能保证灶具的额定负荷，又能避免产生一氧化碳而危害人体。这样做饭的时间也不会延长，相对而言，就会减少煤气的浪费。

18. 及时调整火焰大小可节气

当菜开始要下锅的时候，火要大一些，火焰也要将锅底覆盖，当菜要熟的时候，应将火及时调成小火焰，在盛菜的时候，要将火减小一半，直到做第二道菜的时候，再将火焰调大，这样不但能保持菜的风味，而且还能节约1/4左右的燃气消耗。如果是炖东西、烧汤，可以先用大火将其烧开，然后再将火关小，保持锅里滚开，而又不容易溢出来就行。在做饭的时候，要根据锅的大小来调火的大小，锅底与火焰的面积相平为佳。

19. 选择合适的锅节气

在做饭的时候，锅的大小及种类选择要跟炉眼的大小相匹配，大锅可以用大炉眼，小锅则可以用小炉眼，若锅小而火大的话，只会将燃气热能白白地消耗掉。在炒菜的时候，火焰只要刚好将锅底布满，即可达到最佳烹饪的效果。直径大一些的平底锅比尖底锅要更加省煤气。

20. 避开风口节气

设置煤气灶的时候，应该尽量与风口避开，若仅仅为了贪图方便，而将它安装在门边的话，在使用的时候，煤气会受到流动空气影响，不但会使燃气使用量增大，而且，油烟也会被风吹散，不能集中地吸收，从而，吸油烟机的工作会受到影响。如果火焰被风吹得摇摆不定，可以用一块薄薄的铁皮来做一个"挡风罩"，这样即可保证火力的集中。

21. 防止漏气的技巧

液化气用完后，首先应将气瓶阀门拧紧，然后再将燃气炉关好，如果先关上燃气炉，由于存在气压，瓶里的液化气会往上跑，这样不但会浪费，而且还容易漏气，带来安全隐患。

22. 多用高压锅可节气

如果家里有高压锅，在煮饭、炖肉的时候尽量用它，这样既节气又快，还能使热量的散发减少。炖一锅排骨，用普通锅在煤气灶上炖，得用两三个小时，若用高压锅，只要用20分钟就足够了。

23. 正确烧水可节气

水在越接近沸腾的时候，需要的热量就越大，其消耗的天然气也就会越多，所以，在烧热水来洗用的时候，不要等水烧开后，再将其兑入冷水，这样可以省10%左右的气。用水壶烧水的时候，不宜灌进太满的水，以免水开后溢出。水壶用过一段时间后，要将水垢及时清理掉，烧开水时，火焰宜大，有些人以为小火焰可以节约煤气，其实，烧水时间越长，所散失的热量也就会越多，反而会用更多煤气。

24. 家用电器巧节电

常用家电可采取如下方式节电：

(1) 保证插头与插座接触良好。

(2) 使用空调或取暖设备时关紧门

窗，门窗密封程度越高越省电。室温达到要求后及时切断电源或调至保温档。

（3）冰箱门不频繁打开，取食品最好能一次取出。

（4）电熨斗、电吹风等小电器随用随插电源，用完后立即切断电源。电熨斗可先熨需温度较低的衣物，再熨需要较高温度的衣物。利用切断电源后的余热，再熨一些衣物。

（5）电风扇尽可能使用中、低档风速。风速越高，耗电越多。

25. 电冰箱节电技巧一

电冰箱化霜时，可停机先将冷冻物转入冷藏室，然后将一碗 60℃～70℃的温水放进冷冻室内使冰霜加速融化，再用软布擦净即可。这样化霜可以省电。

26. 电冰箱节电技巧二

（1）对于冷冻室前上方有铝嵌条的电冰箱，可在嵌条内装一块无毒塑料薄膜，薄膜长、宽以分别多出冷冻室门 15 厘米左右为宜。安装好后每次掀开薄膜一角取放食物，就能保持冰箱内低温。

（2）在冷藏室的每个层格前装一块比该格稍大一些的无毒塑料薄膜，可减少冷藏室冷气耗损。

（3）电冰箱内物品不多时，在冷藏室 1～2 格内填充泡沫塑料块，可缩短制冷机工作时间。

27. 电冰箱节电技巧三

（1）调节温控器是电冰箱节电的关键，夏季一般应将其调至"4"或最高处，以免电冰箱频繁启动、增加耗电。

（2）忌将热的食品未冷却就马上放入电冰箱内。

（3）蔬菜、水果等水分较多的食物应先洗净沥干后，再放入电冰箱，以减

少因水分蒸发而加厚霜层的现象。通过缩短除霜时间，可节约电能。

28. 电视机省电法

（1）控制电视机的音量。音量越大耗电越多。

（2）控制电视机的亮度。亮度越大耗电越多，且亮度过大不仅会降低机器正常使用寿命，而且对人的视力也不好。彩电在最亮和最暗时耗电功率相差 60 瓦。

（3）给电视机加盖防尘罩，尽量避免因为夏季机器温度高机体内吸入大量灰尘，从而导致机体漏电，增大耗电。

（4）电视机不用时，最好关闭总电源开关。只用遥控关机，电视机仍会耗电。

29. 洗衣机省电法

（1）先把衣服在液体皂或洗衣粉溶液中浸泡 15～20 分钟，等衣服上的油垢脏物与洗涤剂充分反应后再洗。颜色不同的衣服不要一起洗，先浅后深，才能洗得又快又好，而且省电。

（2）化纤、丝绸织物的质地薄软，四五分钟就可以洗干净，棉、毛织物的质地厚要洗 10 分钟左右。厚薄衣服不要一起洗，否则会延长洗衣机的运转时间。

（3）每次洗的衣服要适量，少了会浪费电，多了不但增加洗涤时间，还会增加电耗。

（4）用水要适量。太多不但会增加波盘的压力，还会增加电耗。太少会增加洗涤时间增加电耗。

（5）要分色洗涤。颜色不同的衣服不要一起洗，分色洗涤会洗得又快又好而且省电。

30. 空调省电技巧

（1）空调使用过程中温度不调得过

低。因为空调所控制的温度调得越低，所耗的电量就越多，一般把室内温度降低或提高6℃～7℃即可。

（2）制冷时定低于室温1℃，制热时定高于室温2℃，均可省电10%以上，且同时人体几乎察觉不到此微小的差别。

（3）设定开机时，设置高冷或高热，以最快达到控制目的；当温度适宜时，改中、低风，以减少能耗、降低噪声。

（4）"通风"开关不要处于常开状态，否则将增加耗电量。

（5）少开门窗以减少房外热量进入，从而利于省电。

（6）安装使用空调的房间，宜使用厚质地的窗帘，以减少凉空气散失。

（7）室内、外机连接管道不超过推荐长度，以增强制冷效果。

（8）空调安装位置宜尽量选择在房间的阴面，以避免阳光直射机身。如不具备这种条件，要给空调室外机加盖遮阳罩。

（9）定期清除空调室外散热片上的灰尘，以保持清洁。散热片上的灰尘会增加耗电量。

31．空调定时关机能省电

分体机一般都有定时开、关机功能，往往在临睡前设定。1～2小时后，微机会将设定温度升高1℃～2℃，压缩机工作时间减少了，耗电也就减少了。

七、 常见物品妙用

（一） 牙膏的妙用

1．去腥味

手上若有腥味，可先用肥皂洗净，再在手上抹少许牙膏揉搓片刻，最后用清水冲净，即可将腥味除去。

2．去茶垢

搪瓷茶杯，日久茶垢沉积表面，很难洗去。只要用细纱布沾一点牙膏擦拭，就能很快除去表面茶垢。

3．去油渍

衣服沾上油迹污渍，可在污渍处涂些牙膏，然后用手抹匀，过几分钟后，再用手轻轻揉搓，如此反复2～3遍，然后清水冲洗，即可除去油污。

4．去墨迹

衣服上不小心沾上墨迹，可挤适量牙膏在墨迹处，用手反复揉搓，再用清水洗净，即可除去墨迹。

5．擦皮鞋

擦皮鞋时，可以抹点牙膏与鞋油混合在一起擦拭，皮鞋将比平常更加光亮。

6．清洁熨斗煳锈

电熨斗时间用长了，在其底部会生出一层煳锈，只要在断电冷却的电熨斗底部抹上少许牙膏，再用干净软布轻轻擦拭，即可将其除去。

7．清洁反光镜

手电筒的反光镜时间长了会变黑，只要用细纱布蘸上一点牙膏轻轻地擦拭，就能使其光亮如新。

8．除划痕

手表蒙面上经常会有划痕，影响平

常的使用，只要取一点牙膏涂在蒙面上，然后用软布反复擦拭，即可除去这些细小的划痕。

9. 去污迹

衣橱镜上若有污迹，只要用软布蘸一点牙膏反复擦拭，就能将其清除干净。

10. 做剃须膏

在男子剃须时牙膏还能代替肥皂。使用时，先用温水沾湿有胡须的部位，再抹上适量的牙膏，使之产生泡沫，待胡须软化后，即可剃去。

11. 研磨刀片

电动剃须刀片长久使用后不像原来那么锋利，可将电池卸下，按相反的极性装上，打开开关，刀片即向相反方向转动。然后挤少许牙膏用手从网罩孔中涂抹到刀片上，研磨 $1 \sim 2$ 分钟，拆下网罩洗净刀片，刀片即能锋利如新。把电池换回，即可使用。

12. 治脚臭

脚趾湿痒和脚臭的患者，日常可挤些牙膏涂抹于患处，便可使症状减轻。

13. 治烫伤

天热下厨，有时难免被热油烫伤，如果被烫面积较小，只要在伤处抹上一层牙膏，就能够消炎止痛、预防感染。

14. 治皮肤溃烂

身上皮肤表面有破损，为防止感染溃烂，可将少量牙膏溶于清水，用来洗涤伤口，洗完吹干后再抹上一薄层牙膏，可使伤口干燥，及早愈合。

15. 治痱子疮痒

小孩子若长了痱子或疮痒，可在洗澡时用牙膏代替肥皂（婴儿和体质较弱者不宜，但可用少许牙膏涂抹患处）。

数次便可使痱子消退，对疮痒也有很好的疗效。

16. 防治蚊子叮咬

在蚊子叮咬处，抹上一层牙膏，便能够止痒。晚上乘凉前，预先抹上一点牙膏的稀液，便可起到驱蚊作用。

17. 治蜜蜂蜇伤

不小心被蜜蜂蜇伤后，可将少许药物牙膏涂抹于伤处，即可以消肿止痛。

18. 去粉刺

若脸上长了粉刺，可将松片研末，与药物牙膏混合在一起，再加少许温水调匀，清洁脸部后抹上，每天 $4 \sim 5$ 次，几天后粉刺就能消退。

19. 治冻疮

冻疮初起，皮肤未破时，在红肿处抹少许牙膏，摩擦便能消肿止痒。

20. 镇痛提神

牙膏中的丁香、薄荷油有镇痛作用，旅途中若头晕、头痛，可取少许药物牙膏抹于太阳穴，便可神清气爽。

（二）　肥皂的妙用

1. 清洗锅底积垢

锅底的煤烟垢特别难洗净，如果在使用之前涂一层肥皂于锅底之上，用后再加以清洗，就可减少锅底煤烟的积垢。

2. 去霉味

如果想防止在盛放衣物等用品的壁橱、抽屉、衣箱里出现难闻的霉气味，只需预先在里面放一块用纸张包好的肥皂即可。

3. 去衣物折痕

储藏衣物时，常常将其折叠，但时

间一长，旧折痕就很难消除，此时可将肥皂涂于旧折痕处，然后铺一张报纸，用熨斗一熨，折痕立即就会消除。

4. 润滑缝衣针

在缝制质料较厚的衣物时，如果先用肥皂润滑一下缝衣针，缝的时候就能省力很多。

5. 柔软绳子

如果新绳太硬不好用，可放入肥皂水中浸泡 5 分钟，绳子就会变得柔软好用。

6. 润滑地面

日常家庭中，要移动大件的家具等重物十分费力，此时可擦 1 层肥皂在其要移动的地面上，这样只要在移动时稍微用一下力，这些重物就很容易被推拉到位。

7. 防止室内返潮

如果室内返潮，可将家具用微温肥皂水擦拭一遍，除去沾附在上面的油脂、汗液等，可减轻返潮的状况。

8. 润滑塑料管套

要将塑料管套套上自行车的把手，或将橡胶护套套上脚踏，都特别费劲。如果事先用肥皂蘸水把手或橡胶护套内涂一下，即可起到润滑作用，套入时较省力。

9. 钉木螺钉

要想将木螺钉旋入硬木，会感觉非常费力。如果事先把木螺钉刮上肥皂，就能够比较省力地旋入了。

10. 清洗油漆

自己动手油漆房间或家具时，手上和准备油漆物件的把手、开关上很容易沾上油漆，一旦沾上便不好清洗，为避免这样的情况发生，可以事先在手上和其他物件上抹上一层肥皂水，即使沾上油漆，也很容易清洗。

11. 清洗涂料刷子

用肥皂水把粉刷过墙壁的刷子浸泡一夜，第 2 天就很容易把刷子洗干净。

12. 增强字迹清晰度

用毛笔在木箱上写字时，如果在墨汁中加少许肥皂水，或者在木箱上要写字的地方抹一层肥皂水，待干后再用毛笔写字，字迹就会清晰明显。

13. 糊壁纸

壁纸时间长了容易因糨糊硬化而剥落，如果在糊壁纸时向糨糊中加一点肥皂，不但很容易糊上，而且不容易剥落。

14. 润滑弹簧门锁

弹簧门锁长时间使用后，锁舌的伸缩不太灵活。只要在锁舌的斜面上抹一些肥皂，就可使锁舌伸缩自如，减少关门时带来的震动。

15. 保护皮肤

在用手剥芋头皮以前，先用肥皂浸水后涂抹双手皮肤的外露部分，再剥芋头皮，可以防止皮肤受刺激，手上就不会感到奇痒难受。

16. 防止脚跟损伤

如果鞋子太紧，在袜子上和脚跟皮肤上都抹上一些肥皂，再轻轻按摩几下，可防止脚跟受到损伤。

17. 治蚊子叮咬

夏天，讨厌的蚊子无处不在，被其叮咬后更是奇痒难忍，只要用肥皂水涂抹叮咬处，待片刻便能止痒。

18. 治疗小儿便秘

周岁以内的婴儿大便秘结造成排便

困难时，要使其顺利排便，简单而有效的方法是将1块指甲大小的肥皂蘸水后，塞入婴儿的肛门，片刻即可顺利排便。

19. 治灼痛

如果有小部分皮肤面积被水、火轻度烫伤烧伤，只需将烫烧伤处浸于肥皂水中，即可减轻烧灼痛感。

20. 用肥皂水催吐

如果成人不小心吃了有毒食物或药物中毒，或是小孩不小心吞服了小的金属物品，情况紧急时，可先灌服一些肥皂水催吐，然后立即送医院急救。具体方法为：取一块纯净的肥皂，将其切成细片，然后用温开水使其溶解，将溶解好的肥皂水用量器分开，成人喝 300 ~ 500 毫升，小孩喝 100 ~ 200 毫升，喝完即可把吞食的东西呕吐出来，或从肛门排泄出来，这样可减轻中毒的程度。

21. 去除猫身上的跳蚤

如果猫的身上出现跳蚤，可用开水溶化约 1/3 块的普通红药皂，然后通过加凉水或其他方法将其冷却，冷却到一定温度后，可把猫放在药皂水中浸泡 10 ~ 15 分钟，再用清水冲洗两三次，待猫毛晾干后死跳蚤便会自然掉下。如果没有完全除尽猫身上的跳蚤，可将上述方法重复几次，便可达到理想的效果。

（三） 醋的妙用

1. 蒸米饭

如果用存放时间较长的大米煮饭或蒸饭时，往里加点醋，蒸出的米饭色香味俱全。

2. 快速发面

用 500 克面粉、50 毫升醋再加上 350 毫升温水的比例来和好面，然后让其醒 10 分钟，再加上 5 克碱面或小苏打，将面使劲地揉，直揉到面无酸味为止，这样蒸出来的馒头既松软又可口。

3. 使黄馒头变白

将 3/4 左右的水从蒸锅里倒掉，然后放入一些食醋，放入量应该相当于锅中所留有的水量的 1/3，然后用文火将其再蒸 15 分钟，这样，馒头不但会变白，吃起来也不会有酸味。若想让面包回软，只要将小半盆温水倒入蒸锅，再放一些醋，然后将面包放进蒸笼，盖严，过一夜，面包就会软了。

4. 煮面条

在煮面条的时候，适量地加入些许醋，不但可以将面条的碱味消除，而且面条会变得白些。

5. 保护蔬菜中维生素

在炒蔬菜的时候可以适当地加点醋，这样可以减少蔬菜中维生素 C 的流失。

6. 去苦瓜苦味

在炒苦瓜的时候，加入少许白糖，再在上面淋少许醋，便可减轻其苦味。

7. 防止茄子变黑

炒茄子的时候适当地加点醋，这样茄子就不容易变黑。

8. 防止土豆变色

应将去完皮的土豆存放在冷水中，然后将少许醋加入水中，这样土豆不易变色。

9. 削芋头防痒

在削芋头之前，先用醋将双手洗一下，削完之后手就不会痒。

10. 腌黄瓜

如果腌出来的黄瓜太咸，可以将其放进醋精里，醋精里放些许洋葱末。将黄瓜泡 3～4 星期，就能减淡其咸味。

11. 补救炒菜过咸

若是菜炒得太咸了，可以放些许醋来补救。

12. 解辣

在炒辣椒时，可以放少许醋一起炒，炒出来的辣椒就没有那么辣了。

13. 化冻

用含醋的水将冻肉浸泡，容易化冻。这种方法也可以使冻鱼化冻。

14. 快速除鳞

在冷水里加少许醋（按 1000 毫升水 10 毫升醋的比例加），然后把鱼放进去泡一会儿，再拿出来刮，就很容易将鱼鳞刮干净。

15. 去除鱼腥味

在烹调鱼的时候，适当地加点醋，可将鱼腥味去除。

16. 去除河鱼泥土腥味

将鱼剖肚洗干净，然后放入冷水中，再加入少量的胡椒粉和醋，最后烧煮，就可以去除泥土腥味。

17. 补救破鱼胆法

如果在杀鱼的时候，不小心将鱼的苦胆弄破了，应马上将青黄色胆液用水冲去，然后在鱼肉上涂抹一些醋，严重的可以将鱼肉切下来放进醋里泡半小时，这样鱼肉就不会有苦味了。

18. 收拾鱼时防滑

收拾鱼的时候，将一些醋涂在鱼的表面，可以防止鱼从手中滑落。

19. 鲜鱼保鲜法

鲜鱼在炎热的夏天比较容易变坏，如果在鱼身上洒一些冲淡的醋水，就可以将鱼肉保鲜，隔日也不会变坏。

20. 做冻鱼

在烧冻鱼的时候，加入少许黄酒或米醋，烧出来的鱼肉不但鲜嫩，而且没有腥味。

21. 做味道鲜美的咸鱼

先将咸鱼放入醋里浸泡一下，再用冷水洗干净，然后烧煮，这样烧的咸鱼味道就会很鲜美。

22. 自制醉蟹法

将 1000 克的雌河蟹用水洗干净，然后放在淡盐水中浸泡两个小时，让蟹将肠胃里的脏物和泥沙吐出来，这样既杀死了细菌，还会使蟹饥渴。两个小时过后，取出来，用清水将蟹刷洗干净，将水沥干。将已炒熟的大约 500 克的食盐和 5 克花椒，分别放入蟹的脐内，然后放在瓷缸里，加入 250 毫升米醋、1000 毫升黄酒和 100 克白糖，再适量地加入一些橘皮和生姜，然后将其盖紧（注意：不要使蟹上漂），浸泡 3 天后，先翻动 1 次，封严盖子，再浸泡 5～7 天，就可以食用了。

23. 泡煮海带

煮海带的时候，可将几滴醋放入锅里，这样海带就会很快变软，而且吃起来鲜嫩味美。

24. 鲜肉保鲜

将干净纱布用醋浸湿，然后将鲜肉包起来，鲜肉可以保鲜 1 昼夜。

25. 焖肉

在焖肉的时候，适量地加点醋，

不但可去除异味，还可以缩短焖肉的时间。

26．煮骨头汤

煮骨头汤的时候，需在水开之后加入少量醋，这样可以使骨头里的钙、磷溶解于汤内，有利于人体吸收利用，汤味也会更加鲜美。

27．烧猪蹄

在烧猪蹄的时候，适量地加点醋，可以溶解猪蹄中的钙、蛋白质、磷，不但使人体容易吸收，而且增加了营养成分。

28．去除猪内脏异味

先用清水将猪肠、猪肚洗干净，再用醋和酒混合起来搓洗，然后放在装有清水的锅中煮沸，再取出来用清水洗干净即可去除异味。

29．猪肝烹前处理

炒猪肝前，先将猪肝用白醋和硼砂腌制一下，炒出来的猪肝就比较爽脆，而且不会渗血水。

30．猪腰烹前处理

在水中加入少许白醋，然后将猪腰放入水中浸泡大概10分钟，这样腰花会发大，没有血水，炒出来的猪腰既鲜嫩又爽口。

31．使牛肉容易煮烂

煮牛肉时如果在牛肉中加些许醋（注：每千克牛肉加1～2汤匙醋），这样牛肉就比较容易煮烂了。

32．使羊肉去膻

把羊肉切成块，放进已烧开的水锅里，然后将些许食醋倒入锅中（通常1千克羊肉需放入50毫升的醋），这样煮的肉就没有膻味了。

33．使鸡肉容易炖熟

在杀鸡前，将1汤匙醋灌入鸡胃，就非常容易将鸡炖熟。

34．快速褪毛

在烧开的水中，加1匙醋，将已杀的家禽放进开水当中，不时地翻动它，过几分钟之后将家禽取出，很容易将毛褪掉。可将头和爪稍微泡久一点。

35．打蛋清

将一小匙醋加入蛋清中，蛋清很快就可以被打得发泡。

36．摊蛋皮

在鸡蛋液里加入少量醋，摊出来的蛋皮不但薄而且牢。

37．煮破壳蛋

若煮蛋的时候将蛋壳煮破了，可往水里加些许醋，蛋白就不会跑出来了。注意：最好在48小时内将破壳的鸡蛋吃掉。

38．做蛋汤

如果鸡蛋不新鲜，放入锅里的水中就很容易散开。若事先将几点醋滴入沸水锅里，再将鸡蛋放入锅中，就能做出漂亮的蛋花。

39．快速腌蛋

先洗净鸡、鸭蛋，再放到醋里洗大约2分钟，然后将洗好的蛋放到盐水中，按这种方法腌，鸡、鸭蛋1周之后就可以食用了。

40．吃咸鸭蛋

将熟咸鸭蛋的蛋皮剥去，然后用筷子将蛋白和蛋黄戳几个洞眼，在少量的米醋中加一些味精，再用温开水将其调匀，然后倒入蛋中，吃起来会别有风味。

41. 毛料服装除亮法

毛料衣服的膝、肘、臂等处会因穿得时间长了而发亮。如果在这些地方抹些食醋，等到快干的时候，再抹一次，然后将干净的布垫上去熨烫，这样就可以把光亮除去。

42. 洗涤缎子

为了避免将缎子损坏，可以在最后漂洗的时候加点醋和1块方糖。

43. 使白色丝绸不易变黄的方法

在漂洗白丝绸的水中加少量白醋，就可以将白色丝绸的本色保持好，可防止变黄。

44. 使衬衣不褪色

最后一次漂洗衬衣的时候，将些许白醋加入水中，洗出来的衣服不但不褪色，而且能保持清洁与光泽。

45. 去除衣服折痕

衣服穿久了会出现折痕或"极光"，可先将毛巾蘸点醋，将衣服擦拭1遍，再将其熨烫，便可除去其折痕或"极光"。

46. 去除红药水渍

如果衣服被溅上红药水，可用白醋洗，再用清水漂洗，就可以去除。

47. 去除水果汁液痕迹

如果衣服上有水果汁液的痕迹，可在痕迹下面垫一块吸水布，再用一块蘸了白醋的棉花团擦拭，即可将痕迹去除。

48. 去除汗臭味

若衣服上有汗臭味，应先将少许食醋喷在衣服上，过一段时间再洗，汗臭味便可消除。

49. 去除衣服上染发剂痕迹

若衣服上沾了黑色染发剂，可先在污处涂些食用米醋，大约10分钟之后，再用肥皂将其清洗1遍，就能很快将污渍洗净，而且不留痕迹。

50. 去除衣服上干油漆

若衣服上沾了干油漆，应先在污处滴几滴洗涤灵和少量醋一起搓，搓完后马上用水清洗（如果还未洗干净，可再重复洗一次），这样就可去除干油漆污渍。

51. 去除衣服上锈迹

先用开水将衣服锈迹浸湿，然后用醋将其涂抹搓揉，过几分钟之后再用开水将其冲洗，锈迹就可去除。

52. 去除油迹

如果衣服沾上了油水，可先在油污处滴少量醋，然后再用水擦洗干净。

53. 去除胶水迹

若衣服上有胶水痕迹，则先在衣服的背面垫上一块吸水布，再将少量白醋涂在胶水痕迹上，然后用棉花团蘸水将其擦洗干净。

55. 去除袜子臭味

洗袜子的时候，在水里滴少量醋，就能去除袜子的臭味。注意，如果洗淡色袜子，就应该快速搓洗，然后马上用清水冲净，否则可能会染色。

56. 使皮鞋光亮

先擦去皮鞋上的灰尘，再往上挤点鞋油，然后在鞋上滴约2～3滴食用醋，最后擦皮鞋，这样，擦出来的皮鞋不但色彩鲜艳，而且保持光洁时间较长。

57. 洗油腻碗

若碗太过油腻，用淘米水洗也洗不干净，如果在淘米水中加1勺醋，就可将碗筷油腻洗去。

58. 使新铁锅煮食物不变黑

先用清水将新铁锅洗一洗，再将水倒掉，将锅放在灶上，用火将其烧得发烫（在 60℃～70℃左右），然后将 200～250 毫升左右的食醋放入锅里，待到锅里发出了"吱吱"的响声时，就用炊帚将锅洗几圈，然后将醋倒掉，再用水将锅清洗一下，这样清洗过的铁锅烧出来的饭菜就会色鲜味美。

59. 除去手上漂白粉的味道

用放了少量醋的水洗手，就可以将漂白粉味除去。

60. 家具变新

用按 4∶1 的比例将水和醋混合而成的溶液来擦拭木质家具，可以使家具的光泽重现。

61. 清洁镜子

先按 2∶1 比例来将水和醋配制好，然后用报纸蘸上醋水将镜子擦拭 1 遍，再用干布擦干，镜子就能光亮如新。

62. 去除室内香烟味

用毛巾蘸上一些用水稀释过的醋溶液，在室内挥舞数下，即可生效。

63. 去冰箱异味

将一些食醋倒入敞口玻璃瓶中，放入冰箱除臭效果非常好。

64. 清洁镀金画框

在棉花团上蘸点醋精，然后小心地将画框擦拭干净，可使已变旧的画框重新放出光彩。

65. 清洁玉石

用蘸了醋的棉花团来擦拭玉石，就可以将玉石清洁干净。

66. 墨字不变色

在研墨的时候或在墨汁中加入几滴醋，写出来的字就很有光泽，而且不容易变色。

67. 除烟垢

通常吸烟的人的牙齿上都会出现烟垢，如果在刷牙的时候在牙膏上滴少量醋，刷完牙后，可将烟垢去除。

68. 除蚂蚁

将一大把薰衣草泡在白醋里，然后将其喷洒在蚂蚁的身上，就很容易将蚂蚁去除。

69. 使花草长得好

醋可以与水中的钙中和，用加了少许醋的水来浇花草，可使花草长得好。

70. 除木制容器中的霉味

先用加了少量醋的热水来刷洗木制容器，然后用肥皂水洗可去除霉味。

71. 除铜器污垢

铜器用的时间长了，其表面就会生成一层脏物，若用醋涂一遍，待干后再将铜器用清水冲洗一遍，就可使其恢复原有的光亮。

72. 除铝制品黑斑

把生了黑斑的铝制品浸泡在加了醋的水中，大约 10 分钟过后，将其取出来清洗一遍，就可光洁如新。

73. 擦塑料器具

用布蘸上醋洗擦，较易将塑料器具上的污垢去除。

74. 除灯泡上的黑灰

厨房里的灯泡很容易被油烟熏黑，如果用蘸了温热食醋的布来擦，就能容易地将其擦干净。

75. 除水泥痕迹

地面上若有水泥痕迹，可先将醋精烧开，然后将其倒在地上，再用刷子用力地刷，就可以将水泥痕迹去除掉。

76. 去除大理石地板污渍

若大理石地板上沾了咖啡水、饮料、尼古丁及水果汁等污渍，可在洗衣粉水中加入几滴醋，然后擦拭，就能将地板擦干净。注意：擦完后一定要用清水将地板冲洗干净。

77. 除厨房地面油污

拖地时，可在拖布上洒些许醋，拖过的地面就会干净如洗。

78. 洗发

用香波洗头发时，可在最后一次漂洗的时候往水里加少量醋，这样头发洗出来就很有光泽。

79. 除头皮屑

用放了少许食醋的温热水来洗头，大约 3～5 天洗 1 次，就能有效地将头皮屑去除。

80. 去身上沥青

手足或身体的其他部位染了沥青，用醋就可以将沥青洗去。

81. 除淋浴喷头上的水垢

首先卸下淋浴喷头，然后将一些米醋倒入一个口径大过喷头的碗或杯子中，将喷头（注意：需将喷水孔朝下）泡在醋里。过几个小时后将其取出，再用清水冲洗一遍即可。

82. 预防晕车

如果在旅途中晕车、船，可以在出发前喝一杯醋开水。

83. 预防流感

在感冒流行期间，可以将门窗关闭，然后将醋倒入小锅放在火上慢熬、蒸熏，这样有消毒作用。

84. 治疗伤风流鼻涕

在最初出现伤风感冒流清鼻涕的时候，用蘸了白醋的棉签轻轻往两个鼻孔里涂抹，只要把鼻孔的各个地方都抹到即可。

85. 解牙痛病

因患龋齿而牙痛，可用 50 毫升陈醋和 700 克花椒一起煎后含漱，就能缓解疼痛。

86. 治鱼刺卡喉

先将醋喝进口里，然后仰起头将醋含在喉咙口，最好不要咽下去，等醋将鱼刺浸泡得软一点，再吞咽饭团，这样鱼刺就容易被冲下去了。

87. 止嗝

按 1：2 的比例将白糖与醋搅拌成糖醋汁，饮后可止嗝。

88. 治手脚裂口

在锅中放入 500 毫升醋，待煮沸 5 分钟后，将其倒在盆里，降温后将手脚放在醋里泡 10 分钟，每天泡 2～3 次，大约半个月就可治愈，而且不会复发。

89. 治脚跟痛

按 1：1 的比例将醋与水混合起来，然后用火将其烧得微热，每天将脚跟浸泡两次。坚持半个月左右就可以见效。

90. 去除轻微的烧烫伤的灼痛

在烧、烫伤的患处涂点醋，就能迅速消除灼痛。

91. 小腿肌肉痉挛

取 250 克左右的粗盐，放进铁锅里爆炒，然后在盐内慢慢地洒入 100 毫升的陈醋，需边炒边洒，全部洒完后还需再炒一会儿，然后用布趁热将盐包好，在小腿痉挛处反复地热敷。

92. 跌打损伤

在患处敷上用醋调好的茶叶末，每日敷 3 次，每次敷 15 分钟。

93. 催眠

临睡前，若喝半杯加了些许醋的温开水，可起到催眠作用。

94. 治落枕

将适量的米醋烧热，然后用浸了醋的毛巾温敷于落枕处即可。

95. 治蚊虫叮咬

将一点醋涂在被蚊虫叮咬的地方，就可以消肿止痒。

96. 消除疲劳

将少量醋加入洗澡水中，洗完澡后就会感觉身体舒适，肌肉轻松，可以消除疲劳。

97. 降血压

将带有红衣的花生米，放在醋中密封起来，浸泡 7 天，每天晚上临睡前吃 2～4 粒，可以降低血压。

98. 降胆固醇

将适量冰糖加入醋里，每天饭后喝 1 汤匙醋，就能降低胆固醇和血压。

（四） 香油的妙用

1. 治咳嗽

患有肺气肿、气管炎的人，若能在临睡之前喝一口香油，在第二天早上起床之后再喝一口，当天就能明显减少咳嗽。如果天天喝，咳嗽就能慢慢治好。

2. 让嗓子圆润清亮

香油可以增加声带的弹性，能使声门灵活有力地一张一合，对翻译、演员、老师、演说家的声音嘶哑、慢性喉炎、声带疲劳等都有比较好的恢复作用。

登台之前先喝口香油，可使嗓音变得更加圆润清亮，而且能够增加音波的频率，可使发声省力，延长在舞台上的耐受时间。

3. 预防口腔疾病

每天服用些香油，可使患有口臭、牙周炎、牙龈出血、扁桃体炎等口腔疾病的患者减轻症状。

4. 导出误食的异物

香油是一种食道黏膜的理想保护剂，若大人或小孩吞下了枣核、鱼刺、鸡骨等异物，喝口香油便能使异物顺畅地滑过食道，防止喉咙受到损伤。

5. 误服强碱的自救法

若误服了滚烫或强碱的食物后，最及时有效的自救法是马上喝口香油。

6. 抽烟喝酒者宜常喝香油

抽烟或喝酒的人，若经常喝些香油，可减轻香烟对口腔黏膜、牙龈、牙齿的直接损害，还可以去除口中的难闻气味，减少形成肺部烟斑，还可以部分地阻滞人体对尼古丁的吸收，让其黏附于香油层中，然后随痰液排出体外。喜欢喝烈性酒者经常喝点香油，也可以保护食道、肠、胃部黏膜。

（五） 茶叶的妙用

1. 除鱼腥味

将泡过的茶叶晒干，然后将其装在一个纱布袋内，放入冰箱中，可吸收肉、鱼所散发出来的难闻的腥味。

2. 干残茶叶可做火种

将揉碎后的干残茶叶储存起来，冬

天可将其放在火炉里当作火种，火力耐久。

3. 除衣物异味

将揉碎后的干残茶叶储存起来，用纱布包放在鞋箱、衣柜中，即可消除异味。

4. 做保健枕头

将残余的茶叶晒干后，装入已做好的枕套中，即可做成非常柔软的枕头。此枕头可去火，对失眠者和高血压患者皆有辅助作用。注意：茶叶容易受潮，应经常晾晒。

5. 用茶水易将用品擦净擦亮

用废茶叶容易将盘碗、家具、油锅、面盆等洗擦干净、明亮，用茶叶水在刚刚涂了油漆的家具上轻轻地擦拭一遍，家具就会变得更加光亮而且不容易脱漆。

6. 茶叶可驱蚊虫

将冲泡过的废茶叶晒干，在夏季的黄昏，用火将茶叶点燃，就可以驱蚊虫，不但对人体无害，还会散发出淡淡的清香。

7. 除厕臭味

把残茶叶晒干后，放到厕所或沟渠里燃熏，可消除厕所恶臭，使空气保持清新，并具有驱除蚊蝇的功效。

8. 用残茶叶绿化植物

将残茶叶浸泡在水中数天后，可给植物浇水，促进植物生长。

（六） 砂糖的妙用

1. 可除异味

在冰箱里放些砂糖，可将冰箱里的腥臭等异味去除。

2. 除栗子涩皮法

用砂糖水将栗子浸泡一夜，然后上火煮，涩皮就可以去除干净。

3. 可增加丝绸物的光泽

在漂洗丝绸物的时候，在最后一次漂洗的水里放入些许砂糖，就可以让丝织物增加光泽。

4. 制吸湿剂

将砂糖放入锅里炒一炒，然后装入纸袋，就可以当吸湿剂来使用。

5. 延长花期

为花换水的时候，往花瓶里加一匙糖，可增长花开的时间。

6. 去伤痕

用砂糖擦在受伤处和肿包处，可以消肿治伤。

7. 治便秘

喝少量糖水对治疗轻度膀胱炎和便秘有一定的疗效。

（七）盐的妙用

1. 甜食里加点盐味道变甘美

做甜食的时候，加入些许食盐（其用量大约占糖用量的 1％），做出的食品味道会很甘美。

2. 用盐蒸炸食品松软可口

蒸馒头的时候，用盐水来和面，蒸出来的馒头就会特别松软好吃。因为少许的食盐可以加快酵母菌发酵，产生了更多二氧化碳。制作一些面类食品（如炸排叉的时候），在面中加入少量盐，炸出来的食品酥脆香甜。

3. 用盐除异味

如果剩饭有异味，在热饭的时候往饭内加入少量的食盐，便可将饭中的异味去除。通常豆腐皮、豆腐干等豆制食品中含有豆腥味，放入盐开水中浸泡，便可将豆腥味去除，而且可使豆制品色白质韧。

4. 杀菌消毒

将蔬菜或水果浸泡在盐水里，可将蔬菜和水果上大部分的细菌杀死。

5. 洗去鱼肚内的污物

用淡盐水将活鱼养几天，使其将肚内污物吐尽，再用来做菜。这样炒熟后的鱼不会有土腥味。

6. 使海蜇皮不风干

发好的海蜇皮如果没有及时吃完，就很容易风干，可将其泡在盐水里，这样就能防止风干。

7. 解冻食物

用淡盐水将冰冻的鸡、肉、鱼解冻，不但能快速解冻，而且炒出来的菜会更加鲜嫩美味。

8. 使禽毛易拔

宰鸡、鹅的时候，可将少量盐加入烫毛的水内，这样既易拔净禽毛，还能防止将皮烫破。

9. 防掉色及去血污

用盐水将有色衣服浸泡一下再洗，可以防止掉色。用细盐轻轻地揉搓衣服上的血渍，再用清水漂洗一遍，便可将血渍去干净。

10. 用盐水煮新餐具不易破裂

可先将新买的碗、杯放入盐水中煮一下，碗、杯就不那么容易破裂了。

（八） 碱的妙用

1. 去除器皿焦痕

用瓷器皿来加热食品的时候，温度过高，会附着上食物变黑的痕迹，此时，可放些碱水在器皿里加热，碱水要没过焦痕，浸泡一段时间以后再刷洗，即可去除焦痕。

2. 清洗油腻餐具

用热水将食碱泡开后，再加入少量的温水，可用来清洗油腻比较厚重的餐具。

（九）花椒的妙用

1. 调味

花椒能够芳香通窍，是烹调中的主要调味品。

炒芹菜、白菜时，放入几粒花椒，待将其炸至变黑的时候捞出，留油炒菜，炒出来的菜香气扑鼻。

煮蒸禽肉的时候，放入花椒、大料，菜肴便能美味可口。

将花椒放在手勺内，烤至金黄色，然后将其放在案板上，与精盐一起擀为细面，可在吃香酥鸡、炸丸子、香酥羊肉、干炸里脊等的时候蘸食。

腌制萝卜丝、大芥丝、咸菜时放入适量花椒，味道更佳。

2. 防沸油外溢

用油炸食物的时候，放入几粒花椒，就可以使沸油消下去。

3. 防止呢绒料蛀虫

呢绒料的衣物容易被虫蛀，只要在衣物上洒少量花椒水，然后用熨斗熨平，就可防止虫蛀。或者将包了鲜花椒的纱布包放在衣箱内，也有防蛀虫的效果。

4. 防橱内蚂蚁法

如果厨房里有蚂蚁，可在橱柜内放上数十粒鲜花椒，就能有效地防止蚂蚁。

5. 驱虫出耳

如果有虫子进到耳中，可将少许浸过花椒的油滴入耳内，虫会自动出来。

（十） 啤酒的妙用

1. 做凉拌菜

通常做凉拌菜的时候，都会先将菜用开水焯一下，可用啤酒代替开水将蔬菜煮一下，待酒一沸腾即可。等到蔬菜冷却即可食用，这样做出来的菜更加鲜美可口。

2. 煮沙丁鱼

在做沙丁鱼之前，可先用盐将沙丁鱼腌渍一下，然后放在啤酒中煮半分钟，这样可将沙丁鱼的臭味去除。

3. 煮鸡翅

在做烧煮鸡翅时，最好不要用水煮，应改用啤酒煮，这样可增加鸡翅的鲜美味道。

4. 煮牛肉

在炖煮牛肉时，最好用啤酒代水来煮，经过啤酒煮过的牛肉，不但肉质鲜美，而且味道香醇。

5. 炒肉片

炒肉丝或肉片时，将淀粉和啤酒一起调成糯糊状，炒出来的肉片风味尤佳。

6. 清蒸鸡

做清蒸鸡时，如果将鸡肉用20%～25%左右浓度的啤酒溶液腌渍15分钟，然后将其取出放入蒸锅中蒸熟，鸡的味道就会格外嫩滑可口。

7. 清炖鱼

啤酒还可以用来炖鱼，在炖制的过程中，啤酒能和鱼产生一种酶化反应，可使鱼汤香味更浓。

8. 烤面饼

烤制小薄面饼的时候，可将适量啤酒掺入面粉中，这样烤出的饼又香又脆。

9. 烤面包

在揉面团的时候，最好不要放牛奶，而用与牛奶等量的啤酒替代，这样面包不但容易烤制，而且烤出来还有一种与肉相同的味道。

10. 去肉腥味

用胡椒、盐和啤酒配制好的溶液，将宰好的鸡或其他肉类浸泡1～2个小时，即可将其腥味去掉。

11. 去鱼或肉腻味

在烹调肉或鱼时，在菜中加一杯啤酒，可以将油腻的味道去掉，使鱼、肉更爽口。

12. 去鱼腥味

清蒸腥味较重的鱼类菜时，可先将鱼放入啤酒中腌浸大约10～15分钟，然后取出放入蒸锅中蒸熟，这样既能大减腥味，吃起来又鲜嫩味美。

（十一） 玉米的妙用

1. 治黄疸

将60克玉米须煎成汤，饮后可治黄疸。注意：在用这种简易疗法的同时，患者还应到医院去诊治，以免延误了对重症患者的治疗。

2. 治产后虚汗

选取100克玉米的干茎内芯，将其煎成汤，稍加作料，服后可治产后虚汗。

3. 治高血压

选用 100 克玉米须煎水 3 碗，每天分 3 次服用，有助治高血压。

4. 治吐血红崩

用 15～30 克玉米须同 120 克瘦肉一起炖，服食后可治吐血及红崩。注意：在采用这种简易疗法的同时，患者还应到医院去诊治，以免延误了对重症患者的治疗。

5. 治肾病

将玉米 20 粒，玉米须 6 克，蛇蜕 1 条，蝉衣 3 个，水煎服，有助于治疗肾病。

6. 治疟疾肠炎

将 90 克玉米棒火烧，加入 60 克黄柏粉，一同研成细末，再用温开水送服，每天 3 次，每次服用 3 克，便可治疟疾、肠炎。注意：在采用这种简易疗法的同时，患者还应到医院去诊治，以免延误了对重症患者的治疗。

（十二）小麦的妙用

1. 治黄疸

选取适量的小麦苗，捣烂后取汁，每天 3 次，每次用热水冲服，可治黄疸。注意：在采用这种简易疗法的同时，患者还应到医院去诊治，以免延误对重症患者的治疗。

2. 止咳

将少许的小麦芽和蜂蜜调匀，然后贴于背心部位，便可治久咳不止。

3. 治失眠

将合欢花、黑豆（布包）各 30 克和 45 克小麦（布包）煎成约 200 毫升的汤，然后饮汤吃麦和黑豆，可治失眠。也可将 60 克小麦（去壳），15 个大枣，30 克

甘草，加 4 碗水煎成 1 碗，早晚服用两次，便可治睡眠不稳或失眠。

4. 治多汗

选取 30 克小麦，10 个红枣，15 克龙眼肉，加水煮熟，连汤带渣一次吃完，便可治白天多汗。

5. 治鹅掌风

如果手患了鹅掌风，要先戴上手套，再用米酒将麦粒炒热，然后隔着手套来烫手部，坚持用此法治疗，手疾便可痊愈。

（十三）花生的妙用

1. 清痰止咳

选取若干鲜花生，将其剥皮后晾干，每天生食 80～100 克，便可治疗咳嗽痰多。

2. 治贫血

取 20 克鲜花生仁，把红衣剥下，用其冲水，每日分两次冲服，长期坚持，便可治贫血。

3. 治过敏性紫癜

将 6 粒生花生米、4 个熟大枣一起捣成泥状，每天 1 剂，分 4 次服用，用枣汤送下，便能治过敏性紫癜。

4. 治神经衰弱

取 250 克鲜花生叶，将其用水煎，代茶饮用，长期坚持，能治神经衰弱。

5. 治白带

将 120 克花生仁、1 克冰片一起捣成泥状，分两天服用，每天早晨空腹的时候用开水送下，可治疗白带。

6. 治失声

选取适量新鲜花生，将其去皮后，用热水炖服，便可有效地治疗嘶哑、失声。

（十四） 芝麻的妙用

1．治蛔虫

将 90～150 克芝麻秸，30 克葱白，15 克乌梅，用水煎，每天空腹服两次，连续服 3 次，可治蛔虫病。

2．治干咳无痰

将 120 克芝麻、30 克冰糖一起捣烂，每日两次，每次用开水冲服 15～30 克，能治干咳无痰。

3．治风湿性关节炎

选取 30 克芝麻叶，用水煎，服后能治慢性的风湿性关节炎，坚持服用，可预防复发。

4．治肾虚便秘

将 60 克黑芝麻、15 克杏仁、60 克大米浸水之后捣烂成糊，再将其煮熟加糖吃，可治肾虚、便秘、大便干硬等症。

5．治大便干硬

将核桃肉、黑芝麻各 30 克一起捣烂，用开水冲服，可治肾虚便秘、大便干硬。

6．治头昏

将 15 克鲜芝麻叶用开水冲泡，代茶饮，便可治夏季受暑口渴、头昏、小便少。

7．治白发

将等份的黑芝麻与何首乌一起研制成丸，每天 2～3 次，每次服 6 克，饭后用温水送下，可治过早白发、发枯发落等症。

8．治产后少乳

用少许盐与 15 克芝麻一同煎炒，然后研成细粉，每天服用 1 剂，坚持服用，可治产后少乳。

9．治癣痒

选取适量的鲜芝麻根，将其煎汤，然后用汤来熏洗患处，可治癣痒。

10．治乳疮

将芝麻炒焦，和面一起研，用清油调和，敷在患处，便可治乳疮。

11．治冻疮

夏季的时候，选取几朵新鲜的芝麻花，将其放在手掌内揉搓至烂，然后将其涂擦在生过冻疮的部位，直至擦干。这样反复地擦几次，到了冬天，该部位就不会再生冻疮了。

（十五） 红薯的妙用

1．治湿热黄疸

将适量新鲜的红薯煮来吃，可治湿热黄疸。注意：在用这种简易疗法的同时，患者还应到医院去诊治，以免耽误治疗。

2．治便秘

用油、盐将 250 克红薯叶炒熟，1 次吃完，1 天吃两次，可治便秘。也可将适量红薯叶捣烂，与少许红糖调和，贴于腹脐，可治便秘。

3．解暑消渴

选用 100 克红薯藤，将其煎水，1 次饮完，可解暑消渴。

4．治淋浊遗精

取 200 克红薯粉，将其用温水调服，每天早晚各 1 次，可治淋浊、遗精。

5．治夜盲

选取 90～120 克红薯叶，将其煎水服用，可治小儿夜盲。

6. 除水垢

用锅或茶壶煮红薯，煮熟之后将红薯捞出，将余水留在茶壶里 8～10 小时，壶里面的水垢就会逐渐清解干净。

（十六） 绿豆的妙用

1. 预防萎口

将适量绿豆、6 克紫草、3 克甘草煎水服用，连续服一星期，可预防萎口。

2. 治口腮病

用 120 克绿豆、60 克黄豆，加入水将豆煮烂，加入红糖 90 克一起调和，可治两腮红肿热痛、痄腮。

3. 治肠炎

将绿豆粉浸泡在猪胆汁中，每次服用 1 克，每天服 3 次，用温开水送下，可治消化不良、肠炎等病疾。注意：在用这种简易疗法的同时，患者还应到医院去诊治，以免延误了对重症患者的治疗。

4. 治疟疾

将 3 粒绿豆、3 粒胡椒、1 粒巴豆用布包好，然后用锤子将其捶细，加入 2 枚枣肉，捣成泥状，贴于脐眼上，便可止疟疾。注意：在采用这种简易疗法的同时，患者还应到医院去诊治，以免延误了对重症患者的治疗。

5. 治高血压头痛

在猪苦胆内装入绿豆，阴干后，将其研为细末，每日服两次，每次服用 4.5～6 克，可治因肝火上升而引起的高血压、头痛等症。

6. 治头晕头痛

在一节鲜藕内装满绿豆，放入锅中蒸熟，若经常服用，可治疗因肝经隐痛而引起的鼻塞、头晕、头痛。

7. 治热泻

将 60 克绿豆和 30 克车前子煎水，分两次温服，能治粪便臭秽、热泻、肛门灼热。

8. 治中暑

将 120 克绿豆放入锅中，再加一大碗清水，将绿豆煮熟，然后将绿豆捞出来，放入 8 朵丝瓜花煮沸，待降温后服用，可治中暑。

9. 解毒

将适量绿豆和 60 克生粉甘草煎水服用，可解百毒。另也可将适量生绿豆粉，冲 1 茶杯凉水服，能解误食毒药而中的毒。注意：在采用这种简易疗法的同时，患者还应到医院去诊治，以免延误了对重症患者的治疗。

10. 止泻

将 1 只鸡蛋的蛋清和绿豆粉一起调匀，若小儿呕吐不止，可敷一两个晚上，若泻不止，可敷于脐上一晚。

11. 治烫伤

将 30 克绿豆粉与适量鸡蛋清调匀，涂抹于烫伤处，能消炎止痛。

12. 治跌打损伤

将 30 克绿豆粉与醋搅拌均匀，用其涂于患处，可治疗轻微的跌打损伤。

13. 去霉斑

若衣物上出现了霉斑，可在洗衣服的时候，用绿豆芽来搓洗，便可将霉斑除去。

（十七） 橘皮的妙用

1. 做凉拌菜

用清水将橘皮浸泡一昼夜，再捞出

来将水挤干，放入开水中煮大约 30 分钟，捞出后将其剪成 1 厘米长短的方块，然后加入食盐（其比例为 100 克湿橘皮应加 4 克食盐），将橘皮再煮大约 30 分钟后捞出，在上面撒些许甘草粉，晾干之后便可食用。

2.做馅料

将橘皮切成小丁，然后放入白糖水或蜂蜜中浸泡两星期，便可作为汤团、糕饼、糖包子的馅料，做出来的食品风味独特、清香可口。

3.做蜜饯

将适量鲜橘皮，分切成段后，浸泡在比例相当的蜂蜜中，即可做成上等的蜜饯。

4.做白糖丝

用清水将鲜橘皮浸泡 2 天，然后捞出来切丝，用白糖腌半个月，便成了一种可口的甜食。

5.做橘皮酱

将干橘皮放在清水里浸泡 24 个小时，再捞出来将水分挤去，然后放进开水中煮大约 30 分钟，捞出后将水沥干，将其捣烂成糊状，再加入适量白糖拌匀，待冷却后便成橘皮酱。

6.做香料

将洗干净的橘皮用糖水浸泡 1 星期，然后将橘皮和糖水一起放入锅中熬煮，待冷却后便可以长时间保存，可成为制作糕点的一种香料。

7.增添糕点香味

将橘皮切成细丝后晒干，然后密封贮藏备用，待蒸馒头、做清茶或糕点的时候，可放上一些橘皮丝，既能增添茶点的香味，又可增加其鲜艳的色泽。

8.做橘皮酒

将橘皮洗干净，放在白酒中浸泡大约 20 天，便可制成橘皮酒，此酒不但味醇爽口，而且对清肺化痰有显著的功效。

9.做汤增味

炖排骨汤或肉汤的时候，放一两片橘皮，不仅使汤更加鲜美，而且吃起来没有油腻感。

10.做橘味鱼片

将烘干的橘皮磨成细粉后密封贮藏。在炒鳝鱼片或其他鱼片的时候，加入适量的橘粉，便能炒出美味的橘味鱼片。

11.去除羊肉膻味

煮羊肉的时候，可以放适量橘皮一起煮，可将羊肉的膻味去除。

12.清洁煤油渍

若衣服沾有煤油，可在油污之处擦抹橘皮，然后用清水漂洗，这样便可去掉衣物上的煤油味和煤油渍。

13.去瓷器油污

用蘸了盐的橘皮来擦拭沾在瓷器上面的油污，效果特别好。

14.清洁室内空气

将几块橘皮放在室内炉火旁，能使满室生香，令人神清气爽。

15.灭菌防腐去油腻

橘皮煎煮或浸泡之后所滤出来的橘皮水，有灭菌防腐和去油腻的作用，可用来喷洒墙角、阴沟处或用来洗涤油腻器皿。

16.驱除蚊蝇

在室内将晒干的橘子皮点燃，可替代蚊香，不但可驱除蚊蝇，而且能将室内异味清除。

17. 做花肥

将烂橘皮收集起来，可当作盆栽花的肥料使用，其效果好且无异味，能让花卉长得更好。

18. 去肥臭味

如果将发酵的腐质液当作肥料施于室内的花卉中，便会散发出一股难闻的气味，如果将橘子皮放在肥料液中，就可以将肥臭味消除。

19. 治口臭

每天坚持用 30 克橘皮煎水代茶饮，可治口臭。

20. 防止睡觉咬牙

在睡前 10 分钟，将一块橘皮含在口中再入睡（最好别将橘皮吐出，待感到不舒服的时候再吐出），便可防止睡觉咬牙。

21. 用橘皮水护发

用橘皮煎成的水洗头，能使头发光滑柔软，而且容易梳理。

22. 滋润皮肤

在脸盆或浴盆中放入少许橘皮，然后倒入热水浸泡，便能发出阵阵的清香，用其洗脸或浴身，不仅能滋润皮肤，还能防止皮肤粗糙。

23. 解煤气

将适量橘皮风干，堆放在煤火周围，即可消除煤火中释放的一氧化碳。

（十八） 苹果的妙用

1. 给土豆保鲜

把土豆放在纸箱里，同时放几个青苹果，再将纸箱盖好，放到阴凉处。苹果能散发乙烯气体，将土豆与苹果放在一起，能保持土豆新鲜不烂。

2. 去柿子涩味

将柿子和苹果一起装进一个封闭的容器中，5 ~ 7 天后，就能将柿子的涩味除去。

3. 催熟香蕉

将还没熟的香蕉和等数的苹果一起装进塑料口袋里，然后将口袋扎紧，几个小时之后，绿香蕉很快就会被催熟成黄色。

4. 清洁铝锅

铝锅用久了，锅里面就会变黑。如果在锅中放入新鲜的苹果皮，再加入适量的水，然后煮沸15分钟，再用清水冲洗一遍，铝锅便能变得光亮如新。

5. 防治老年病

每天吃一个苹果，需连皮吃下，对于关节炎、动脉硬化等一些老年病症有一定的疗效。也可治疗中老年人便秘。

（十九） 梨的妙用

1. 防治口腔疾病

日常多吃些生梨可防治咽喉肿痛和口舌生疮。

2. 消痰止咳

在生梨上戳出 5 个小孔，在每个孔内塞进 1 粒花椒，然后隔水蒸熟，待冷却之后去掉花椒，饮汁食梨，便可消痰、止咳、定喘。

3. 生津润喉

将生梨取汁，再加入适量蜂蜜一起熬制成膏，用温开水调服，每日1次，每次服1匙，有生津润喉的功效。

4. 治烫伤

不小心被烫伤后，可切几片生梨，

贴于烫伤处,便可收敛止痛。

5. 治反胃

取1个梨,再把15粒丁香放入梨内,然后将梨焖熟之后食用,便可治反胃和呕吐。

6. 治感冒咳嗽

将一个梨连皮切碎,再加入适量的冰糖煎水,饮汁食梨,可治感冒、咳嗽等症。

7. 治小儿风热

将生梨切碎煎水取汁,然后加入适量粳米熬粥吃,可治小儿风热。

(二十) 萝卜的妙用

1. 去肉腥味

炖羊肉或牛肉时,在锅里放入1个扎了一些孔的萝卜,煮一段时间后捞出,炖出来的牛、羊肉就不会有膻味了。

2. 去哈喇味

在煮咸肉的时候,将1个白萝卜放入锅里同煮,即可将哈喇味除去。

3. 去污渍

衣服沾上血渍、奶渍,可将胡萝卜研碎后拌些许盐,然后涂在衣服污处揉搓,再用清水洗净,便可将血渍、奶渍去除。

4. 去羊皮垢

若白羊皮的衣物被弄脏了,可用白萝卜将羊皮擦遍,待将羊毛污迹完全擦去后晾干即可。

5. 清洁油灰

日常油灰很容易沾手。只要在操作之前用胡萝卜皮将手擦一遍,油灰就不会那么容易沾在手上了。

6. 治假性近视

选取2~3个新鲜的胡萝卜,将其去皮后洗净,捣烂取汁,每天饮汁200毫升,坚持饮服,可治假性近视。

7. 治夜盲症

每次取3根胡萝卜,将其洗干净后切碎煎水饮服或生吃,长期服用,可防治夜盲症。

8. 美白肌肤

将1汤匙蜂蜜加入已被捣碎的胡萝卜中,然后用纱布将其包起来,轻轻拍打脸部,直到没有水分为止,过大约5分钟之后再将脸洗干净,坚持每日做1次,待一个月之后,面部便会显得白嫩细腻。也可把白萝卜的皮捣烂后取汁,再加入等量的开水,用此来洗脸,可美白肌肤。

9. 抗疲劳

当肩部疲劳的时候,可将几片萝卜片贴在患处,即可有助于肩部肌肉活动的恢复。

10. 止咳化痰

将红皮辣萝卜洗干净,不可去皮,将其切成薄片,放入碗中,然后在上面放2~3匙饴糖,搁置一夜,就能溶成萝卜糖水,常饮服,可止咳化痰。

11. 治百日咳

将120克胡萝卜、10个红枣和3碗水一起煎至1碗,随意饮服,连服十多次,可治小儿百日咳。

12. 防治喉痛、流感

选取白萝卜若干,洗干净后,切丝凉拌或生吃,长期坚持,可防治喉痛、流感。

13. 治支气管炎

将白萝卜、猪肺各1个，切块放入锅中，再加9克杏仁一同炖至烂熟，饮汤食肺，对支气管炎有一定的疗效。

14. 治砂肺

每日食用大量的鲜萝卜，食用方法自便，若能坚持半年，可治砂肺。

15. 治高血压

取新鲜萝卜汁适量，每日两次，每次饮一小酒杯，长期饮服，可治高血压。

16. 治头痛

将生白萝卜捣汁，再让患者仰卧，然后把萝卜汁灌进患者的鼻孔中，能治头痛。若是左侧头痛，则灌右鼻孔，如果是右侧头痛，则灌左鼻孔，若加入少许冰片效果会更好。

17. 治头晕

将生姜、大葱、白萝卜各30克一起捣成泥状，敷在额部，每日敷1次，每次30分钟左右，可治老年头晕。

18. 治脚汗

用煮白萝卜的水来熏洗双脚，每两天一次，长期坚持，可防止脚出汗。

19. 除脚臭

选一个100克的萝卜，用刀在上面切几道口，再放到约2500克的水里煮沸5分钟，然后将煮过萝卜的水倒在盆里，待降温后将双脚放进水里浸泡到水温变凉，每日早晚各1次，只需连续坚持4～5天，便能去除脚臭。

20. 治消化不良

将250克带皮胡萝卜加3克盐放入锅中，然后加水煮烂后去渣取汁，每日分3杯服完，连续服用两天，对治疗小儿消化不良有一定的功效。

21. 治慢性溃疡

每次将适量的胡萝卜煮熟捣烂后敷于患处，可治疗慢性溃疡。

22. 治肠梗阻

将1500克红皮萝卜切片，加入2500克水煮1个小时，然后将萝卜取出，放入少量芒硝，再将其熬成1碗汤，顿服，能治肠梗阻。注意：在用这种简易疗法的同时，患者还应及时到医院去诊治。

23. 治暗疮

取1500克红皮萝卜、9克雄黄末、少许樟脑以及适量油备用。首先用文火将油中的萝卜烧化后，再用罗筛过滤，然后熬至滴水成珠的状态，加入樟脑、雄黄搅匀，摊在布上贴于患处，每日换1次药，即可治疗暗疮。

24. 治冻疮

先将萝卜切成厚片，入锅同水煮熟，然后敷于患处，凉后再换，即可治疗未破的冻疮。

25. 治水痘

将90克胡萝卜缨和60克芫花同煎水，代茶饮能治水痘。

26. 解煤气中毒

取一个新鲜的白萝卜，捣碎后取汁100克，一次服下，能治煤气中毒。注意：在用这种简易疗法的同时，患者还应及时去医院诊治。

27. 解酒

取白萝卜500克洗干净，捣烂后取汁，一次喝完，便可解酒。也可将萝卜和白菜心切成细丝，再加少量的醋、糖拌匀，即可有清凉解酒之效。

28．抑制烟瘾

将白萝卜洗干净后切成细丝，然后挤去汁液，再加入适量的白糖，每天清晨吃上一小碟，便能抑制烟瘾，若坚持下去还能戒烟。

（二十一）　韭菜的妙用

1．驱耳虫

如果虫子爬进耳朵，将葱根和韭菜一起捣烂取汁，然后将汁滴入耳中，就会让虫子自己退出来。

2．治鼻出血

若鼻出血，可将韭菜、葱根和葱一起捣烂之后塞入鼻孔，需换用数次。就能将鼻血止住。注意：在采用这种简易疗法的同时，患者还应及时到医院去诊治。

3．止嗝

久嗝不止者，可将韭菜捣碎后取汁服下，或者生吃适量的韭菜，便可止嗝。

4．治牙痛

将少许韭菜籽晒干，用来当作烟叶吸熏，即可有效治疗牙痛。

5．治误吞异物

将适量的韭菜洗干净，不用切断，再用开水氽熟，拌些麻油吃下，能治误吞异物。注意：在用这种简易疗法的同时，患者还应到医院去诊治。

6．治风寒腹痛

将500克带根韭菜和30克红糖放入开水中浸泡之后饮服，可治风寒腹痛。

7．消炎止痛

将300克鲜韭菜捣烂后加入50毫升米酒调匀，再取汁将痛处擦至发热，然后将渣敷于患处，对消炎止痛有一定的效果。

8．止痒

外痒患者，只要坚持每天晚上用韭菜煎水洗痒处，便能使患部收敛、痊愈。

9．治蛲虫

用适量韭菜煎汤，每天晚上临睡前用来熏洗肛门，便可治蛲虫。

10．治脚气

将韭菜100克捣成糊状，放进盆中，然后在盆里倒入半盆开水，将其盖严，待水温稍降之后，就可用来泡脚，浸泡时间最好是半小时，若坚持每天早晚各泡1次，几天后，脚气便会好转。

（二十二）　土豆的妙用

1．调味

若汤太咸，可将几块土豆放入锅中一起煮，待煮熟之后立即将土豆捞起，汤味就会减淡。

2．快速炒猪肉

炒猪肉的时候，将几块土豆放在锅里，就可使猪肉熟得快。

3．防面包变干发霉

如果将面包放在一个容器中，将盖子敞开易干硬，盖上盖子又会发霉。可将一块生土豆放在有面包的容器底部，再盖上盖子，面包就不容易变干、发霉。

4．去锅锈味

使用新铁锅会闻到锈味，若在使用之前，将一些土豆放入锅里煮一会儿，然后将水和土豆倒出后洗干净，就可以将铁锈味除去。

5．去油异味

如果油放久了，可能会发出一种难

闻的味道。如果将几块土豆放进油里炸，就能将油的难闻气味去除。

6. 去水垢

水壶或锅底里积了水垢，只需在水壶里或锅里放一些土豆皮煮一下，水垢便可以除掉。

7. 防止油灰沾手

油灰比较容易沾在手上，且不易洗净。将手用土豆片擦过后，油灰就不会沾手了。

8. 取碎灯泡

如果不小心把白炽灯泡打碎了，而灯头支在灯座上很难取下来，可先切断电源，再用一个大土豆塞进留有碎灯头的灯座当中进行旋转，就可将灯头旋出。

9. 灭蟑螂

将土豆去皮后煮熟捣烂，再加入等量的硼酸，将其制成小颗的丸子，然后在蟑螂经常出现的地方撒上此种丸子，只需半个月，便可将蟑螂杀灭。

10. 治皮肤病

将土豆去皮后切成小块，捣成泥状后敷于患处，然后盖上纱布，再用绷带扎好。每日更换 2～4 次，可治皮肤病。

（二十三） 芹菜的妙用

1. 给面包保鲜

将新鲜的面包装进一个无毒的塑料袋中，可同时将 1～2 根芹菜装进去，再将口扎住，面包在 2～3 日内都可以保持新鲜。

2. 给肉汤增鲜

将芹菜叶子洗干净，放进冰箱里冷冻。待煮肉汤的时候取出芹菜叶放入汤中，便能使汤的味道更加清香鲜美。

3. 防治中风

将新鲜芹菜洗干净，再将水晾干，挤压取汁，每日只需饮半杯，便可防治中风。注意：如果患者已经出现了中风症状，则应立即将其送往医院诊治。

4. 治失眠

用适量芹菜根煎水服，坚持每日服用，可治因神经官能症而引起的失眠。

5. 治高血压

用 500 克芹菜、90 克苦瓜与水煎服，能治高血压。或者将芹菜的头、叶和根一起捣烂取汁，再冲白糖饮用，长期坚持，可治高血压。

6. 治反胃呕吐

用 30 克鲜芹菜根、15 克甘草与水煎，然后将 1 个鸡蛋打入锅中，调匀后冲服，可治反胃呕吐。

7. 治月经不调

用 30 克鲜芹菜、6 克茜草、12 克六月雪与水同煎，一次服下，可治月经不调。

（二十四） 茄子的妙用

1. 治气喘咳嗽

用 90 克茄子秧与水煎服，每日服 2～3 次，即可治气喘、咳嗽。或将 30～60 克生白茄子煮后去渣，然后加入适量蜂蜜，每日分两次服用，可治年久咳嗽。

2. 治风湿关节痛

用 25 克白茄根、15 克木防己根、15 克筋骨草与水煎服，可治风湿关节痛。

3. 去肿痛

将茄蒂放入火盆中燃烧，用纸做出

一个喇叭形状的筒子，然后将筒子的大口罩住正在燃烧着的茄蒂，小口对着患者的肿痛处，让茄蒂烟熏于患处，每天熏3～4次即可。

4. 治冻疮

用适量茄子根煎水，趁热熏洗患处，每天坚持，可治冻疮。

5. 治蜂蜇

将一个生茄子切开，然后用来擦抹患处，即可治蜂蜇或蛤蟆咬伤。

（二十五）　丝瓜的妙用

1. 美容皮肤

在丝瓜藤就快枯黄之前，可将离地面60厘米处的丝瓜藤切断，然后将切口插进一个干净的玻璃瓶中，过一段时间之后，便可以收集到些许的丝瓜液，用此液擦脸，对养护皮肤具有显著的效果。

2. 治皮肤瘙痒

若有局部皮肤出现瘙痒现象，可将鲜丝瓜叶捣烂后涂擦患处。

3. 治皮肤癣

将新鲜的丝瓜叶（数量不限）捣成汁后敷于患处，每天1剂，长期坚持能治皮肤癣。

4. 预防麻疹

将约10厘米长的带皮丝瓜蒂烧成灰，加入1.5克朱砂和匀，每次用白糖调的开水冲服约0.3～0.9克，即可预防麻疹。

5. 治暗疮

将鲜丝瓜叶捣烂后取汁，然后涂于患处；也可将适量的丝瓜、食盐一起研碎，敷于患处，均可治暗疮。

6. 治痱子

将新鲜的丝瓜叶捣烂后敷于患处，可治痱子和痄腮。

7. 治烫伤

将干的丝瓜叶研成细末，加入少量梅片，然后用菜油调拌，擦此糊可治烫伤。

8. 治外伤出血

将新鲜的丝瓜叶晒干后研成细末，调以外敷，可治外伤出血。

9. 治蛇咬伤

将新鲜的丝瓜叶捣烂后敷于伤处，再服两杯丝瓜叶汁，可治蛇咬伤。注意：在用这种简易疗法的同时，还应及时地将患者送往医院诊治。

10. 治慢性喉炎

将适量丝瓜绞汁，再放入碗中，上锅蒸熟，然后加入适量的冰糖饮服，可治慢性喉炎及咽喉痛。

11. 治支气管炎

将500克经霜打的丝瓜藤、30克甘草一同入锅，再加4000克水后煎至500克，每次服10克，每天服3～4次，3个月为一个疗程，可治慢性的支气管炎。

12. 治胃痛

用10～18厘米丝瓜络、3克明矾与水分两次煎服，每日1剂，可治胃痛。

13. 治中暑

将60克绿豆放入锅中，再用一大碗清水煮熟，然后将绿豆捞出，再将5朵鲜丝瓜花放进去煮沸后取汁温服，可治疗中暑。

14. 治疝气疼痛

将1条老丝瓜放在新瓦上晒干，再

将其研成粉末，用黄酒或烧酒冲服 3 克，每天服 1 次，可治疗疝气疼痛。

15. 治蛔虫

将生的丝瓜籽剥壳后取仁，放入口中咀嚼，每次成人需 40 ～ 50 粒，儿童只需 10 粒，空腹的时候最好用温开水送服，每天服用 1 次，连续服用几日，即可将肚里的蛔虫去除。

16. 治腰痛

将丝瓜络切碎后烧焦研粉，每日研 1 条，用少许酒分两次冲服，可治腰痛。

17. 治妊娠剧吐

将 15 克丝瓜络与适量的水同煎，一次服完，可治妊娠剧吐。

18. 做汗脚鞋垫

将已晾干透净的老丝瓜的籽和皮都去掉，再将其切成两半，便可以做成一双鞋垫。它不但吸水性好，而且透气性非常强，比较适合汗脚者垫用。

（二十六） 冬瓜的妙用

1. 去衣物霉斑

若衣物上有霉斑，可先将衣服放在日光下暴晒，再用冬瓜瓤擦除，即可去除霉斑。

2. 去衣物汗渍

将 1 小块冬瓜捣烂，然后放入布袋内拧绞后取汁，用其搓洗沾了汗渍的衣服，再用水漂洗干净，可将汗渍除去。

3. 治痰热咳嗽

取适量经霜打过的冬瓜，去肉留皮，再加入少许蜜糖一同煎汤饮服，可治痰热咳嗽。

4. 解暑止渴

将适量新鲜的冬瓜，捣烂后取汁，坚持饮服，可治中暑和口渴。

5. 治白带

将 30 克冬瓜籽捣末，再加入 30 克冰糖，用开水炖服，每天服两次，可治白带。

6. 产后催乳

取适量的冬瓜皮，再加适量鲜鲫鱼一起炖汤服用，有催乳的功效。

7. 治产后病症

取 1 个重约 2000 克的冬瓜，用黄泥巴涂在上面，然后放在火中烤熟，再去掉泥巴洗干净，再绞汁饮服，可治产后四肢浮肿、久病口燥等症。

8. 治肾炎水肿

取 60 克冬瓜皮、30 克白茅根、30 克玉米须与 200 ～ 300 毫升水同煎，分次常服，可治肾炎水肿。

9. 治脚气

取适量的鲜冬瓜皮，用来熬水泡脚，连续泡一段时间，可治脚气。

（二十七） 南瓜的妙用

1. 治牙痛

用适量南瓜根与猪肉煮着吃，可治疗牙痛。

2. 治食物中毒

如果误食沾了农药的水果而中毒，可将生南瓜丝和萝卜丝一起捣烂后绞汁灌服，能立刻催吐，而且还能解毒。注意：在采取这种应急疗法的同时，还应及时将患者送往医院急救。

3. 预防流产

用 1 个南瓜蒂配合 20 克中药和 20 克艾叶，与水煎服，可治妇女怀孕时的胎动不安，还能预防流产或早产。

4. 解疮毒

取 30 克南瓜蒂，用水煎服，一次 1 剂，可以治疗疮毒等症。

5. 治红肿热痛

取 1 碗南瓜瓤和 15 克中药三黄散一起捣匀，敷于患处，能治红肿热痛，还可消炎止痛。

6. 治牛皮癣

长期用适量新鲜的南瓜叶直接擦抹患处，可治牛皮癣。

7. 驱蛔虫

将 100 粒南瓜子洗干净后炒熟，再研成细末，然后用调了蜂蜜的开水冲服，餐前分两次服用，便能驱蛔虫。

8. 治阴部糜烂

将南瓜蒂炒黄后研末，然后用香油调敷于患处，每日换 1 次，可治阴茎及阴囊溃烂流脓。

9. 治脱肛

取 3 个南瓜蒂和 120 克薏米，加水煎服，连续服用数日，便可治脱肛。

10. 治手脚浮肿

将 30 克南瓜子炒熟后与水煎服，可治疗产后糖尿病和手脚浮肿。

（二十八） 西瓜的妙用

1. 做拌菜

把西瓜皮切成小丁或小长丝，再拌些香油、盐酱油、味精，便可食用，是夏日餐中的一道风味独具的小菜。也可将西瓜皮切成丝，加适量的盐、白砂糖、酱油、味精，然后入锅爆炒，便能食用，喜欢吃辣味者还可加入适量辣椒，炒出来的菜香脆可口。

2. 做酱菜

用盐将西瓜皮腌制后捞出来晒干，再放入容器，用塑料袋将容器口封住收藏，食用时取出，与咸菜的味相同，能保存半年左右。

3. 烹制艳汤

将西瓜皮切条放入水中煮沸，然后加入鸡蛋、西红柿，就能制成色艳味佳的汤汁，经常服饮此汤有利尿的功效。

4. 做西瓜皮冻

把西瓜皮切小块，放在沸水中煮约 2～3 分钟，再捞出放入搪瓷盆中。然后取 5 克琼脂、150 克白糖一同放入锅中，加入一大碗热水，直至将琼脂和白糖煮得完全溶化，再将其全部浇于每块西瓜皮上，待冷却之后便会与西瓜皮凝结成冻，将此西瓜皮冻取出，并随意切块，再炸些许薄荷粽子糖汁，浇在西瓜皮冻里，然后将其放进食用冰块上或冰箱里，大约冰 1 个小时之后，便成了西瓜皮冻。

5. 治牙痛

将西瓜去瓤后取皮，经过日晒夜露之后，将其研末，再加入少许冰片，擦于痛牙处，即可止牙痛。

6. 治鼻窦炎

将 30 克西瓜藤晒干后研成细末，分 2～3 次用开水冲服，可治急、慢性鼻窦炎。

7. 治吐血、鼻出血

将 50 克西瓜子壳煎水去渣，再加入适量冰糖，每天服用两次，能治吐血和鼻出血。注意：在采取这种简易疗法的同时，还应及时将患者送往医院诊治。

8. 治口舌生疮

将西瓜青皮晒干，再将其烧焦，研

成细末后含服或用温水送服，可治疗口舌生疮。

9. 治咽喉炎

选取 1 个西瓜，从其蒂部挖一个孔将瓜瓤取出，然后用朴硝装满西瓜，最后将蒂部盖上，置于通风处。等到西瓜的蒂盖处出现白霜时，再将西瓜上的白霜研为细末，然后吹进口腔，可治疗咽喉炎。

10. 治肝病

将一个大西瓜的蒂部切开，挖去其瓤，然后用大蒜瓣将其装满，盖好瓜蒂，再用纸筋泥将其封固，放在火中煨几天，然后将大蒜取出来研末，即成西瓜霜，每日两次吞服，每次 3 克，能治肝病腹水、浮肿、慢性肾炎。注意：采取这种简易疗法的同时，还应及时将患者送往医院诊治。

11. 治肾炎

将西瓜皮切碎，放入锅中。加适量的水将其熬煮成西瓜膏，然后用开水化服，每日服两次，每次服两匙。也可取西瓜皮或西瓜汁适量，加水煎服，均能治慢、急性肾炎。

12. 治高血压

将晒干的 15 ~ 20 克西瓜青皮，加水煎饮，可治高血压。

13. 治糖尿病、尿浊

将 15 克西瓜皮、10 克天花粉、15 克冬瓜皮，与水同煎，每次 1 剂，可治口渴、糖尿病和尿浊。

14. 治妇科病

取 120 克鲜西瓜秧、60 克白糖，用开水冲泡过后服用，每日分 3 次喝完，可治小腹胀痛、经行不畅、经期不调等。

15. 美肤

将西瓜皮捣碎之后，用纱布将其包好，然后轻轻地擦拭皮肤，可让皮肤变得细腻白嫩。

16. 去幼儿痱子

夏天，幼儿身上容易生痱子，经常让其饮西瓜汁，痱子会很快消失。

17. 预防冻疮

夏天吃西瓜的时候，要将皮留得稍微厚一些，呈白中带红的形状即可，用它轻轻地将冬天患过冻疮的部位揉搓 2 ~ 3 分钟，每天搓两次，连续搓 7 天，可预防冻疮再发。

18. 治腰痛

将西瓜的青皮晒干后研末，再用盐或酒调服，每次服用 19 克，可治腰挫伤而造成的疼痛。

19. 治刀伤出血

将少许西瓜叶晒干后研成细末，均匀地撒在患处，可治轻微的刀伤出血。

20. 治烧伤烫伤

将 60 克西瓜皮晒干后烧成灰，再加入 0.9 克冰片一同研末，然后用少许香油调敷，可治烧伤、烫伤。

21. 解酒

西瓜能够将血液中酒精的浓度冲淡，使之加速排泄，所以多吃西瓜能解酒。

（二十九）西红柿的妙用

1. 做汤调味

当做好的汤过咸又不能加水冲淡时，往汤里放入几片西红柿，可使汤味变淡。

2．去锈污

若锡器生了锈，可将 1 个新鲜的西红柿切成两半，用其切面来擦生锈处，几分钟过后，再用清水冲洗干净，可将锡器上的锈污除去。

3．去墨水迹

如果手指上沾上了墨水，可将挤出来的西红柿汁涂在污处，用力地搓几下，然后再用清水洗干净，可除去手上的墨水迹。

4．驱苍蝇

选取几盆生长旺盛的西红柿植株摆放在室内，可将苍蝇驱走。

5．美白肌肤

将西红柿捣烂后取其汁，再加入少量的白糖，涂在面部等一些外露的皮肤上，可使皮肤细腻、洁白。

6．治狐臭

洗浴之后，将 500 毫升的西红柿汁加入浴盆中，再将两腋放入水中浸泡约 15 分钟，每周泡两次，可消除狐臭。

7．除腋臭

将棉团放入西红柿汁中浸湿，然后夹在腋下约 15 分钟，用此方法每周敷用几次，几周过后便可去除腋臭。

（三十）藕的妙用

1．做保健粥

取 60 克去心的莲子、60 克去壳的芡实，1 块巴掌大的鲜藕，再加入适量的糯米一起煮粥，然后加适量砂糖内服，能治睡眠不稳、脾虚便溏、妇女腰酸、心悸怔忡、白带增多。也可将 250 克藕节放入锅中，与水煎至黏稠状，然后把洗干净的大枣 1000 克放进去同煮，待大枣熟了之后，将藕节除去，将大枣吃掉，不限量，连续吃 3～5 个月，可对血小板减少性的紫癜有一定的疗效。

2．莲心保健茶

每次选取 4～5 克莲心，用开水冲泡，代茶饮用，长期坚持可治头胀、心悸、高血压、失眠等症。

3．清洁锡制品

锡器用久了，颜色就会变暗，若用荷叶或荷梗煮水擦洗，则会变得干净亮泽。

4．解酒

将适量鲜藕洗干净后，捣碎取汁，一次饮完，可有效解酒。

5．治中暑

取 1 张鲜荷叶、1 把白扁豆，与水煎，当茶饮；或者将荷花、鲜荷叶各适量，与水煎服，均能治中暑。

6．治岔气

将 120 克干荷花瓣蜡干后研成细末，每日服用两次，用黄酒送服，能治岔气及胸壁挫伤。

7．治蛔虫

选取 3～4 张荷叶，加入 1000 毫升水，将其煎至 200 毫升，然后加入适量红糖，5 岁儿童可一次服完，可治蛔虫病。

8．治小便不畅

将 60 克鲜藕节与 60 克鲜车前草，同捣汁后炖煮，趁热服用，可治小便不畅。

（三十一）核桃妙用

1．去羊肉膻味

烧羊肉的时候，将 2～3 个核桃（带

壳）放进锅内，既可将羊肉的膻味除去，又能使羊肉快点熟。

2. 去腊肉喇味

在煮腊肉的时候，将几个钻了一些小孔的核桃放入锅里同煮，可消除腊肉的喇味。

3. 治哮喘

取 60 克核桃仁、90 克补骨脂，与水煎，分两次温服，可治身体虚弱、哮喘屡发不愈。

4. 治胃痛

将 3000 克青核桃放入 5000 克的烧酒里浸泡 20 天，等到烧酒变成了黑褐色之后，再去渣过滤备用。若胃痛的时候，每次服用 10～15 毫升，对治急、慢性胃痛，有比较好的效果。注意：在采取这种简易疗法的同时，还应将患者及时送往医院诊治。

5. 治腰痛

取 9 克核桃仁、1 盅黄酒一起炖熟服用，连续服几日，可治腰痛。

6. 治乳疮

取 3 个核桃仁、3 克山慈菇一同研成细末，用黄酒送下，能治乳疮。

（三十二）　淘米水的妙用

1. 清洗脏物

在市场上买肉，难免沾上灰土等脏物。倘若使用热淘米水将其冲洗两遍，然后用清水再洗一遍，这些脏物很快就会被清洗干净。

2. 清洗猪肚、猪肠

清洗猪肚、猪肠时，适量加一点淘米水，清洁效果比较好。

3. 去腥臭味

如果案板使用时间较长，会产生一股腥臭味。此时可以将案板放入淘米水中，浸泡一段时间后，放点盐对案板进行洗擦，最后用热水冲净，即可消除案板上的腥臭味。

4. 做鱼增鲜

如果想使鱼的味道鲜美，可将它们放入 1 盆淘米水中，然后加入食用碱面 50 克，搅拌均匀。这样浸泡 3～5 个小时，烹调时鱼的味道会极其鲜美。

5. 泡发食品

泡海带、墨鱼等时，用一些淘米水，不仅可以方便地将其泡发、洗净，而且可以将其煮熟煮透。

6. 发笋干

将笋干放入锅内，加水煮 30 分钟，然后转小火焖煮，煮到一定程度后，捞出并切除老根；然后将其洗净，并浸泡在淘米水中，隔 2～3 天换一次淘米水，使用前捞出洗净，便可随意进行加工烹制。

7. 防止炊具生锈

铁勺、菜刀、铲、锅等铁制炊具，在使用过后，很容易生锈，这时可将其浸入比较浓的淘米水中浸泡 2～3 个小时，即可防止生锈。

8. 去除炊具锈迹

对于已经生锈的炊具，用淘米水浸泡 3～5 个小时，然后取出擦干，即可将上面的锈迹除去。

9. 防砂锅漏水

要防止新砂锅漏水，可在使用前用淘米水洗刷几遍，然后装上米汤，用小火烧半小时。经过这样处理，可避免新砂锅漏水。

消费篇

一、衣物

（一） 衣料识别

1. 识别裘皮的技巧

优质裘皮毛杆笔挺，皮料柔软，毛茸平齐，色泽光亮，无光板掉毛等现象。识别时，可在裘皮服装上拔一小撮裘皮上的毛，用火点燃，若是人造毛会立即熔化，并发出烧塑料制品的气味；天然毛皮则化为灰黑色的灰烬，有烧头发似的焦糊味。另外，漂色的狗皮毛尖应无焦断，染色的裘皮应无异味，狸子皮的花点应清晰光亮，湖羊皮毛则要短，其花纹要坚实。

2. 识别仿皮的技巧

仿皮表面光泽，没有鬃眼，用力挤压，皮面没有明显褶皱。

3. 识别马皮的技巧

马皮表面粗细程度及鬃眼大小与羊皮差不多，但马皮的表面光泽不均匀，用力挤压，没有褶皱产生。

4. 识别牛皮的技巧

牛皮表面光泽明亮，没有鬃眼，用力挤压皮面，有细小褶皱出现。

5. 识别真假牛皮

可抹上一些唾液在牛皮的光面，再对着比较粗糙的面用嘴用力吹，若是真牛皮，则皮带的光面会出现小气泡；若是人造革，就不会有小气泡，这是由于真牛皮上有透气的毛孔。

6. 识别皮衣真伪

（1）仔细观察毛孔分布及其形状，天然皮革毛孔多，较深，不易见底。毛孔浅而显垂直的，可能是合成革或修饰面革。

（2）从断面上看，天然皮革的横断纤维层面基本一致，但其表面一层呈塑料薄膜状。

（3）用水滴在皮面上，不吸水为人造皮革，易吸水的则为天然皮革。

7. 识别光面皮与反面皮的技巧

光面皮的表面，质地粗细均匀，无皱纹和伤痕，色泽鲜亮；用手指按压皮面，会出现细小均匀的皱纹，放开后可立即消失；手感柔软润滑，且富有弹性。反面皮的表面，绒毛均匀、颜色一致，无明显褶皱和伤痕，手感细软，没有油斑污点。

8. 鉴别山羊皮革

山羊皮革表面的纹路是在半圆形弧上排列着 2 ~ 4 个针毛孔，周围有大量的细纹毛孔。

9. 鉴别绵羊皮革

毛孔比较细小，且呈扁圆形，一般由几个毛孔一组排成长列，分布得非常均匀。

10. 鉴别羊革

羊革革粒面毛孔扁圆，且比较清楚，一般都是几根组成一组，排列成鱼鳞状。

11. 鉴别牛革

水牛革和黄牛革均被称为牛革，但

也有一定的差别：黄牛革表面上的毛孔呈圆形，比较直地伸进革内，毛孔均匀而紧密，排列很不规则，就像满天的星斗；水牛革表面毛孔比黄牛革的要粗大些，毛孔数比黄牛革要稀少些，其革也比较松弛，没有黄牛革紧致。

12. 鉴别马革

马革的表面毛孔呈椭圆形，比黄牛革的毛孔要大些，排列也比较有规律。

13. 鉴别猪革

猪革表面的毛孔圆、粗大，比较倾斜地往革内伸。一般毛孔的排列以 3 根为一组，在革的表面，有很多的小三角形图案。

14. 识别人造革和合成革的技巧

它们都是以纺织品或者无纺织来做底板跟合成的树脂结合而成的复合材料，是属于跟天然皮革类似的塑料制品。它们都具有柔软的耐磨性及弹性等特点，应用非常广泛。但是，它们的透气性比较差，从下面仔细地看，没有自然的毛孔。另外，合成革与人造革的耐寒性比较差，若太冷则会发脆、变硬。

15. 搓绳法识别驼毛

取小撮驼毛，用手掌搓成绳状，松开后，驼毛会自然散开，若绞在一起则是假货。

16. 火烧法识别驼毛

取小撮驼毛，用火烧，真驼毛有臭味，没有臭味的是假货。若用手轻捻灰烬，易碎成粉的是纯驼毛，而有光亮成结的则含有化纤成分。

17. 浸水法识别驼毛

将驼毛浸入水中，取出来挤干水分，纯驼毛会自然散开，而假的则成为一团。

18. 识别毛线质量的技巧

优质的毛线条干均匀、毛茸整齐、逆向的绒毛少、粗细松紧一致，呈蓬松状；其色泽鲜明纯正，均匀和润；手洗后不串色，且手感干燥蓬松，柔软而有弹性。反之则为劣品。

19. 手拍鉴别羽绒制品的质量

用手轻轻地拍几下，若有灰尘飞扬，则说明羽绒没有洗干净，或混有杂质在内；若针脚处有粉末漏出来，则说明羽绒内所含灰粉多，质量很差；迅速抓一把，若放松后，恢复其原有的形状，则证明羽绒弹性大、蓬松、质量好。

20. 手摸鉴别羽绒制品的质量

用指尖仔细地触摸一下，若布满大头针、火柴梗般的毛片，则说明它的含绒量在 30% 以下，如果基本上摸不到硬梗的杂物，则证明其含绒量在 60% 左右，且符合质量要求。含绒量高的羽绒制品，用手摸上去柔软、舒适，很难摸出硬梗。

21. 手揉识别羽绒制品质量

用双手搓揉羽绒制品，若有毛绒钻出，则说明使用的面料防绒不好。用手掂羽绒制品的重量，重量越轻，体积越大的为上品，通常羽绒的体积应该是棉花的 2 倍以上。

22. 识别真丝和化纤丝绸

手摸真丝织品时有拉手感觉，而其他化纤品则没有这种感觉。人造丝织品滑爽柔软，棉丝织品较硬而不柔和。用手捏紧丝织品，放开后，其弹性好无折痕。人造丝织品松开后则有明显折痕，且折痕难于恢复原状。锦纶丝绢则虽有折痕，但也能缓缓地恢复原状。

23. 识别丝织品

在织品边缘处抽出几根纤维，用舌头将其润湿，若在润湿处容易拉断，则说明是人造丝，反之是真丝。大部分纤维在干湿状态下强度都很好，容易拉断则是涤纶丝或锦纶丝。

24. 识别蚕丝织品

蚕丝外表有丝胶保护且耐摩擦，干燥的蚕丝织品在相互摩擦时，通常会发出鸣声，俗称丝鸣或绢鸣，若无声响，则说明是化纤蚕丝。

25. 识别纤维织物

人造纤维又分为粘纤和富纤两类，其面料光泽较暗，色泽不匀，反光也较差，手感爽滑柔软，攥紧放开后，一般会有褶皱现象。

合成纤维一般有涤纶、锦纶、腈纶等制品，另有棉、毛混纺织品，其面料色彩鲜艳，光泽明亮，手感爽滑，攥紧放开后，褶皱能恢复。

26. 识别呢绒布料

将呢绒布料用手一把抓紧后再放开，若能立即弹开，并恢复其原状，则表明质量佳；若放开后，稍稍有皱，而在比较短的时间内又能自己慢慢恢复原状者，其质量也可以。用手轻轻地搓一搓呢料，若短纤维脱落少，料面不起毛，则说明质量好。在较强的灯光下或者日光下照着看，若色彩柔和、色泽均匀、表面平坦、疵点疙瘩比较少，则说明质量好。

27. 用燃烧法鉴别麻织物

若燃烧快，产生蓝烟及黄色的火焰，灰烬少，草灰呈末状，有烧草的气味，呈灰色或者浅灰色，则为麻。

28. 用燃烧法鉴别棉织物

很容易燃烧，且有烧纸的气味，燃烧以后，能保持着原来的线形，手一接触灰就分散，则为棉。

29. 用燃烧法鉴别丝织物

丝织物燃烧的时候，比较慢；会缩成一团；有烧毛发的臭味；化为灰烬后，呈黑褐色的小球状，用手指轻轻地一捻即碎。

30. 用燃烧法鉴别羊毛织物

当把织物接近火焰的时候，先蜷缩成黑色的、膨胀且容易碎的颗粒，有烧毛发的臭味的，即为羊毛织物。

31. 用燃烧法鉴别醋酯纤维织物

醋酯纤维织物燃烧的时候，非常缓慢，熔化后离开火焰，有刺鼻的醋味，一边燃烧一边熔化；灰是黑色的，呈块状，有光泽，用手指一捏，即碎。

（二） 服饰选购

1. 选购皮装注意事项

购买皮装时，应首先确认商标、生产厂家、样式、颜色、大小，然后再看是否为真皮，皮装正身及袖片各部位的皮面粗细是否接近，颜色是否均匀一致，有无明显伤残、脱色、掉浆等问题。最后看做工、缝制是否精细，针码大小是否均匀一致，通常质量好的皮革服装，手感丰满柔软、有弹性，表面滑爽、有丝绸感，线缝正直，接缝平整，领兜、拉锁也对称平展且自然。

2. 皮革服装的挑选

（1）皮料厚薄均匀，表面光滑，色泽明亮柔和，皮纹细致清晰，皮质丰满柔软，手感爽滑而富有弹性，则表明质量好，反之则不好。

（2）外观无褶皱、歪斜，缝制挺

括服帖，特别是斜插袋或者贴袋的位置对称，缝制的嵌线、线脚均匀一致，做工质量较好，自然平整。

3. 选购夹克衫的技巧

（1）款式、颜色：体形比较胖的适合选择一件冷色调的夹克衫，若身材较小且颈部比较长的，可选择暖色调、立领的夹克。

（2）尺寸：根据人体来选择夹克的长短，以双手自然下垂，手腕所及的地方为佳。在试衣的时候，背宽适宜，胸部略宽，向前伸手的时候，没有拘束的感觉为好。

（3）质量：衣服的接缝不应有跳线、起皱等现象，要平整，扣子拉链要完好无损。

4. 选购羊绒制品的技巧

选购羊绒制品时，应从国家认定质量稳定的厂家购买，而且还要认真查看是否标有羊绒含量的标识。据国家有关规定，挂纯羊绒标志的产品，其羊绒含量须在95%以上。羊绒正品做工精细，手感柔滑，纹路清晰，条干均匀；用手握紧后松开，能自然弹回原状。挑选时还应看是否经过防缩加工处理，若厂家已经过防缩处理，则不应挑选规格尺寸过大的产品，以免穿着时影响造型。

5. 看尺寸选绒线衫

应选择比适合尺寸大5～10厘米为宜，但是也不要太大。

6. 购绒线衫看用途

若是春、秋天的内衣，应选购全毛开司米或者全毛细绒的；若是外衣，则适合选用羊、兔毛或者腈纶开司米、腈纶细绒的。若是冬天的内衣，宜选用中粗绒、全毛细绒的；外衣则宜选用混纺、全毛、腈纶、粗绒开衫。

7. 鉴选保暖内衣

首先应看保暖内衣的保暖率。一般保暖率都在60%左右。保暖率跟克罗值也有关，一般是克罗值越高，其保暖率越好。

其次是透气率。其透气率与保暖率往往成反比，有些品牌中加了1～2层塑料薄膜，保暖率很好，但透气率就差一些。

最后是弹性。有些保暖内衣，穿上后身体好像被紧箍似的，四肢伸展不开，原因是这些保暖内衣的保暖层没有弹性。

8. 看面料选保暖内衣

优质保暖内衣的中间保温层是使用超细纤维织造的，成衣柔软又有良好的保暖性能，用手揉捏时，手感柔顺且无异物感。一件内衣面料的好坏，是影响穿着舒适度的关键。通常选购质地柔软、透气性强、光泽度好，洗涤后不起球、不断丝、不抽丝的为好。

9. 听声音选保暖内衣

老式的保暖内衣中加了一层超薄的热熔膜（俗称PVC塑料膜），以此来增强抗风能力，这种产品穿着时易发出"沙沙"响声，且透气性不好，易起静电；而新一代的保暖内衣取代了热熔膜，用手轻轻抖动或用手轻搓，则听不到"沙沙"的响声。

10. 选购内衣织物

因为内衣直接与人体接触，若选购不当，则对皮肤会有不良的刺激。选购内衣要选轻薄类织物，手感要柔软，织物的吸湿和放湿性能要好，还要耐摩擦、耐洗涤、耐日晒等。因此，选择以棉、羊毛和丝为原料的平纹或斜纹织物为好。其中棉织物应用最广，丝织物是较为理想的，除符合上述要求外，其纤维的导热系数要小，与皮肤接触时，也不能产生寒冷的感觉。

11. 选购汗衫、背心

汗衫、背心，按其原料可以分为：纯棉织品、纯棉混纺品、人造丝织品等。购买汗衫、背心时，可以根据自己的要求选购，但要注意掌握尺寸。一般来说，汗衫的尺寸应比自己的身材尺寸大一号。

12. 选购泳衣款式的要诀

胸部平坦的女性，宜选择胸部有薄衬或胸部有显眼的横条纹泳衣，避免选购胸部低开的时髦款式，以选择一字领为最佳。

13. 怎样根据季节选购服装

材料相同的衣服，衣料比较粗厚的，其导热性要小些，因此，保暖性能会比较好。衣料疏松的要比紧密的透气性好。夏天，适合穿透明度比较高的浅色衣服，以阻隔反射太阳辐射的热；冬天，适合穿透明度比较低的深色衣服，使它能吸收太阳的辐射热，而取得保暖的效果。因此，在选择服装的时候，应是：颜色要夏天浅冬天深，衣料要冬天厚夏天薄。

14. 选购夏季服装

在选购夏季服装的时候，应以素雅、轻盈的为好，质料应该薄、轻、爽、软。宜选用麻、纤维等透气性好，且吸湿性比较强的布料。丝绸是最适合的布料，尺寸应稍大、色彩宜浅。

15. 选购冬季服装

在选购冬季服装的时候，要以实用性强、保暖性好、既美观又舒适为原则。对于青年人来说，冬装不宜过厚，以免臃肿。青年女性可以选用羽绒服、人造翻毛外衣或者呢绒大衣，款式要求新颖，便可增添风采。中老年人的冬装可选驼绒、丝棉袄裤、羽绒服、皮毛大衣等。

16. 选购睡衣

选购时，应遵循易穿、易脱和易洗的原则。睡衣的面料以棉料为好，棉料睡衣柔软、透气性好，可以减少对皮肤的刺激。棉料不同于人造纤维，不会发生过敏和瘙痒等现象。比较理想的睡衣是针织睡衣，因为这种睡衣既轻薄柔软，又有一定的弹性。所以，这样的衣料贴身穿最舒适。丝绸睡衣虽然柔滑舒适，但不能吸汗。

17. 根据季节选购睡衣

在春秋季适合选择针织类睡衣，面料可选用质地比较细腻柔软的、透气性强、手感好的精纺织物，或者天然的纤维织物，如丝织布、缎质绣花面料、纯棉针织布等。冬季睡衣，以保温性强、宽松的套装或睡袍为宜。色彩可用纯度比较高的暖色基调，如粉红、火红、紫红等。睡袍的面料以质地细密均匀，且具有一定伸缩性、保温性，表面光洁的棉纺织物为好。如棉绒布、毛巾织物或者棉毛混纺物等。

18. 选购老年人服装

（1）颜色：宜深重、淡雅，这样可显得健康而稳重。

（2）尺寸：应以宽松、穿脱比较方便为宜，所以上衣的袖笼、袖子要稍大些，裤子的横裆、立裆也要稍宽、稍长些，背心、外衣方便脱穿，裤管不要长过脚面，以防走路的时候踩着裤管，绊倒跌跤。

19. 选配男士服饰

男士的服装多为西服、夹克衫和休

闲装等 3 大类。服装款式、布料的选择和整体搭配是第一要素，西服的线条以简洁明快为好，给人的感觉是气宇轩昂，干净利索；夹克衫造型多样美观，装饰性强，个性鲜明；休闲装则以线条柔和为宜，可适合各种场合穿着。

20.选购男式 T 恤

春秋雨季是男性喜穿 T 恤的时候，在选购 T 恤的时候，可以先比一比肩宽是否合适，袖口会不会太宽或太紧。T 恤讲究的就是轻松和舒适，所以还是选择较宽松者为佳。在 T 恤的颜色上除了白色、黑色外，还可选购一些色彩鲜艳、设计性强的 T 恤。此外，在路边小摊买的 T 恤，其领口部分比较容易松垮变形，有些转印的图案更可能是一洗就褪色，所以在挑选时先认清自己的需要，最好去专卖店选购适合自己的 T 恤。

21.选购男式夏季服装

在选购男式夏季服装的时候，应以麻织物为主，因为，这种衣服穿起来比较凉快，且它的吸汗性能好，受到大众的普遍喜欢，此外还有穿着舒服、随便的特点。

22.选购孕妇装

选购裙装时，以无褶皱、多斜裁、裤腿紧、裤腰松为原则。选购裤装时，裤腿以松紧度合适为宜，大腿和腰部应该比较宽松，以突起的腰围为准。如果下身配裙装，最好选用类似西服长裙的贴体式长裙，腰部可加背带，裙型犹如倒放的梯形。

23.夏季孕妇选鞋

夏天，孕妇选购防滑底的鞋为好，以免雨天或地面有水时滑倒。坡型泡沫底凉鞋孕妇不宜穿，因为它虽然弹性好，但其鞋底很滑，容易摔跤。

24.冬季孕妇选鞋

冬天，孕妇最好选购温暖舒适的布棉鞋，布棉鞋的弹性好，适合多种脚型。在怀孕中后期，孕妇的脚容易发生浮肿，脚型也易发生变化。因此，最好选大一号，且宽松的布棉鞋。

25.鉴选童装

（1）检查服装上有无商标和厂名厂址。

（2）了解服装上的洗涤标识、图形符号及说明，并了解洗涤和保养的正确方法与要求。

（3）看服装上有无产品的合格证、产品执行标准编号、产品质量等级及其他标识。

26.选购婴儿装

1 周岁内的婴儿易出汗、爱撒尿。因此，宜选购棉织品的内衣和尿布。

27.选购幼儿装

1 ~ 5 岁幼儿脑袋大、脖颈短，且活泼好动，因此，宜选购尺寸略大些的衣服。为了便于幼儿学会自己穿脱，可选购组合式的服装，开口放在前面为好。

28.选购宝宝外衣

在春秋季节，外衣要选择涤棉混纺、结实、易洗涤且透气性好的衣物；在夏季，应选择浅色调的纯棉制品，基本原则是吸湿性好，且对紫外线有反射作用。宝宝若穿着不适衣物，则会感到闷热、生痱子，甚至发生过敏反应等。

29.选购宝宝内衣

因宝宝的体温调节机能差，新陈代谢快而出汗多，所以应选购透气性好、吸湿性强、保暖性好的纯棉内衣。而且应注意，新买的内衣要在清水中浸泡1～2个小时，以达到清除衣服上化学物质的目的，从而减少对宝宝皮肤的刺激和机械性磨伤。同时，内衣不宜有纽扣、拉链或其他饰物，以免弄伤皮肤。通常情况下，可用布带来代替纽扣。

30. 选购领带

（1）在选购的时候，要轻轻地拉拉，如果有点变形，则说明裁剪不当，不宜购买。

（2）当你看到比较合意的领带时，要马上把它买下来，否则有可能再看第二眼的时候，会举棋不定，犹豫不决。

（3）肤色较黑的适合选用浅色的领带，而肤色较白的可选择色彩艳丽或者深色的领带。

（4）身体肥胖者适合选用格子花纹的领带。

（5）年轻人适合选用套色或者浅色，且色泽比较明快的领带；中年人适合选用小花型或者深色的领带，显得大方而庄重。

（6）选用领带的时候，还要注意同衬衫、西装的颜色相配，使西装、领带和衬衫共同构成立体感比较强的套装。穿白色衬衫、素色西装宜用格子、条纹、素色、圆点和抽象花的领带；穿条纹衬衫可选用格子领带；穿格子衬衫可选用素色的领带。

（7）在参加喜庆的宴会时，要选用亮色调或者红色的领带；在庄严肃穆的场合，要选用黑色或者深色的领带。

31. 选购围巾

在选购围巾时要考虑你所要搭配的衣服。如果衣服较厚时，最好搭配用钩针或拉毛工艺编织的羊毛或腈纶大围巾；假如衣服较薄时，最好搭配真丝材质的尼龙绸围巾或纱巾。在颜色的搭配上一定以协调为基本。如鲜艳的围巾可以用来搭配深色的服装；素雅的围巾则可以用来搭配浅色的服装；纯白色的围巾宜配藏青色服装。

32. 选购帽子

选购帽子时不但要注意大小是否合适、质量是否合格，还要注意搭配服装，及其他服饰的颜色和风格，适合于什么场合、年龄、发型、脸型及身材等。

帽檐下拉的宽边帽子适合长脸型及个高的，有边的或高顶的帽子适合宽脸型及个矮的，过分装饰的深色帽不适合年长者，另外如果头发短，最好选能将头发遮住的帽子。

33. 选手套

在选购手套的时候，要注意是否有衬里，且看看衬里的夹层质地怎么样。手套尺码大小要适宜，在戴的时候，五指活动自如，脱的时候方便即可。

34. 选腰带

（1）在选购腰带的时候，要配合自己的身型，才能有相得益彰的效果。腰肢比较细小的，适合戴任何类型的腰带。若你的腰稍有点粗，适合戴细皮带，皮面的颜色要跟上身衣服的颜色接近。

（2）夏季应该选择细窄而精巧的腰带，冬天则适合选择宽大些的腰带。

35. 选袜子

棉纱袜子柔软而舒适，且价格也比较便宜，其缺点是湿透后不容易干，洗多了还容易缩水、走样。羊毛袜子的透气性能好，就算湿，也还能够保暖，其缺点是越洗越薄。丙烯酸纤维袜具有吸汗的功能，且湿后干得很快，始终柔软而舒适，其缺点是很厚，且价格比较贵。聚丙烯纤维袜子舒服、轻薄、吸汗、耐穿，其缺点是遇到高温的时候容易缩水、走样，沾染上臭味后不容易除掉。

36. 选购丝袜

在选购丝袜的时候，要注意购买的丝袜，一定要跟自己已有服装的颜色相配，一次最少要买两双同样的丝袜，若原来的哪只破了，还可以用另外一只来替补。

37. 选用长筒薄丝袜

丝袜的长度要比裙摆的边缘高，而且要留有足够大的余地，不管是穿迷你裙还是开衩大的直筒裙，都可选用连裤袜。对于那些身材高挑、脚踝细的女性来说，适合选用浅色的丝袜，这样可以显得腿部丰满些。腿部比较粗壮的女性应该选择深颜色的丝袜，最好是直条纹的，腿部可显得苗条。肥胖的人适合选择颜色较浅的肉色丝袜。腿比较短的女性最好选择深颜色的裙子和与之搭配的袜子、高跟鞋。还有穿一套黑色衣服时最好选择透明度高的丝袜，穿套裙时穿素颜色的丝袜比较协调，那些静脉曲张的女性不适合穿透明的丝袜，避免露出缺陷。

38. 识别鞋子型号

鞋子的"号"表示长度，如 27 号鞋子，即适合脚长 27±0.2 厘米的人穿着。鞋子的"型"表示肥瘦。分 1～5 型，1 型最瘦，5 型最肥。

39. 买皮鞋选鞋型

在选购皮鞋的时候，一定要确定好自己所选定皮鞋的鞋型和尺码，目前统一的是：1 型是最瘦的，3 型比较适中，4 型稍稍有点宽肥，5 型是最肥的。

40. 根据脚型选鞋

那些脚背上凸者，适合选用 V 形开口或者开口比较大的鞋，这样，能修饰上凸的脚背。若穿旅游鞋或者运动鞋，其效果会更好。脚掌比较肥大的适合选用深色的中跟鞋，或者圆头、方头、稍圆的稚头鞋，这样，可以使肥胖的脚显得修长些。

41. 下午买鞋好

选购鞋是否舒服跟选购鞋的时间有很大的关系，选购鞋的最佳时间是下午 3～6 点。因为人们经过一天的劳累和工作，由于血液循环，下肢在不同程度上都会出现轻度的浮肿，若在这个时间来选购鞋，只要穿着舒服，以后就不会再挤脚了。

42. 选购凉鞋

在选择凉鞋的样式时要根据自己的脚型来选择不同的凉鞋，以遮盖自己的缺点为标准。例如：尖瘦型的凉鞋不适合脚肥的人穿着。穿凉鞋尽量要光脚，这样显露足部的天然美，但是在穿之前要对脚做一次彻底的清洁，特别是趾甲两侧的缝隙。

43. 挑选皮鞋

（1）在皮鞋的表面，没有明暗的伤痕，整个鞋帮的色泽鲜艳，没有掉浆、裂面、脱色等情况。鞋底的表面要光亮，没有伤痕、裂面，槽口要整齐，没有露线、破裂和底心发软的缺点。

（2）两只鞋的宽度、长度完全相等，前帮的长短及后帮的高矮要适合自己的脚型。鞋底、鞋帮平整，没有歪斜、变形的现象。

44. 选购皮靴

在选购皮靴的时候，首先，要注意一下皮筒子角度是否得当，可先将靴子放在一个平面上，将其放平，然后观察一下筒子的中心跟穿面是否垂直。皮靴的筒子要稍厚实、柔软些，不可僵硬，其大小也要适当，能将脚包住即可。其次，拉链的质量也是非常重要的。

45.选购旅游鞋

（1）要看看鞋的外观是否雅致大方、做工是否精细。

（2）要看看鞋底是否舒适柔软、平稳牢固、耐磨性好。

（3）看鞋里面的里子是否柔软而平滑。

（4）看鞋的透气性是否良好。

旅游鞋面一般以软皮质及帆布为好。

46.选购冬季鞋

在选购冬季鞋的时候，其脚跟的高度不能超过3厘米，矮跟的冬季鞋，可使步伐有弹性而稳定，能减少行走时的疲劳感。若鞋子过大，则走路会不便；过小，危害会更大。

47.选购儿童鞋

（1）高帮的皮鞋有单高帮、镂空凉高帮及棉高帮之分。这类鞋的保护功能特别好，非常适合年龄比较小的孩子穿。

（2）当孩子上幼儿园、托儿所时，因为需要独立活动，系带的鞋会因为带松脱而带来麻烦，此时，如果能选购横带式、丁字式或者松紧式的童鞋，既没有系带的麻烦，穿着也非常自如。

（3）很多家长以为孩子的脚长得快，在购买的时候往往都会挑那些大的来买。其实，过大的鞋穿着不跟脚，且很费劲，走路的时候容易绊脚。所以在买的时候，以在后跟处插入一根食指为宜。

二、食品

（一） 米面油料

1.选大米看颜色

首先看新米色泽是否呈透明玉色状，未熟的新米可见青色；再看新米胚芽部位的颜色是否呈乳黄色或白色，陈米一般呈咖啡色或颜色较深。其次新米熟后会有股非常浓的清香味，而新轧的陈谷米香味会很少。

2.选大米看水分

新米含水量较高、齿间留香、口感较软；陈米则含水量较低，口感较硬。在市场、超市、便利商店购买袋装米时，要留意其包装袋上是否标有生产日期、企业名称及产地等信息。

3.从含水量鉴面粉质量

标准质量的面粉，其流散性好，不易变质。当用手抓面粉时，面粉从手缝中流出，松手后不成团。若水分过大，面粉则易结块或变质。含水量正常的面粉，手捏有滑爽感，轻拍面粉即飞扬。受潮含水多的面粉，捏而有形，不易散，且内部有发热感，容易发霉结块。

4.观颜色鉴面粉质量

标准质量的面粉，一般呈乳白色或微黄色。若面粉是雪白色或发青，则说明该产品含有化学成分或添加剂；面粉颜色越浅，则表明加工精度越高，但其维生素含量也越低。若贮藏时间长了或受潮了，面粉颜色就会加深。

5. 看新鲜度鉴面粉质量

新鲜的面粉有正常的气味，其颜色较淡且清。如有腐败味、霉味、颜色发暗、发黑或结块的现象，则说明面粉储存时间过长或已经变质。

6. 闻气味鉴面粉质量

面粉要保持其自然浓郁的麦香味，若面粉淡而无味或有化学药品的味道，则说明其中含有超标的添加剂或化学合成的添加剂。若面粉有异味，则可能变质了或添加了变质面粉。

7. 看颜色鉴色拉油

将洁净干燥的细小玻璃管插入油中，用拇指堵好上口，慢慢抽起，其中的油如呈乳白色，则油中有水，乳色越浓，水分越多。

8. 品味道鉴色拉油

直接品尝少量油，如感觉有酸、苦、辣或焦味，则表明其质量差。

9. 花生油的识别

花生油是从花生仁中提取的油脂，一般呈淡黄色或橙黄色，色泽清亮透明。花生油沫头呈白色，大花泡，具有花生油固有的气味和滋味。

10. 菜籽油的识别

菜籽油是从菜籽中提取的油脂，习惯称为菜油。一般生菜籽油呈金黄色，沫头发黄稍带绿色，花泡向阳时有彩色；具有菜籽油固有的气味，尝之香中带辣。

11. 大豆油的识别

大豆油是从大豆中提取的油脂，亦称豆油。一般呈黄色或棕色，豆油沫头发白，花泡完整，豆腥味大，口尝有涩味。

12. 棉籽油的识别

棉籽油是从棉籽中精炼提取的油脂，一般呈橙黄色或棕色，沫头发黄，小碎花泡，口尝无味。

13. 葵花籽油的识别

葵花籽油是从向日葵籽中提取的油脂，油质清亮，呈淡黄色或者黄色，气味芬芳，滋味纯正。

14. 香油的鉴别

纯正的小磨香油呈红铜色，且香味扑鼻，若小磨香油掺猪油，可用加热方法来辨别，一般加热后就会发白；若掺棉籽油，则加热后会溢锅；若掺菜籽油，则颜色发青；若掺冬瓜汤、米汤，其颜色会发浑，而且有沉淀物。

15. 闻香识香油

纯正香油的制作过程中能保留其浓郁而纯正的芝麻香味，且香味持久。纯正香油的香味区别于普通芝麻油的本质特征，但到目前为止，因为这种香味通过感官即可识别出，尚无定量的标准。

16. 植物油质量鉴别

植物油水分、杂质少，透明度高，表示精炼程度和含磷脂除去程度高，质量好。豆油和麻油呈深黄色，菜油黄中带绿或金黄色，花生油呈浅黄色或浅橙色，棉籽油呈淡黄色，都表明油质纯正。将油抹在掌心搓后闻气味，应具有各自的气味而无异味。取油入口具有其本身的口味，而不应有苦、涩、臭等异味。

17. 精炼油质量鉴别

精炼油是指经过炼制的油，其气味清香，不会有焦苦味。当在15℃～20℃时，其颜色为白色且为软膏状。加热融化后无杂质，并呈透亮的淡黄色。

18. 看透明度鉴油脂质量

可通过油脂的透明度来鉴别油脂的精炼程度。先将油脂搅浑，倒入一个玻璃杯中，静置24小时，若透明不浑浊、无悬浮物为好；反之则较差。

19. 鉴别淀粉质量

质量好的淀粉洁白、有光泽、干燥、无杂质、细腻、松散；若颜色呈灰白、粉红色，粉粒不匀，有杂质，成把紧紧握住，不外泄，且松手后不易散开，则说明质量比较次。

20. 鉴别真假淀粉

把淀粉放入手中搓捻，若有光滑、细腻的感觉，或者有吱吱的响声，则为好的淀粉。掺了假的淀粉手感非常粗糙，响声小或者无声。好的淀粉一旦溶入清水中，会很快沉淀，且水色清澈；掺了假的淀粉，水会变浑浊且有其他的悬浮物。

21. 闻味道鉴别酱油质量

质量好的酱油，闻时有轻微的酱香及脂香味，没有其他异味。若酱油有霉味或焦味，说明酱油已发霉不能食用。

22. 看颜色鉴别酱油质量

质量好的酱油，色泽红润，呈红褐色或棕褐色，澄清时不浑，没有沉淀物。用质量好的酱油烹调出的菜肴色泽红润，气味芳香。当然，酱油的颜色不是越深越好，颜色深到一定程度，酱油中的营养成分也就所剩无几了。

23. 巧辨酱油质量

以瓶装酱油为例，将瓶子倒竖，视瓶底是否留有沉淀，再将其竖正摇晃，看瓶子壁是否留有杂物，瓶中液体是否浑浊，是否有悬浮物。优质酱油应澄清透明，无沉淀，无霉花浮膜。同时摇晃瓶子，观察酱油沿瓶壁流下的速度快慢。优质酱油因黏稠度较大，浓度较高，因此流动稍慢，劣质酱油则相反。

24. 识酱油的品种

调味汁、酱汁与酱油并不是一回事，也并不是所有的酱油都可以用来炒菜或凉拌。酱油的用途有烹调和佐餐之分，因为二者在发酵中工艺不同，卫生指标也不同，所以不能互相替代。

25. 食醋质量鉴别

质量高的食醋其酸味纯正，且芳香无异味；好醋酸味柔和，稍有甜味，无刺激感；米醋呈黑紫色或红棕色，浓度适当，没有悬浮物、沉淀物。从出厂日起，瓶装醋在3个月内、散装醋在1个月内不应捞出霉花浮膜。

26. 辨别米醋

米醋是用发酵成熟了的白醋坯过滤而成的一种食醋，色泽黄褐，具有芳香味，能使菜肴更鲜。目前著名的品种有玫瑰醋、鲜醋、米醋等。米醋适合在烹调菜肴的时候使用，也可以用来做蘸食。

27. 鉴别面酱

面酱是用食盐、面粉、水为原料所制成的，由于它咸中带甜，因此，被称为甜酱或甜面酱。好的面酱呈金红色，有光泽，有甜香味，咸味适口，呈比较厚的糊状。

28. 鉴别豆瓣酱

质量好的豆瓣酱呈棕红色，油润而有光泽；有脂香和酱香；酥软化渣，味鲜且甜，略有香油味及辣味；面有油层，呈酱状，瓣粒成形，间有瓣粒。

29. 选购盐

纯净的食盐洁白而有光泽，色泽均

匀，晶体正常有咸味。若带有些苦涩味，则说明铁、钙等水溶性的杂质太多，品质不良，不要食用。另外，盐里面的碘容易挥发，因此，一次不要买得太多。

30. 鉴别胡椒粉

将胡椒粉装进瓶里，然后用力摇几下，如果松软如尘土，则说明质量是好的。若一经摇晃，即变成了小块块，则不宜购买。

31. 鉴别味精优劣

优质味精颗粒形状一致，颗粒之间呈散粒状态，色洁白而有光泽，稀释到1：100的比例时，口尝仍然感到有鲜味；劣质味精粒的形状不一，颜色发黄发黑，甚至有些颗粒成团结块，当稀释到1：100的比例后，只能感到咸味、甜味或苦味而无鲜味。

32. 手摸鉴别掺假味精

真的味精手感柔软，没有粒状物触感；而假的味精摸上去会感觉很粗糙，且有明显的颗粒感。若含有小苏打、生粉，则会感觉过分地滑腻。

33. 鉴别真假大料

假的大料即为莽草子，有毒性，莽草子果瓣的接触面一般呈三角形；果腹面的褶皱比较多；果色比较浅，用舌舔的时候，会有刺激性酸苦味。

（二）　鱼肉禽蛋

1. 嗅鱼鳃鉴新鲜度

鱼鳃部细菌多，容易变质，是识别鱼新鲜与否的重要部位，如无异味或稍有腥味者为鲜鱼；有酸味或腥臭味者为不新鲜。

2. 摸鱼肉鉴新鲜度

摸鱼的肉质是否紧密有弹性，按后不能留指印，腹部紧实不留指痕的为新鲜鱼；反之肉质松软，无弹性，按后留有指痕，严重的肉骨分离，腹部留有指痕或有破口的是不新鲜鱼。

3. 购冰冻鱼

新鲜冻鱼，其外表鲜艳、鱼体完整、无损害、鳞片整齐、眼球清晰、鳃无异味，肌肉坚实、有弹性。除了具有以上鲜鱼的质量要求外，包装也要完好，鱼体表层无干缩、油烧现象。有破肚、有异味的冰冻鱼不要购买，特别是不新鲜的鲐鱼与鲅鱼，其体内含组氨酸，即使加热后食用也极易中毒。

4. 鉴别被污染鱼

被污染的鱼往往在体形、鱼鳍、鱼眼和味道上与新鲜的鱼有明显的区别，所以在购买鱼类时要着重观察这些部位。

被铅污染的鱼体形不整齐，严重的头大尾小，脊椎僵硬无弹性；化肥污染的鱼体表颜色发黄变青，鱼肉呈绿色，鱼鳞脱落，鱼肚膨胀；有的鱼被各种化学物质污染后开始变味，如大蒜味、农药味、煤油味，可以直接闻出来。还有的鱼虽然从外表看来正常，可鱼眼明显突出，浑浊没有光泽，这样的鱼也是被污染过的。

5. 选购带鱼的技巧

在选购带鱼时，首先要注意是否新鲜，新鲜的带鱼洁白发亮，体表带有鱼类特有的银膜。而变质的带鱼发黄发黑，摸上去有种黏糊糊的感觉。

6. 选购鳝鱼

鳝鱼死后，容易分解出毒物，引起食物中毒。所以，在选购鳝鱼的时候，浑身黏液丰富，头朝上直立，颜色黄褐而发亮，且不停游动的为佳。

7. 选购鲜鱼片

新鲜的鱼片透明度很高，鱼片越新鲜，透明度就越高；反之，鱼片变色或者比较干裂的话，则表明不太新鲜。

8. 看外形选对虾

新鲜对虾头尾完整，有一定的弯曲度，虾身较挺。不新鲜的对虾，头尾容易脱，不能保持其原有的弯曲度。

9. 看颜色选对虾

新鲜对虾皮壳发亮，青白色，即保持原色。不新鲜的对虾，皮壳发暗，颜色变为红色或灰紫色。

10. 鉴螃蟹质量

根据生长环境的不同螃蟹可以分为两种：河蟹和海蟹。雄蟹肉多油多，而雌蟹黄多肥美。优的河蟹，蟹脚劲大、完整、饱满，其壳呈青绿色，且有光亮。而质量好的海蟹体形完整，蟹脚坚实，颜色为青灰。

11. 鉴河蟹质量

农历立秋左右的河蟹饱满肥美，此时是选购的最好时节。死蟹往往含有毒素，建议不要购买。质量好的河蟹甲壳呈青绿色，体形完整，活泼有力。雌蟹黄多肥美，雄蟹则油多肉多，根据其脐部可辨别：雄蟹为尖脐，雌蟹为圆脐。

12. 选购海蟹

市场上有的海蟹腿钳残缺松懈，关节挺硬无弹性，稍碰即掉或自行脱落，甚至变腥变臭，这样的海蟹质量太次，不宜食用。而好的海蟹腿钳坚实有力，连接牢固，体形完整。观其脐部可分辨雌雄，圆脐为雌，尖脐为雄。

13. 鉴枪蟹质量

枪蟹，也就是市场上常卖的梭子蟹。优质新鲜的枪蟹体形完整，腿钳坚实有力，整体呈紫青色，背部有青白斑点，体重，这样的蟹才是新鲜的。

14. 选购青蟹

优质肥美的青蟹一般体重在二三百克左右，肉质紧致，蟹壳锯齿状的顶端完全不透光。有些交配过的大个头雄蟹和刚刚换完壳的青蟹，都消耗了很多体力，肉质疏松，一点也不饱满，所以选购青蟹时要拿起两只掂量掂量，以重者为佳，不能只看个头。青蟹存放的最佳温度是8℃~18℃，温度过高或者过低都会导致很快死亡。保存青蟹时，要放在湿润的阴凉处，并每天浸泡在浓度为18%的盐水中5分钟，这样就能活3～10天。

15. 选购海参

优质海参形体粗长，肉厚，腹内没有杂物，如梅花参。而体形瘦小，肉薄，体内有沙等杂质的海参为次品，如搭刀赤参。

梅花参：是一种个头比较大的海参（干品可达200克），把干制品展平，会在其纯黑的腹内发现许多尖刺。

方刺参：因体形为四棱形而得名，在其棱面上长有小刺。虽然方刺参个头较小、颜色土黄，但比梅花参更有食用价值。

灰参：以肉质肥美驰名，其淡水产品尤为出众。但因其碱性很重，易回潮，肉质极糯，不宜长久储存。

白器参：颜色白黄，没有刺，味道一般。

克参：也就是人们常说的乌狗参，黑色无刺，厚硬的表皮和薄肉使其品质较差，不受人们欢迎。

16. 选购牡蛎

牡蛎是一种生长在海边石头上的海

产品，又被称为海蛎子。个大肥厚，呈浅黄色的，即为优品品；大小不一，潮湿发红的为次品。

17．选新鲜扇贝

新鲜扇贝的肉色雪白而带有半透明状；若不透明且色白，则为不新鲜的扇贝。内脏为红色的是雌体，雄体内脏为白色。

18．选购海带

优质的海带有以下特点：遇水即展，浸水后逐渐变清，没有根须，宽长厚实，颜色如绿玉般润泽；而品质低劣的海带含有大量的杂质，颜色发黄没有光泽，在水中浸泡很长时间才展开或者根本不展开。

19．鉴鱼翅质量

优质的鱼翅干燥、口感干爽淡口。从颜色上辨别则是：黄白色的最佳，灰黄的一般，青的最差。

20．选购甲鱼

在市场上一定要买活甲鱼，并且杀死即吃，不要存放死甲鱼。因为甲鱼死后易分解毒物，体内含有毒素会引起食物中毒，因此不能选购死鱼食用。

21．野味质量的鉴别

看眼睛：新鲜的野味眼睛应突出，眼珠应明亮；不新鲜的眼珠灰白。

观皮毛：新鲜的野味皮毛有光泽，不易拔下；不新鲜的皮上有灰绿色斑点，很容易拔下并带有脂肪。

22．牛肉质量的鉴别

从外表、颜色看，新鲜的牛肉外表干或有风干膜，不粘手，肌肉红色均匀，脂肪洁白或淡黄，有光泽；变质肉外表干燥或粘手，切面发黏，肉色暗淡且无光泽。煮成汤后，新鲜的牛肉汤透明清澄，脂肪聚于表面；变质肉有臭味，肉汤浑浊，有黄色或白色絮状物，脂肪极少浮于表面。

23．辨注水牛肉

注水牛肉因其含水量太多，而使肉色泽变淡，呈淡红带白色，虽然看上去很细嫩，但有少许水珠向外渗水，且用手摸并不黏手。若有以上现象，则表明是注水牛肉。

24．黄牛肉的鉴别技巧

肉颜色棕红或暗红，脂肪为黄色，有光泽，肥瘦不掺杂，容易分离。

25．水牛肉的鉴别技巧

肉棕红，颜色较深，脂肪干燥，肉质比较粗糙。

26．观肉色选新鲜羊肉

优质的羊肉肉皮光鲜没有斑点，肉质均匀有光泽，呈鲜红色；不新鲜的羊肉色暗；变质的羊肉色暗无光泽，脂肪呈黄绿色。

27．试手感选新鲜羊肉

新鲜的羊肉质坚而细，有弹性，指压出的凹陷能够马上恢复，肉表面或干或湿都不粘手；不新鲜的羊肉质松，无弹性，干燥或粘手；变质的羊肉粘手。

28．尝味道选新鲜羊肉

新鲜的羊肉无异味；不新鲜的羊肉略有酸味；变质的羊肉有腐败的臭味。

29．不同羊肉的鉴别技巧

常见的羊肉分为绵羊肉和山羊肉两种，新鲜的山羊肉肉色略白，皮肉间脂肪较少，羊肉特有的膻味浓重。新鲜的绵羊肉颜色红润，肌肉比较坚实，在细细的纤维组织中夹杂着少许脂肪，膻味没有山羊肉浓。

30．按烹饪方法选羊肉

不同的烹饪方法需要不同部位的羊肉，这样才能做出更美味的食物。下面就介绍一下几种烹饪方式所需的羊肉。

扒羊肉：应选羊尾、三岔、脖颈、肋条、肉腱子。

涮羊肉：应选三岔、磨裆。

焖羊肉：应选腱子肉、脖颈。

烧羊肉：应选肋条、肉腱子、脖颈、三岔、羊尾。

炒羊肉：应选里脊、外脊、外脊里侧、三岔、磨裆、肉腱子。

炸羊肉：应选外脊、胸口。

31．老羊肉和嫩羊肉的区别

老羊肉肉质粗糙，纹理粗大，颜色较暗，呈深红色；嫩羊肉肉质细嫩，纹理较小，弹性好，颜色淡。

32．变质猪肉的鉴别

变质猪肉没光泽、颜色暗淡，基本上无弹性，切开后有黏液流出。死猪肉的血管存有大量紫红色血液，所以颜色暗红并带有色斑。加热就会散发出很重的腐败气味。

33．看瘦肉鉴别老母猪肉

老母猪肉的瘦肉一般呈暗红色，水分较少，纹路粗乱，而好的猪肉瘦肉一般呈鲜红色，水分较多，纹路清晰，肉质细嫩。

34．用手摸鉴别老母猪肉

用手去摸母猪的肥肉，指头上沾有的脂肪比较少，不像好的肥肉，会使指头沾有比较多的油脂。

35．手摸鉴别灌水猪肉

用手摸瘦肉，若正常，则会有黏手的感觉，因为猪肉体液有黏性。而灌水猪肉因为把体液冲淡了，所以没有黏性。

36．测试法鉴别灌水猪肉

在瘦肉上贴些烟卷，过一会儿将其揭下，然后再点燃。若有明火的，则是好肉，反之，则是灌水肉。

37．鉴别死猪肉

死后屠宰的猪肉色暗红，有青紫色斑，血管中有紫红色血液淤积和大量的黑色血栓。其肾脏局部变绿，有腐败气味散出，冬季气温低，嗅不到气味，通过加热烧烤或煮沸，变质的腐败气味就会散发出来。

38．鉴别猪囊虫肉

猪囊虫是钩缘虫的幼虫，呈囊泡状，在猪的瘦肉里和心脏上寄生。猪囊虫会在猪肉上形成带有白色头节的囊泡，小如米粒大。误食猪囊虫肉会使人得病，如绦虫病、囊虫病。

其检验的方法是：将瘦肉用锋利的刀刃迅速割开，然后细心翻检，看它是否有囊泡。另外，看它的肉色是否发红。若肥肉呈粉红色，则要引起注意。

39．鉴别瘟猪肉

瘟猪的全身淋巴结都呈紫色，肾脏贫血色淡，周身甚至脂肪和肌肉都布满鲜红色出血点。经一夜清水浸泡的瘟猪肉外表明显发白，周身的出血点就看不出了，但这只是表面现象，切开后的猪肉仍然存在明显的出血点。

40．鉴别病猪

从毛皮色泽上鉴别：健康的猪毛根白净，肉皮色白，脂肪颜色为白色；病猪毛根发红，表皮有红色血斑或血点。

从肉质上鉴别：健康猪的肉呈粉红

色，有光泽，弹性好，不流液体；病死猪颜色紫红，肉没有弹性，常流出血液，又腥又臭。

从血管存血上鉴别：健康猪血管干净没有积血；病死猪则有很多黑血积在血管中。

41.挑选猪肝

（1）看外表：颜色紫红均匀，表面有光泽的是正常的猪肝。

（2）用手触摸：感觉有弹性，无水肿、脓肿、硬块的是正常的猪肝。

另外，有些猪肝的表面有菜籽大小的白点，这是由于一些致病的物质侵袭肌体后，肌体自我保护的一种现象。割掉白点仍然可以食用。但若白点太多，就不要购买了。

42.鉴别病死猪肝

病死猪肝颜色发紫，剖切后向外溢血，偶尔长有水泡。加热时间短的话，病变细菌不易被杀死，对人体有害。

43.鉴别灌水猪肝

灌水后的猪肝虽然颜色还是红色，但明显发白，外形膨胀，捏扁后可以立即恢复，剖切时向外流水。

44.购买酱肝

在购买的时候，应购买颜色均匀且呈红褐色、光滑有弹性的，切开后，其切面细腻，无异味，无蜂窝。反之，则不能购买。

45.鉴别动物心脏质量

新鲜的心脏质地坚实，有弹性，内部有新鲜的血液；不新鲜的心脏则质地松软，没有弹性，并带有黏液，散发异味。

46.鉴别猪心

新鲜的猪心，富有弹性，组织坚实，

用手压的时候，会有鲜红的血液流出；若为不新鲜的，则没有这些现象。

47.鉴别肚质量

新鲜的肚坚实有弹性，呈白色略带浅黄，有光泽，黏液多；不新鲜的肚质地松软没有弹性，呈白色略发青色，没有光泽，黏液少。有病的肚内则长有发硬的小疙瘩。

48.挑选猪肚

先看它的色泽是否正常。然后看猪肚上有没有坏死或者出血的发黑发紫组织，若有比较大的出血面，则表示是病猪肚。最后闻一闻看有没有异味和臭味，如果有，则说明是变质猪肚或者病猪肚，不要购买这种猪肚。

49.鉴别腰子质量

新鲜的腰子柔润光泽，有弹性，呈浅红色；不新鲜的腰子颜色发青，被水泡过后变为白色，质地松软，膨胀无弹性，并发散异味。

50.挑选猪腰

首先看它的表面有没有出血点，若有，则不正常。其次，看它是否比一般的猪腰要厚和大些，若是又厚又大，要仔细观察一下是否肾红肿。其检查的方法是：将猪腰用刀切开，看髓质（红色组织与白色筋丝之间）和皮质是否模糊不清，若是，则是不正常的。

51.挑选猪肠

新鲜的猪肠稍软，呈乳白色，有黏液，略有硬度，湿润度大，无伤斑，无变质异味，无脓色，且不带杂质。若是变色的猪肠，则为草绿色或淡绿色，其硬度会减少，黏糊，且有腐败的臭味。

52.挑选猪肺

正常的猪肺呈淡红色，表面光滑，

用手指轻轻地压它，会感觉柔软而有弹性，将它切开后，里面呈淡红色，能喷出气泡。若是变质的肺，颜色为灰白色或者褐色，组织松软而无弹性，有异味。肺上有肿、水肿、结节及脓样块节等也不能食用。

53．鉴别淀粉香肠

掺淀粉的香肠最基本的表现就是外观平滑、硬挺，和瘦肉极为相似。它比正常次品火腿肉质组织稍软，切面尚平整；变质火腿组织松软甚至黏糊。

54．选腊肠

在选购腊肠的时候，首先要看它的颜色，腊肠的肥瘦肉一般以颜色鲜明的为好，若肥肉呈淡黄色，瘦肉色泽发黑，则可能是存放时间太久或者变质；其次，用手去捏一捏，若是干透了的腊肠，不但瘦肉硬，而且其表面会起皱，反之说明腊肠的质量不好；再就是闻味，用刀在腊肠上切一个口，若嗅到的是酸味，则证明腊肠已坏，不宜购买。

55．从气味鉴别火腿质量

优质火腿有火腿特有的香腊味；次品稍有异味；变质火腿有腐败气味或严重酸味。

56．鉴别叉烧肉质量

品质好的叉烧肉肌肉坚实，纹理均匀细腻，颜色酱红，有光泽，肉香纯正。

57．腊肉质量的鉴别

观色泽：质优的精腊肉为鲜红色，肥肉透明；质量差的腊肉精肉呈暗红色，肥肉表面有霉点；质劣的腊肉肥肉呈黄色。

试弹性：质优的腊肉肉质有弹性，指压后痕迹不明显；质次的腊肉肉身稍软，肉质、弹性较差，指压后痕迹能逐渐自然消除；质劣的腊肉肉质无弹性，指压痕迹明显。

辨气味：质优的腊肉无异味；质次的腊肉稍有酸味；质劣的腊肉有酸败味、哈喇味或臭味，有的外表湿润、发黏。

58．鉴别烧烤肉质量

优质烧烤肉颜色微红、脂肪颜色乳白、表面光滑有光泽，肉质坚实均匀、干燥，脆滑，无异味。

59．鉴别咸肉质量

(1) 观颜：色优质的肉呈鲜红或玫瑰红色，脂肪色白或微红；变质的咸肉颜色呈暗红色或带灰绿色，脂肪呈灰白色或黄色。

(2) 察肉质：优质的咸肉肉皮干硬，色苍白、无霉斑及液体浸出，肌肉切面平整，有光泽、结构密而结实，无斑、无虫；变质的咸肉肉皮滑、质地松软，脂肪质似豆腐状。

(3) 闻气味：优质的咸肉无异味；变质的咸肉有轻度酸败味，骨周围组织稍有酸味，更为严重的有哈喇味及腐败臭味。

60．选购酱肉

在选购的时候，应挑选颜色鲜艳而有光泽，皮下脂肪呈白色，外形洁净而完整，肌肉有弹性，无残毛、污垢、肿块、淤血或者其他残留的器官，如直肠、食道等。然后，再用刀插到肉里，然后迅速拔出，若闻到刀上有异味，则有可能是变质肉。

61．选购光禽

去毛出售的家禽称为光禽，新鲜的光禽体表干燥而紧缩，有光泽；肌肉坚挺，有弹性，呈玫瑰红色；脂肪呈淡黄色或黄色；口腔干净无斑点，呈淡红色；口腔黏膜呈淡玫瑰色，有光泽、洁净、无异味；眼睛明亮，充满整个眼窝。

变质的光禽皮肤上的毛孔平坦，皮肤松弛，表面湿润发黏，色变暗，常呈污染色或淡紫铜色；肌肉松弛，湿润发黏，色变暗红或发灰；脂肪变成灰色，有时发绿；口腔黏膜呈灰色，带有斑点；眼睛污浊，眼球下陷；整体发散出一股腐败的气味。

62. 鉴别冻禽

将光禽解冻后，若皮肤呈黄白色或乳黄色，肌肉微红，切面干燥，即为质量好的；若皮肤呈紫黄色、暗黄色或乳黄色，手摸的时候有黏滑感，眼球紧闭或浑浊，有臭味，则为变质的光禽。

63. 鉴别活鸡是否为病鸡

看鸡冠：若鸡冠颜色鲜红，柔软，冠挺直，则为健康鸡；反之，若鸡冠萎缩，呈紫色或者暗红色，肿胀，有瘤状或脓疱物，则为病鸡。

看眼睛：若鸡的眼睛圆、大而有神，眼球灵活，为健康鸡；若鸡的眼睛无神，半闭或紧闭流泪，若眼圈的周围有乳酪状的分泌物，则为病鸡。

看嘴：若鸡的嘴干燥、紧闭，则为健康鸡；若鸡嘴有黏液或者黏液挂在嘴端，则为病鸡。

看翅膀：若鸡的翅膀紧贴身体，羽毛紧覆而整齐，有光泽，为健康鸡；若鸡的两翅下垂，羽毛粗乱而蓬松，有污物，无光泽，则为有病的鸡。

看嗉囊：若嗉囊没有气体、积食和积水，则为健康鸡；若嗉囊膨胀且有气体、积食发硬或肿大，为有病鸡。

看肛门：若鸡肛门附近的绒毛洁净而干燥，湿润而呈微红，则为健康鸡；

若鸡肛门周围的绒毛有白色或绿粪便，黏膜发炎，并呈深红色，则为病鸡。

看胸肌：若鸡的胸肌丰满活络，且有弹性，呈微红色，则为健康鸡；反之，若僵硬或消瘦不活络，呈暗红色或深红色，则为病鸡。

看腿脚：若鸡爪壮而有力，行动自由，则为健康鸡；若行动无力，步伐不稳，则为病鸡。

试体温：用手摸鸡的大腿，若上冷下热，且鸡冠不烫手，则为健康鸡；若上热下冷，鸡冠烫手，则为病鸡。

提鸡翼：将鸡翼提起来，若挣扎有力，鸣声长而响亮，双脚收起，有一定的重量，则说明鸡的生命力强，比较健康；若挣扎无力，脚伸而不收，鸣声短促而嘶哑，肉薄身轻，则为病鸡。

64. 看鸡爪鉴别老嫩鸡

老鸡的爪尖磨损得光秃，脚掌皮厚，而且僵硬；脚腕间的凸出物较长。嫩鸡爪尖，磨损不大，脚掌皮薄而无僵硬现象，脚腕间的凸出物也较小。

65. 看鸡皮鉴别老嫩鸡

老鸡的皮粗糙，毛孔粗大；嫩鸡的皮细嫩，毛孔较小。

66. 选购柴鸡

优质的柴鸡皮毛洁白干净，去毛后毛孔均匀，鸡皮呈白黄色，脂肪、肉比例适中。若柴鸡表皮暗绿，发黏，则说明已经变质，不可购买。

67. 烧鸡质量的鉴别

市场上有许多病死的鸡制成的烧鸡，它们往往在肉色、眼睛、香味三方面与活鸡制品有很大的区别。活鸡制成的烧鸡：肉呈白色；眼睛呈半睁半闭状；香味扑鼻。病死的鸡制成的烧鸡：肉色发红；眼睛紧闭；香味不浓或有异味。

68. 选购填鸡

在选购的时候，应挑毛孔均匀，表皮白净，皮色白中带有黄的鸡；大小适中，脂肪稍薄为好；若体表发黏，甚至皮色发绿、发暗，则说明已经变质或趋向于变质，不可购买。

69. 鉴别注水鸡鸭

注水的鸡鸭翅膀下表面有红针点，颜色乌黑；皮层下有明显的滑腻感觉，并且高低不平，好像长有肿块；抠破鸡鸭的胸腔网膜，就会有水流淌出来；拍打起来有"噗噗"的声音，显得很有弹性。没有注水的鸡鸭翅膀没有红针点，为正常的红白色；抚摩起来平滑有光泽；胸腔内没有积水。

70. 鉴选活鸭

质量好的活鸭，羽毛滑润而丰满，脚部皮肤及翼下柔软，用手去摸胸骨时，并没有显著突出的感觉，肉质丰满而肥。反之，则不宜购买。

71. 辨别老嫩鸭

看体表：老鸭个大体重，羽毛粗糙，毛孔粗大；嫩鸭鸭身较糙有小毛。

察鸭嘴：老鸭的嘴上有较多的花斑，嘴管发硬；新鸭嘴上则没有花斑。

72. 鉴别老嫩鹅

看体表：老鹅体重个大，毛孔、气管粗大，羽毛粗糙；嫩鹅羽毛光滑。

观鹅掌：老鹅掌比较硬、老、厚；嫩鹅掌较细嫩、柔软。

察鹅头：老鹅头上的瘤为红色中有一层白霜，瘤较大；嫩鹅则没有白霜，瘤较小。

73. 用光照法鉴别鲜蛋

将一只手握成筒形，与鸡蛋的一端对准，向着太阳光或者灯光照视，若可以看见蛋内的蛋黄呈枯黄色，且没有任何斑点，蛋黄也不移动，则是新鲜鸡蛋。若颜色发暗，不透明，则是坏蛋；有血环或血丝，则为孵过的蛋；发暗或有污斑，则为臭蛋。

74. 用眼观法鉴别鲜蛋

鲜蛋颜色鲜明，外壳光洁，有一层霜状的粉末在上；若壳发暗且无光泽，蛋黄混杂，蛋黄贴在壳上，则为陈蛋。

75. 选购柴鸡蛋法

一般来说，柴鸡蛋比较轻，但不是所有轻蛋都是柴鸡蛋，现在人们可以利用科学培育出各种大小的鸡蛋。蛋重受生理阶段和遗传因素的影响较大。

以前，鸡蛋的蛋黄夏天呈金黄色，冬天时就变成浅黄色的了，而现在不再受季节的影响了。所以根据蛋黄来判断是不是柴鸡蛋并不科学。

饲料中添加色素可以改变鸡蛋的蛋黄的颜色，如鸡蛋"红心"。所以多花钱买的黄心蛋，不一定是柴鸡蛋。

在选购时，不能只看鸡蛋的蛋黄，而着重要看的是蛋壳是否光滑、质地是否均匀；过长过圆都不是好蛋，那些蛋壳比较粗糙、颜色不均匀的，可能是病鸡下的蛋。

76. 鉴别孵鸡蛋

孵鸡淘汰的蛋一般有以下特征：蛋壳表面光滑，颜色发暗；若用手摇晃，会有明显的响声；重量比新鲜蛋要轻些。

77. 挑选咸蛋

看外观：凡是包料完整，没有发霉现象，且蛋壳没有被破坏的，即为优良的咸蛋。

用摇晃法：将咸蛋握在手里轻轻地摇晃，若是成熟的咸蛋，则蛋黄坚实，蛋白呈水样，摇晃的时候可以感觉到蛋白液在流动，且有撞击蛋壳的声音，而劣质蛋与混黄蛋没有撞击的声音。

用光照法：对着光线将蛋照透，通过光亮或灯光处照看，若蛋白透明、清晰红亮，蛋黄缩小且靠近蛋壳，则为好咸蛋。若蛋白浑浊，蛋黄稀薄，有臭味，则不能食用。

78. 看外表选购皮蛋

优质的皮蛋蛋壳外表应完整湿润，呈灰白色带少量灰黑色斑点；质量差的外表呈黑亮色。

79. 听响声选购皮蛋

质量好的皮蛋摇晃无声响，用手指轻弹皮蛋的两端，有柔软的"特特"声；质量差的摇晃时有较大水响声，敲打蛋壳发出生硬的"得得"声。

80. 鉴别有毒与无毒皮蛋

没有加氧化铅的，为无毒的皮蛋。若蛋壳的表面与生蛋的表面没什么区别，则为无毒皮蛋。有毒的皮蛋，其蛋壳的表面会有比较大的黑色斑点，打开后，里面也会有显著细小的黑褐色斑点。

81. 鉴别松花蛋质量

对光会发现优质的松花蛋透光面积小，气室较小，蛋黄完整，蛋白颜色暗红；较次的松花蛋透光面积大，气室大，蛋黄不完整，蛋白呈豆绿色或瓦灰色、米白色。

把松花蛋反复抛起，然后接住，感觉沉并有弹力的是质量好的蛋；反之，则是次劣蛋。好蛋摇晃时不会发出声响，次劣蛋则有拍水声。

品质好的松花蛋剥壳很容易，蛋形完整，有韧性和光泽，入口滋味浓香、鲜美、清凉爽口；次劣蛋糟头、粘壳，蛋形不完整，颜色发黄，没光泽。

（三）　蔬菜水果

1. 鉴别有毒害蔬菜

有害物质超标的蔬菜有以下特点：

（1）化肥过量的青菜颜色呈黑绿。

（2）施过尿素的绿豆芽，光溜溜的不长须根。

（3）用过激素的西红柿，其顶部凸起，看起来像桃子。

有的人认为带有虫眼的菜没有施过农药，其实不然，有的虫子对药有很强的抵抗力，或者是生虫后才用农药。目前有害物质在蔬菜体内积存量的平均值由大到小排列顺序为：块根菜类、藕芋类、绿叶菜类、豆类、瓜类、茄果类。

2. 选购菜花

选购时，应挑选花球雪白、结实，花柱脆嫩、肥厚，没有虫眼，体形完整，不腐烂的菜花。而质量不好的菜花，则花球发黄、松散，枯萎或湿润，这样的菜花营养价值很低，味道也不鲜美。

3. 韭菜选购技巧

（1）查看韭菜根部，齐头的是新货，吐舌头的是陈货。

（2）检查捆包腰部的松紧。一般腰部紧者为新货，松者为陈货。

（3）用手捏住韭根抖一抖，叶子发飘者是新货，叶子飘不起来的是陈货。

4. 选购蒜苗

选购蒜苗时，应挑选新鲜脆嫩、条长适中、没有老梗、绿黄分明、体表挺拔、没有破裂、富含水分、用手掐有脆嫩感者。

5. 挑选雪里蕻

质量好的雪里蕻色泽鲜绿，棵大叶壮，质地脆嫩，茎直立，且有清香味。

6. 挑选苋菜

质量好的苋菜叶片较多，主茎肥大、质脆，色泽比较绿。

7. 选择油菜

好的油菜，色泽青翠，接近浅绿色，叶瓣完整；茎部如食指般粗细，叶柄紧跟茎部，梗饱满，无农药味，无虫害。

8. 选购空心菜

空心菜又叫蕹菜，优质的空心菜叶子宽大新鲜，茎部不长，没有黄斑。在选购时，应挑选表面没有黄斑、茎短、叶宽、新鲜的为好。

9. 选购芹菜

芹菜分为香芹（药芹）和水芹（白芹）两个品种，香芹优于水芹。在选购时，要选择茎不太长（一般二三十厘米最佳），菜叶翠绿，茎粗壮的。通常食用只取茎，但根和叶也可食用。

10. 选购生菜

在夏季，生菜的最佳吃法是蘸酱，可以消暑降温。购买生菜时应挑选叶质鲜嫩、叶片肥厚、叶绿梗白、大小适中的生菜；而质量不好的生菜则有蔫叶、干叶、虫洞、斑点。

11. 选购莴苣

莴苣以食茎为主，但叶也可以吃。新鲜的莴苣鲜嫩水灵，皮薄无锈，呈浅绿色。在购买时，要选那些体形完整，粗茎叶大（35～40厘米之间），没有黄叶，没有发蔫的莴苣。

12. 选购芦笋

新鲜的芦笋肉嫩可口。在挑选芦笋时，挑选粗大柔软、色泽浓绿、穗尖紧密、不变色的为好。

13. 选购香菜

香菜是一种很好的辅料，做汤或凉拌菜用。选购时，挑选苗壮，叶青绿，香气浓郁，长短适中，没有黄叶、虫害的为好。

14. 选购西红柿

在选购西红柿时，应挑选颜色鲜明、硬度适中、肥硕均匀、没有畸形和裂痕的。

15. 捏瓜把选黄瓜

买黄瓜须先用手捏黄瓜把儿，看它是否硬实。若把儿是硬实的，说明瓜新鲜、脆生。若一捏就是软的，即是剩下的，说明摘下的时间不短了。

16. 选购苦瓜

购买苦瓜时，选瓜体嫩绿、肉质晶莹肥厚、褶皱深、掐上去有水分、末端有黄色的为佳，有的苦瓜过分成熟稍煮即烂，失去了苦瓜风味，这样的质量不好，不宜选购。

17. 挑选冬瓜

凡是质地细嫩、体大、皮老坚挺、无疤痕畸形、有全白霜、肉厚的均为质量好的冬瓜。

18. 挑选南瓜

凡不伤不烂、个大肉厚、果梗坚硬、无黑点，呈五角形，表面有纵深的沟的，均是质量好的南瓜。

19. 选购丝瓜

丝瓜的种类很多，胖丝瓜和线丝瓜是常见的两种。

胖丝瓜短而粗，购买时挑两端大小一致，皮色新鲜，外皮有细皱并覆盖着一层白绒，没有损伤的为好。

线丝瓜细而长，购买时挑选皮色翠绿，水嫩饱满，表面无皱，大小均匀，瓜形挺直，没有损伤的为好。

20. 鉴别老嫩茄子

鲜嫩的茄子肚皮乌黑发光，重量小，皮薄肉松，籽肉不分，味嫩香甜。而老茄子较重，用手掂量即可辨别出老嫩的差别。

21. 选购青椒

质量好的青椒外形饱满，肉质细嫩。购买时，挑选色泽浅绿、有光泽、没有虫眼、放在手上有分量、气味微辣发甜的为好。

22. 选购红尖椒

优质的红尖椒通透红润，色泽光亮，新鲜饱满，辣味十足。购买时，挑选色泽光亮、新鲜饱满，椒体颜色通透红润的为佳。若想泡制食用时，最好选购秋辣椒。秋辣椒肉厚色红，辣味强、硬度好，久泡不易皮瓤分离。

23. 选购尖角椒

购买尖角椒时，挑选有一定硬度、表面光滑平整、色泽嫩绿、质地坚挺、没有虫眼、气味浓辣的为好。一般来说尖角椒的果实较长，为圆锥形，尖端弯曲呈羊角状并十分尖锐且辣味足，可作为干辣椒调味用。

24. 选购胡萝卜

胡萝卜不但味道鲜美而且营养丰富，为营养保健佳品。胡萝卜分为多种，外形各异，颜色繁多。无论选购哪种胡萝卜，都应选购色泽鲜嫩，质地均匀光滑，颜色较深，个体短小的。

25. 选购芋头

在购买芋头的时候，根须比较少且黏附湿泥，带湿气的新鲜，用手比较一下它的重量，若比较轻，则它的肉质肯定是粉绵松化的；再用食指轻轻地弹一弹芋头，声沉而不响的，属于松粉的芋头。

26. 鉴别莲藕质量

看水域：池藕白嫩多汁有9孔，质量好；有11孔的为田藕，质量则次之。

按季节：以夏、秋生长的为好，春、冬生长的质量次之。

分部位：从顶至底质地由嫩到老，太老咀嚼不烂，太嫩没有嚼头，所以中间部分好吃。

27. 选购茭白

质量好的茭白柔嫩水灵，肉质洁白，纤维少，体形短粗，没有黑色心点；质量差的茭白质地较老，外表有少许红色，茭白肉中有黑点。因此，应挑选个儿短粗、茭白肉无黑色心点的为佳。

28. 选购嫩玉米

选购玉米时，应挑选颗粒饱满，排列紧密，玉米苞大，软硬适中，没有虫害，不太老不太嫩为好。玉米太老了难以咀嚼，太嫩了没有嚼头。

29. 鉴别酱菜质量

色泽：优质的酱菜鲜艳光泽，整体颜色均匀。酸菜金黄色中微带绿色；不带叶绿素的菜为金黄色；青椒、蒜苗等酱菜保持原色。

气味：优质的酱菜清香诱人，酸咸适宜无苦味。

质地：优质的酱菜细嫩清脆，有弹性，不老不硬。

30. 鉴选豆腐

优质豆腐皮白细嫩、内无水纹、没有杂质；劣质豆腐颜色微黄、内有水纹和气泡、有细微的杂质。另外，把一枚针从优质豆腐正上方 30 厘米处放下，能轻易插入；劣质豆腐则不能或很难插入。

31. 鉴选袋装食用菌

选购袋装食用菌时要从色泽、外形、气味 3 方面辨别优劣，观察有没有破碎或霉变。一般来说野生食用菌没有质量保证，所以建议购买厂名、地址、生产日期、保质期清楚的袋装食用菌。

32. 鉴别毒蘑菇的方法

（1）毒蘑菇通常形态怪异，菇柄粗长或细长，或菇盖平整，或菇盖内质板硬，一般毒菇色泽比较鲜艳（如褐、红、绿等色），破损后易变色。

（2）把一撮白米放入煮蘑菇的锅中，如果白米颜色变黑，则是毒蘑菇。

（3）把撕开的蘑菇放入水中浸泡 10 分钟，若清水呈牛奶状浑浊，说明是毒蘑菇。

（4）用毒蘑菇煮汤，煮沸半个小时后，汤的颜色将逐渐呈暗褐色。

（5）如果不肯定是否混进毒蘑菇，而汤的颜色又没有变，就用小勺取少许汤品尝，要是有酸、辣、涩、麻、苦、腥等异味，一定是有毒蘑菇，这样的汤不能食用，要倒掉。

33. 鉴别草菇质量

优质的草菇个头整齐，呈灰白色，无裂痕，没有霉变。草菇分为 5 级，等级从低到高，菇的菌蕾逐渐变大，肉质逐渐变厚。好的草菇表面光滑，气味香浓。草菇有很强的吸水、泡发性，用冷水泡发即可，但时间不宜过长。

34. 选购猴头菇

挑选猴头菇时，应挑选菇茸毛均匀，表面长满肉刺，体大干燥，远观像猴头形，整齐无损伤，色泽金黄无霉烂

虫害，无异味者为佳。

35. 鉴选黑木耳

优质的黑木耳朵大而薄，朵面呈黑褐色或者乌黑光润，朵背略呈灰色，质地干燥，分量小。

36. 鉴别银耳质量

银耳有干、鲜之分。优质的鲜银耳表面洁白光亮，叶片充分展开，朵形完整，富有弹性。底部颜色呈黄色或米黄色；变质鲜银耳表面有霉蚀，发黏，无弹性，朵形不规则，色较正常深，底部为黑色。

37. 选购香蕉

在选购香蕉的时候，要注意不要有棱角，饱满浑圆且有些芝麻点的最香甜，但是不要买皮焦黄柔软的。将刚割下来的香蕉放进米缸内，约 7 天即可食用。

38. 鉴选苹果

优质苹果果皮光洁，颜色鲜艳，大小适中，肉质细密，软硬适中，没有损伤和虫眼，味道酸甜可口，有一股芳香的气味。

39. 选购柑橘

选购柑橘时，应挑选果形端正、无畸形、果肉光洁明亮、果梗新鲜的品种。

40. 选购芦柑

在选购芦柑的时候，应选择底部宽广、肩部深而鼓起，脐部深陷的。从肩部两侧轻轻地压，稍具有弹性，果体较大、较重的，就是好的芦柑。

41. 鉴选桃子

质量好的桃子体大肉嫩，果色鲜亮，成熟的果皮多呈黄白色、向阳的部位微红，外皮没有损伤，没有虫害斑点，味道浓甜多汁。没有成熟的桃子手感坚

硬；过熟的肉质下陷，已经腐败变质。

42. 选购猕猴桃

在购买猕猴桃时，应挑选皮表光滑无毛，成色新鲜，呈黄褐色，个大无畸形，捏上去有弹性，果肉细腻，色青绿，果心较小的，这样的猕猴桃味甜汁多，清香可口。若外表颜色不均匀，剥开表皮，瓤发黄的则不宜选购。

43. 选购杨桃

选择杨桃时，应果皮黄中带绿，有光泽，棱边呈绿色的品种；而过熟的杨桃皮色橙黄，棱边发黑；不熟的杨桃皮色青绿，味道酸涩。

44. 鉴选菠萝

颜色：成熟的菠萝颜色鲜黄；未熟的皮色青绿；过熟的皮色橙黄。

手感：成熟的菠萝质地软硬适中；未熟的手感坚硬；过熟的果体发软。

味道：成熟的菠萝果实饱满味香，口感细嫩；未熟的酸涩无香味；过熟的果眼溢出果汁，果肉失去鲜味。

45. 选购石榴

在选购石榴的时候，选择色泽鲜艳，皮壳起棱，透明晶莹，籽粒大而饱满，皮薄而光滑，无裂果者为佳。

46. 选购芒果

在选购芒果时，果实大而饱满、手掂有重实感、表面颜色金黄、干净没有黑斑、清香多汁者为优质芒果。

47. 尝味道选葡萄

在葡萄上市的时候，若想试它的酸甜，可将整串葡萄拿起来，尝最末端的那一颗，若是甜的，则说明整串都会是甜的。

48. 选购草莓

在选购草莓的时候，要挑选果形整齐，果面洁净，粒大，色泽鲜艳，呈淡红色或红色，汁液多，甜酸适中，香气浓的。成熟度为八分熟，甜中带酸的最好吃。要挑选果面清洁，无虫咬、无伤烂、无压伤等现象的草莓。

49. 选购杏

在选购鲜杏的时候，要求色艳，果大，汁浓味甜香气足，核少，纤维少，无病虫害，有适当的成熟度（即肉质柔软），且容易离核的为好。反之，若味道酸涩，与果核不易分离，且粘核者质次。

50. 选购李子

在选购李子的时候，应选择鲜艳，甜香甘美、果肉细密、汁多、核小，口感稍稍具有弹性，脆度适宜者为优。反之则为次品。

51. 挑选山楂

山楂也叫大山楂、山果子、北山楂，大小不一，果呈圆形，表面为深红色，光亮，近萼部细密，有果点，肉紧密、呈粉红色，接近梗凹的地方呈青黄色，汁多、味酸、微甜的为优。

52. 鉴选荔枝

成熟荔枝果壳柔软而有弹性，颜色黄褐略带青色，肉质莹白饱满，清香多汁，核小而乌黑，容易与果肉分离。很多品种的荔枝都有各自不同的特点。

黑叶：个头一般，呈不规则圆形，核大壳薄，外表颜色暗红，裂片均匀，排列整齐，裂纹和缝合线显而易见。

桂味：个头一般，果球形，核大壳薄，浅红色，龟裂片状如不规则圆锥，果皮上有环形的深沟，有桂花香味。

三月红：个头较大，壳厚核大，颜

色青绿带红，果形呈扁心形，龟裂纹片明显、不均匀，尖细刺手。

糯米枝：个大核小、鲜红色，果形上大下小，扁心形，呈肉质肥厚，龟裂片平滑无刺，果顶浑圆。

53. 选购龙眼

在选购龙眼时，应选果大肉厚有弹性，皮薄核小，呈黄褐色，或黄中带青色，味香多汁，果壳完整，表面洁净无斑点，剥壳后莹亮厚实的上好龙眼。

54. 鉴选樱桃

色：优质樱桃颜色鲜红，或者略带黄色；质量差的颜色暗淡没有光泽，果蒂部分呈褐色。

形：优质樱桃粒大饱满，表皮光滑、光亮，果实饱满；质量差的果身软潮发皱。

质：优质樱桃无破皮、无渗水现象；质量差的有裂痕和"溃疡"现象。

55. 选购柠檬

在选购柠檬时，挑选色泽鲜润，果质坚挺不萎蔫，表面干净没有斑点及无褐色斑块，有浓郁香味的品种为佳。

56. 选购无花果

选购无花果时，挑选果子个大，果皮绿中带紫，表面光滑饱满，果口微张，肉厚质嫩，汁多味甜，无压伤，无破皮，体形完整，无渗水现象的果子为佳。

57. 鉴选椰子

观色：优质的椰子皮色呈黄褐或黑褐色；质量次的皮色灰黑。

辨形：优质的椰子外形饱满，为不规则圆形；质量次的呈三角形或梭形。

听响：优质的椰子摇晃时，汁液撞击声大；质量次的摇晃时声音小。

58. 鉴选西瓜

质量好的熟西瓜瓜柄呈绿色，底面发黄，瓜体均匀，瓜蒂和脐部深陷、周围饱满，表面光滑、花纹清晰、纹路明显，指弹发出"嘭嘭"声（过熟的瓜听到"噗噗"声），能够漂浮在水中。

生瓜光泽暗淡、表面有茸毛、纹路、花斑不清晰，敲打发出"当当"声，放在水中后会下沉到水底。

畸形瓜生长不正常，头尖尾粗或者头大尾小。

59. 选购木瓜

质量好的木瓜呈椭圆形，皮色较深而且杂带黑黄色。因此，选购木瓜时，挑选形状椭圆，皮色较深的为好。

（四）干货饮品

1. 鉴选墨鱼干

优质的墨鱼干颜色柿红、体形完整、干净整洁，口淡味香；较次的则体表有红粉，局部有黑斑，体形基本完整，背部呈暗红色。

2. 鉴选鱿鱼干

质量好的鱿鱼干干净光洁，体形完整，颜色如干虾肉色，体表覆盖细微的白粉，干燥淡口；质量次的则背尾部颜色暗红，两侧有微红点，体形小而宽、部分蜷曲，肉比较薄。

3. 鉴选鲍鱼干

优质的鲍鱼干体形完整，质地结实，干燥淡口，颜色呈粉红或柿红；质量次的则体形基本完整，柿红色，背部略带黑色，干燥淡口。

4. 鉴选章鱼干

优质的章鱼干体形完整、质地结

实而肥大；颜色鲜艳，呈棕红色或柿红；体表覆盖着白霜，干燥清香。质量次的则色发暗，呈紫红色。

5. 鉴别牡蛎质量

光亮洁净、体形完整、跟干虾肉的颜色相似、表面有细微的白粉、淡口、够干的为优质品；背部及尾部红中透暗、体形部分蜷曲、两侧有微红点、肉薄、体小而宽者为次品。

6. 鉴别笋干质量

色泽：上品表面光洁，呈奶白色、玉白色或淡棕黄；中品色泽暗黄；质量最差的呈酱褐色。

长度：上品在 30 厘米之内；质量差的长度超过 30 厘米。

肉质：上品短阔肉厚，纹路细致，笋节紧密；质量差的纤维粗壮、笋节稀疏。

水分：上品水分小于 14%，一折即断，声音脆亮；质量差的折不断或折断时无脆声。

7. 鉴别紫菜质量

紫菜的色泽紫红，含水量不超过 8%～9%，无泥沙杂质，有紫菜特有的清香者为质优；反之则质量比较差。

8. 鉴选腐竹

腐竹通常分为三品，优品：颜色浅黄，有光泽，外形整齐，蜂孔均匀，肉质细腻油润；一般品质的：颜色灰黄，稍有光泽，外形整齐；次品：颜色深黄，稍有光泽，外形断碎、弹性较差，无法撕成丝。而优质腐竹放入水中 10 分钟后，水变黄但不浑浊，弹性好，可撕成条状，没有硬结，且散发豆类清香。

9. 挑选粉丝

粉丝的品种有禾谷类粉丝、豆类粉丝、混合类粉丝和薯类粉丝，其中以豆类粉丝里面的绿豆类粉丝质量最好，薯类粉丝的质量比较差。质量比较好的粉丝，应该粉条均匀、细长、白净、整齐，有光泽、透明度高、柔而韧、弹性足、不容易折断，粉干洁，无斑点黑迹，无污染，无霉变异味。

10. 鉴别红枣质量

色：优质红枣剖开后肉色淡黄；劣质红枣皮色深紫、肉色深黄。

形：优质红枣手感紧实，不脱皮，不粘连，枣皮皱纹少而浅细，无丝条相连，核细小；劣质红枣湿软而粘手，核大，有丝条相连。

味：优质红枣香甜可口，劣质红枣口感粗糙，甜味不足或带酸涩味。

11. 选购蜜枣

在选购蜜枣的时候，要求丝纹匀密，个大肉厚，糖霜明显，色泽黄亮透明，成熟干燥，有枣的甜香。反之，则不宜购买。

12. 选购芝麻

芝麻以黑芝麻的品种最佳。在选购的时候，应选饱满、个大，无杂质、香味正者为好。反之则质量差。

13. 鉴别栗子质量

皮色褐、紫、红、鲜明且富有光泽，捏和看的时候坚实而不潮湿，果肉丰满，放到水里会下沉，则为新鲜优质的栗子。皮壳色暗，果干瘪，有蛀孔、黑斑，手感空洞，果肉酥软，放进水中会半浮或者上浮的多为次品。

14. 鉴选莲子

湖莲(红莲)、湘莲和通心白莲是莲子的 3 个主要品种。

湖莲：色泽棕红或紫红，大小不同，呈长圆形。

湘莲：颗粒圆大饱满，皮色白中透红，熟品入口酥化甘香，为莲中上品。

通心白莲：鲜白莲去壳、去衣、去芯后晒干而成。

其实不管是买哪种莲子，都要求形圆结实，颗粒大、重、饱满，色泽鲜明，皮薄干燥，没有损伤、虫害或霉变，口咬脆裂，入口软糯的为好。

15.选购瓜子

选购瓜子时，应挑选个大均匀，干燥丰满，形体整齐，色泽光亮的为好。

16.选购松子

选购松子时，应挑选壳硬、有光泽、粒大而饱满均匀的为好；内仁色浅褐，易脱出壳。壳色发青、干瘪霉变的则不宜选购。

17.鉴选核桃

优质的核桃外壳呈浅黄褐色，桃仁整齐饱满，味道香，没有虫害，用手掂有一定的分量。劣质的核桃外壳呈深褐色，晦暗没有光泽，有哈喇味。

18.鉴选花生仁

花生的种类很多，形状各异。无论何种花生，都应挑选颗粒饱满均匀，果衣颜色为深桃红色的。质量差的花生仁则干瘪不匀，有皱纹，潮湿没有光泽；变质的花生仁颜色黄而带褐色，有一股哈喇味，这样的花生仁会霉变出黄曲霉素，食用后容易致癌。

19.挑选山楂片

质量好的山楂片，酸味浓正，色红艳，肉质柔糯，没有虫蛀，用手将其抓紧，松开后，会马上散开。反之则质次。

20.鉴选柿饼

优质的柿饼大小均匀，体圆完整，中心薄边缘厚，表皮紧贴果肉，果肉呈橘红色，肉质柔滑，没有果核；劣质的柿饼表皮无霜或少霜，发黑，没光泽，果肉呈黑褐色，粘手或者手感坚硬。

21.鉴别变质糕点

走油：存放时间过长的糕点容易走油，产生油脂酸败味，色香味下降。

干缩：糕点变干后会出现干缩现象，如皱皮、僵硬等，口感明显变差。

霉变：糕点被霉菌污染后霉变，味道全变，会危害人的健康。

回潮：糕点因吸收水分，会出现回潮现象，如软塌、变形、发韧等。

变味：糕点长久存放，会散发陈腐味，霉变，酸，走油，有哈喇味。

生虫：包装或原料不干净带有虫卵，或者糕点本身的香味吸引小虫，而令糕点变质。

22.选购纯巧克力

选购纯巧克力时，应挑选表面光滑，质地紧密，没有大的气孔（小于1毫米），入口香甜、细腻润滑，没有煳味的产品为好。

23.用观察法选购鲜奶

新鲜牛奶颜色应洁白或者白中带微黄，奶液均匀，瓶底无豆花状沉淀物。

24.用闻嗅法选购鲜奶

闻一闻是否有乳香味，不能有酸味、腥味、腐臭味等异味。

25.鉴别兑水牛奶

可以将钩针插入牛奶。若是纯牛奶，立即取出后，针尖会悬着奶滴；如果针尖没有挂奶滴则说明是掺水牛奶。另外，可以观察牛奶流注的过程，将牛奶慢慢倒入碗中，掺水奶显得稀薄，在牛奶流过的碗边可以发现水痕。掺水牛奶颜色没有纯奶白，因为水的原因，其煮沸所需时间比较长，香味也较淡。

26.鉴别酸奶质量的技巧

高质量的酸奶凝块细腻、均匀、无气泡，表面能看到少量的呈乳白色或是淡黄色的乳清，口感酸甜可口，有特有的酸牛奶的香味，而不是变质酸奶的一股臭味。若发现凝块破碎，奶清析出，有气泡，则不要饮用。

27.冲调溶解鉴选奶粉

用开水将少许奶粉在杯中充分调开后静置5分钟，若无沉淀，溶解充分，说明质量正常；而已经变质的奶粉会有细粒沉淀，有悬浮物或是不溶解于水的小硬块；变质严重的则会出现奶水分离，这样的奶粉严禁食用。

28.看色泽鉴选奶粉

从颜色看，色白略带淡黄，均匀且有光泽为正常。如果是很深或呈焦黄色、灰白色为次。假劣货则会出现白色等非自然色泽，而且会有结晶体。

29.看包装鉴选奶粉

包装完好是真品奶粉的特点，商标、说明、封口、厂名、生产日期、批号、保质期和保存期等缺一不可。如果没有这些，而且包装印刷粗糙，图标模糊，密封不严，字体模糊等，则可判定为伪劣产品。

30.尝味道鉴选奶粉

品尝少量奶粉，口感细腻、发黏是真品；颗粒粗细不均，过甜，迅速溶解则是假劣奶粉。

31.摇动鉴选奶粉

用手轻轻摇动铁罐装奶粉，能听到清晰的沙沙声，说明奶粉质量好。声音较重、模糊，说明已结块。用质量正常的玻璃瓶装的奶粉，轻摇倒转后如瓶底不结奶粉说明是奶粉质量好，如有结块现象则是有质量问题。

32.用手捏鉴选奶粉

松散柔软，轻微的沙沙声是塑料袋包装的奶粉的特征。如果已经吸湿而结块，会有发硬的感觉。如果是轻微结块的一捏就碎，这种情况对奶粉的质量影响不是很大，可食用。如果结块严重、捏不碎，则说明严重变质，不可食用。

33.鉴别奶粉包装标示

选购时应注意包装奶粉的标示是否标明有营养成分、营养分析、制造日期、保存期限、使用方法等，同时要注意所含钙、磷比值的标准应达到$1.2 \sim 2.0$。有些奶粉标榜自己有特殊成分、特殊功效，往往标价不菲，父母对此应特别小心，以免受骗。如果真的想购买具有特殊成分的奶粉，最好请教医师，针对需求做选择，不要轻信他人的推荐以及商家的广告。

34.识别假奶粉

从颜色上看，假奶粉呈白色和其他非自然色；从味道上看，奶味淡、无奶味；从外形上看，粉粒粗大。这些都是假奶粉的特征。

35.选购茶叶

看：整齐，不会混有黄片、茶梗、茶角等杂物。冲泡时，叶片舒展顺畅，徐徐下沉，汤色纯净透明是好茶的特征。

摸：叶片干燥不会软，说明茶叶没有受潮，可以久藏。

闻：好的茶叶气味清香扑鼻，无霉、焦等异味。

比：比较茶叶的色泽，好的发酵茶具有青蛙皮似的光泽。

36. 看色泽鉴别茶叶质量

品质优良的茶叶，色泽调和，油润，光亮，品质次的则显得枯暗无光。功夫红茶要求芽尖金黄，体色乌黑油润，暗黑、青灰、枯红的则不行；绿茶则要求茶香清幽，体色碧绿，颜色枯黄或暗黄则不行；乌龙茶要求乌润，鲜明，茶味具有特色的清香，红褐色为最佳，如果是黄绿则不好。

37. 看匀度鉴别茶叶质量

在盘内倒入茶叶，固定方向旋转几圈，茶叶就会因为形状不同而分开，如果中层的越多，茶叶的品质就越好。

38. 选购茉莉花茶

从外形上看，花茶应该条索紧密，颜色润泽、匀净。味道上，好的花茶应有鲜花香气，而不是霉味或烟焦气味，花茶中干花的比例并不是越高越好，适量即可。

39. 鉴别西湖龙井茶

产于杭州西湖附近的西湖龙井，应该茶叶条索整齐，扁平，叶嫩绿，触感光滑，长宽较统一，一芽一叶或一芽双叶，纤小玲珑，茶味清香不刺鼻。

40. 鉴别碧螺春

如果碧螺春是一芽一叶，叶子青绿色、卷曲，芽为白毫卷曲形，叶子根部幼嫩、均匀明亮，则为正品。

41. 鉴别不同季节茶叶

春茶：其品质为芽叶肥硕饱和，色泽润绿，条索紧实，茶汤浓醇爽口，香气悠长，触感柔软，无杂质。

夏茶：即立夏后采制的茶。其品质为叶薄，多紫芽。所以夏茶条质较硬，叶脉清晰，有青绿色叶子夹杂其间。

秋茶：常为绿色，条索紧细，多筋，重量轻。茶汤色淡，口感平和微甜，有淡淡的香气。叶子柔软，多为单片，茶茎较嫩，有铜色叶片。

42. 鉴别新茶与陈茶

外观：新茶绿润，有光泽，干爽，易用手捻碎，碎后成粉末状，陈茶外观色泽灰黄，无光泽，因吸收潮气，不易捏碎。

气味：新茶有清香气，板栗香、兰花香等，茶汤气味浓郁，爽口清纯，茶根部嫩绿明亮。陈茶则无清奇气味，而是一股陈味，将陈茶用热气润湿，湿处会呈黄色。冲泡后，茶汤深黄，虽然醇厚，但是欠浓，茶根部陈黄不明亮。

滋味：氨基酸、维生素等构成茶中味道的酚类化合物在贮藏过程中，有的会分解掉，有的则合成不溶水的物质，这样，茶汤的味道就会变淡。故此，但凡新茶总会不沉，茶味浓，爽口。

43. 鉴别假花茶

花茶是用绿茶和鲜茉莉花为原料多次加工而成，由于充分加工使得香气从茶叶上散发出来，因此茶中干花的多少与茶香无关。而造假者的方法是使用低档劣质茶叶和茶厂废弃的干花混合后冒充花茶，虽有大量干花在茶中，但这种茶却无香气，茶叶外观也不均匀，色泽差，口感涩。

44. 鉴选果汁

一种果汁是不是100%原汁，一般可以从4个方面来鉴别：

标签：产品成分都会写在合格的产品包装上，有的产品会说明是不是100%纯果汁，纯果汁一般还标明"绝不含任何防腐剂、糖及人造色素"。

色泽：购买时可以将瓶子倒置，对着强光，如果发现颜色过深，可能是加了色素，属于伪劣品。100%纯果汁色泽应近似鲜果。另外如果发现瓶底有杂质，则是变质的表现，不要再饮用。

气味：有水果清香的是纯果汁，有酸味和涩味的是劣质产品。

口感：新鲜水果的原味是100%纯果汁的特色，酸甜适度，橙汁可能感觉偏酸；劣质产品往往加糖，感觉甜，却没有回味。

其他：苹果原汁颜色淡黄，均匀，浓度适中，有苹果的清香味；葡萄原汁颜色为淡紫色，有葡萄的原味，无杂质和沉淀。

45. 鉴别真假蜂蜜

从颜色看，真蜂蜜透明或半透明。假蜂蜜显得浑浊，颜色过艳。

从味道和外形看，真蜂蜜有特殊的芳香气，形状黏稠，拉黏丝，流体连续性好，不断流，10℃时会结晶。假蜂蜜无芳香味，甚至味道刺鼻，常有悬浮物，黏度小，流体连续性差，易断流，结晶体成沙状。

从口感看，真蜂蜜口感香甜，有粘嘴的感觉，结晶后咀嚼感觉如酥，入口即化。假蜂蜜口感淡，甚至感觉咸涩，结晶体味如砂糖。

从其他性状看，真蜂蜜大约比水重1.5倍，可彻底燃烧，少残渣，晒干后变得比原来稀薄。假蜂蜜大约比水重1.3倍，燃烧后灰多，有碳状残渣，晒干后无明显变化甚至变稠。

46. 鉴别真假蜂王浆

真蜂王浆呈乳白色或淡黄色，闻一闻有酸臭气味，口感先酸后涩，与碘液反应后呈红棕色。伪劣品则色淡质稀，有气泡在表面，放入口中感到甜腻，与碘液反应后呈蓝色，有的还掺杂了杂质显得浆体稠厚。

47. 鉴选鹿茸

鹿茸是名贵中药材，市场上有很多已经被萃取药用过的劣品鹿茸在销售，该种鹿茸有效成分已流失很多。从颜色上看，真品鹿茸呈棕色或棕红色，劣品鹿茸则呈暗黄棕色。从外皮看，真鹿茸平滑，毛密柔软，切开后，截面呈暗黄色，有蜂窝状细孔；劣品鹿茸皮显得微皱，毛疏粗糙。切开后，截面呈纯白色，孔细不明显。从气味看，真品鹿茸气味微腥，有咸味；劣品鹿茸无腥味、咸味。

48. 鉴选西洋参、沙参和白参

从外形上看，西洋参体短，圆锥形，土白色，有1～3个不等的支根或支根痕在下端，也有支根较粗。沙参比较长，长圆棍形或长圆锥形，白色，主根长，为圆柱形。白参表面淡白色，也有支根在下部，但是较长。

从表面看西洋参纵向皱纹多，横向皱纹稀且较细。沙参在加工时用细马尾缠绕，使得上端有较规整、深陷的横纹。白参上端有较密较细的环状纹，加工过程中还会在参体上留下针眼样的痕迹。

质地上，西洋参坚硬，不易折断，口感浓、苦。沙参显得质地疏松，重量轻，易折断，断面常有纵向裂隙，气味微香，口感甜，不带苦味。白参质地坚硬、较重。

49. 鉴选人参

从人参的生长期、场地来看，野生人参其功效比栽培的要好些，人参岁长的比岁短的疗效要强些。一般的朝鲜参、野山参补力最强，白参、红参、生晒参、大力参要稍差些，参尾、参条要次一等，白糖参、参须最弱。

人参的良与次除了品种以外，还取决于其根部所生长的情况，根节多、分量重、粗大、无虫蛀、均匀的，才是好人参。

50. 鉴选燕窝

燕窝是名贵药材，呈碗碟状，洁白晶莹，浸入水中柔软胀大的称为白燕，属珍品。燕窝中夹杂绒羽、纤维海藻和植物纤维，带有血迹，颜色微黄，略带咸味的称作毛燕，属次品。如果燕窝大部分是海藻、植物纤维做成的，就只能做药而不宜食用。

51. 鉴选真假名酒

真酒清澈透明，无杂质沉浮物；假酒则有杂质浮物，酒液浑浊不清，或颜色不正。一般名酒的酒瓶上有特定标记，瓶盖使用扭断式防盗盖，或印有厂名的热胶套；而假冒酒则使用杂瓶或旧瓶，瓶盖一般为塑料盖或铁盖。真酒商标做工精细，使用的是特定颜色，且

裁边整齐，背面有出厂日期、检验代号等；而假酒商标则粗制滥造，字迹不清，图案偏色，出厂日期、检验代号等也模糊不清。

52. 鉴选黄酒

黄酒的颜色呈紫红色或浅黄色，品质优良的黄酒，其酒液清澈透明，没有沉淀浑浊的现象，也没有悬浮物。开瓶后，能闻到浓郁的香味，入口无苦涩、辛辣等异味，酒精含量低。而劣质的黄酒，酒液比较浑浊，颜色不正，入口辛辣、苦涩，没有特有酒香。

53. 鉴选葡萄酒

优质的红葡萄酒，呈现出一种凝重的深红色，有着红宝石般的透亮品质。开瓶后，酒香四溢，小口细细品尝，感觉醇厚怡人，口中充满余味。饮用后，更觉绵醇悠长，回味无穷。不同类型葡萄酒的饮用温度不同，干白葡萄酒多以 8℃ ～ 12℃ 为佳；干红葡萄酒多以 14℃ ～ 18℃ 为佳；甜型葡萄酒多以 8℃ ～ 10℃ 为佳。

三、 房产

（一） 材料装修

1. 鉴选橱柜门板

耐火板门板：具有耐磨、耐刮、耐高温、抗渗透、易清洁等特性，适应厨房内特殊环境，更迎合橱柜美观实用相结合的发展趋势，是人们选购橱柜时的首选。

冰花板门板：在钢板表面压一层带

有花纹图案的 PVC 亮光膜，既有光泽又真正防火，是一种理想的门板材料，不足之处是花色品种单调。

实木门板：实木橱柜门板具有回归自然、返璞归真的效果。尤其是一些高档实木门，在一些花边角的处理和漆的色泽上达到了世界最高工艺，但其价格昂贵。

2. 选购大芯板

选购大芯板时，一定要去正规的生

产厂家购买，在查看产品检测报告时，看甲醛释放量是否达到国家限定的标准，其报告中的含水率、胶合强度、厚度等也是需要注意的地方。另外，消费者可对着亮光观察大芯板，若密度不够的话会出现透白；胶合强度不好的话拎起时会有咯吱声。当竖立放置时，边角应平直，对角线的误差不应超过6毫米。

3.鉴选强化地板

强化地板用木屑压制而成，耐磨性好，稳定性强，铺设方便，但足感较差。

4.鉴选实木地板

实木地板完全由原木制成，足感、弹性非常好，但价格高，稳定性差，若安装、保养不到位，易发生开裂。

5.鉴选铭木地板

铭木地板表层是原木，其余则为复合板。铭木地板的足感略逊于实木地板，优于强化地板，稳定性好，但市场上可选择的款式不多。

6.鉴选数码地板

数码地板的板材取决于天然木材，中间运用从德国进口的数码板心。足感弹性好，表面光滑，防水防潮性好，且安装简便。

7.鉴选竹地板

颜色：其主要颜色有本色、漂白色、炭灰色3种，也有一部分是蓝色或粉色，在选购时，以自然本色为好。

光泽：用新鲜毛竹加工而成的竹地板竹纹丰富、色泽均匀。受日照影响不严重，没有明显的阴阳面差别，比木地板色差小。

工艺：竹地板的结构主要有平拼和竖拼两种，平拼为三层结构，竖拼为单层结构。挑选时，应取1～2块样品平铺在地面上，看是否平整。

光漆：竹地板表面刷有一层高光漆和半亚光漆。购买时，可观察其表面涂层的光漆是否均匀，有无气泡、颗粒状等。

黏胶：将一块竹地板放在开水中蒸煮10分钟，如果没有开胶现象，则说明胶合强度合格。

8.闻气味鉴别劣质地板

劣质地板板材能够挥发出难闻的刺激性怪味，所挥发出的有害气体，严重超出国家限制标准。

9.看匀度鉴别大理石质量

质量好的大理石，其纹络均匀、质地结构细腻；而粗粒及不等粒结构的大理石外观效果较差，其机械力学性能也不均匀，质量差。

10.听声音鉴别大理石质量

质量好的大理石，敲击声脆悦耳；若石材内部存在裂隙、细脉或因风化而导致颗粒间接触变松，则敲击声粗哑。

11.选购大理石的技巧

在大理石背面滴上一小滴墨水，若墨水很快四处分散浸出，则表示石材内部颗粒较松或存在细微裂隙，石材质量不好；反之，若墨水滴在原处不动，则说明石材致密质地好。

12.看釉面鉴选瓷砖

用硬物刮擦瓷砖表面，若出现刮痕，则表示施釉不足，表面的釉磨光后，砖面便容易藏污，较难清理。

13.看色差鉴选瓷砖

在光线充足的情况下仔细察看，好的产品色差很小，其色调基本一致；而差的产品则色调深浅不一，色差较大。

14.根据规格鉴选瓷砖

好的产品规格偏差小，铺贴后砖缝平直，装饰效果良好；差的产品则规格偏差大，产品之间尺寸大小不一。

15.看溶液鉴别多彩涂料质量

凡质量好的多彩涂料，保护胶水溶液一般呈无色或微黄色，且纹络较清晰。通常涂料在经过一段时间的储存后，其花纹粒子会下沉，上面会有一层保护胶水溶液。这层保护胶水溶液，约占多彩涂料总量的1/4左右。

16.看漂浮物鉴别多彩涂料质量

凡质量好的多彩涂料，在保护胶水溶液的表面，没有漂浮物。

17.看粒子度鉴别多彩涂料质量

取一只透明的玻璃杯，倒入半杯清水，然后再倒入少许多彩涂料，搅动均匀。凡质量好的多彩涂料，其杯中的水会清澈见底。

18.识别涂料VOC

涂料VOC是挥发性有机物，是衡量产品环保性指标的一个方面。在市场中是商家炒作的热点，它的含量高低与产品的质量并不总是成反比。就现在来说大众价格的涂料VOC越低其产品的耐擦性能越差，漆膜的掉粉趋势也越严重。

19.鉴选PVC类壁纸

PVC类壁纸具有花色品种丰富、耐擦洗、防霉变、抗老化、不易褪色等优点，特别是低发泡的PVC类壁纸，因其工艺上的特点，能够产生布纹、木纹、浮雕等多种不同的装饰效果，价格适中，在市场上较受青睐。

20.鉴选纯纸类壁纸

纯纸类壁纸无气味，透气性好，被公认为"绿色建材"，但是耐潮、耐水、耐折性差，也不可擦洗，适用范围较小，一般只用于装饰儿童房间。

21.鉴选纤维类壁纸

纤维壁纸可擦洗、不易褪色、抗折、防霉、阻燃，且吸音、透气性较好。由于此类壁纸以天然植物纤维为主要原料，自然气息十分浓厚。虽然进入国内市场时间不长，但却被誉为"绿色环保"建材，颇受人们的欢迎，但价格较高。

22.识别新型壁纸

超强吸音型：新型壁纸除了具有花样多、款式全的特点外，而且还具有实用功能。其超强吸音效果在同类产品中十分突出，特别适用于音乐发烧友的家居装饰。这种壁纸一般为白色立体花纹，铺装后您可根据个人爱好在上面涂上彩色涂料。

超凡不羁型：这种壁纸有多种仿石、仿麻效果。如果不用手触摸，很难分辨真假，特别适合个性装修和背景装饰。

23.选择装修公司

首先，要信誉好。信誉好的装修公司有专门人员对质量进行把关，因此质量上相对有保障。

其次，不要选择"马路游击队"。游击队人员没有经过正规培训，操作不规范，极易造成安全隐患。

再次，多关注电视、报刊的家装专栏、家装版面。一般有实力在媒体上连续做广告的装修公司，往往是重信誉的。

最后，实地考察装修施工单位状况，是否具有规范化的管理，是否有训练有素的设计、施工队伍，是否有工商注册执照以及建筑装修方面的资质证书。

24. 考察装修样板间

深入了解。考察样板间不能光看，漂亮的样板间并不能完全代表装修公司各施工队的整体水平，所以看样板间前要先了解一下装修公司的资质与各项管理制度。在取得了初步的信任后，再去考察样板间。

参观施工现场。参观正在施工中的工程，也会对您的选择更有帮助。留心材料码放是否整齐，工人着装是否统一以及在咨询时了解到的管理制度是否在施工现场得到贯彻实施。

25. 识别装修报价单

合格的报价单通常包括的主要项目为：制造和安装工艺技术标准、单价、数量、总价、材料结构等。其中制造安装工艺技术标准和材料结构最重要。价格要注明所使用何种材料，有材料产地、规格、品种等。查看该报价单是否注明材料结构和制作安装工艺技术标准。

26. 房屋验收的技巧

（1）房屋建筑质量：因为房屋的竣工验收不再由质检站担任，而是由设计、监理、建设单位和施工单位四方合验，在工程竣工后 15 日内到市、区两级建委办理竣工备案。因此，住户自己要对房屋进行质量检查，如墙板、地面有无裂缝等，检查门窗开关是否平滑、有无过大的缝隙。

（2）装饰材料标准：在购房合同里，买卖双方应对房屋交付使用时的装饰、装修标准有详细的约定，其中包括：内外墙、顶面、地面使用材料、门窗用料；厨房和卫生间，使用设施的标准和品牌；

电梯的品牌和升降的舒适程度等。

（3）水、电、气管线供应情况：检查这方面情况时，首先要看这些管线是否安装到位，室内电源、天线、电话线、闭路线、宽带接口是否安装齐全；其次要检查上下水是否通畅，各种电力线是否具备实际使用的条件。

（4）房屋面积的核定：任何商品房在交付使用时，必须经有资质的专业测量单位对每一套房屋面积进行核定，得出实测面积。因此，自己验收时，只要将这个实测面积与合同中约定的面积进行核对，即可得知面积有无误差。误差较大的，可立即向开发商提出并协商解决。

27. 装修房屋验收的技巧

（1）门窗：门窗套在受力时不应有空洞和软弹的感觉，直角接合部应严密，表面光洁，不上锁也能自动关上，目测四角应呈直角，门窗套及门面上是否有钉眼、气泡或明显色差。

（2）地板：没有明显的缝隙，外观平整，地板与踢脚线结合密实，在地板上走动时是否有咯吱咯吱的响声。

（3）卫浴：进出水流畅，坐便器放水应有"咕咚"声音。坐便器与地面应有膨胀螺栓固定密封，不得用水泥密封。在水槽放满水并一次放空，检查各接合部，不应有渗漏现象。下水管道不可使用塑料软管。

（4）电线：按动漏电保护器的测试钮，用电笔测试一下螺口灯座的金属部分，带电为不合格。

（5）涂装：表面平整，阴阳角平直，蒙古结牢固，不可有裂纹、刷纹。

（6）镶贴：用小锤敲打墙地砖的四

角与中间，不应有空洞的声音，墙地砖嵌缝平严，整个平面应平整。

28. 验收地面装修的技巧

陶瓷地砖、大理石、花岗岩是常用的地面板块。它们都用水泥砂浆铺贴，合格的装修要保证粘贴的颜色、纹理、图案、光洁度一致均匀。面层与基层粘贴牢固，空鼓量面积不得超过5%。接缝牢固饱满，接缝顺直。安装木地板基层的材料要涂满防腐剂，并牢固、平直。硬木面层应用钉子四边铺设，墙面和木地板之间要有5~10毫米间隙，用踢脚线压住，不能露缝。表面光亮，没有毛刺、刨痕、色泽均匀，且木纹清晰一致。

（二）房屋选购

1. 购期房需要注意的8个要点

（1）不要只看房屋地图，要实地考察房屋的实地位置。

（2）在起价和均价的问题上要弄明白。

（3）若外观图是电脑拟图时一定要识别是实景图还是效果图，如有的户型图比例不当，在感觉上就会比实际空旷得多。

（4）在看房地产广告时一定要明确了解该企业或其他的开发商是否值得信任，不要轻易购房。

（5）不要贪图小便宜，往往就是那些小便宜会让你将老本栽进去。

（6）假如开发商没有资质证号那么不要轻易相信开发商的口头承诺，因为政府是唯一授予产权的机构。

（7）应该按照自己的支付能力来选择支付方式，在这之前建议向专家咨询一下。

（8）另外在合同中不要忘记广告中所承诺的如绿化、物业、保安、热水等承诺。

2. 一次性付款购房选择

在合同约定时间内，一次性付清房价款，可以从销售方那里得到2%~5%左右的房价款优惠。但是这种付款方式也有缺点，一般的购房者很难一下筹集很多现款。如果向亲朋好友也无法筹集，就要从银行取存款，则往往会造成利息上的损失。若开发商没有按期交房，甚至工程烂尾，就有可能损失更多的利息或全部。因此选择付款方式时，一定要慎重选择。

3. 分期付款购房选择

购房人根据买卖合同的约定，买房人在一定的期限内分数次支付全部房价款的方式就是分期付款。在购买期房时采用这种方式的较多，购房人交付首期款时与开发商签订正式的房屋买卖契约，房屋交付使用时，交齐全部房款，办理产权过户。

分期付款的利息是付款时间越长，利率越高，房款额加在一起会高于一次性付款的金额。但是，将通货膨胀和个人收入增长率及支付能力综合起来比较，分期付款还是合算一些。分期付款一般是买卖双方在合同中约定，根据项目开发的进度，分阶段交付房款，在房屋交付使用时，只留一小部分尾款最后付清。这样做的好处是，购买方可以用房款督促、制约开发商按约定的时间开发建设项目，同时也可缓解一次性付款的压力。

4. 选购底层住宅

底层住宅不但价位低而且有不计面

积的花园和阳台，有不少好处。但也要注意其中的一些问题，如环保和安全问题，尘土和噪声问题以及晚上车灯闪动的问题等。因此要避开交通主干道或正对社区大门，同时尽量挑选楼距较大的住宅小区，争取主采光面为正南方。

5．选购多层住宅的楼层

（1）底层：特点是进出方便，房价比较便宜，但采光差且潮湿。

（2）二层：相对底层要干燥些，且进出方便，采光尚可，价格居中。

（3）三层和四层：其房价最高，楼层高度适中，采光优越，三楼的水质一般来说比较干净。四层的水由大楼顶部水箱提供，如果水箱不是经常洗刷或管理不严，水质就会污染。

（4）五层：楼层有点偏高，而且爬楼梯比较累，其房价与底层差不多。

（5）顶层：缺点是夏天闷热，雨天时可能会漏水。

6．选择多层住宅与高层住宅

（1）多层住宅的实际用房率要高于高层住宅。住宅的面积包括使用面积、住宅的公共部位等。高层住宅由于有电梯、电梯等候间、地下室等，需分摊的公用面积比多层的更多，因而实际用房率要低一些。

（2）普通多层住宅一般为砖混结构，而高层住宅由于为钢筋混凝结构，因而，不仅抗震性能好于多层住宅，而且折旧年限长。

（3）由于构造结构上的原因，多层住宅基本上是坐北朝南，南北通风，室内使用面积多，房型合理，大开间容易隔开装修。而高层住宅一般采用框架剪力墙结构，加上又考虑几部电梯的位置，因而户型设计不太理想，而且给装修也带来不便。

（4）高层物业费要多于多层住宅。由于高层住宅设有电梯、垃圾通道，一般物业管理费用要高一些。

7．选购二手房

（1）验看产权证的正本，注意产权证上的房产是否与卖房人是同一个人；同时要到房管部门查询此产权证的真实性；并确认是否允许转卖。

（2）要查售房者有没有抵押或留下债务等。除房价外，购房者应支付6%的产权转让税。

（3）要了解一下该住房是哪一年建的，还有多长时间的土地使用期限；是否发生过不好的事情，是否被抵押或者发生过盗窃案。

（4）通过与市场上公房的比较，来判断房屋的价值，也可委托信得过的中介机构或评估机构进行评估。

8．识别二手房质量

打开水龙头观察水的质量、水压，确认房子的供电容量，避免出现夏天开不了空调的现象；打开电视看一看图像是否清楚，观察户内外电线是否有老化的现象；观察小区绿化工作如何，物业管理公司提供哪些服务及各项收费标准。

9．二手房屋的估价

房地产管理部门在交易双方当事人向房地产管理部门申报其成交价格时，如果认为明显低于房地产价值，就会对交易的房地产委托具有一定资质的专业评估机构进行评估，并且评估的价格就会被作为缴纳税费的依据。除此以外，为确定合理的交易价格，交易双方也可以把委托评估事务所进行的评估作为交易价格的参考。

10. 购房社区比较

小社区的优势：小社区的资金投入不用太大，因此，开发商对销售收入的依赖也不会太大。为了吸引购房者，通常在建设速度上会提高很多。小社区可分享更多的同等配套，从而会提高居住品质。同样是几千平方米的专用会场，几百户共享还是几千户共享，在居住品质上的区别是很大的，且出租时竞争者会更少。

大社区的优势：大社区在建设初期，条件会比较差，价格也不会太高。随着社会的发展，开发商会逐步提高价格。大社区的市政配套可靠，包括水、电、煤、暖、路等。大社区往往受到政府的更多重视，一般不会出现入住了还没通水通路的情况。

11. 识样板房使诈

样板房是经过专门设计的。它的尺寸和结构可能与图纸上的大小不同，开发商可能会把开间放大一些，客户不懂其中奥妙，就会上当。

在一般住房中的厨房和卫生间是比较小的，样板房中可能会放大，客户的感觉和实际情况不同。售楼人员介绍时，往往忽略真实情况，夸夸其谈，使人上当受骗。因此在看房时应用尺量一量，认真比较，可带上内行人去看房，防止上当。

12. 购房风险识别

（1）购买者不能如期入住，房屋的使用居住功能无法体现；属于投资性购房者延迟收取投资回报时间，也就是延迟回收利息及利润的时间。

（2）开发商由于资金实力等方面的原因，可能会对房屋的建筑质量、建筑装饰材料、建筑结构、配套设施等进行了与购房协议内容不符的调换或延迟使用，这样会使购房者遭受损失。购房者特别要注意房屋建筑面积的变化，以免合同上约定的住房面积与实际面积有所出入。

（3）因多方面的原因，开发商无法按期获得整个项目的房屋权属证件，购房的业主也就无法按期获得房屋产权证件。这样会导致购房者蒙受产权再转换或抵押融资受阻的风险。

13. 看房产广告的资质证号

按照有关管理规定，报纸刊登房地产广告，必须要求刊发广告的开发商或广告代理商提供完整的项目立项、销售手续文件，并且在广告中标出销售资格证号。在广告中打出这样的销售许可证号，说明项目已具备上市条件，在立项和日后办理产权手续方面不会有较大的偏差。但也要注意个别广告主为通过报社手续审核，采取伪造等手段，冒用其他项目证号，有的甚至将编造证号在广告中打出来，以此欺骗客户。为保险起见，购房人在了解项目期间，应当委托经纪人或律师对其项目的所有手续进行核实。

14. 选择按揭购房看广告

随着购房抵押贷款政策的普遍实行，有越来越多的商品房项目可为购房人提供按揭购房。一般情况，开发商都会在广告中打出来，借此吸引更大范围的买家前来购买。要想了解这些内容与自己购房到底有多大的关联，一是要掌握抵押贷款知识，再就是要根据广告中列出的贷款条件，来核算贷款的细账。

15. 识卖房广告陷阱

（1）一般以语言定性不定量和醒

目的图文制造视觉冲击力，来设计文字陷阱。

（2）一般用含糊的语言和没有比例的图示缩短实际距离，来设计陷阱。

（3）一般将楼盘中最次部分的价格作为起价，在广告上标明低价格，来吸引买主，造成价格错觉陷阱。

（4）利用买主对绿化面积不敏感的心理，虚报销售面积、绿化面积、配套设施以及不标明是建筑面积还是使用面积等来设计面积陷阱。

16. 看售楼书的技巧

为了推销房屋，开发商为自己精心制作了一种印有房屋图形以及文字说明的广告性宣传材料，这样的材料就是售楼书。售楼书分为外观图、小区整体布局图、地理位置图、楼宇简介、房屋平面图、房屋主体结构、出售价格以及附加条件（如代办按揭）、配套设施、物业管理等几个方面。有了售楼书购房者便可以有针对性地对房屋进行初步认识。例如购房者通过看外观图、小区整体布局图，可以初步判断楼宇是单体建筑还是成片小区，或是高档、中档还是低档，用途是居住、办公还是商住两用。并且购房者通过看地理位置图便对楼宇的具体位置有了初步了解，同时对房屋的价格也有了一个大概的概念。同时购房者也要看清楚楼房的地理位置图是否是按照比例绘制的，如果不按比例，这样的地理位置图将就会导致购房者对地点的选择形成误导。有了房屋平面图，就有利于购房者选择设计合理、适合自己居住或办公的房型。

17. 购房要看五证

购房时要看开发商的"五证"是否齐全，所谓五证即：承建的该物业是否有计委立项、可行性研究的批件；规划局的规划许可证；国土局的土地使用证；建委的开工建设许可证；房管局的商品房预售许可证。

18. 审查房产商有效证件的技巧

（1）审查房产开发商的五证：即商品房预售（销售）许可证、建设用地规划许可证、国有土地使用证、建设工程规划许可证、建筑工程施工许可证。

（2）审查开发商的营业执照是否已经年检，开发商的资质证书。

（3）审查以上证件的时候一定要原件，特别是国有土地使用证，以防将土地使用权转让前预留复印件等欺瞒做法。

19. 看外观鉴别真假房产权证

从外观上看，真的房产证是流水线生产的，墨色均匀，纸张光洁、挺实，而假证多数是手工制作、线条不齐，且油墨不均匀。

20. 看水印图案鉴别真假房产权证

真的房产证内页纸张里的水印图案，只有在灯光下才能看出来，而假证的水印图案，平铺着就能看见。另外真房产证的防伪底纹是浮雕"房屋所有权证"字样，字迹清晰，而假证则没有。

21. 看字迹鉴别真假房产权证

在放大镜下，可以看到真证的内页底线里藏有微缩文字，防伪团花中的绿色花瓣是双线构成，而且仔细看可以发现真房产证上的阿拉伯数字编号，与第四套人民币贰角上面的阿拉伯数字粗细一样。

22. 购房比较

（1）比价格。处于相同地段的商品

房,开发建设的成本也大体相同,其价位合理的应该是首选。

(2)比质量。购房者不仅要向开发商咨询,更要到现场亲自查看,最好有内行陪同,以便把好质量关。

(3)比服务。比较各开发商所举办的销售活动是否合法、有效。同时还要看开发商选择的物业管理公司在管理、服务规范、收费等方面有无良好业绩。

23.看房技巧

(1)看地段,选择能方便自己生活工作的地段。

(2)看规划。选择规划合理、环境舒适的小区。

(3)看房型。选择能满足自己居住和符合自己的生活、心理需要的房型。一般来说,客厅要大、四面房门不要太多,多了会影响厅的使用,卧室可稍小一些,但厨房、卫生间的面积也均要在5平方米以上。主卧室选择在朝南方向比较好。

四、家具

(一)日常家具选用

1.把关家具外观质量

在选择家具外观的质量时,要从整体上来观看,看它的对称部件(尤其是卧室框的门)或者其他的贴覆材料,其纹理的走向是不是相近或一致;表面的漆膜是不是均匀、坚硬饱满、平滑光润、色泽一致、无磕碰划痕,手感细腻滑畅。

2.选择家具颜色

在家具的选购上要考虑房间的颜色,浅色的房间,适合搭配样式新颖、色调较浅的家具,这样的搭配可给人一种清爽、明快的感觉,是青年人的首选。老年人一般喜欢安静、修身养性,所以老年人选择家具的颜色一般较深。浅色的家具适合于小的房间,因为在搭配上可给人形成视觉错觉,感觉房间变大。而深色的家具比较适合于较大的房间,并且搭配浅色的墙壁,这样可以突出家具,减少房间的空旷感。

3.选购安全家具

由于贴皮家具的组成成分包括化学胶、纤维板、塑料皮面等,组合的家具虽式样各异,漂亮美观,可是都免不了有害的化学成分,严重危害身体健康。因此家具宜选木质好的实木家具,最好不用贴皮家具。尤其是老年人房间,家具应以皮质、藤质、木质为首选,不适合用玻璃、钢质等硬性家具。当选取绿色、天然材质,其无毒无害,起环保作用。

4.选择环保家具

木家具和板式家具是目前市场上存在的两种形式,一般用中密度纤维板饰面(用刨切单板、装饰纸、防火板等贴面所形成家具材料)、刨花板制成厨房家具和板式家具。板式家具的稳定性好、便于安装,且造型也好。但它的缺点是:原材料的材质不好,会污染室内。而木家具以实木集成材或实木为主要原料,人造板为辅助原料。其优点是：有实木天然的感觉，缺点是：若木材干燥，它的质量就会不好，容易裂纹和变形。若消费者担心产品"甲醛超标"，可以把装修的材料锯成小块，放入塑料袋内封闭一天，如果发现质量有问题，可就近投诉。

5. 选用成套家具看功能

每套家具的件数不同，在功能上就有多少之分，但是每一套家具都需要有基本的功能如摆、睡、写、坐等。若功能不全，会降低家具的实用性。要挑选什么功能的家具，就要根据自己居室的面积和室内的门窗位置来统筹规划。因此，在选购成套家具的时候，要注意整个房间里尺寸比例上要看上去舒服、顺眼，不要让人有不协调感。

6. 选购家具木料

一般来说，木制的家具越重越好，表示它的用料比较厚实。此外，也可以敲敲看，如：听其回声是沉实还是轻飘，若敲着的时候手痛，则为上品。

7. 鉴别红木家具质量

真正的红木家具，本身就带有黄红色、紫红色、赤红色和深红色等多种自然红色，木纹质朴美观、幽雅清新。制作家具后，虽然上了色，但木纹仍然清晰可辨；而仿制品油漆一般颜色厚实，常有白色泛出，无纹理可寻。真的红木家具坚固结实，质地紧密，比一般木料要重；相同造型和尺寸的假红木家具，在重量上是有明显差别的。

8. 布艺家具的选购技巧

选购其框架结构时应选择非常稳定，硬木不突起且干燥，边缘有突出的家具形状滚边的。在主要的联结处有加固装置，通过螺丝或胶水与框架相连，

不管是插接、销子联结，还是用螺栓来联结，都要保证每一联结处非常牢固。

要用麻线将独立弹簧拴紧，其工艺的水平也应达到八级。在承重的弹簧处应有钢条加固的弹簧，固定弹簧上面的织物应不易腐蚀且无味，弹簧上面的覆盖织物也是一样。

在座位下应设防火聚酯纤维层，靠垫核心的聚亚氨酯其质量应是最高，家具后背的弹簧也应该是用聚丙酶织物所覆盖的。在泡沫的周围也应该要填满聚酯纤维或棉，以保舒适。

9. 选购藤制家具

在选购的时候，除了要注意手工技艺是否比较精细外，还要看它材质的优劣。表皮光滑而不油腻，柔软有弹性，且没有什么黑斑的材质比较好；若表面质地松，起皱纹，且材料没有韧性，容易腐蚀和折断，则不宜购买。

10. 选购竹器家具

在选购竹器家具的时候，如果能闻到一股香味，则表示是新的竹器；如闻着有霉腐味，则表示竹器已经发霉，不宜购买。

11. 选购柳条家具

在选购柳条家具的时候，应该选择外形端正，框架平正，腿部落地平稳，榫眼坚固，转折部位弧度及高度符合人体的结构，排列均匀，柳色洁白，无霉斑、无断伤，正面不露钉头的为佳。

12. 选购金属家具

在选购的时候，挑选外壳清新而光亮，腿落地平稳，焊接处无纰漏，圆滑一致，在弯处没有明显的褶皱，螺钉牢固，铆钉无毛刺、光滑而平整、无松动，其表面无脱胶、起泡的为佳。

13. 选购沙发床

弹力：伸开手掌，轻轻地压垫面，反复扫抹垫面，以手掌滑过处，没有阻碍等均衡的情况为宜。

声响：在四角用手压一压，以声响平整为好。

高度：床不要过低或过高，一般以40厘米以上为宜。

14. 选购弹簧床

在选购弹簧床的时候，若想试它的好坏，可以用手在床上稍稍施些力气，开始的时候，若有柔软的感觉，下陷5～10厘米左右时，其表面的张力扩大，且开始有反弹的作用，此时，床反弹的震荡，应该被床的底部所吸收，不会因为床面受到了冲击而使它整体摆动，这样的弹簧床才是好床。

15. 选购床垫的窍门

具有注册商标、厂址、厂名、出厂日期、规格、合格证、品名、型号等标记的床垫是优质床垫。当选购时可从以下几个方面考虑。

（1）弹性：应选择弹性适中（太软了会睡得不舒服）的。

（2）色彩：应选择高雅和谐，且图案美观而富有立体感的，面料的质地要耐用。

（3）外形：应平整、做工精细、丰满、边齐角圆，并配有呼吸孔。

（4）手感：应感觉柔软而不觉得有小疙瘩，下压的时候凹面均匀，没有杂声，不会触及单个弹簧。用手摸它的边角时，应注意有没有边框，若无钢丝框，则容易变形，再看它是否有外漏钢丝头等现象。

16. 购买洁具的窍门

看光洁度：光洁度高的产品，其颜色非常纯正，白洁性好，易清洁，不易挂脏积垢。在判断它的时候，可以选择在比较强的光线下，从侧面来仔细观察产品表面的反光，表面没有细小的麻点和砂眼，或很少有麻点和砂眼的为好。光洁度高的产品，很多都是采用了非常好的施釉工艺和高质量的釉面材料，均匀，对光的反射性好，它的视觉效果也非常好，显得产品的档次高。

摸材质：在选择的时候，可以用手轻轻抚摸其表面，若感觉非常平整、细腻，则说明此产品非常好。还可以摸它的背面，若感觉有"砂砂"的摩擦感，也说明此产品好。

听声音：用手轻轻敲击陶瓷的表面，若被敲击后所发出来的声音比较清脆，则说明陶瓷的材质好。

比较品牌：在选择的时候，可把不同品牌的产品放在一起，从上述几个方面来对其进行对比观察，就很容易将高质量的产品判断出来。

检查吸水率：陶瓷产品有一定的吸附渗透能力，即吸水率，吸水率越低，说明产品越好。因陶瓷的表面，釉面会因为吸入的水过多而膨胀、龟裂。对于坐厕等吸水率比较高的产品，很容易把水里的异味和脏物吸入陶瓷。

17. 选居室餐桌椅

选购餐桌时，常常把与餐桌配套的椅子也选上。其实，大可不必如此，可与众不同。椅子款式不同或款式相同的椅子但颜色各异，完全可以独出心裁，而不仅仅把椅子看成是餐桌的附庸。

18. 选购防盗门

在选购防盗门的时候，要注意查看

上面有没有标有公安局检验后所发的许可证，要选购材质厚实、结构合理、锁具灵活，门扇与门框间隙合理的防盗门。

19. 选购家具聚酯漆

聚酯漆是以聚酯树脂为主的成膜物。高档家具一般用不饱和的聚酯漆，也就是通常所换称的"钢琴漆"，不饱和聚酯漆的特性为：

一次施工膜可达 1 毫米，其他的无法比拟。

它清澈透明，漆膜丰满，其光泽度、硬度都比其他漆种高。

耐热、耐水及短时间的耐轻火焰性能比其他的漆种好。

不饱和的聚酯漆，其柔韧性差，受力的时候容易脆裂，漆膜一旦受损就不易修复，因此，在搬迁的时候，要注意保护家具。

20. 鉴别家具聚氨漆

聚氨漆的漆膜比较坚硬且耐磨，抛光后有比较高的光泽，它的耐热、耐水、耐酸碱性能很好，属于优质的高级木器用漆。

（二） 橱具用具选用

1. 选购消毒柜的技巧

在选购消毒柜的时候，应该从它的功能与型号来进行选择。

（1）功能：最好的效果是用高温来消毒，臭氧其次。普通的机械型消毒柜，操作非常复杂，不好控制，很容易使器具损坏。比较而言，用电脑智能型产品，操作起来会比较方便，同时也能对餐具起到一定的保护作用。

（2）型号：首先，除了挑选它的品牌外，还应注意其产品的型号，功率不能太大，600 瓦最适合。容积方面，若是三口之家，宜选择 50～60 升的消毒柜，若是四口以上的家庭，宜选择 60～80 升的消毒柜。消毒柜的消毒方式，主要是用远红外线石英电加热管来进行臭氧杀菌、高温杀菌，或者用红外线与臭氧结合的方式来进行消毒。

2. 检测消毒柜质量的技巧

（1）质量高的消毒柜有着良好的密封性，这样才能保证好消毒室的温度或臭氧浓度，达到消毒功效。其具体检测的办法是：取一张小小的薄硬纸片，若很容易就插进了消毒柜的门缝里，则说明柜门的密封性不好。

（2）检查消毒柜电源部件的质量，看它的电源反应是否迅速；功率的开关按钮是否灵活、可靠；指示灯工作是否正常。特别要注意看它的电源线连接处是否牢固、无松动；连接器的插拔松紧是否适度；绝缘层有无破损。当接通电源后，各个金属部件不能够有漏电的现象。

（3）当臭氧型消毒柜一通上电后，马上会看到臭氧离子发生器所放射的蓝光或听到高压放电"噼啪"声；红外线型消毒柜一通电后，其温度会迅速升上来，一般约 4 分钟就可达到 40℃。

3. 鉴别砂锅

优质的砂锅，摆放平整，结构合理，内壁光滑，锅体圆正，盖合严密，没有突出的砂粒。优质砂锅选用的陶质细密，大部分呈白色，其表面釉的质量也非常高，光亮非常均匀，锅体的厚薄均匀，具有很好的导热性。

4. 选购砂锅

在选购的时候，装入足量的水在砂锅里，查看是否有渗漏，也可以轻轻用手敲击锅体，若声音清脆，则说明锅体是完好的。若有沙哑声，则说明锅体已经被破损，最好不要购买。

5. 鉴别不锈钢锅的材质

不锈钢的锅产品，一般都印着"18－8""13－0"等钢印，这是指产品的原料成分及身价标志。前面的数字代表的是含铬量，而后面的数字代表的是含镍量。含铬但不含镍的产品是不锈铁，但容易生锈，含铬又含镍的锅，才是不锈钢的。如果在购买的时候分辨不清楚，可随身带一块磁铁，以辨其真伪，吸起来的表明是不锈铁；若是不能被吸起来，则表明是不锈钢。

6. 鉴别高压锅质量

优质的高压锅表面光滑明亮，胶木手柄坚固，上下手柄整齐而不松动。安全阀上的气孔光滑通畅。安全阀内顶针能盖严锅盖气孔管上的气孔；易溶阀上的螺帽能灵活拧动。

7. 铁锅质量鉴别法

优质的铁锅表面光滑，无砂眼、气眼等疵点。略有不规则浅纹属正常，但纹路不可太深。

8. 选购锅的技巧

(1) 看锅面：锅面应该比较光滑，不过不要求平滑如镜，若表面有不规则浅纹，也属正常。但是如果纹路过密，则为次品。

(2) 擦点：若是"小凸点"可以用砂轮将它磨去，若是"小窝坑"，则表明质量比较差。一些卖锅的人，常常将"眼"用石墨填平，不容易被人看出来，只需用一个小刷子将其刷几下，即能使其暴露。

(3) 检查锅底：锅底越小，它的传

火就会越快，既省时又省燃料。

(4) 检查厚度：锅有厚、薄之分，以薄的为好。在鉴别的时候，可以将锅底朝天，然后再把手放在凹面的中心，用硬物敲击锅，锅声越响，手指的震动越大则表明锅的质量越好。

9. 选菜板的学问

有些人认为木质菜板用的时间长了，就容易产生木屑，会污染食物，所以均改用塑料菜板，殊不知，木质菜板有杀菌的作用，而塑料菜板却没有。这是因为树木对抗细菌已经有几十万年的历史了，木质菜板虽只是树木的一个小部分，但是却仍有杀菌的功能。

10. 选购菜刀的技巧

选购菜刀时须看刀的刃口是否平直。刀面平整有光泽，刀身由刀背到刀刃逐渐由厚到薄，刀面前部到后部刀柄处，也是从薄到厚均匀过渡的，这样的刀使起来轻快。也可同时将两把刀并在一起进行比较以确定哪一把好。另一个办法是用刃口削铁试硬度。有硬度的刀可把铁削出硬伤。例如：可用刀刃削另一把刀的刀背，如能削下铁屑，顺利向前滑动，说明钢口好。最后检查木柄是否牢固，有无裂缝。

11. 选菜刀看种类

圆头刀是专门用来供给从事烹调和食堂所用的；马头刀、方头刀则是供一般家庭用；全抛光刀适合切肉、切面用；夹钢菜刀则适合用来切菜切肉；不锈钢刀适合用来切咸菜、一般菜及切面；冷焊过的夹钢刀，左右手都可使用，不易生锈，手感也很轻。

12. 鉴别菜刀质量

(1) 刀身：要求光滑而平展，没有

裂纹和毛刺。

（2）刀把：要求手感好，牢固，手握非常舒服，没有裂缝的更好。

（3）刀口：要求均匀、平直，其夹钢没有裂痕、纯正。刀口没有过火或退火的现象，即不会发黄或发蓝。

（4）硬度：用一把菜刀斜压住另一把菜刀，从刀背的上端往下端推移，若打滑，则说明是钢；若留有刀印在刀背上，则表示此菜刀钢质软硬比较适度；若没有痕迹，则说明此刀太硬。

13. 鉴别杯盘碗碟质量

优质产品容器口彩绘边线应均匀整齐，图案清晰美观，内外壁应无黑斑、釉泡、裂纹。木棒轻敲声音清脆响亮。声音沉厚混浊、沙哑、有颤声的则表明有裂痕或砂眼。容器反扣在木板上应圆正且边沿无空隙。

五、电器

（一）音响器材

1. 保护功放和音箱

（1）安装速熔保险丝、保险管，可以保护功放和扬声器不回音、短路或因其他原因受到强大的电流冲击而受到损害。

（2）避免在功放或音量通电时连接其他设备，如 CD 机、卡座、电唱机、扬声器等。否则有可能在接线时不小心将扬声器的两条线短路而烧毁功放。

2. 鉴别收录机质量的技巧

（1）不装磁带，按下收录机放音键，"沙沙"的机械运转声音越小说明质量越好。

（2）放入磁带，分别按动收录机各键，观察磁带侧面，卷绕整齐者，机芯质量较好。

（3）放进试听带放音，好的收录机高音部清晰明亮、低音部分浑厚饱满，且喇叭机箱不会共鸣，用大音量放音时，不应有明显失真。

（4）把空带放进录音机做录音试验，好的录音机的放音功能及音质应无失真现象。

（5）好的录音机的收音功能也应完好齐全。

3. 用收录机杜比装置

一般家庭大都选用中高档组合音响，它大多采用 B 型杜比装置，录音带上也会有杜比标志，打开杜比开关，会使得音色更加清晰优美。但若录音带没有杜比标志，就不要打开杜比开关。因为杜比系统只对小信号起作用，所以用杜比装置录音，输入音量一般要比平时小一些。

4. 挑选录音机

录音机的等级高低取决于性能的高低，而不取决于功能的多少，因此，并不是功能越多就越好，机型功能多的并不一定实用，虽然价格高，但性能不如比较便宜的录音机。因此，若没有特殊的需要，宁可牺牲功能而选择一个性能指标高的录音机。

若是为学习用，可选择一款便携式的单声道收录机；若是为了欣赏音乐，可选择一款立体声收录机；若是在固定场合使用，可选择一款台式机。

若是普通家庭录、放语言和收听广播用，选择输出功率为 1～2 瓦即可；若是大型台式机用，可以选择输出功率为 5 瓦的；若是以欣赏音乐为主的立体声收录机，选择一款输出功率在 2×5 瓦以上，且组合机在 2×10 瓦以上的。

5. 录音机磁头老化鉴别

(1) 当录音机的声音出现明显失真或抹音不净等现象，而机械部分工作正常、电路部分无故障，且经清洗、消磁、调整磁头角度后仍无改善时，则表明录音机的磁头已经老化。

(2) 如果录音机的磁头表面与磁带接触部位有较明显空隙，则表明磁头已经老化。

6. 录音机磁头磁化鉴别

切断录音机电源，打开磁带仓门，用细线吊一根大头针慢慢靠近磁头，如果大头针被吸住，则表明磁头已磁化，须经过消磁后方可再用。

7. 录音机磁头缺损鉴别

切断录音机电源，按下走带键，将宽度小于磁头的塑料薄片紧贴磁头慢慢向下伸，若塑料片明显受阻，则表明磁头已被磨损，须经过更换后再用。

8. 鉴别录音磁带质量的技巧

(1) 质量好的普通氧化铁磁带应呈灰色或黑色，而不是棕色或褐色的。质量好的锚带表面乌黑发亮，但只能在有磁带选择开关的录音机上使用。

(2) 质量好的磁带表面亮，磁粉粒度细、密度高，对磁头磨损小，高频特性好。

(3) 一般 60 分钟的磁带，当一边带轮上缠满磁带后，总厚度占刻度 5 格的磁带可以放心使用，不会轧带；总厚度只占总刻度一半的磁带则表明质量不好。

(4) 磁带带基不平直或有带边，呈海带状等情况的磁带均不能再使用。

9. 录音磁带的不同种类

(1) 常规磁带：适用于家庭录制音乐和语言节目，有 3 种规格：

LN 带：是低噪声磁带，表面呈棕色，高音略差，中、低音比较好，价格低廉，适用于语言录音。

LH 带：是低噪音高输出磁带，表面呈茶褐色，它除了有 LN 带的优点外，高音段输出的电平比 LN 带好，适用于一般音乐节目录音。

高性能 LH 带：高音特性上面两种都好，且噪声也减少了，高保真性能好，最适合乐曲录音。

(2) 铁锚磁带：带基呈灰黑色，动态范围宽，灵敏度高，噪声低，价格较贵，最适合录制动态范围比较大的高保真度音乐节目。

(3) 氧化锚磁带：简称锚带，带基呈墨绿色或灰黑色，噪音小，高音好，动态范围宽，输出大，最适宜录制交响乐曲等，但中、低音稍差，消耗功率大。

10. 鉴别原装录音磁带

(1) 在原装磁带的头尾，有一段呈半透明、白色的带基，而复制带没有。

(2) 原装带盒上的螺孔没有拆装过的痕迹，而复制带有轻微的损伤。

(3) 原装带的每一段录音之间的空隙，没有杂音和交流声，而复制带有比较明显的交流声。

(4) 原装带的包装精美，且有内容说明，而复制带的衬纸印制比较粗糙，色彩暗淡，无内容说明。

11. 鉴别真假激光唱片

（1）激光唱片因为生产工艺复杂，技术严格，因而真品成本较高；假货一般以成品代替母盘，售价因而便宜得多，但质量根本无法保证。一般专业店出售的应该是真品。

（2）汇集热门曲目的激光唱片应多加提防。

（3）不标明制造单位的、来历不明的激光唱片可能是假货。

（4）封面包装不精致，有明显手工制作痕迹的，肯定是假货。

12. 选用卡拉 OK 混响器

选用卡拉 OK 混响器时，要考虑与音响设备的性能协调。当音响设备具备音频输入输出时，可选带有线路输出方式或功率放大的混响器；音响设备有调频立体声时，可选用有调频输出方式的混响器；若只有一对音响，可选用有功率放大功效的混响器。豪华型的混响器具有动态范围宽、多路声源输入、功能较全等优点，但价格也很昂贵。

13. 选购 DVD 机

DVD 机比 VCD 机具有更大的信息存储量，同时可以播放 VCD 碟片。它的视频和音频信息质量都比较好，远远超过 VCD 机。其音频信息是用杜比 ACJ 数字环绕立体声，音质极高，让人身临其境。

国际上在 1997 年制定的 DVD 机区域代码，把全球分为 6 个区域，中国属于第 6 区域。在我国购买的 DVD 机，在其背面可以找到区域代码。如果没有或不正确就有可能无法使用。

14. 保养 VCD 碟片

（1）变形扭曲的碟片可以放在两张白纸中在平板玻璃下面压平。

（2）灰尘过多的碟片可以用 20℃ 左右的温水擦洗干净。

（3）沾有汗迹和油污的碟片，需要洗涤精或中性香皂涂抹后，放入 20℃ 左右的温水中用绒布擦洗。

15. 保护碟片的方法

（1）拿碟片的手要保持洁净

在拿取碟片前要注意手的清洁，手指上不能有腐蚀性的脏物、油污、汗渍等。科学的方法是用中指勾住碟片中心孔位，大拇指按住或扣住碟片边缘拿取。

（2）注意存放科学

如碟片使用完毕，应将其装回塑料薄膜袋或盒袋中。防止碟片长期裸露，尤其不能随意散乱堆放，人为造成碟片之间碰撞、挤压或碟片表面磨损、划伤等。正确的方法是像书那样将装好的碟片远离磁场，竖放在一起。

（3）合理清洁

如果碟片的反光面有脏物，手头又无专用光碟清洁剂时，可用凉白开水冲洗，再用柔软的绒布、镜头纸或专用清洁刷将其擦洗干净，放在通风处自然干燥。不能用棉织物擦洗碟片，因为会在上面留下棉纤维和痕迹，导致 VCD 机损坏或不能正常工作。

16. 家用摄像机的使用和保养

（1）使用家用摄像机时，不要将镜头长期对准光源，避免镜头长时间固定地摄取同一景物，特别是景物明暗对比度较大时，更应注意。

（2）家用摄像机与其他电视设备进行连接前，必须首先切断所有电源。

（3）家用摄像机使用结束后，应关闭光圈，将镜头盖盖上，同时将电源开关关闭，拔掉电源插头或取出电池。

（4）摄像机在调整和使用时应避开磁场，以免图像抖动和失真。

（5）避免在湿度较大、粉尘较多或充斥有腐蚀性气体的场所使用摄像机。

（6）不要用手摸镜头表面，若表面有灰尘，可以用软毛刷将其轻轻刷去，也可以用干净的软面巾蘸镜头清洁剂来擦拭。

（7）使用摄像机时，经常注意电池临界放电指示。当电池电压下降到某一临界值时，依据摄像机录像器中的警告指示，及时更换电池。忌不更换电池继续使用，导致因放电过度而造成的电池损坏。电池从摄像机中取出后，应立即充电，否则易造成电池损坏。

（二）　电视机与冰箱

1．鉴别电视质量

（1）看光栅：在还没有接收信号前的瞬间，黑白与彩色之间的光栅屏幕上都会布满黑白噪声点。当把对比度关小时，噪声点会变淡。扫描的时候，线均匀清晰，没有颜色变化，只有明暗变化。

（2）观图像：当将电视信号接入后，将电位器的饱和度关闭，看彩电所接收的黑白图像，检查除了色度通道外电视机其他部分工作状况，此时，屏幕上没有勾连和噪波。

（3）听伴音：当把收音旋钮调到最大的时候，伴音应清晰、洪亮，没有明显的干扰噪声和交流声，图像上没有随着伴音大小的变化而产生抖动和干扰条纹。

（4）查质量：将颜色的饱和度旋钮从最小转到最大，看看彩色是否会出现失真现象。当电视机在接收彩色信号的

时候，屏幕上从左到右会出现白、黄、青、绿、紫、红、蓝、黑的信号，将对比度和亮度调到合适的位置，用色度旋转钮来调图像色彩的浓度，当旋转至最小时，会出现纯净黑白图像；往顺时针方向旋转，颜色会逐渐加深；当旋转到最大的时候，色彩最浓，且没有彩色信号的输入，外加一个天线来观察图像信号，同样也能检查出接收彩色信号的能力。

2．鉴别冒牌电视机的技巧

（1）冒牌电视机的包装纸箱质量粗糙，字迹因多用刷子刷成，所以模糊不清、难以辨认。

（2）冒牌电视机机器外壳上，通常没有商标铭牌和厂家名称，且无合格证。

（3）冒牌电视机开机后通常图像不清晰，大小不协调，杂音较大且时常抖动，整机会出现轻微的震动。

3．使用彩电遥控器

在使用遥控器来控制彩电的时候，值得注意的是：当按下关闭(OFF)键后，虽然屏幕上的图像会消失，还必须将电视机面板上面的电源开关关掉，电视机才能完全停止工作。因为用遥控器关机后，彩电里的消磁电路还通着电，它的消磁电阻一直处在高温的状态，很容易脱焊或损坏。且长期通电，还会使磁作用失去，使显像管磁化，而产生颜色不纯的故障，因此，每次在使用遥控器关机后，应将电源开关也关掉。

4．电视机色彩的调节

调节的时候，可以利用屏幕上的彩色测试图来调节：先把色饱和度旋钮调到最小，然后再调节它的亮度和对比度，直到满意程度，即格子黑白分明，且中

间的灰色层次比较丰富。然后再调节色饱和度，直到清晰柔和、色彩绚丽为止。当图像出现后，再适当地调准人体肤色的色彩。在使用电视机的过程中，色彩若一时有变化，差转台或电视台会自动调节，不要再频繁地调节电视机。热天适合调成偏冷色调，即绿色、蓝色；冷天适合调成偏暖色，即橙色、红色。对色饱和度，要掌握在收看的时候感觉舒服，且不易疲劳，和自然色调相宜为好。

5. 避免日光灯干扰电视机的技巧

在看电视的屋里，不要安置吊式的日光灯，因为日光灯是靠高速运动的电子来撞击荧光粉来发光的，因而，在它高速运动的时候，会产生电磁场，并受到交流电的影响，高频成分会介入电视机的天线中，混合在电视台所发出的信号里，对电视机形成干扰，造成很多有规律的跳动小白点在荧光屏上，严重的时候，还会出现上下缓慢滚动的情况，或者干扰到电视的伴音，发出嗡嗡的交流声。

6. 使用和保养电视机

除了根据电视机说明书对其进行使用、操作外，还要考虑电视机的环境要求和使用场合。若在梅雨季节里，则要经常使用，每周最少要使用 1 到 2 次，且每次使用的时间约为 1 小时左右；电视机使用的环境要尽可能避免磁场干扰，若电视机在比较长的时期内不需使用，如果达到 6 个月以上，则应把所有功能键全部处于停止的工作状态，并将其放在通风干燥处存放，尽量避免灰尘、油烟的侵蚀。

7. 电视机响声识别

（1）开机时的响声。电视机开机瞬间发出轻微"吱吱"声或"嗡嗡"声时，属正常现象；如果"吱吱"声很大，并能嗅到一股臭味，同时屏幕上出现了小麻点，则表明电视机已经有了故障，应当立即检修。

（2）收看中的响声。在电视机收看过程中，有时会出现近乎爆裂的"咔咔"声，这是因机内温度升高导致外壳热胀而发出的声音，属正常现象。

（3）收看中的"放炮声"。如果电视机在收看过程中，机体内发出响亮的"放炮声"，同时图像或伴音出现异常，则应立即关机进行检修。

（4）关机后的响声。电视机在已经关闭了一段时间后出现了"咔咔"的响声，这是由于机体内温度降低引起机壳冷缩而发出的正常音响。

8. 清洁电视机屏幕

可用专用的洁视灵、清洁剂和干净的软布来擦洗，它能将荧屏上的污渍、手指印及污垢去除，或者用一个干净的棉球蘸上些磁头清洗液来擦拭，然后再用干净的布擦拭干净即可。也可以用水来清洗电视机屏幕，但由于屏幕是由玻璃所制成的，所以，为了避免在清洗的时候因冷热骤变而使屏幕受损，应先将电视机关掉，等它冷却后，才能开始清洗。

9. 清洁电视机外壳

在清洗的时候，先拔下电视插头，并将电源切断，然后再用柔软的面巾擦拭，千万不能用溶剂、汽油或任何的化学试剂来清洁。若外壳的油污比较重，可用 40℃左右的热水加 4 毫升左右的洗涤剂，将其搅拌均匀后，再用干净的软布蘸着来擦拭。对于那些外壳上面有缝隙的地方，可以用泡沫清洗剂来对其进行清洗。因泡沫不易流动，所以，不能落入电视机内部。不过，在喷洒泡沫的时候，要斜着喷洒，不要正对着缝隙来喷洒。喇叭上面的灰尘要用鸡毛掸轻轻地拂去，待全部清除后，再用电吹风的冷风从上到下吹一遍即可。

10. 选择电冰箱结构形式

(1) 具有冷冻和冷藏功能的双门电冰箱，它一般具有比较大的冷冻室，能储存各种食物，是现代家庭比较理想的电冰箱。

(2) 二门电冰箱比双门电冰箱要多设了一个温度稍高、保湿保温效果比较好的果菜室，它一般在电冰箱的下部，因此，不同储藏温度的食品可以分别放在不同箱门内存储。这样，能将储藏物品间的相互干扰减少，还能减少电冰箱里的冷气流失。

(3) 四门式电冰箱是根据各种物品对冷冻、冷藏温度要求的不同而设立的冷冻室、冷藏室、果菜室和激冷室，它能使电冰箱功能尽善尽美，这是一款比较理想的豪华型家用电冰箱。

11. 鉴别电冰箱质量优劣

(1) 看外形，要仔细看一下电冰箱的造型色彩，看看外层的漆膜是否有光泽不均匀或剥落的现象。

(2) 将电源接通后，把温度调至第二档。然后让自动控制器多次进行自开、自停地操作，以检查它的温控装置是否有效。

(3) 检查压缩机噪音大小及是否正常运转。

(4) 将调节旋钮调至"不停"的位置，约 30 分钟后电冰箱的蒸发器里就会有霜水，然后再检查一下蒸发器四壁的霜水是否均匀，散热是否一样；最后检查

箱门是否使用灵活或开关密实。

12. 鉴别电冰箱温控器

(1) 当电冰箱通电约 5 分钟后，调至"强冷"档，让压缩机开始正常工作。

(2) 约 7 分钟后，将开关调至"弱冷"档，将压缩机工作停止，同时，会发出"嘀嗒"警报声。

(3) 约 5 分钟后，调至"强冷"档，压缩机又开始正常工作，这样，便可断定温控器是正常的。

13. 测电冰箱的启动性能的技巧

(1) 若通电后压缩机能够启动并正常运行，断电后又能立即停止工作，则说明此压缩机启动的性能良好。

(2) 将电源再接通，压缩机在 1 秒钟内又再次启动，并投入了正常运行，则说明此压缩机启动的性能良好。

14. 测电冰箱的噪声的技巧

用手摸一摸压缩机的外壳，若有拉动的感觉，且逐渐转入稍稍震动的感觉，则说明是正常的；若启动后，冷凝器、毛细管抖得很厉害，则说明电冰箱不正常。

15. 测电冰箱制冷性能

(1) 把电冰箱里面的温度控制器旋"停"档位，将电源接通，然后，检查一下灯的开关和照明灯，当打开箱门的时候，照明灯会全亮，箱门在要接近全关的时候，照明灯会熄灭。

(2) 把温度控制器调到"强冷"档位，电冰箱压缩机则开始运转，电冰箱里的其他电器也会开始正常工作，约 5 分钟后，用手先摸一摸电冰箱的冷凝器（在冰箱后背或两侧），会有热的感觉，且热得越快越好。将箱门打开，用手摸一摸蒸发器，会有冷的感觉。

（3）再把箱门关上约20分钟，当冷凝器部位非常热时，将箱门打开仔细看一下蒸发器，上面应该会有一层薄薄的、均匀的霜体。如果蒸发器上面结的霜不均匀或者某一个部位不结霜，则说明此电冰箱制冷的性能不好。

16. 电冰箱门封检测

（1）将手电筒开亮放入电冰箱内，漏光不明显则表明冰箱门封严密。

（2）可用薄纸片放于电冰箱门缝四周，关门后纸片滑落则表明密封较好。

17. 调节电冰箱温度

在使用电冰箱的时候，一般要从小数字开始高温，当箱温稳定后，才能进行第二次高温，一般调到中间便可，不需要冷冻食品的时候，可调到"弱冷"，这样可以省电。

由于直冷式冰箱里只有1个温控器，冷藏室的温度随冷冻式温度变化而变化。当使用"强冷"时，使用的时间绝对不能超过5小时，这样，能避免冷藏室里的食物冻结。

无霜式冰箱里有2个温控器，在使用的时候，可将旋钮互相配合，这样，既保证了冷藏室里的温度不会高于0℃，又能使冷冻室里的温度达到所需。若想快速冷冻，只要把旋钮调至"强冷"处即可，当速冻后，再拧回原处。

18. 冰箱接地应安全

电冰箱下的4条腿不但起到支撑的作用，还担负着地线的职能。若电冰箱里的温度变化，水分很容易蒸发，且电冰箱里的湿度也比较大，则很容易使电冰箱产生感应电流及漏电。若电冰箱的4条金属腿是直接与地面接触的，那么产生的感应电流也可经过它导入大地，从而增加了它的使用安全性。如果在电冰箱的下面垫一块皮垫或者其他的绝缘物体，那么，电流就不能流入大地，当电冰箱漏电的时候，就容易使人触电。

19. 应对冰箱断电的技巧

电冰箱如突然断电，若想使电冰箱里的食物不容易化冻，可放一铜块在电冰箱的速冻室里，最好不要少于250克，这样，冰箱里的温度就可以在6～8小时内不上升。当然，也要注意卫生，在用的时候，可用无毒的聚乙烯薄膜将铜块包好后，再放进冰箱。

20. 处理电冰箱漏电的技巧

若断电器插孔和接线端有了水迹，可先用干抹布将水迹擦拭干净，然后再用电吹风将其小心吹干，装配试机，即可恢复正常。

21. 鉴别电冰箱响声

电冰箱在运行的过程中，一般都会发出各种噪声，有些是正常的，有些却又不是正常的，因此，要仔细辨别。

（1）嘶嘶声：正在运行的电冰箱若发出"嘶嘶嘶"的气流声，同时，还有液流声，且是较柔和的噪声，不会影响正常使用。

（2）啪啪声：若电冰箱发出了"啪啪啪"的响声，一般是在压缩机启动或者停止的瞬间产生，有时只有一下，有时会有两下，这不会影响正常使用。

（3）咯咯声：若电冰箱出现了"咯咯咯"或者"嗒嗒"的声音，同时，还伴有压缩机比较明显地振动，说明压缩机机体有松动或损坏，以至于可能发生撞击，此时应及时维修。

（4）咕咕声：若电冰箱发出了"咕咕咕"的叫声，是冷冻机里油过多而进入了蒸发器所发出的吹油泡响的声音，此时，应及时维修。

（5）轰轰声：若电冰箱出现了"轰轰"的响声，且声音在运行的时候，从电冰箱的压缩机里发出，说明压缩机内的吊簧脱位或折断，此时，要及时维修。

22. 除电冰箱噪音

若听到压缩机发出了轻微的运转声，或者听到电冰箱在旋转时发出微弱、低沉的风机声，且用手去触摸箱体时，有震动感，那就表示电冰箱有了噪音。此时，应该检查一下电冰箱安放的位置，电冰箱应放在坚实、平稳的地板上，避开阳光直射，要远离热源，避免环境潮湿等，不然就会增加噪音和振动，因此，在放置电冰箱的时候，在墙四周要留出一定的空间。

23. 正确使用电冰箱插座

不要将彩电、电冰箱等插在同一个插座上，因为彩电和电冰箱在启动的时候，电流都很大，电冰箱启动的电流是额定电流的 5 倍，彩电启动的电流是额定电流的 7～10 倍。如果同时启动彩电、电冰箱，引线及插座接点都很难承受，这样，就会互相影响，而产生危害。

24. 电冰箱电源插头的使用技巧

电冰箱在正常使用时，当里面的温度低到一定值的时候，温控器就会将电源自动切断，这时，制冷剂的压强就会很低，相对电动机负载压缩机来说，是比较小的，电动机很容易正常启动。如果将电源强制切断，在制冷剂相当高的压强下又立刻接通电源，高压强使电动机的负载过大，启动的电流是正常值的 200 倍。这样，就很容易因过大的电流而使电动机烧

毁。因此，不可随意拔、插电冰箱插头。在必须要断电的时候，应最少经过 3 分钟后，才能重新接上电源。

25. 电冰箱停用重新启动技巧

电冰箱在停用一段比较长的时间后，压缩机里的润滑油就会发黏，使机内各个工作部件都处在干涸的状态。若突然开机使用，压缩机的活塞只能够在没有滑润的状态下工作，这样，会很难启动压缩机，从而使压缩机的寿命受到影响。因此，电冰箱停用一段时间后，在通电使用前，最好把电冰箱放在室内温度比较高的房间里，将电源插头插上，启动一下压缩机，然后再把电源拔下来，过一段时间后，再插上，这样反复几次，使压缩机里面的润滑油对每个工作部件都喷淋一下，让各个工作部件都能得到足够的润滑，然后，即可开机使用。

（三） 家用电脑

1. 选购家用电脑

选购家用电脑时，首先应明确所购电脑的用途，并结合自己的经济情况来购买。目前购买家用电脑主要有选购品牌机和选择相应档次的系统及部件来组装电脑（攒机）。品牌机性能较为稳定，并且有良好的售后保障，但价格通常较高，且配置的余地较小。攒机可根据自己的实际需要来配置，但稳定性相对较差，并且也缺少相应的售后服务，不过从价格来说比品牌机要有优势。

2. 攒机辨缩水显卡

（1）显卡同样是 64MB 或 32MB 的显存，采用 SDRAM 显存时其显卡性能就会大幅下降，通常要比同类型采用 DDRSDRAM 显存的显卡要慢

35% 左右。所以要避免商家将显存由 DDRSDRAM 变为 SDRAM。

（2）避免商家偷工减料或改变组件安装。将显存由 128 位降为 64 位。这种缩水也会导致显示性能大幅度下降。

3．购买电脑显卡的技巧

借助专业的显卡测试软件，例如 NVIDIA 显卡的工具软件 RivaTuner，或者用通用显卡工具 PowerStop 来测试，即可告诉你显卡是 DDR 版还是 SD 版的，核心频率和显存频率是多少。

4．购买液晶显示器的技巧

（1）应检查其亮度是否均匀。同时也应注意它的可视角度，一般可视角度越广越好。

（2）一定要选 LCD 响应时间小于 40 毫秒的显示器。

（3）注意液晶板的质量、产品的售后服务等。

5．鉴别液晶显示器质量

由于液晶显示器的显示屏材料是采用玻璃制造而成的，很容易破碎，常常会出现个别的像素坏掉的现象，俗称有"亮点"，一般出现这种亮点是无法维修的。根据国家规定，6 个亮点以下的液晶屏是合格产品。目前知名品牌的电脑基本都可以达到这一标准。

6．日常电脑保养

（1）防磁场：较强的外部磁场会影响电脑的主机或显示器的正常工作。如磁铁、手机等产生强磁场的物品。如果长期受其影响，显示器的颜色会失真。

（2）防高温：在温度过高的环境下工作，会加速其电脑部件的老化和损坏。一般在 15℃~30℃为宜。

（3）防水：避免在电脑工作台上放置水杯或饮料等，以免意外溢水，造成键盘内部短路等。

（4）防尘：灰尘可对电脑本身增加接触点的阻抗，影响散热或电路板短路，而使电脑过早老化。因此，日常要保持电脑的清洁。

7．检测电脑的技巧

检测的对象如果是台式电脑，购回后可连续开机 2~3 天（夜间不关机）；手提电脑比台式电脑相对要短得多，以 10~12 小时为宜。同时，可较长时间玩一些对电脑配置要求较高的游戏以便检测机器的性能及稳定性。

8．正确使用电脑的技巧

（1）在电脑工作时，严禁插、拔电脑电缆或者信号电缆。

（2）在未关闭电源的情况下，严禁打开机箱插拔内部电缆及电路板。

（3）不要在电脑工作期间内搬动或晃动机箱或显示器。

（4）在软盘驱动器转的时候，严禁插、拔软盘，以免损坏软盘和磁头。

（5）电脑工作停止时，再按程序退出。

（6）关机后，若想再开机，则必须间隔 1 分钟以上。

（7）电脑长期不用的时候，要将电源插头拔掉。

（8）当使用外来软盘时，一定要先用查病毒软件对其进行检查，当确认无病毒后，方可上机使用。

（9）使用格式化程序、设置程序、删除程序、拷贝程序的时候，要特别小心，以防带来不必要的损失。

（10）对于那些重要的文件，要注意备份，软盘要远离磁场、电场、热源。定期用磁盘碎片整理程序、硬盘，提高运转速度。

（11）若遇到自己不好处理的问题，最好请专业人士来解决，不要盲目动手，以免将故障范围扩大。

9．修理不灵活鼠标的技巧

机械鼠标过了几周后再使用时，即会发现，鼠标的反应不是那么灵敏了。其主要原因是由于鼠标里面的滚轮上沾了些灰尘。其解决办法是：先移走鼠标的感应球，然后把底部的螺丝拧下来，彻底清理鼠标内沾染的污垢即可。每几周或者每个月要定期清理鼠标，能使它在移动的时候，始终保持平滑流畅，灵敏如初。

10．使用电脑驱动器的技巧

在使用驱动器工作的时候，绝对不能放进或抽出磁盘，已霉变、破损的磁盘不要再放进驱动器里读、写，以免污染磁头和损坏驱动器，造成读写故障。

11．维护液晶电脑的技巧

不要让任何带水分的东西进入液晶电脑里，一旦有这样的情况发生，就应马上将电源切断。若水分已经进入液晶电脑，则应将其放在比较温暖的地方，如台灯下，把里面的水分慢慢蒸发掉。最好还是请服务商帮忙。由于液晶电脑像素是由很多液晶体所构筑的，若连续过长地使用，会使晶体烧坏或老化，不要长时间让液晶电脑处于开机状态。此外，液晶电脑很容易脆弱，在使用清洁剂的时候，不要直接在屏幕上喷清洁剂，它有可能使屏幕造成短路。

12．护理电脑光驱的技巧

保持光盘、光驱清洁；保持光驱水平放置；定期保养、清洁激光头；关机前一定要将盘取出来；少用盗版光盘；

减少光驱工作时间；正确开、关盒；尽量少放影碟；利用程序进行开、关盘盒。

13．保养笔记本电脑的技巧

在使用笔记本电脑时，应注意以下几点：

（1）不要把笔记本电脑当成咖啡桌、餐桌使用，不要把饮料、茶水洒在笔记本电脑上，因为笔记本电脑不防水。

（2）不要把磁盘、信用卡、CD等带磁性东西放在笔记本电脑上，它们很容易消去硬盘上的信息，也不要让笔记本电脑放在有微波的环境中。

（3）不要把笔记本电脑存放在高于35℃或低于5℃的环境中，当笔记本电脑在室外"受热"或"受冻"后，要记住让它先恢复到室温后再开机使用。

（4）每次在充电前，都要对电池彻底放电（若是锂离子电池，则需要这样做），这样，电池工作的性能会更好。若长时间不使用电池，请把电池放于阴凉处保存。

（5）在拿笔记本电脑的时候，不要把机盖当成把手，读写硬盘时，不要搬动它，搬动的时候最好把系统关掉，将机盖扣上。带笔记本电脑外出时，最好把它放在有垫衬的电脑包中。

14．冬季保养电脑的技巧

（1）温度：电脑冬天怕冷，一般来说，15℃~25℃之间对电脑工作比较适宜，若超出了这个范围，就会影响电子元件的工作及可靠性。

（2）湿度：电脑工作湿度的要求为40%~70%，若湿度过低，静电干扰会明显加剧，可能使集成电路损坏，清掉缓冲区或内存的信息，影响数据的存贮和程序的运行。所以，在干燥的冬天，最好准备一部加湿器。

（3）洁净度：电脑机箱并不是完全密封的，因此，当灰尘进入机箱后，会附在集成电路板的表面，从而造成电路板散热不畅，严重者还会引起线路短路。因此，要定期为电脑除尘。

15.夏季保养电脑的技巧

（1）防电压不稳。若电压不稳，不但会使磁盘驱动器不稳定而引起读、写数据错误，而且对显示器的工作也有影响。炎热的夏天是用电的高峰期，为了使电压稳定，可以用一个交流稳压电源。

（2）防高温影响。电脑在室温为15℃～35℃之间能正常工作，如果超过35℃，机器则会散热不好，从而影响机器里面各个部件正常的工作，轻则造成死机，重则烧坏组件。每用机2～3小时，就要摸一下显示器的后盖，看是不是太热，一般使用8小时左右，最好关机使之冷却后再用。

（3）防潮湿、过于干燥。在放置电脑的房间里，相对湿度最高不能超过80%，否则电脑会受潮变质，严重者会发生短路而使机器损坏。因此，要注意防潮，潮气比较大的时候，要经常开机。另一方面，室内的相对湿度也不可以低于20%，否则，会因为过分干燥而产生静电干扰，从而引起电脑的错误动作。

（4）防雷电。雷电可能会从电源进入电脑，容易击坏电脑里的组件，击坏的组件很难修复。因此，在雷雨天气里，最好不要用电脑。为防不测，还要拔下电源插头。

（5）防灰尘。要保持环境的清洁，保护显示器、硬盘等部件，并要定期除尘。除尘的时候，一定要先将电源拔掉，防止静电危害。

16.清洁笔记本电脑的技巧

在清洁笔记本电脑时，要先关机，然后用干净的软面巾蘸些碱性清洁液轻轻擦拭，再用一块柔软的干布将其擦干即可，也可以用擦眼镜的布或者其他东西对其进行擦拭。建议不要用那些含有氨物质，或粗糙的东西来擦拭。

17.清洁电脑主机箱的技巧

可先用橡皮球或"皮老虎"吹，配合干布、毛刷，先将浮尘去除。对于那些不容易去除的液体污渍、污垢以及锈蚀，可以用无水乙醇来擦洗。在清洁时，要注意不要随便使用强有机溶剂，以免损坏部件。另外，对于那些锈蚀严重的插接件，可以用细砂纸对其进行轻微打磨处理，使金属本色恢复，触点接触良好。

18.清洁电脑鼠标、键盘的技巧

当键盘不好用时，将键盘拆开看看，这时，会发现有很多脏东西在里面，清理掉这些脏物，键盘就会跟新买时一样好用了。

在清洁的时候，可先用无水乙醇把所有的面板、键帽和底板擦一遍，然后再用专用的清洗剂对其进行擦拭，直到干净为止。

最好配置一个专用的鼠标垫给鼠标，这样，既使鼠标使用的灵敏度加强了，又保证了鼠标的滚动轴及滚动轮的清洁。

（四） 洗衣机与空调

1.鉴别洗衣机性能的技巧

（1）表面漆膜光滑、平整，没有明显的裂痕、划伤和漆膜脱落现象。

（2）定时器应能运转自如，操作灵活，走动均匀有力。

（3）通电运转时，震动小，噪音低，各机件的螺丝不松动，功能正常。

2．选购洗衣机的技巧

（1）要挑选一些牌子老、质量好、信誉高的产品。因为国家有关部门一般会对这些品牌的产品进行技术监测，因而这些品牌产品的安全性能良好、洗净比、脱水率、磨损率、噪声等都符合国家有关标准。

（2）购买时，先打开包装，观察洗衣机外壳表面是否有划伤或擦伤，操作面板是否平整，塑料件有无翘曲变形、裂纹等；旋钮、开关等安装是否到位，脱水盖板翻转是否灵活；洗衣桶、脱水桶内有无零件脱落。

（3）简单地测试基本性能，转动洗衣旋钮，看看是否存在卡住现象，停止转动后看最终是否能恢复到零位；然后再接上电源，开启洗衣旋钮，检测运转是否正常，有无异声；再打开脱水旋钮，看脱水的运转是否平稳，查看声音、振动有无异常现象；最后再掀起脱水盖板，查看刹车是否迅速、平稳；等脱水结束，再查看有无蜂鸣声。

（4）检查排水管，电源线是否完好；安装是否牢固，并查看所配的附件是否齐全。

3．正确使用滚筒洗衣机的方法

（1）在洗涤前要仔细查看衣物上的标签，根据衣物的质地选择相应的洗涤程序，棉织、化纤、羊毛等质地都有不同的洗涤要求。

（2）最好把新买的有色衣物分开洗涤。在洗涤之前要将衣服颜色进行分类，查看其是否褪色，将其进行归类。

（3）最好在洗涤前将衣服上的拉链拉严，同时也要将衣物上可拆卸的纽扣、别针、金属饰物取下。

（4）如果洗衣机的烘干容量是洗涤容量的一半，为防止衣物变皱，最好在烘干时不要放置过多的衣物。

（5）洗衣机使用完毕以后，最好把洗衣机的玻璃视窗打开一点，那样可以延长密封圈的使用寿命，同进也有利于散发机内的潮气。

（6）用滚筒洗衣机洗衣服最好用低泡、高去污力的洗衣粉，而较脏的衣物最好加入热水来洗涤。

4．取出洗衣机中金属物的技巧

如果发现硬币、纽扣掉进洗衣机时，应该首先切掉电源，然后再把半盆清水倒入洗衣桶，再把洗衣机朝波轮旁一侧稍稍倾斜，用手慢慢地来回转动波轮，硬币、纽扣就会滑到流水处，再用镊子夹出即可。

5．洗衣机用后保养

首先，将桶内、排水管内的水排净，用干布把波轮旁边、排水沟内的水吸干，并把桶内、箱外水分擦干。

其次，在洗完衣服后不要立即盖上盖，最好是放置一段时间，这样可以将桶内的水分蒸发，避免金属件生锈。

最后，在用完洗衣机后应该将全部的按钮恢复到原位。

6．除洗衣机内的霉垢

如果洗衣机用得久了，在洗衣机桶内会附着很多霉垢。若想把这些霉垢除去，首先应该在洗衣桶内放满水，并且倒入少许食醋，然后启动洗衣机，持续 10～20 分钟后，将污水排出，即可将霉垢除去。

7. 洗衣机排水不畅的维修

洗衣机使用较长时间后，如果排净40公斤水超过了2分钟，就说明排水慢。其主要有两种原因：一是排水阀内有异物堵塞；二是操纵排水阀的排水拉带松弛变长，使排水阀的移动距离缩小。其解决方法是：可松开排水阀与排水管联结处的大弹簧夹子，拆下排水阀的一端，从排水阀的排水孔内把堵塞的异物清除，或将排水带两端的螺扣调紧，使排水阀的移动适当即可。

8. 洗衣机排水管道漏水的维修

洗衣机排水管道漏水的多数原因为胶皮管在出桶处磨损破裂。这时，可以用自行车旧内胎，剪成比裂口周边大5毫米的圆垫，锉去表面脏物，用万能胶水粘住即可。

9. 根据格局选空调

从品牌、质量、服务价格各方面考虑，这样才能买到称心如意的空调。空调一般分为窗式、分体壁挂式、分体立柜式、移动式、吊顶式等，所以您应根据家庭实际格局来选购。

10. 根据房间面积选空调

一般来说，空调的选购规格在正常情况下，每平方米制冷量110～220瓦较为合适，具体情况则应根据房间大小、朝向、楼层高低、居住人数决定，在朝阳、通风不好的房间应适当增加机器的功率。

11. 正确安装空调的方法

(1) 避免阳光照射。
(2) 距离发热装置要远。
(3) 与地面保持1.5米以上的距离。
(4) 保持室内的封闭性。
(5) 安装要牢固。

(6) 在空调周围保留足够大的空间，使入风口和出风口能充分利用。

12. 启动家用空调的技巧

(1) 先把空气过滤网和过滤器、蒸发器上的灰尘等用毛刷或抹布清除干净后再启用。

(2) 运行前，应检查有无异物堵塞进风口、排风口和排水管等，然后再启动制冷功能，压缩机启动约10分钟后关机，几分钟后再开，反复几次后机器才能正常运转。

13. 安全使用空调的方法

(1) 安装方位要恰当。安装空调的最佳方向是北面，其次是东面。空调不要安装在房门的上方，因为开门时会加速热空气的流入。空调可对着门安装，这样室内的空气压力可抵抗室外热空气流入。空调安装的高度、方向、位置必须有利于空气循环和散热，同时也要注意与窗帘等可燃物保持一定的距离。

(2) 电源接触要紧密。突然停电时应将电源插头拔下，通电后稍待几分钟后再接通电源。空调必须使用专门的电源插座和线路，不能与照明或其他家用电器合用电源线，同时要将空调的插头与电器元件接触紧密。

(3) 日常要装保护器。空调要安装一次性熔断保护器，防止电容器击穿后引起温度上升而造成火灾。

(4) 日常要定时保养。空调应定时保养，定时清洗冷凝器、蒸发器、过滤网、换热器，擦除灰尘，防止散热器堵塞，避免火灾隐患。

14. 用温度法辨空调漏氟

找一只温度计，将感温包靠近冷

风出口，看温度计指示是否比室温低6℃~8℃，如低于此温度或不足5℃甚至与室温相差无几，而且压缩机仍在工作，证明氟已跑净。

15. 用手摸法辨空调漏氟

用手摸空调后面的冷凝百叶窗，如果手感温度不凉或没有热度，而且压缩机仍在工作，则说明已经跑氟了。

16. 清洗空调外壳

清洗外壳时，可用柔软干布将空调外壳的污垢擦净，也可用温水擦洗，但不要用热水或可燃性物质擦洗外壳，以免发生危险。

17. 清洗冷凝器、蒸发器

冷凝器和蒸发器是空调灰尘堵塞最为严重的部位，由于蒸发器和冷凝器的位置特殊，使用吹吸或清洗的方法效果不很理想，目前市场上有专供空调使用的清洁剂。在清洗空调前一定要断电操作，然后将清洗剂均匀地喷洒在清洗部位，数分钟后灰尘会与清洗剂一同流淌出滴水管，不但方便，而且快捷。

18. 清洁空调过滤网

(1) 滤网积尘少时，轻轻拍弹或使用电动吸尘器除尘。

(2) 滤网积尘过多时，用水 (50℃以下) 或中性洗涤剂清洗。

(3) 冲洗干净后，自然风干，不能暴晒或烘干。

（五） 微波炉与电饭锅

1. 微波炉质量鉴别

(1) 紧闭微波炉灶门，如果灶门超过正常闭锁位置2毫米就属不合格。

(2) 质量好的微波炉，其门框或门架应结构完好，没有断裂、变形或电弧造成的损坏；灶门封条和玻璃应完整无损，没有破裂现象；外壳应平整光洁，没有通向灶腔或波导的裂痕。

2. 微波炉使用的技巧

(1) 微波炉具有解冻功能，这是非常方便和快捷的，使用方法也有小窍门。可以将一个小盘子反转放在一个大且深的盘子上面，再把食物放在小盘子上，然后将大小盘子一起放入微波炉中进行解冻。在微波炉加热解冻过程中，融化的水分就不会弄熟食物。而在解冻的同时每相距5分钟就把食物拿出来翻转并搅动14~15次，以求得以均匀解冻食物。

(2) 小块的肉类食品必须要平放在微波炉的玻璃碟上，比如鸡翅、较薄的牛肉等食物可均匀且快速解冻。

(3) 注意要将有皮的食品划开再加热烹饪。比如鱼，在加热之前须在鱼肚划2~3个小口，以防鱼在蒸煮过程中因为大量的水蒸气蒸发而爆裂；而像苹果、土豆、香肠等食品都要在加热前事先在上面扎个小空，来让食品里面的水蒸气能够得以挥发；而有壳的食品，比如说鸡蛋，是最忌讳连壳整个加热烹饪的，因为那样会造成鸡蛋爆裂。

(4) 生活中最常遇到的问题是食物很快就变硬变干，没有水分了，为保持食物水分和新鲜，可以用微波炉保鲜膜将食物包上或者用盖子将食物盖严不透空气。

3. 防微波泄漏的技巧

为防止产生微波泄漏，平时使用的时候，炉门应轻开轻关，以保证炉体与炉门之间的严密接触；定期检查门框和炉门的各个部件，若有损坏和松脱，要马上去修理，以防微波泄漏；

经常保持炉门密封垫和炉门表面的清洁，以免脏物、油腻等积蓄影响密封。此外，炉体和炉门之间若夹有食物，不要启动微波炉。

4. 测量微波泄漏的技巧

放只杯子在微波炉旋转的工作台上，杯里装入适量水，将微波炉的功率调到最大，然后接通电源，启动微波炉；打开收音机电源，调到调频波段，并使它的频率跟微波炉正在工作的频率基本一样。首先，从离微波炉门约5厘米的地方开始测试，若微波炉门缝周围有泄漏，收音机就会受到微波的干扰而产生杂音；然后将收音机慢慢地离开微波炉，收音机的干扰杂音就会慢慢减少，当离微波炉约0.5米的时候，收音机基本没有杂音了。若仍有杂音，则要立即停止使用，将其送去专业修理部门修理。

5. 微波炉使用时间的计算技巧

微波炉的加热时间随着它大小、尺寸、规格的不同而不同，即使是那些能够将微波炉说明书背熟的人都不会正确计算出各种食物的加热时间。各种食物的加热时间要与功率配合着来设定。所以，一定要先明确瓦数。

以600瓦的微波炉为例，若微波炉是400瓦的话就要相应增加50%的时间。也就是说600瓦需加热1分钟，而400瓦则需加热1分30秒，以此类推。

6. 微波炉烹饪食物

（1）当使用微波炉烹饪时，要做到宁愿烹饪时间不足也不能烹饪时间过久。一般来说微波炉的再加热烹饪与普通烹饪是不同的，菜肴的色、香、味不会因重新烹饪而改变，可是若烹饪时间过久，就会影响到菜肴的色、香、味。

（2）依靠微波使水分子振动摩擦来生热是微波炉的加热原理，当加热结束后，水分子的振动不会立即结束，仍会在一段时间内继续加热，因此，加热时间要考虑这一点。经过微波炉烹饪后的食物须搁置一段时间再食用，体积略大的食物更应考虑这一点，这样既能让热量均匀浸入到食物中，又可以防止食物因温度过高烫伤食者的嘴舌。

7. 微波炉清洗

（1）微波炉在工作的时候，炉门周围会有水滴、雾珠等，这是正常现象，此时，可以用干净的软布及时擦干。

（2）要经常保持门封的干净，定期检查门闩光洁的情况，千万不能让杂质存积其中。

（3）经常用肥皂水清洗轴环和玻璃转盘，然后再用水将其冲净、用布擦干。若轴环和玻璃转盘是热的，则要等它们冷却后再清洗。

8. 微波炉消毒

生活食品用具的消毒，除了开水煮烫外，还可将食品用具（金属制品除外）放在微波炉里进行消毒处理，既方便又有效。

9. 去除微波炉油垢的技巧

在微波炉放入一个装有热水的容器，加热2～3分钟后，微波炉内即会充满蒸气，这样，油垢会因饱含了水分而变得松软，容易去除。在清洁的时候，用中性的清洁剂稀释后，用干净的面巾蘸着稀释好的水擦一遍，再用干净抹布做最后的清洁。若还不能将油垢除掉，可用塑胶卡片之类的东西将其刮除，绝对不能用金属片刮，以免伤及内部。最后，打开微波炉门，让内部彻底风干。

10. 微波炉腥味的去除技巧

在半杯水中加些柠檬汁或柠檬皮，不盖盖烧5分钟左右，然后用一块干净的布蘸着汁反复擦拭微波炉内部，即可去除烹调所带来的腥味。

若是由于烧炒肉、鱼等而造成的微波炉腥味，可烧开半杯醋，凉凉，然后用干净的布蘸着汁反复擦拭微波炉的里面，腥味即可消除。

11. 买电烤箱的窍门

（1）视人数选功率。电烤箱的功率一般为500～1200瓦。人数少且不经常烤制食品的家庭，可选择500～800瓦的电烤箱；人口多且经常烤制大件食物的家庭，可选择800～1200瓦的电烤箱。

（2）根据需要选择。简易的电烤箱能够自动控温，且价格也比较便宜，但它的烤制时间需要人工控制，适合于一般的家庭。若选择一款时间、温度和功率都能自控的家用电烤箱，不但安全可靠，在使用上也非常方便。

12. 电烤箱的试验技巧

在选购的时候，要现场通电试验一下，先看它的指示灯是否点亮。观察变换功率选择开关位置的上、下发热组件是否工作正常。可将温度调节按钮调到200℃，使双管同时工作约20分钟，这样，电烤箱里面的温度即可达到200℃。然后，电烤箱会自动断电，且指示灯熄灭。若达到上述要求，则说明它的恒温性能良好，否则不正常。

13. 电烤箱质量鉴别技巧

（1）各种按键、开关等活动部件均安全可靠、灵活轻巧，指示灯正确显示。

（2）绝缘性能良好，用测电笔检查箱体外壳时，测电笔不亮或微红。

（3）定时装置良好，定时准确。

（4）恒温的实际效果与刻度指示一致。

14. 电烤箱去除油污的技巧

若电烤箱有油污，可用旧牙刷沾强力洗涤剂来刷洗，稍过一会儿，再用干净的干抹布将其擦净。也可以趁电烤箱还有余热时，在盘子里倒入些氨水，放入电烤箱。约12小时后，再用干净的抹布擦拭，即可很容易将油汁擦除。

15. 选购电磁炉要五看

电磁炉是具有时代前卫气息的绿色炊具，选购时可参考以下五"看"技巧：

（1）看是否具备功率输出的稳定性。优质的电磁炉应具备输出功率的自动调整功能，这一功能可改善电磁炉的电源适应性和负载适应性。

（2）看可靠性与有效寿命。电磁炉的可靠性指标一般用MTBF（平均无故障工作时间）表示，单位为"小时"。优质产品的MTBF应在1万小时以上。

（3）看电磁兼容物性。电磁炉的电磁兼容物性牵扯到对电视机、录像机、收音机等家电的干扰和对人体的危害。对于这一指标不合格的电磁炉，不应购买。

（4）看晶体管品质优劣。电磁炉质量好坏，直接取决于高频大功率晶体管和陶瓷微晶玻璃面板的质量优劣。一般，具有高速、高电压、大电流的单只大功率晶体管的电磁炉，质量好、性能优、可靠性高、不易损坏。

（5）看面板。应选购正宗的陶瓷制品玻璃面板的电磁炉，即面板为乳白色、不透明、印花图案手摸明显的电磁炉。对于采耐热塑料或钢质玻璃做面板的电磁炉，容易发生烧坏和遇冷水引起爆裂等情况。

16. 按功率选电磁炉

一般电磁炉功率越大，其加热速度也会越快，但是售价也会相对较高，且耗电量也会增大。家庭选购多大功率的电磁炉，应根据用餐人数以及使用情况而定。一般来说，3人以下家庭选1千瓦以下即可，而4人以上选用1.3~1.8千瓦的电磁炉为宜。

17. 选购电磁炉时试机

选购电磁炉时，应通电试机。试机时，有如下4个检测的小技巧：

（1）看烧开凉水的时间。用配套的锅具加适量凉水置于电磁炉上去加热，3~5分钟烧开者，则说明电磁炉加热功能正常。

（2）水烧开后听声音。当凉水烧开之后，应只听到电磁炉风扇电机的轻微转动声，而无异常噪声或震动声。

（3）使用后看电源插头温度。电气性能良好的电磁炉，使用后电源插头应保持常温。

（4）检查保护功能。把一些刀、叉之类的小东西放在灶面上，如果电磁炉保护功能正常，电磁炉应有保护动作，且会发出报警声。

18. 电磁炉安全使用技巧

要安全使用电磁炉，需要掌握如下技巧：

（1）放置电磁炉时应水平放置，且保持其侧面、背面与墙壁至少10厘米的距离，以利于通风排热。

（2）烹调时所使用的锅具应为平底且直径大于10厘米、具有吸磁性，如铁锅、搪瓷铁锅、不锈钢锅等。而铝、铜、陶瓷、玻璃锅等则不宜使用。

（3）加热至高温时，切勿直接拿起容器再放下：瞬间功率的忽小忽大，

易损坏电磁炉机板。也忌让铁锅或其他锅具空烧，以免电磁炉面板因受热量过高而裂开。

（4）加热容器盛水量应适度，以不要超过七分满为宜，以免水加热沸腾后溢出造成基板短路。

（5）电磁炉应用磁性加热原理，所以加热时，加热容器必须放在电磁炉中央以便平衡散热，避免故障发生。

19. 电饭锅的选购

（1）质量好的电饭锅，其外观设计也应该流畅、优美、色彩典雅。因为，看重质量的厂家不单只追求产品内在的质量，同时，也讲究产品外观的设计。

（2）应选择那些有水滴收集器的电饭锅，这样能确保水不滴到米饭上。

（3）最好能选择一款豪华自动型电饭锅，它适合不同的米质，无论是普通米、糯米都能做出同样松软、可口的米饭。

（4）在选购的时候，要注意电饭锅密封的微压结构。密封微压性能好的电饭锅所做出来的米饭也很好吃，同时保温、节电效果显著。

（5）电饭锅内胆的表面，很多都采用了特殊耐用的材料喷涂，目前，常见的内胆涂料的颜色有黑色、灰色等。

（6）除了要注意上面的质量细节外，还要了解清楚产品的说明书、保修卡、合格证是否齐全。

20. 保养电饭锅的技巧

（1）在使用时，应把要蒸煮的食物先放进锅里，将盖盖上，插上电源插头；在取食物前要先拔下电源插头，以确保安全。

（2）使用过后，将内锅洗涤干净，其外表的水一定要揩干后才能放入电

饭锅内。

（3）要避免锅底部变形、碰撞。内锅与发热盘之间必须要保持清洁，千万不能将饭渣掉在上面，以免影响热效率，有时甚至会损坏发热盘。

（4）可用水洗涤内锅，但发热盘及外壳千万不能浸水，只能在将电源切断后，才能用湿布将其抹净。

（5）不宜煮碱、酸类食物，也不要放在潮湿或有腐蚀性气体的地方。

21．除电饭锅小毛病

在使用电饭锅前，要先检查一下电源的插头、插座，看它是否出现松动、氧化层等。若有这些现象，可用小刀刮一刮，或者用砂纸擦一擦，即可起到保养作用。有时会出现饭煮熟了，却还没有断电，这种情况是因为电饭锅里磁控开关中的弹簧失去了弹性，而导致电饭锅到达103℃时热敏磁块失磁而不能迅速将电源切断。其解决的办法是：设法使弹簧恢复其弹性或者再更换新弹簧。

22．修电饭锅的指示灯

若电饭锅的指示灯泡损坏了，很难配置修理，此时，可以用一个测电笔灯泡来替换。其替换办法是：将开关壳体的固定螺丝拧下来，摘下开关壳上的铝质商标牌，将损坏的电阻与指示灯泡取下来，然后再把测电笔灯泡装上，焊上线，并将限流电阻串接好，套上原套管即可。

23．修理电饭锅温度下降的技巧

电饭锅使用时间长了，其按键触点开关上的金属弹性铜片就会因为高温气化而失去弹力，导致锅内温度下降，从而影响使用。如果遇到这样的情况，可松开固定按键开关的螺丝，取下触点开

关；用细砂丝将上面的氧化层擦去，然后，再找一块有弹性的铜片，将其剪成跟开关弹性铜片大小、形状相同的，再用烙铁将其焊在开关弹性铜片上，然后，照原样将修好的触点开关装好即可。

24．安全使用电炒锅的技巧

电炒锅可分为自动式和普通式两种。

（1）接通电源的顺序是：将电源线一端先与电炒锅连好，如果有恒温装置，则要先把调温旋钮旋到中间的位置上，然后再将电源线的另一端插进电源插座内。如果有电源按钮开关，则要先按下开关后才能接通电源。

（2）使用完后，要及时将插销拔下来，并要轻拿轻放，同时，要将旋钮旋到停止位置，要把锅放在干燥处。

（3）手湿的时候，不能操作，更不能一只手拿着金属柄铲炒菜，另一只手开水龙头，以防止电炒锅漏电而触电。

（4）若锅内有污迹，只能用木质工具铲刮或用干布擦洗，不能将整个锅及电热插销浸入到水中刷洗，以防内部受潮，导致绝缘不良而发生触电。

25．选购电火锅的技巧

（1）型号性能。按其性能的不同，电火锅可分为拆卸式和整体式两类：拆卸式结构比较松，热效率比较差，但拿取非常方便，且容易清洗，若经常使用，且清洗频率高，则可选择拆卸式结构。整体式结构紧凑，热效率比较高，但是温度分布不均匀，清洗的时候也不是很方便，适合家庭用。

（2）锅体材料。以选用紫砂、瓷、镀锡、不锈钢及具有无毒涂层的铝材等为原料所制成的锅体比较好。如果是用

那些表面没有涂覆的铝、铜或钢所制成的锅体，则比较次。

（3）控温情况。选用带有自动恒温控制装置的电火锅比较理想，便于掌握温度、火候。

（4）外观检查。外观应平整而光洁、涂覆层牢固而不脱落、无伤痕；锅体光滑，没有凹凸不平的地方；锅体与锅盖要吻合；控制钮、开关灵活、方便；锅体及其他金属部件都没有漏电现象。

26．保养电火锅的技巧

（1）在清洗的时候，不要让水渗进锅体，最好能用布将电热座等有油垢、杂物的地方擦干净。也要经常擦拭锅体表面，保持其表面的清洁，以免氧化。

（2）当电火锅的锅体有了铜锈后，若继续使用，则有可能导致食物中毒，此时，可以用布蘸点食醋，再加上点盐将其擦拭干净。

（3）不能移动已经加热了的电火锅，要等它冷却后才能移动。

（4）电火锅电热的组件有热的惯性，吃完后，就马上注入冷水降温，不然，会空烧锅体。

（5）对于分体式电火锅，要保持好锅底形状，防止变形而影响使用寿命和热效率。

（六） 综合选用技巧

1．辨仿冒名牌家用电器

仿冒名牌产品的家用电器一般有以下特征：

（1）使用说明书合格证以及线路图不齐全，图文印刷的质量差。

（2）机身大部分没有编号，且没有注明生产厂名、厂址。

（3）产品的外观制作比较粗糙，指标不合格，功能不完善。

2．识家用电器使用年限

家用电器是耐用消费品，到了使用年限就该"退休"，否则会因为产品老化出现很多问题。如，伴随家电绝缘体老化产生漏电甚至导致电磁污染，或者由元器件技术指标下降严重而导致有害物质泄漏和耗电量增加。

那么如何识别所用的家用电器是否到了使用年限呢？我们可以参考一下国际市场上各种常见家用电器的标准使用年限来加以判断：

彩色电视机 : 8～10 年

黑白电视机 : 10～12 年

电熨斗 : 9 年

电子钟 : 8 年

电暖炉 : 18 年

电热毯 : 8 年

电饭锅 : 10 年

电冰箱 : 13～16 年

录像机 : 7 年

个人电脑 : 6 年

电风扇 : 16 年

野外烧烤炉 : 6 年

煤气炉 : 16 年

电热水器 : 12 年

洗衣机 : 12 年

电话录音系统 : 5 年

电吹风 : 4 年

微波炉 : 11 年

电动剃须刀 : 4 年

3．选用家用电度表的技巧

家庭常用的电度表规格有 3 安（A）和 5 安（A）两种，3A 的电度表能承受 660 瓦电负荷。5A 的电度表能承受 1180 瓦电负荷。因此，家庭在选用时，根据现有的电器负荷大小来选用即可，若同时将使用的家用电器负荷加起来，小于660瓦，即可选用3A的电度表，反之则选用5A的电度表。若是作为分表安在一只总表上，那所装的电度表电流应小于总电表的电流为宜。

4. 选购家电小配件的误区

在使用家电过程中，用户为家电选购小配件时应避免如下误区：

（1）电视机延寿器。为电视机配装"延寿器"，往往会因走线、功率等不匹配，延寿不成反折寿。

（2）电冰箱保护器。电冰箱适用电压为187～420伏，但往往会因加了保护器导致精度变差，造成187伏以下仍不能断电。

（3）"电子"遥控器。此类"电子"遥控器多为"作坊工厂"自行配置，使用起来利少弊多，往往会因接触不良，形成短路。

（4）电视电扇"共用型"多功能电源插座。电视与电风扇同用一个多功能插座时，电风扇的磁场会对电视机产生干扰，使彩色电视机失彩。

（5）电视机保护屏。一般的电视机辐射小于0.2拉德，且电视屏已有辐射遮蔽作用，使用保护屏无多少实用价值。

5. 选购刻录机配置方式

在刻录机的4种配置方式（内置式、外置式、Tray式和Caddy式）中，虽然外置式容易携带且密封性和散热性较好，但内置式较便宜且节省空间。考虑到实用性，消费者通常应会更偏向于内置式刻录机。

6. 选购刻录机看接口

一般而言，刻录机有4种接口方式——SCSI、IDE、USB和并行接口。SCSI接口刻录机刻录出的盘片质量最好，但价格偏高，且需要用户自己另购SCSI卡，安装也不太方便。并行接口刻录机又分为SP、IEP、IECP3种，EPP和ECP是高速模式。IDE接口刻录机是当今家用市场的主流，它安装方便、CPU占用率低、性能较稳定，且价格较合理。

7. 选购刻录机的技巧

选购刻录机时要尽量选用CD-RW速度4倍及以上的产品，而且在选购时，至少要综合品牌和售后服务两个因素。

8. 选购电池的技巧

（1）要依据电器的耗电量及其自身特点来决定选购哪种类型的电池。

（2）应购买声誉高、品质优、名牌厂家生产的电池，这样可以减少劣质产品。

（3）注意检查电池的保质日期。

（4）确定电池的真伪是十分重要的，若购买碱性环保电池可参照碱性电池书上的说明。

9. 鉴别电池质量

（1）重量。分量重的电池一般铸皮比较厚，镜粉等用料足，压得比较坚实，储电量较大。

（2）成色。如果电池的铜帽、筒底、封剂及包纸套上的商标图案等色彩鲜艳、有光泽，则说明电池出厂时间相对较近，储电量相对可能较足。

10. 区别碱性电池和锌锰电池

（1）称重法：一般来说碱性电池明显比普通电池重，拿在手中感觉重量就能区分。

（2）触摸法：这种方法是利用电池封口滚线槽的位置来识别，碱性电池的滚线槽深且宽，并处于负极一端；而普通电池的则窄且浅，处于正极一端。

（3）观察法：仔细察看电池壳体的差异，一般碱性电池壳体是镀钢的，而碱性电池外壳却是铸的。

11. 挑选电子计算器

在挑选电子计算器的时候，要想知道它的运算功能是不是正常的，可将全部的显示都按成 11111111，再按一下乘号，然后再按一下等号，若此时数码上显示的是 12345678，则表明此计算器是好的。

12. 辨电子计算器的功能

（1）简易型。此类电子计算器只具有加、减、乘、除运算功能，可作为算盘的替代品。

（2）普通型。此类电子计算器除能完成加、减、乘、除四则运算外，还可以进行开平方和百分比计算。

（3）函数型。此类电子计算器能进行三角函数、对数、指数等运算，还能做各种应用计算，可代替计算尺。

13. 助听器质量鉴别

（1）语言清晰，噪声小，音质好。
（2）灵敏度高，失真度小。
（3）声音扩大倍数高，频率响应均匀。

14. 选电动剃须刀

（1）不经常外出者宜选用充电式或交流式电动剃须刀。

（2）经常外出者宜选用干电池式的剃须刀，以便于携带。

（3）要求造型玲珑美观、便于收藏的，宜选用两节 5 号电池的剃须刀；要求实用者，宜选用一节 1 号电池的剃须刀。

（4）面颊光滑，胡子稀疏，可选用往复式或旋转式剃须刀。

（5）胡子又粗又多的，最好购买旋转式单用型的剃须刀。

15. 电动剃须刀质量鉴定技巧

（1）质量好的电动剃须刀开通后，应声音均匀无杂音。

（2）旋转式剃刀应拆下网罩，检查刀片是否都能弹起。质量好的电动剃须刀，刀片应能弹起。

（3）质量好的电动剃须刀试用时，应有较大的嘶啦声，但又不夹胡子。

16. 电热梳质量鉴定窍门

电热梳的质量鉴定可以从如下几个方面入手：

（1）好的电热梳表面应完整无损，没有崩裂、缺陷。

（2）好的电热梳梳体与手柄的接触牢固。

（3）好的电热梳的手柄尾端电源线引出处，应有保护套和螺丝固定。

（4）好的电热梳的手柄应由耐热的电木制成。

（5）好的电热梳的梳体齿形表面光滑。

（6）好的电热梳在通电 2～3 分钟后，温度会缓慢上升。

17. 选购按摩器的技巧

（1）外观：在挑选按摩器的时候，可先看看它的外观，造型要求美观、大方。然后将按摩器启动，听噪声高低。一般来说，噪声低的质量就好。带有强、弱开关的按摩器，可分别将强、弱开关打开，看它是否灵活，将强开关打开后，放在按摩部位，让人感觉会有明显的比较强的振动；打开弱开关，会感觉到轻微温和的振动。

（2）结构：按照其结构，可分为电动式、电磁式。此外还有洒浴气泡按摩器和红外线水松弛手脚振动式等。

（3）型号：按摩器的型号有很多种，

轻巧的手提按摩器适合于美容保健；强弱可调的按摩器适合于运动保健和医疗保健；洒浴气泡按摩器适用于全身按摩，可将其放入浴缸内，将高流气流从喷嘴中喷出来，从水中形成气泡，往人身上冲，利用气泡的流动对人体进行全身的按摩；水松弛手脚振动按摩器适用于手脚按摩，它利用了机械的震动，使盆里的水发生微振而达到按摩效果。

18. 选购按摩器的注意事项

在选购的时候，要当场试验，检查它的开关是否好用，看它的振动性是否符合质量的标准，其噪音不能过大，否则会刺激到神经。

按摩器的外壳有金属、塑料两种，金属比较耐用，但是要注意检查它是否漏电，塑料外壳的比较轻巧、安全，但是不如金属壳耐用。

因按摩器是直接与人体接触的，因此，不能有一点漏电现象，特别是那种交流电型的按摩器，最好先试用一下，检查好它们的配件，再看看是否能方便地安装，能否有效地使用。

19. 按功能选电动按摩器

（1）红外线按摩器一般可用于理疗，对于腹部与背部的理疗效果显著。

（2）健身按摩垫可用于治疗关节炎、消化不良、失眠等症。

（3）指振按摩器通过将振波传给手指，然后利用手指达到在身体的不适部位进行按摩的目的。这种按摩器可随身携带，较为方便。

20. 选用电热驱蚊器

（1）药片型电热驱蚊器的驱蚊原理，是将灭蚊药蒸发到空中而发挥驱蚊作用。一般对于面积小于10平方米的房间，把1片药片剪成3小片，每天用1小片即可；一盒30片装的药片可使用3个月左右。15平方米左右大小的房间，可将药片剪为2小片使用，每天1小片。

（2）药液型电热驱蚊器的驱蚊原理与药片型电热驱蚊器的近似，但是药效更均衡。

21. 选用电风扇的技巧

电风扇主要有台扇、落地扇和吊扇3种类型。家用吊扇可根据居住的条件来定：15平方米以下的居室，适合选用36英寸的吊扇；15～20平方米的居室，适合选用42～48英寸的吊扇；20平方米以上的房间，适合选用56英寸的吊扇。

家中的落地扇、台扇，一般可以选择12英寸（指扇叶的直径）、14英寸、16英寸3种。

22. 辨日光灯管的标记

在日光灯管上，常有一些字母和数字的标记，那些英文字母的标识是代表日光灯工作时色光的颜色，如RG表示日光色，IB为冷白色，NB为暖白色；而数字标识则代表日光灯正常工作时灯管的功率大小，其单位为瓦（W）。

23. 日光灯管质量鉴定窍门

（1）看灯管两端。质量好的日光灯管两端不会有黄圈、黄块、黑圈、黑块、黑斑等现象。

（2）看灯头和灯脚。质量好的日光灯管的灯头、灯脚不可松动，且四只灯脚应平行对称。

（3）通电测试。把日光灯管两端的电压调至180伏左右，质量好的日光灯管应能很快点亮，再调至250伏左右后，好灯管还能一直亮着，且灯管两端应仍无上述"二黄三黑"现象。

24. 日常维护电暖器

在天气比较暖和且近期不需要再使用取暖器的时候，应先擦干净，将机体晾干后，再收藏起来。收藏的时候，不要放在潮湿的环境中，应放在干燥处直立保存起来，以备下次使用。

为了使电暖器能发挥比较好的取暖作用，并使其能正常工作，延长它的使用寿命，应尽量把它放置在有利于散热和空气流通的地方。

在清洗的时候，最好用一块软布蘸些肥皂水或家用洗涤剂来擦洗，不能用甲苯、汽油等稀溶剂，以免受到损坏而生锈，影响其美观。

25. 选购电热毯

应选购经过国家有关检测机构检验并合格了的产品。在购买电热毯的时候，最好能选择一款设有过热敏感设备的产品，因为如果有了此设备，电热毯就会随着温度的升高而及时将电源切断。在使用的时候，要提前检查一下电热毯有没有松脱和损坏的现象，且要试一下电热毯是不是太热。

26. 安全使用电热毯的技巧

（1）在使用电热毯的时候，要将其平铺在床上，要加一条床单在毯面上，在电热毯与床单之间，不能再铺其他织物。要将电热毯的开关放在随手就能拿到的地方。

（2）在睡觉前 5 ~ 10 分钟内，可先打开电热毯的高温挡，让其短时间内预热升温，这样上床后就不会感觉冷了。在用的过程中，可根据自己的习惯对其进行调节或者关闭电热毯。可将电热毯的温度控制在 38℃ 左右，但是不能超过 40℃。

（3）不能把重硬的东西和尖锐的金属放在电热毯上，以免电热比损坏而引发触电事故。

（4）经常要检查电热毯是否有打绺、集堆的现象，以免局部产生过热现象。可在电热毯的四个角上各缝上一个固定的床腿。这样，就能避免电热毯打绺、集堆。如果电热毯没有集堆、打绺现象而出现了过热现象时，可能是出现了故障，此时，要立即停止使用，并做检查、修理。

（5）不能把电热毯与热水袋等加热工具一块使用。

六、交通

1. 盘算车价的技巧

盘算汽车的价格主要从以下几个方面入手：

（1）衡量车价即汽车原始定价或出厂价。

（2）计算国家税收，包括增值税、装置附加费、特别消费税、营业税（进口车还包括海关税、转港费）。

（3）列出经营管理费用和其他费用，如各项杂费和办理的篷垫装置费、新装附件费（装空调、车载电视等）。

2. 选择最佳的购车时机

（1）季节：按季节来选购，应选择在淡季，此时商家服务的对象相对而言比较少，服务力度就会增大，这时，你就可以充分地挑选、试驾各种车型，同时还能得到比较专业、优质、快捷的售后、售中服务。春夏季是选择购车的最佳时间，秋冬两季不宜购车，秋冬两季被称为"黄金"季节，是销售汽车最火爆的季节，因购车者太多，商家往往会在忙碌中减少车辆的上牌、挑选等方面的服务，而春夏季相对而言就好多了。

（2）价格：在购车前，应该多方面了解厂家近期有关举措或销售导向，如：车型改进、市场发展目标、价格涨落等。最好在市场价格比较平稳的阶段购买车，因为这时汽车价格会相对便宜一些。

3. 选汽车经销商

在挑选汽车经销商时，要挑选那些能够实事求是来介绍产品的，而不是那些一味怂恿顾客多买些选用件的经销商，能认真负责地将汽车修理好，而不是敷衍塞责的经销商。

在挑选的方式上，可以看经销商对待顾客的态度来判断，最好亲自去看一看经销商配件库、修理部的服务人员，考察他们的工作。

4. 选购新车的技巧

（1）多看：购车前，多看市场、看车型和看产品。

（2）多听：多听听产品的口碑，汽车发动机运转的声音，高速行驶时的噪声和车辆密封隔音的功能。好的发动机在行驶运转时会发出稳定悦耳的声音，良好的密封隔音功能，可在行驶时听不到窗外的噪声和风声。

（3）多问：询问零售商及售后服务人员，看是否能提供专业的服务，看厂商对车主关心的利益问题，是否能提供令人心悦诚服的解决方案，看未来的售后维修服务是否便利和舒心。

（4）多试：在做出购买决定之前，应多试车，以便最大限度地了解产品的性能和特点，否则就不知道避震是

否良好，操控性、制动性能是否令人满意，高速行驶时噪声到底有多大。

5. 鉴别新车质量的技巧

（1）座位：若座位不舒服，会引起疲劳或者精神涣散，应检查一下座位能不能调整，看它有没有足够的支撑力，检查一下后座椅腿部。

（2）操纵：离合器、方向盘、变带箱及制动操作要轻便，方向盘要能感知地面的情况，且不会有强烈的震荡。

（3）引擎盖：将引擎盖掀开，能够很容易触摸到箱内的各个部件，便于日常的保养和检修。

（4）悬挂系统：在高速路上行车的时候，贴地面不要太紧，悬挂系统不能太软，否则转弯的时候容易发生摇摆。

（5）开关引擎：在试车的时候，将安全带上好后，所有的开关都能轻易地触及和调节。

（6）行李箱：检查一下行李箱的大小及看它是否很容易拿取备用的轮胎。

（7）通风设备：闷热的车厢容易使人疲劳，太冷让人感觉也很不舒服，所以，暖气通风系统要能保持车内空气清新、暖和，且车窗没有水汽凝聚。

（8）噪音：噪音一般来源于引擎、道路、风，会使人疲劳，所以在试车的时候要留心倾听。

6. 挑车八项注意

（1）要注意车身玻璃、油漆、锁、车门是不是完好，不要有损坏迹象。

（2）要注意反光镜支架和反光镜的油漆是否完好。

（3）要注意螺帽、轮胎有没有松卸，轮胎里有没有足够的气。

（4）要注意检查雨刷杆、雨刷器及割片是不是有效的，且不能有

老化现象。

（5）要注意汽油盖及冷油箱、滤网是不是完好。

（6）要注意座位、车厢是不是完好。

（7）要注意各种灯光，包括方向灯、大小灯、眼灯、后灯是不是完好，并且是不是正常工作的。

（8）要注意车后的发动机，没有杂音才是正常的，当车子发动以后，要注意仪表板上各个表的显示是否正常，电瓶、喇叭是否正常显示及手刹车、离合器、刹车是否有效等，这些都是不能忽视的，这对安全特别重要。

7. 选择汽车车身形式

汽车的车身形式一般有 2 门型、4 门型、后掀门型。每档轿车都有 2 门型和 4 门型。

（1）2 门型。优点是：车身比较低，流线型好。由于此类车车身的钢度比较好，因此，在行驶的过程中，车身的噪声比较小。缺点是：车门比较重，进出后座时，不方便，且后排座的空间比较小。

（2）4 门型。其优缺点跟 2 门型正好相反。

（3）后掀门型。优点是：能装载大件的物品；如果后排的座位能折叠，则载货的容积会更大；缺点是：所装的东西从车外都能看见。

8. 选汽车驱动方式

（1）前轮驱动。优点：传动效率比较高、油耗比较低、自重比较轻，在平路上行驶的时候，地面的附着力比较大。缺点：在走陡坡或拖挂时，前轮着力会减少，由于前轮既是转向轮又是驱动轮，轮胎的磨损比较大。

（2）后轮驱动。其优缺点跟前轮驱动刚好相反。

（3）全轮驱动。优点：在无路地面和泥雪地面的行驶性能好。缺点：油耗、车价、修理费都要比前两种高。

9. 选汽车的变速方式

汽车的变速方式有自动变速和手动机械变速二种：

（1）机械变速。优点：油耗低、售价低、修理费低。缺点：换挡的动作比较复杂。

（2）自动变速。其优缺点与机械变速正好相反。

10. 选汽车附属品

汽车的附属品一般可以分为外观性、安全性、方便性、功能性四类。

（1）增强外观性选用件的有：加强的防锈处理、车轮罩等。

（2）增加安全性选用件的有：自动安全带、安全气囊。

（3）增加方便性选用件的有：空调、电动窗、自动巡航控制、音响设备、电动门锁、变速刮水器、遥控行李箱锁、电动后视镜、车顶窗等。

（4）增强功能性选用件的有：防抱死制动（ABS）、动力转向、全轮转向、数字显示仪表、雾灯、高性能轮胎等。

11. 鉴选汽车蓄电池的技巧

（1）普通蓄电池的极板里面是由铅和铅的氧化物构成，其电解液是硫酸的水溶液。大部分在货车上使用，它的主要优点是电压稳定，价格便宜，缺点是使用寿命短且日常维护频繁。

（2）干荷蓄电池：主要用于小型轿车。其主要特点是负极板有较高的储电功能，在完全干燥状态下，能将电量保存两年，使用时只需加入适量电解液，等待 15 ~ 20 分钟即可使用。

（3）免维护蓄电池：主要用于较高档轿车，在自身结构上有明显优势，电解液的消耗量非常小，使用期间不需要补充蒸馏水，另外，还具有体积小、抗震、抗高温、自放电等特点，使用寿命一般为普通蓄电池的 2～3 倍。

12. 试车的要领

在试车的时候，要注意以下几点：

（1）仔细考察车身的内观和外观，观察实际买的车跟样车是否同样令自己满意。

（2）车门门缝的宽度是否均匀一致。

（3）有无滴斑和刮伤，油漆是否均匀。

（4）边角是否服帖，地毯是否铺平，发动机室的油管、电线是否都夹在正确的位置上。

13. 试汽车的安全性和舒适性

试车的时候，要看安全带是不是方便、舒适。驾驶员的座位是不是能调到自己最方便的位置，以便能跟所有操纵的手柄接触到。不管是白天，还是晚上，是否都能看到仪表的读数。看后视镜、刹车踏板的位置跟自己的要求是否符合。万一发生撞车的时候，膝部、胸部、脸部都会碰到哪里。

此外，还要看车门是不是好开、关，进出的时候是否方便，乘员的人数是否跟自己的要求符合，行李箱的容积够不够，在调整行驶的时候噪声能否忍受得了，车内的通风是不是能有效地保持空气新鲜，转弯的时候车身是不是倾侧得厉害，驶过路面突出地方的时候是否颠簸得厉害，看看是否会出现不舒适的感觉。

14. 选购车辆赠品的技巧

现在消费者在购车时一般会要求商家给予一些赠品，并且要求赠品的数量越多越好，但是往往赠品的质量会让人大失所望。因此本着既方便又实惠的原则，可向经营商要求赠品为车的配件如车罩、拐杖锁、防腐防锈处理、椅套、遮阳纸、防盗遥控锁、电动打气机等必需品。如此才可有效地维护和保养汽车。最好是品牌产品。

15. 识别不能交易的车

来源不明、手续不全、走私进口车或者在流通的环节违反国家法规、政策的；没有产品合格证，或跟产品不相符的；港澳台同胞、华侨等所捐赠而免税进口的。这些都是禁止交易的车，在购买的时候要特别小心，以免买后引来不必要的麻烦。

16. 选购汽车如何付款

一年的牌照税、燃料税、保险费用及相关配备的处理费的总和是所要支付的车款，在支付这部分车款时首先可以向银行按揭贷款或一次付清。但是，汽车的银行贷款利率比房屋还要高，最省钱的方法是用现金一次付清，既可省去银行的利息，而且还能争取经销商的最大优惠。

17. 选购二手车的技巧

（1）根据本身经济能力而决定车价。

（2）注意车龄。5 年以上的车需要维修的概率最大，与其把钱花到维修上，还不如多花点钱买好点的车。选购时，二手车种的价位及年份可参考汽车杂志及专业网站的信息。

18. 二手车辆购买方式的选择

二手车的选购方式，一般有两种：即通过汽车销售商家购买和向个人购买。前者销售商家将汽车美容保养一番，外表看来十分华丽光鲜，但价格较一般自行向私人购买者贵，所以应该多方比较方不致吃亏上当；后者在价格上伸缩的弹性范围较大，但是要注意一点，有些车主接受车行或出租公司的委托，将以往出租过的汽车拿来出售，因此，选购时务必要求查看原始牌照登记书才行。即使是十分相中的车，也不要急着成交；给自己两天时间，进行多方打探，确定与车主所说的相符时，再成交也不晚。

19.二手汽车交易的技巧

二手车交易时，首先要盘算好它的价格，还应搞清规定的燃料税、牌照税、保险费、过户费应交给谁的问题。另外在购买旧车时还要验证原始牌照登记书以及发动机和车身号码，通过这些可以了解这辆车转手的次数、曾经的用途，同时也可发现里程表是否被动过手脚、是否出过车祸等。

20.看保养程度选二手车

选购保养好的旧汽车，可以延长其使用寿命及节省修车的开销。所以购买前，应从汽车的发动机系、底盘系、传动系、电器系、车身系等5大系来检查旧车的使用及保养程度，待逐一检试完后，若没有问题再购买。

21.识别进口摩托车的技巧

标记和票单是检验摩托车是否为进口车的两个重要依据。

（1）标记：合格的进口摩托车，其车架主体前部位两侧应贴有一个黄色的圆形标记，并印有"CCIB"字样，在该字母的下方印有"S"字样，该标记符合我国目前对机动车所执行的安全标准证明。

（2）票单：进口机动车辆随车检验单的表面为黄色，由数枚小的"CCIB"字样所构成单证的图案底色，单证上印有办理进口车辆须知和对外索赔的有关条款与内容，同时还附有进口货物证明。这些单据印刷都很规范、工整，且附有正规的商业发票。

七、 通讯

（一） 手机及配件

1.选购手机

一般选购手机时，价格、性能、品牌、服务等多方面都应当作为综合考虑的因素：

（1）要了解手机商标上所标注的机型和出售价格是否与实际情况相符，所带的附件配置是否齐全，检验是否有邮电部统一的入网标志。

（2）查看销售商所提供的手机，其条形码是否完善，条形码上的数据跟包装盒上面的条形码数据是否完全一致。

（3）要问清楚销售商所提供的保修时间有多长（一般的免费保修期均为1年），其所指定的定点保修点是否具有维修保障的能力，以及是否有其生产厂家的授权。因只有得到了授权的维修点，才能够得到用来维修的正宗配件。

2.选购手机电池的技巧

（1）要检查手机电池的保质期和出

厂期。因为即使在不使用的条件下，化学密封的干电池也会自然放电，因此，选购手机电池时首先应检查电池的出厂期和保质期。

（2）要检查电池的包装标识是否符合国家的产品质量，其中有没有明确记载产地、生产厂址以及电池成分、电池标准、电池容量和其他重要标志等。

（3）检查外观和防伪标志。应该仔细检查电池外观的表面光洁度和厂家防伪标志的清晰度，以防假冒伪劣产品。

3．购手机充电器

选购充电器时，首先要弄清楚该手机充电电池的具体类型。通常，由于锂离子电池对充电器所输出的电流、电压、停充检测等参数的要求非常高，因而，最好在选购手机时选择电池厂家所指定的充电器产品。对镍氢电池而言，最好选购能自动检测温度的充电器。由于镍氢和镍锌电池有相似充放电的特性，并且镍锌电池还存在记忆效应，且充满电的时候还会出现电压回落，因而适用于镍锌电池的充电器最好带放电功能，并具有电池电压检测、控制电路的充电器。

4．鉴别问题手机

针对目前手机市场存在的投诉率居高不下的情况，有关专家提醒消费者在购买手机的时候，千万不要购买以下12种有问题的手机，这12种有问题的手机具体指的是：

（1）手机包装盒里没有中文使用说明书的手机；

（2）手机的包装里没有厂家的"三包"凭证且不能执行国家有关手机的"三包"所规定的手机；

（3）在保修的条款里所规定的"最

终解释权"、商品的使用功能发生变化后"恕不另行通知"的手机；

（4）无售后维护的手机；

（5）实物样品与宣传材料、使用说明书不一致的手机；

（6）与手机包装上注明所采用标准不符的手机；

（7）拨"＊＃06＃"后手机上所显示的手机串号跟手机的包装盒上所显示的串号不一致的手机；

（8）拨打信息产业部市场整顿办公室的电话查询"进网许可"，跟手机上的"进网许可"不相同的手机；

（9）非正规的手机经销商所经销的手机；

（10）购买场所跟销售发票上的印章不一致的手机；

（11）包装盒内没有装箱单或者装箱单跟实物不一致的手机；

（12）物价不真实的手机，俗称为"水货"手机。

5．鉴别真伪手机的技巧

正版手机应该三号一致，即手机机身号码、外包装号码和手机中调出的号码应该相同。另外在验钞机下，在进网许可标签右下角应显示 CMII 字样。

6．鉴别手机号被盗

当用户遇到以下几种情况时，应当注意个人手机是否被盗打：

（1）短期内话费激增。用户可以通过拨打相应服务电话或使用信息点播业务来查询自己的话费，并在相应通信公司的服务点打出通话记录，如果发现电话清单中有很多电话不是自己打的，就说明该手机被盗打。

（2）接听电话时存在如下问题：关闭手机后，没有手机提示。有来电时振铃时间特别短，甚至用户来不及接听振铃就不响了。这有可能是盗打的人接听了用户的电话。经常通话不畅，常打不通。当设置手机的呼叫转移功能，将其转移到呼机上后，呼机上显示出的号码不熟悉或复机后对方找的人不是自己。

（3）突然增加灵敏度。这也是手机可能被盗号的表现之一，如果遇到这种情况，用户应暂停使用。

如果用户发现手机被盗打，应立即到当地的移动通信公司改变其串码业务，使盗打者的手机失效，以使自己的利益得到保护。

7.健康使用手机的方法

根据测定表明，目前市场上各种手机的微波场强为 600～1100 微瓦／平方厘米，大大超过了国家所规定的安全标准和最大允许值，即 50 微瓦／平方厘米。通过对国内人群的试验证实，长期使用超过了国家安全卫生标准的手机，同样会使人体的健康受到危害。从预防电磁辐射危害的角度出发，专家们提出了以下三点简单易行的个人防护建议。

（1）保持距离。人体头部接受电磁辐射水平的高低，直接取决于头部与手机天线之间的距离。因此，在用手机通话时，应尽量把手机天线离开头部，这样可以降低头部电磁辐射的暴露水平。

（2）接通再打。在测量有些手机电磁辐射的时候发现，当手机拨号后，在接通的瞬间，仪器会显示突然出现一个电磁辐射的高峰，然后从峰值迅速降低，而通话时，其电磁辐射的水平一般都比较低。根据手机发射电磁辐射特点，使用手机的时候，应该加以防护，即：在拨号以后不要将手机马上放到耳部听电话，而是应先看显示屏上手机是否接通，当显示接通后，再将手机移到耳部进行通话。这样，手机接通的瞬间跟头部的距离就会相对远一些，从而，可以减少头部的电磁辐射暴露剂量。

（3）变换姿势。在用手机过程中，要经常将握持手机的姿势改变一下，例如把持手机的角度稍微变动一下，稍稍前后上下移动手机等。只要将握持手机的姿势做一下改变，在脑中的聚焦部位电磁辐射就会发生移位，这样，可以避免脑组织的某个区域因长时间暴露在高水平的电磁辐射之下，从而降低脑组织发生病变的可能性。

8.处理手机进水问题

若手机进水了，首先要将电源关掉。然后为避免水腐蚀手机主机板，应及时将电池取出，并尽快送去售后处进行维修。也可以用电吹风将手机内部的水分吹干（只可用暖风）来减缓机板中的水分，但要注意将温度调到最低挡，否则会造成机身的变形。

9.补丢失神州行卡

在发现神州行卡丢失后，首先要拨打 13800138000，然后根据里面的语音提示按步骤办理挂失，再携带用户密码卡、个人身份证到所在地移动通信公司下属的营业大厅办一张新的 SIM 卡，原手机号码不变。最后一步拨打 13800138000 进行解挂失。

10.用手机享受生活

（1）便于上网：手机终端的功能与可移动上网的个人电脑具有类似之处，如果能充分利用用户使用固定互联网的习惯，以及充分利用固定互联网所具备的应用资源，就可以给用户提供高性能、多方位的移动互联网使用体验。

（2）便于充分利用其他资源：方便欣赏移动书苑、方便阅读，也可方便书刊、多媒体、音像等各种载体的互动下载，用户可随时删除、阅读和再下载上述资料，也具有书签等其他功能。

（3）手机银行服务：利用短信息功能进行银行业务办理，可实现账户查询、挂失、转账、外汇牌价查询、外汇买卖、交手机话费等服务。目前中国移动已经对建设银行、中国银行、招商银行、工商银行开通了手机银行服务。

（4）可提供时尚闪信：通过手机可将全方位的贺卡传达给朋友，传送对朋友的一份感情，DIY方式可便于自主地制作个性化贺卡。手机还可提供闪信动听的卡拉OK旋律，方便随时随地与亲密朋友共唱金曲卡拉OK。

（5）可提供手机邮箱：借助于供应商短信互动功能，可以灵活地通过设定条件，在邮箱收到的新邮件满足预先设定的条件后，手机将会收到一条短信提醒。接到提醒后，如果想知道邮件内容，回复短信，可以直接用短信或彩信提取的方式，阅读到该封邮件的详细内容。还可以对第三方邮箱进行管理，可随时随地查看第三方邮箱，收取重要邮件。还可以将此功能设置成自动或者手动形式，其通过Web、WAP和短信3种方式均可操作。

（二）电话

1. 识别国产电话机型号

电话机的国家统一编号的原则由4部分组成。各组成部分的含义如下：

第一部分是表示电话机类别的汉语拼音字母。HA：表示按键式自动电话机；HL：表示录音电话机；HW：表示无绳式电话机；HCD：表示来电显示电话机。

第二部分是表示生产厂家代码的阿拉伯数字。

第三部分是表示产品外形序号罗马数字，也可用阿拉伯数字加括号来代替。

第四部分是用英文字母表示该部电话机所具备的各种功能。其中：T表示具有双音频拨号方式功能；S表示具有记忆和存储功能；P表示是脉冲拨号方式；L具有带锁功能；D表示具有免提扬声通话的功能；P／T表明有双音频与脉冲兼容功能；LCD表明具有液晶显示功能。

2. 选购电话机

选购电话机的时候，一定要注意话机是不是国家信息产业部所批准的机型，检查它有没有有效的入网许可证。入网许可证是无线电委员会和邮电部为了保障用户的权益所采取的保障措施，只要符合入网规定的话机，其机底一般都贴有邮电部入网许可证号码和入网标志，一些假冒话机的入网标志大部分内容不全、印刷模糊。新装电话的用户，应该根据电话通知单上面的情况选用合适的话机。如：当地若是程控电话局，其用户可以选用双频按键式电话机，这样用户可以使用程控电话机里的新功能。

3. 选购电话机外观的技巧

在选购电话机的时候，除了要考虑它安装时的便利性及外观的可观性之外，还要考虑其外观的质量问题。在选购的时候，要看电话机的外壳是不是光滑，机壳上面是否有划痕。查看按键是否平整，按键、指示灯的安装位置是不是正确的，按键是不是会卡键或弹性不良等。要检查计算机电源线、计算机开线、电话线是否松动或异常。晃动电话机时，是否有内部组件脱落的声音。

当然，在选购的时候，还应该考虑多方面的问题，如产品的售后服务、其他性能、款式、颜色及产品的外包等。建议您在购买的时候，尽量挑选一些知名的品牌机，因为，品牌机不管售后服务还是产品的质量，都有更多的保障。

4. 根据通话质量选电话机

质量比较高的电话机，其音质相当清晰、不刺耳、不失真，且还没有明显的"滋滋""沙沙"或"嗡嗡"声。在选购的时候，要接上电话线，将听筒拿起来，此时，若能听到清晰、音量比较适中的拨号声音说明质量较好。同时，对于各种各样多功能的电话机，用户可以根据自己实际的情况和需求来选择其功能，不要盲目地追求功能齐全。

5. 选择无绳电话

（1）选择通信功能。无绳电话除了具有普通电话机具有的功能外，还具有手机与主机之间的通话、内部通话、无绳电话与主机之间能够转接、作为分机单独使用等多项功能。

（2）选择通信距离。在我国，对于家庭使用无绳电话的发射功率有明确的规定：发射功率不得大于20毫瓦。这种机子的通信距离在200～300米之间。因此，应当注意通信距离过远的机子，这种机子不是厂家夸大其词，就是发射功率超标。若发射功率严重超标，会干扰其他的电器设备，还会被有关部门处罚。

（3）选择控制方式。目前，在控制方式上市场上所出售的无绳电话机可以分为两类：一类是微处理器控制；另一类是导频控制。比较这两种方式，微处理器的控制方式可靠性比较强，当然它的价格也会相应地高一些。检测控制方式的方法是：轻轻地将内部通过键或主机的免提键按下，若此键是轻触键，即一松手该键会立即反弹，这种机子一般是利用了微处理器的控制方式；如果此键不反弹，需要再按一次才能弹出，那么，这样的机子一般都是采用了导频控制的方式。

6. 选用 IP 电话

目前，IP 电话已经成为一种很常用的通信手段，而对于不同的人群，都有不同的使用方法：

（1）经常流动或不经常打长话的个人用户，如在校学生，最好选择每次支付费用比较少的 IP 卡，由于不是要经常拨打电话，对过长的号码也不会受到太大的影响。

（2）如果是持有银行卡的用户，用 IP 银行卡业务就会方便很多，一卡通、牡丹卡等持卡者若申请了网通的 IP 电话业务后，可随时刷卡消费，在提款的同时，还能随时拨打 IP。

（3）网民用 IP 软件来打电话是最实惠的，特别是打国际长途的时候，就更加便宜，再装上个摄像头，还能进行可视对话。

（4）对于企业用户或者常打长话的手机用户与家庭用户，IP 直拨是最实惠、最方便的选择，还可节省大笔开支，简洁拨打可提高工作效率，手机用户则省下了带卡的烦恼。

电话质量的好坏，一般都取决于运营商所提供网络容量的大小，因此，在选择时要尽量选用宽带网和IP，因为它通话质量好，且易于接通。目前，中国网通宽带网的传输量已达到40G，用这个网拨打IP，就算是在高峰时段，也不会有接不通的情况出现。

7. 电话机铃声的减轻方法

若电话机的铃声很刺耳，可垫一块泡沫塑料在机下，以使铃声的喧闹声减轻；若是家用电话，将其放在床垫上，也能减轻铃声。

8. 使用电话机特殊键的方法

（1）"#"是重发键：如果遇到忙音，可将电话放下，若想再打的时候，只要按一下"#"键，就会自动拨发刚才所打的号码，可不断重复使用，直到接通。

（2）"*"是保密键：打电话的时候，跟身旁的人交谈的内容若不想让受话人听到，此时，只要轻轻地按住此键，即可暂时将线路切断，若要恢复通话，只需松手即可。

9. 获得手机室内较佳通信效果的技巧

在室内，手机的通信距离往往较差。通过一些技巧，可以帮助改善手机在室内的通信质量、获得较佳的通信效果。

在室内，若手机信号不好时，可以适当调整手机拉杆天线的方向、长度，或者适当地调整手机的地面距离、转动手机本身的方位来达到较好的通信效果。一般来说，在普通房间里，手机位置越高，所获得的有效通信距离越大；手机拉杆天线拉得越长，通信效果也越好。

10. 保养电话机

（1）不要猛拍电话机叉簧，若拨号以后，没有接通，可轻轻按下叉簧约14秒，然后再重新拨号；不要随意拉扯或扭绞电话机螺旋线和直线，以免内部心线两端脱开或折断。一旦将电话机的振铃、音量和转换开关调试好，就不要轻易变动。

（2）对于按键式电话机，因大部分都采用了新型的电子器件，机械的部件非常少，一般不需要定期进行检查，只需平时保持电话机的清洁即可（可以用潮湿的软布来擦拭）。

（3）安装电话机时应以安全、方便为原则。不要在阳光照射的地方放电话机，更不要放在噪声源、干扰源附近，也不能放在潮湿的地方，应把电话机安装在通风、平稳、干燥的地方。

11. 清洗电话机

（1）消毒剂擦拭法：在家中可以用浓度为0.2%的洗涤溶液来对电话机进行清洁，其效果能持续10天左右；也可以用75%的乙醇来反复擦拭电话机外壳的部分，但因乙醇容易挥发，其效果不能持久，因此，应当经常擦拭。

（2）电话消毒膜（片）消毒法：现在市场一般所销售的电话消毒膜是由高氯酸铀、过氧戊二酸、洗必泰等为主的复方消毒剂所配制而成的。在使用的时候，只要将其粘贴在送话器上便可。

12. 去除电话机污垢的技巧

由于经常使用电话机，会沾上很多肉眼看不到的污垢和细菌，应每隔1～2周就用含有酒精或甘油酯的清洁剂将其擦拭一遍，电话机的拨号盘可用圆珠笔或筷子包上干净的抹布，一边擦拭，一边拨动。

八、宠物

1. 选购好猫

在选购的时候，猫的外貌应以猫的面孔、脚爪、眼神、毛色、叫声、坐姿等来判断，例如目光如炬，看人时嘴倔须长，不愿意被生人抚摸，脚底的软肉饱满油润，行走的姿势缓慢而有力，坐着时尾巴围在身上，趴着时前腿首节内屈或者像虎伏的是好猫。良种猫的毛色纯而且光亮，背部的毛色图案是左右对称的，好像猪耳环，或者没有花纹。

2. 给小猫打疫苗

小猫虽然健壮，但为了预防恶性传染病例如猫瘟的发生，一定要及时注射疫苗。因为猫瘟对不足 4 个月的小猫很有危害性，而病毒不直接接触就能传染。最好在小猫 10 周左右接种疫苗，在 1 岁前要注射 2 次，每次间隔 20 天，以后每年 1 次。

3. 幼猫喂养

(1) 快速生长期的喂养：快速生长期一般在幼猫断乳后的 2～4 月龄，在这段时期，幼猫爱玩并快速生长，需要大量的热能和营养，必须提供热能及蛋白质含量都比较高的均衡营养食物，供应幼猫在快速生长时所需要的各种能量和营养。但因幼猫身体各功能还没有完善，所以此时的幼猫一天至少吃三餐。其食物最好是新鲜的鸡、鱼、猪牛肉，并配合少量幼猫粮，尽量少喂淀粉类，不要过分限制食量。

(2) 性成熟期的喂养：6～12 月龄时，猫生长的速度开始变慢，其活动量也慢慢减低。这个时候的猫食量比较大，可以将每餐的分量增加而减少每天用餐的次数，增加食物变化，在原有的食物基础上适当地添加一些营养比较丰富的猫罐头食品，以保证它因为生长速度变慢而产生的不同营养需求。一定要记住，因为猫是肉食动物，所有的饲料一定要以肉食为主。另外，平时要给幼猫饮用大量新鲜的清水。

4. 宠物狗的挑选

宠物狗很不容易挑选，以下几点可供参考。

(1) 血统：一般有好血统的狗，才有可能成为理想的狗。因此，选择幼犬时，一定要先了解其父母的背景，有血统证明书方可。虽然杂交的狗很可爱，不过血统不清楚，成为理想的好狗很难。

(2) 耳朵：耳道要保持干净、没有臭味。

(3) 眼睛：眼睛清澈有神。眼边缘没有粉红色才行。

(4) 口腔：牙齿要呈剪状咬合，没有缺损。口腔的膜要呈粉红色。

(5) 头部：头的长度要跟全身相称。高抬头的狗优，反之质劣。

(6) 背部：背部的正中线要垂直，不可弯曲。

(7) 尾巴：尾巴的形状既是犬种的标志之一，同时也是反映感情气质的标志之一。要根据不同犬的情况认真挑选。

(8) 被毛：被毛要光滑有光泽。幼犬的绒毛柔嫩。不同的犬种，被毛也不一样。

(9) 前肢：如果从侧面观察狗的前肢，是笔直的；如果向外或者向内弯曲都不理想。后肢应该有弹性，关节呈弯曲状。

5. 评宠物犬的标准

好的宠物犬应该健康、有气质，以下两点可做参考：

(1) 健康标志：健康幼犬，鼻吻部位是潮湿而稍凉的。被毛要整齐而有光泽，眼睛清澈有神，口和耳朵没有臭味，大便成形，没有皮肤病，还应该有体格检查证明，要包括没有肠内寄生虫的证明。

(2) 气质要素：健康犬一呼就来，吃饭不停地摇尾巴，吃得津津有味。如果有动静，幼犬会马上瞪圆眼睛，注意力集中并且丝毫不慌张。那种夹住尾巴，一有动静就躲藏的不是理想的犬。

6. 宠物狗管理

管理宠物狗应做到以下几点：

(1) 让狗从小就养成洗澡和到固定位置去大小便的习惯。

(2) 预防狗身上出现跳蚤，可放些新鲜的松叶在狗窝里。

(3) 加些剁碎的蛋黄和香菜在狗食中，这样能使狗毛变得更光泽。

(4) 当狗误吃有毒物质的时候，应当立即逼它喝浓食盐水，将有毒的东西吐出来。

(5) 多喂猪排、鸡骨头等硬质含钙食品给狗，这样能防止狗的牙齿里长出牙垢。

(6) 在给狗吃药品时，先碾碎它，然后再拌些糖水，这样狗才会吃。

7. 家庭饲养宠物鸟选择

家庭饲养宠物鸟，一般都是来观赏它的艳丽羽毛，聆听它婉转的鸣叫，玩赏它灵巧的技艺。它们多属于羽毛华丽、小巧玲珑、逗人喜欢、鸣声悦耳的。家庭饲养它们时，可以根据个人喜好来选择相应品种：

(1) 论鸣声，可以选择画眉、金丝雀等。

(2) 论羽色，可以选择黄鹂、红嘴相思鸟，以及从国外引进的一些鸟类。

(3) 论能歌善舞、活泼跳跃，可以选择百灵、云雀、绣眼鸟等。

(4) 论技艺高超、善解人意，可选择金翅雀、黄雀、朱顶雀等。

(5) 论可供比赛、善于争斗，可选择鹦鹉等。

(6) 鸽子是很多鸟友所选择的品种，它可以分为信鸽、观赏鸽、食用鸽 3 类。观赏鸽有羽色全黑、全白和黑白相间的，它们的形态各异，如眼睛鸽、扇尾鸽、球胸鸽等。

8. 管理鸟笼

(1) 要给小鸟比较大的自由活动空间。一只小鸟最少要有 40 平方厘米的活动面积。如果在窝里产卵孵化，就要更大一些了。

(2) 金属笼子要焊接结实，尤其是笼子门要关严锁好，这是十分重要的。因为许多鸟很聪明，一旦找到了打开门的诀窍，就会开门溜走。

(3) 栖木的粗细也是重要的，鸟站在上面，鸟爪的趾甲要互不相碰。粪盒装置要放在笼子底部，栖木、食罐和水罐的下边，这样便于及时清扫掉下的粪便。

9. 选百灵类鸟笼

百灵鸟笼的大小因各人的喜爱而不同，一般都是竹制或圆形平顶的高笼。规格可分为大、中、小3种。

大型：60厘米（笼底直径）×160厘米（高），其高度可调整。

中型：45厘米（笼底直径）×56厘米（高）。

小型：33厘米（笼底直径）×24厘米（高）。

笼里面圆台架的高度虽不一样，但一般都是13厘米。应放一块底板在笼底，再铺一层沙土，可供鸟沙浴。

10. 选画眉鸟笼

板笼除了正面和笼底外均呈四方形，其上面、后面及左右都是用薄木板或阔竹片遮盖住，用来饲养那种不驯服、羞涩的画眉，因为野生画眉有隐居密林生活的习性。所以板笼能给画眉创造一种幽静的环境，使画眉感觉像是在野外的树丛里，比较容易驯养。等到驯服后见人不惊慌，就可以放回鸟笼。

鸟笼分直圆形和腰鼓形。画眉笼内，除了备有食缸、水缸外，还需要放置栖木。栖木直径长2厘米，离笼底高10厘米左右。应该在栖木表面蒙上沙面。具体做法是在栖木上先刷上漆，然后洒上细沙，干后即可使用。栖木蒙上沙面有利于鸟儿站稳，也可以保护栖木，还可磨掉笼养画眉厚厚的趾垫。除了用板笼饲养画眉，还能饲养太平鸟、黄鹂等。

11. 选八哥

饲养八哥目的是玩赏，或为教说话，选择幼鸟为好，因为这种幼鸟尚没有成鸟的野性，即使用人工喂养的办法也能养活，并且成活率较高；胆大的幼鸟，接受能力强，不怕人，容易驯服。市场上的八哥，并不都是幼鸟，成鸟经驯养成熟也可以达到比较高的水平。雌鸟和雄鸟的本领各有千秋，大多雄鸟善于模仿鸟鸣，而雌鸟巧仿人言。

12. 鉴别鸽子年龄

年龄越大的鸽子鼻瘤越大，而且粗糙没有光泽。

年龄越大的鸽子，眼裸皮皱纹越多。

年龄越大的鸽子嘴角边的结癫也会越大，说明它哺喂的幼鸽也就越多。

年龄越大的鸽子新羽越多，因为它的副主翼羽是从外向内更换的，新换的羽毛跟没有换的羽毛，其颜色会有所区别。

青年鸽脚色鲜红，平而细、鳞片软，没有太明显的鳞纹，指甲软而尖；年龄在5岁以上的，脚色紫红，会有明显、突出的鳞片，且鳞纹清楚可见，有白色的鳞片，硬而粗糙。

青年鸽的脚比较平滑并且颜色较淡。老年鸽的脚垫厚硬而且粗糙，颜色较暗。

13. 选打斗型画眉鸟

画眉鸟有鸣叫好斗的习性。选养一只擅长打斗的画眉鸟，应掌握以下几点：

（1）体形要壮实，斗鸟很讲究体形，嘴呈竹钉状，头到臀部弓成葫芦形，从嘴尖到嘴根部越粗越好。眼圈应与嘴连接，或者穿过眼圈。嘴根粗又宽的鸟在猛击对方的时候，凶狠又有杀伤力。尾巴是一条线，打斗的时候呈现扇形。

（2）头宽顶平，白眼与头顶平行，眉线细和白成一线，眉的后段稍稍上吊，看上去是一副凶相，眉后段向下弯者，则不可取。

（3）羽毛略带青色或者红色（一般

称青毛、红毛），胸前的毛呈鱼鳞片状，且在环境中锻炼成长，很能吃苦。

（4）眼沙属青沙、绿沙、金黄沙或白沙，这类鸟具有反抗能力和抗打能力。

（5）足趾呈猫爪形，腿粗似"牛筋"，腿黄色或者白色（称玉足）为最佳。

（6）胆大性烈且具有嘴锋和膀锋的鸟。前者嘴能发出"吧吧"的响声，后者兴奋的时候双翅会不停顿地扇动，如果遇到了陌生的同类，会摆出威武不屈打斗的架势。

14. 选用药饵

为观赏鱼选择药物鱼饵首先要掌握药性。用于口服的药物种类在水产养殖上很多，例如碘胺类、呋喃类、土霉素及韭菜、大蒜等。使用各种药物时，首先要了解它们的性能，它们具有的疗效，可以防治哪种疾病，才可以对症下药；其次，要有选药的常识，药物质量怎样，有多长的有效期，是否由正规厂家生产，等等。再次就是找准病因。当鱼发病时要请专业技术人员给它们一个正确的诊断，弄明白鱼得了哪种疾病，才可以采用治疗方法，决定是用药饵治疗还是体外消毒。例如肠炎病，必须要用药饵内服治疗，可以用水体消毒或鱼体表杀菌的办法治疗水霉病，一般无须内治。

15. 选用基料

基料就是鱼饲料，其中拌入药物就成了药饵。基料必须是鱼喜爱的饵料，最适宜的基料一般是一些糯糊状物，如：玉米、小麦、黄豆、米糠、花生粉、麸皮等。例如，草鱼可以用新鲜嫩草，鲤鱼可以用糠麸、饼粕等，青鱼可以用鲜螺肉，鳗鲡可以用鱼粉，鲇鱼类可用畜禽或杂鱼下脚料等。

16. 做诱食剂

鱼类对于糖类和食盐的味觉比较敏感，为了激发鱼类的摄食欲望，可以添加适量的诱食剂在药饵中。一般是具有浓烈香味的中草药，如丁香、大蒜、八角再加上部分食盐所做成的诱食剂，添加浓度应为 10%～20%。

九、礼品

1. 鉴别白金与白银

（1）比较法鉴别白金与白银。用肉眼来看，白银的颜色呈洁白色，而白金的颜色呈灰白色，白银的质地比较光润而细腻，其硬度也要比白金低很多。

（2）化学法鉴别白金与白银。在石上磨几下，然后滴上几滴盐酸和硝酸的混合溶液，若物质存在则说明是白金，若物质消失则说明是白银。

（3）印鉴法鉴别白金与白银。因为每一件首饰上面都得有成分的印鉴，若印鉴刻印的是"Plat"或"Pt"则是白金，若刻的是"Silver"或"S"则是白银。

（4）火烧法鉴别白金与白银。白金经过火烧或加温，冷却后，颜色不会变，而白银经过火烧或加温后，其颜色会呈黑红色或润红色，含银量越小，其黑红色就会越重。

（5）重量法鉴别白金与白银。同体积的白银，其重量只是白金的一半左右。

2．鉴别黄金

黄金是"十赤九紫八黄七青"，意思是：赤色的含金100%，紫色的含金90%，黄色的含金80%，青色的含金70%。

（1）声音法鉴别黄金与纯度。让首饰落在硬的地方，若声音沉闷，则说明其成色好；若声音清脆，则说明成色差。

（2）折弯法鉴别黄金与纯度。用手将饰品折弯，真金质软，容易折弯，但不容易折断；若是假的或是包金的，一般容易断，但不容易弯。

（3）划迹法鉴别黄金与纯度。在黄金表面用硬的针尖划一下，便会有非常明显的痕迹；而若是假的，其痕迹会比较模糊。

（4）重量法鉴别黄金与纯度。目前，已知的物质中，其比重最大的就是黄金，其比重为19.37，重量相同的赤铜、黄铜，其体积要比重量相同的赤金、黄金大得多。先看看颜色，然后再用手来掂掂它的重量，即可知道。

（5）火烧法鉴别黄金与纯度。用烈火烧黄金首饰，能耐久而不变色；若是假的，则不耐火，燃烧以后会失去光亮，且会变成黑褐色。

3．鉴真假金首饰

真金的首饰，质软易变，但不易断，在上面用大头针划一下会有痕迹，若是假的或者成色比较低的，用手折的时候，会感到其质很硬，容易断但不容易弯。

真的金首饰，其重量要比其他的金属重。

真的金首饰，其颜色一般为深黄色，若呈深红色则为假品，若呈浅色则为铝或银质混合品。

真的金首饰，用火烧的时候，耐火且不变色，若是假的则不耐火，燃烧以后会变成黑褐色，且会失去光亮。

真的金首饰，抛在台板上面，会发出"卟嗒"的声音，而若是假的或者成色比较低的，其抛在台板上面的声音会比较尖亮，且会比真的金首饰弹跳得要高些。

4．挑选黄金饰品

在购买黄金饰品的时候，首先要看它的工艺水平如何，也就是说其做工要好，可以根据以下几个方面来挑选：

嵌在上面的花样要精细、清楚，其图案要清晰。

焊接上时，其焊点要光滑，没有假焊，若是项链，其焊接处要求活络。

从抛光上讲，饰品表面的平整度要求要好，没有雕凿的痕迹。

从镀金上讲，其镀层要均匀，无脱落，饰品镀上金后就是光彩夺目的。

从嵌宝石上讲，要求宝石要嵌得非常牢，无松动，镶角要薄、圆润、短、小。在嵌宝石戒指的时候，还要求其齿口与宝石在高低、比例、对称上要非常和谐。

5．鉴别铂金与白色K金

对它们的重量进行比较，是最直接的区别方法，即使是一枚用铂金制成的很简单的结婚戒指，也会比用白色K金所制成的要重。白色的铂金是天然的，而白色的K金只能通过把黄金和其他的金属熔合到一块才会有白色的外观。白色的K金，其颜色通常还利用了表层的镀金来增强。然而，这样的电镀会被磨损，从而在白色K金的表面会出现些暗淡的黄色。铂金的背后都会有一份保证，它是专门用来标志铂金的。在真正的铂金首饰上面，不管是挂件、戒指还是耳环，都会嵌一行很细小的标志：Pt900或Pt950。

6.选择戒指款式

在选择戒指的时候，手指比较短的，要避免复杂设计及底座比较厚实的扭饰型，建议佩戴 V 形等比较强调纵线设计的款式，且有一颗坠饰垂挂的设计，非常可爱，且又可以掩饰手指的粗短。

若是粗指，宝石太小或者指环过细，会让人感觉手指粗，稍有起伏设计或扭饰，会使手指看起来比较纤细，单一的宝石或者宝石较大的设计，也可以掩饰粗指。

若指关节粗大，适合戴厚实的戒指，若环状部分太细或者宝石过大，看起来会不平衡，容易滑动。若是底座厚实、碎钻的宝石设计，指关节就不会那么明显，会相当适合。

7.选购宝石戒指

检查宝石是否有内包物或裂痕，越少越好。首先从它的颜色上来挑选，一般颜色浓、深、有透明感的为上品。在看颜色的时候，用自然光看为好。

挑选钻石戒指比较容易，要看其价值基准，即四"C"：净度、颜色、切磨、重量。其次，要看是否跟自己手指的粗细相合。还要注意其框的加工精度，要求其选择配合要适宜。

要注意嵌入宝石的高度与宽度，太高了容易被撞坏，太小了又不好看，两者都要适中。

在尺寸上要适中，若您手指的关节较粗，而后节又较细，在选择的时候，选戴后稍稍有空隙的最为合适。若是纺锤形的手指，应以戴上后脱落不下来为基础，稍稍紧些为好。

8.购玉器

不要在强光下选购玉器，因为强光使玉失去原色，掩饰一些瑕疵。假玉一般是塑料、云石甚至玻璃制造的或者进行电色的。塑料、云石的重量比玉石轻，硬度比玉石差，易于辨认。光下的着色玻璃会出现小气泡，也能辨认。但电色假玉则是经过电镀，把劣质玉石镀上一层翠绿色的外壳，很难分辨，有些内行也曾受骗。

选购时应留心选有称为蜘蛛爪的细微裂纹的玉，所以买玉应该到老字号去买。

另外，还要注意以下几点：选透明度比较高，外表有油脂光泽，敲击时发声清脆，在玻璃上可以留下划痕，本身无丝毫损失，做工精致的玉器。

9.看玉器

明亮灯光下，会比较清楚地看见玉器上的裂纹、玉纹以及石花、脏点等瑕疵，不会买回残次品。但是灯光下玉器会显得更美，会提升玉的档次。尤其是紫罗兰色玉器，本来淡紫色的会变浓，而本来较浓的紫则会更加可爱。

10.识玉器真假

一件好的玉器应具备鲜明、色美、纯正、浓郁、柔和、纯正等特点，而我们常见的假玉，多以玻璃、塑胶、电色石、大理石等来假冒。可以用下面的方法来识别其真假：

（1）察裂纹：电色的假玉，是在其外表上镀上了一层美丽的翠绿色，特别容易被人误认为是真玉。如果你仔细观察一下，就会发现上面会有些绿中带蓝的小裂纹。将其放在热油中，其电镀上的颜色即会消褪掉，而原形毕露。

（2）光照射：着色的玻璃玉只要拿到日光或灯光下看一下，就会看到玻璃里面有很多气泡。

（3）看质地：塑胶的质地，比玉石要

轻，其硬度也差，一般很容易辨认出来。

（4）看断口：真的玉器，其断口会参差不齐，物质结构较细密。而假的玉器其断口整齐而发亮，属玻璃之类的东西，断口的物质结构粗糙，没有蜡状光泽，跟普通的石头一样。

11. 鉴玉器的方法

（1）手掂：把玉器放在手里面掂一掂，真的玉器会有沉重感，假的玉器掂起来手感比较轻飘。

（2）刀划：真的玉器较坚硬，用刀来划它，不会有痕迹。而假的玉器，一般都比较软，刀划过后都会有痕迹。

（3）敲击：将玉器腾空吊起来，然后再轻轻地敲击，真的玉器其声音舒扬致远、清脆悦耳。而假的玉器不会发出美妙的声音。

12. 选购翡翠

翡翠有红、绿、黄、紫、白等不同颜色，选购时：一是看一下色彩，优质翡翠显示明亮的鲜绿色。二是听响声，硬物碰击时发声清脆响亮者比较好。三是看透明度，真品可以在玻璃上划出一道印痕，伪品不能。

13. 鉴别翡翠的十字口诀

珠宝界常用"浓、阴、老、邪、花、阳、俏、正、和、淡"十字评价翡翠，称为"十字口诀"。"浓"，指颜色深绿不带黑；反为"淡"，指绿色浅而无力。"阳"，指颜色鲜艳明亮；反为"阴"，指绿色昏暗凝滞。"俏"，即绿色美丽晶莹；反为"老"，指绿色平淡呆滞。"正"指绿色纯正；反之，绿色泛黄、灰、青、蓝、黑等色为"邪"，邪色价值降低，要注意细微邪色差别。"和"，指绿色均匀；如绿色呈条、点、散块状就是"花"，

影响玉料或者玉器的价值。

14. 选购翡翠玉镯的秘诀

选购玉镯是细致而较复杂的工作，要有一定专业知识和丰富的实践经验。总的说来，要牢记4句口诀：先查裂纹，瑕疵要少，大小要符，有种有色。

15. 鉴别玛瑙

（1）颜色：玛瑙没有气泡划痕、凹凹和裂纹，透明度越高越好。首先，真玛瑙应该是色泽鲜明、协调、纯正，没有裂纹。而假玛瑙色和光都较差。其次真玛瑙的透明度不高，有些可以看见云彩或自然水线，但是人工合成的就是像玻璃一样透明。

（2）硬度：假的玛瑙是用其他石料仿制的，特点是软而轻。真玛瑙可以在玻璃上划出痕迹；真玛瑙的首饰要比人工合成的要重一些。

（3）温度：真的玛瑙冬暖夏凉，人工合成的玛瑙基本与外界温度一致，外界凉它就凉，外界热它就热。

（4）工艺：玛瑙要大小搭配得当；检验玛瑙项链，只要提起来看每个珠子是不是都垂在一条直线上，如果不是就说明有的珠子偏了，加工工艺不完善。选择玛瑙首饰的时候，还要注意每个珠子的颜色深浅是否一样，镶嵌是否牢固。

16. 鉴别玛瑙颜色与价值

玛瑙的颜色与价值的关系非常大，如血红玛瑙属于优质玛瑙；蓝色玛瑙也属于优质玛瑙；黑白两种或以上颜色形成强烈对比的黑花飞玛瑙等也很受人们欢迎。白玛瑙多，但在工艺上用得很少。

17. 鉴别水晶与玻璃

可以从以下3方面来鉴别：

（1）颜色：水晶明亮耀眼；玻璃在白色之中微泛出青色、黄色，明亮不足。

（2）硬度：水晶的硬度为7，而玻璃则在5.5左右。如果用天然水晶晶体棱角去刻划玻璃，玻璃会被划破。

（3）杂质：水晶是天然结晶，体内有绵纹；而玻璃是人工熔炼出来的，体内均匀无绵纹。玻璃内有小气泡，水晶则无；用舌舔水晶和玻璃，水晶凉，而玻璃温。

18. 挑选什么样的钻石好

无色透明的钻石最好，从颜色上看，白晶色最好，其次是浅黄色，再次就是黄色；其颗粒越大就越有价值；其晶体的纯净度越高也就越好；白光角度的准确性越高，表明其质量越好。

19. 鉴别钻石价值

钻石的价值取决于重量、洁净度、颜色与切磨4因素。

克拉就是钻石的重量，钻石以单位克拉（1克拉=0.2克）进行计价的。钻石珍贵的原因之一就是少见，重量大者就更少见，1克拉以上属于名贵钻石。

洁净度：即透明度或纯度。洁净度高的钻石，由于无瑕疵、无杂质、完全无色透明，价值很高。

颜色：钻石颜色非常重要，颜色决定钻石是否名贵和价值高低。宝石级钻石颜色仅限于无色、接近无色、微黄色、浅淡黄色、浅黄色五种。除此以外蓝色、绿色、粉红色、紫色和金黄色较少见，可作稀有珍品收藏。

钻石切磨的工艺水平在于式样新潮与否、角度和比例正确与否、琢磨精巧与否等因素。

20. 挑选猫眼石

猫眼石的颜色有：葵黄色、酒黄色、黄绿色、灰黄色、棕黄色等，其中，鲜明的葵黄色是上品，质地非常细腻，且富有光泽。

21. 鉴猫眼宝石

可从以下两方面识别：

颜色：猫眼石最好是葵花黄色，5克拉以上的斯里兰卡产葵花黄色的猫眼石戒面价值可高达10000美元／克拉；其次为淡黄绿色；再次为绿色和黄色；最差为灰色猫眼石。

线的形状：上等金绿猫眼石，亮线强烈、竖直、细窄而界线清晰，位置是在弧面的中央，且色彩亮泽。

22. 鉴别祖母绿宝石

可通过以下3方面来鉴别：

把宝石放入四周围纸的铜盆里，用火点燃白纸，火变绿色的是真品。

把宝石投入红火炭中，炭飘香而火熄灭的是真品。

把宝石放入盛满清水的碗中，碗中出现淡淡绿色的是真品。

23. 挑选珠宝饰品的颜色

在挑选珠宝颜色的时候，其要求是：浓淡、鲜艳相宜。颜色过淡的没有精神，而颜色过深的又容易发黑，要求其颜色要纯正，红的就应该跟鸡血一样，蓝的就应该如雨后的晴空一样，钻石白则要求清澈而不带邪色，而翡翠绿，均匀得如同雨后阳光下的冬青。

24. 识别天然珍珠与养殖珠

看光泽：养殖珠的包裹层比天然珠的包裹层要薄且要透明些，因此，在它的表面，一般都有一种蜡状的光泽，当外界的光线射入到珍珠上时，养殖珠会因为层层的反射而形成晕彩，不如天然珠艳美。它的皮光也不如天然珠的光洁。

也可以把珍珠放在强烈的光照下，然后再慢慢地转动珠子，只要是养殖珠，都会因珍珠母球的核心而反射闪光，一般360度左右就闪烁两次，这是识别养殖珠重要的方法之一。

看分界线：彻底清洗干净穿珍珠孔洞的穿绳，然后，再用强光来照射，用放大镜仔细地观察其孔内，只要是养殖珠，在它的外包裹层和内核之间都会有一条很明显的分界线。而对于天然珠，会有一条极细的生长线，且一直呈均匀状排列在中心，在接近中心的地方，其颜色较褐或较黄。

25. 鉴别真假珍珠

看外形：珠子特别圆的比较贵重，形状越大越圆，其质量就越好。若是形状匀称、对称得非常好时，其价值也就高。天然的珍珠有椭圆形和圆球形，其表面呈浅蓝色、浅粉红色、黄色、浅白色等，具有美丽的光泽和色彩，其表面平滑。

看重量：颗粒大的比较好，同时要求它的比重也要大，这样的珍珠会更加贵重。

看光泽：只要是珍珠，将其对着光以不同的角度进行观察，会放射出各种奇异的光，而假的珍珠却没有这样的特点。假的珍珠，其表面有少数凹陷点和白色的点，其表面光泽比较弱，且会泛出金属般的光泽，其断面会有些砂粒在中央等。

看质地：天然珍珠的质地非常坚硬，很难碎断，其断面呈层状，用火来烧的时候，会有爆裂声，但是没有气味，用嘴来尝的时候会有咸味。

26. 选购珍珠项链

珍珠的好坏，可以从形状、大小、光泽、有无瑕疵来判断。在选购的时候要选择光泽比较深、透，且包围珍珠的珍珠层有厚身的。其形状越是八方平滑的越好、珍珠越大越好。要避免有斑点或者瑕疵。用此法进行选择的时候，还要看珠与珠之间是否相互调和、均匀，特别是相连性比较好的珍珠项链，最为珍贵。

十、化妆品

1. 辨变质的化妆品

（1）发生变色：如果化妆品原有颜色变深或存有深色斑点，是变质的表现之一。

（2）产生气体：如果化妆品发生变质，微生物就会产生气体，使化妆品发生膨胀。

（3）发生稀化：化妆品发生了变质，化妆品的膏或霜会发生稀化。

（4）液体浑浊：液体化妆品中的微生物繁殖增长到一定的数量后，其溶液就会浑浊不清，有丝状、絮状悬浮物（即真菌）产生。

（5）产生异味：生长中的微生物会产生各种酸类物质，变酸的化妆品，会产生异味甚至发臭。

总之，发生以上任何一种现象的化妆品都属变质化妆品，须立即丢弃，不可再使用。

2. 选购营养性化妆品

人参类：即加入人参成分的化妆品。人参富含多种维生素、酶和激素，有利于促进蛋白质的合成和毛细血管的血液循环，并刺激神经，活跃皮肤，从而有利于皮肤的滋润和日常调理。

珍珠类：即添加了珍珠层粉或珍珠粉的化妆品。珍珠里饱含 24 种微量元素和角蛋白肽等成分，利于人体酶的代谢，促使皮肤组织的再生，帮助护肤、抗衰老、养颜。

蜂乳类：蜂乳中富含尼克酸，有助于防止皮肤变粗。另外，蜂乳中包含的糖、蛋白质、脂类等人体不可缺少的物质，都有助于滋润皮肤。

花粉类：花粉中包含的多种维生素、氨基酸及人体必需的多种元素，对于促进皮肤新陈代谢，柔软皮肤，增加皮肤弹性，减轻面部色斑及小皱纹都有很好的作用。

维生素类：维生素 A 有助于防止皮肤脱屑、干燥，维生素 C 对于减弱色素有很好的疗效，可以使皮肤白皙。维生素 E 则能起到延缓皮肤衰老、舒展皱纹的作用。如果将几种维生素如 A 与 D、E 或与 B、C 同时添加，效果会更好。

水解蛋白类：水解蛋白类成分能够和皮肤产生良好的相容作用，它利于营养物质的渗透，并在皮肤表面形成保护膜，使皮肤光滑细腻，减少皱纹产生。

3. 选购减肥化妆品

在选购时，应注意优质的减肥化妆品，一般是挑选临床验证疗效高、成功案例数字多且可在短时间内全部吸收的，无刺激性气味，无过敏现象，且质地细腻的化妆品。

4. 选购防晒化妆品

在购买的时候，可根据皮肤的性质及季节来选购。

根据皮肤的性质：干性皮肤最好选择防晒油或者防晒霜，因为它们除了防止日晒外，还可增添皮肤的润泽度；而对于油性皮肤，则应选用防晒蜜和防晒水，因为它们可以缓解脸部皮肤的油脂分泌。

根据季节：夏季应当选用防晒性能强的化妆品，如防晒水、防晒霜；而冬、秋季因气候比较干燥，可涂些防晒油来缓解皮肤干燥或起皱的现象。

5. 男士选购化妆品的技巧

（1）辨别皮肤类型：干性皮肤较细嫩，毛孔较细，不容易出油，因此应选用油质的化妆品，比如，奶质、人参霜、蜜类、香脂、珍珠霜等，这类化妆品形成的油脂保护层可以改善干性皮肤不耐风吹日晒的状况，更好地保养皮肤。油性肤质毛孔粗，油脂分泌旺盛，容易造成毛孔的堵塞，脸部一般有粉刺、斑等问题。这类皮肤应选用水质化妆品，控制油脂分泌。中性皮肤最好选用含油、含水适中且刺激性小的化妆品。

（2）根据年龄选购：由于青壮年生理代谢比较旺盛，因此皮下脂肪丰富，所以应选取蜜类和霜类的化妆品。

（3）注意职业的不同：经常进行野外作业的人，为避免因日光中紫外线的过度照射产生的日光性皮炎问题，应选用紫罗兰药用香粉或防晒膏做日常保养。重体力劳动者由于工作时出汗多，汗味重，可在洗澡后选用健肤净。

6. 选购喷发胶

在购买喷发胶时要注意以下几个

方面：

包装容器：应选封装严密，不易爆裂或跑、漏气，安全可靠的产品。

喷雾阀门：要查看阀门是否畅通。

雾点：其喷出的雾点应细小而均匀，并呈流线形状发射。一喷洒在头发上，就能够快速形成透明的胶膜，有较好的韧性和强度，有光泽。

7. 选购清洁露

在选购的时候，宜选择：乳液稳定，无油腻感，无油水分离现象，易于敷涂，对皮肤没有刺激的优质清洁露。此类清洁露特别适合脂性皮肤者。优质的清洁露，其膏体细腻而滑爽，涂在皮肤上容易液化，并保留较长的时间来清洗毛孔的污垢。污垢去除后能够在皮肤上留下一层润肤的油膜为最佳。

8. 选购适合的粉底霜

选购粉底霜时，应根据自己皮肤的状态、性质以及季节和目的来选择。粉底霜一般可分为液体型粉底霜、雪花膏型粉底霜和固体型粉底霜3种类型。

（1）液体型粉底霜：水分含量较多，使用后的皮肤则显得娇嫩、滋润、清爽，如果您的皮肤比较干燥或希望化淡妆，这是最佳的选择。

（2）雪花膏型粉底霜：油分比重大，呈雪花膏形态，富有光泽，遮盖能力强。适宜于在出席宴会、集会等大场面郑重化妆时使用。因为它的强遮盖力，最好选用与自己的肤色相近的颜色，以免产生不自然的感觉。

（3）固体型粉底霜：它的特征是用水化开后，涂抹在皮肤上能够形成具有斥水性的薄膜，很少发生掉妆现象，适用于夏季或油性皮肤使用。

9. 选购粉饼

在选购时，要注意，优质的粉饼应是：粉粒细而滑，附着力强，易于擦抹；其饼块不容易碎，且不太硬，完整而无破损；其表面平整而洁净，颜色均一，没有异色杂质星点，香气柔和、悦人，没有刺激性。

10. 按肤质选胭脂

干性皮肤最好选用霜或膏状、油性较大的胭脂；油性皮肤则应选用粉饼状或粉状胭脂；中性皮肤适合各种类型的胭脂。推荐初学化妆者选用粉剂型胭脂。

（1）根据肤色选胭脂。肤白的人应涂粉红色或浅色、玫瑰红色胭脂；肤色偏黄（褐）的人最好用精红色胭脂；肤色较深者涂抹淡紫色或棕色胭脂为佳；不同颜色的美容效果各不相同。粉红色给人以温柔体贴、甜蜜亲切的感觉，最宜婚礼化妆；大红色则会流露出热情奔放、生机勃勃的气息，适于宴会化妆。

（2）根据年龄选胭脂。年轻女性涂擦大、圆些的胭脂，可以显示其青春活力。而中年妇女则应把胭脂涂得高、长一些，方显成熟、端庄和稳重。

11. 选购眉笔

选购眉笔的时候，应选择笔芯软硬适度、色彩自然、易描画、不断裂且久藏后眉笔笔芯表面不会起白霜的眉笔。注意选购不同颜色的眉笔来衬托不同的肤色。

12. 选购眼影

选购眼影时，要注意眼影块的形状，其块应是色泽均一、完整无损，其粉粒要保持细滑。优质的眼影都易于涂抹，并对眼皮没有刺激性，黏附的时间久，且易于卸除。

13. 选购眼线笔

笔干长短适宜，笔毛柔软而富有弹性，含液性能好，无杂毛的眼线笔即为优质品。对于初学者，可选用硬性笔。

14. 选购眼线液

选购的时候，应选择无刺激、不易脱落、干得快、持妆久、易描绘成线条、卸妆的时候非常容易去除的眼线液。

15. 选购睫毛膏

在选购睫毛膏的时候，应选择黏稠度适中，膏体均匀而细腻，在睫毛上面容易涂刷，黏附比较均匀，可以使颜色加深，增加其光泽度，涂上后不但不会使睫毛变硬，而且还有卷曲效果的。干燥后不会粘着下眼皮，且不怕泪水、雨水或汗的浸湿。具有很强的黏附性，且易于卸除。其色膏对眼部没有刺激性，安全无害。

16. 选购睫毛夹

购买睫毛夹时，要选择睫毛夹橡皮垫紧密吻合，松紧适度的，若夹紧后还存在细缝无法完成睫毛夹的功效。

17. 选购指甲油

选购时，可根据以下几个方面进行选择：

(1) 附着力强，容易涂抹，其色调和光泽不容易脱落。

(2) 涂抹后固化及时，干燥速度快，且能形成颜色均匀的涂膜。

(3) 有比较好的抗水性。

(4) 颜色均匀，且一致；其光、亮度好，易于摩擦。

(5) 其颜色要与手部的肤色及服装风格保持统一和谐。

18. 选购优质口红

购买优质口红可以从以下几个方面来挑选：

外观：口红的管盖要松紧适宜，管身与膏体能够伸缩自如，且口红的金属管表面颜色应不脱落、光洁又耐磨。若是塑料管身应保持外观光滑，无麻点。

膏体：口红的膏体表面应光滑滋润，附着力强，不易脱落，无麻点裂纹；并且不会因气温的升高而发生改变。

颜色：优质的口红颜色应艳泽均一，用后不易化开。

气味：要保持香味纯正，不能散发任何奇怪的味道。

19. 选购香水

香水按照香味主调可分为合成香型、东方香型、花香型等几种。无论属于哪一种香味，其浓度大致可分为香精、香水、古龙香水和淡香水四种。试验香水时，最好选用淡香水或香水。因为浓烈的香味会造成嗅觉的迟钝。一般的试用方法为：将少许淡香水喷洒在手腕内侧，轻挥手腕，停留1～2分钟，使皮肤上的香水干透。这时闻到的香味是香水的头香。稍后10分钟，再闻，这时的香味是香水的体香，最接近香水的主调，也是能保持时间最长的香味。过几个小时乃至更长时间后留下的叫作香水的尾香，即留香。选择令人满意的香水，就要注意细细品味香水各个阶段的香味是否和谐，最主要的是看香味是否能够迎合心意，体现个性。

20. 选购优质浴油

选购时应选香气宜人、无异味、液体稀稠度适中，涂抹感觉柔和、无刺激性的浴油。优质的浴油可以润滑皮肤，推荐皮肤粗糙的人或在干燥的季节里使用。

21. 选购乳液

为避免使用过期或者变质的乳液，购买时一定要看清楚乳液的出产日期。

乳液的色泽要柔和、手感好，若色泽泛白、暗淡或者呈灰黑色，则说明乳液酸碱度的调和不成比例或者产品质量不过关，不宜涂抹。

要选择细腻、滑软，香气纯正的乳液来使用，而涂抹后有黏腻感、对皮肤有刺激且有异味的就不要使用。

乳液要在室温下保存，注意保持乳液的半流动性。

十一、艺术品

1. 选购钢琴的窍门

键盘：键盘的弹力要求均匀适中。键盘弹下的时候应该轻快适用。至于白色琴键的下沉深度，在 9～11 毫米之间为宜，当琴键抬起的时候，键不会颤动。键盘上键的排列要均匀，键与键的空隙要求分布均匀，并且大小要适中，键盘的表面要光滑平整。

音量、音色：可以从琴弦的长短上来鉴别钢琴音量大小以及音色好坏。一般而言，钢琴的中间音色比较好，但是高音部和低音部的音色就不是那么理想了。那么，在挑选的时候高、中、低音部的发音都要好好检验，看是否良好。

铁排：铁排要完好无损，不应该有断裂的现象，四周的油漆不能脱落而出现锈迹。中音和高音钢弦要有光泽，不应有生锈的痕迹，各号的钢丝应该完整，并且各号要合乎规则。低音钢弦所缠的钢丝应该平整、紧密，没有出现发绿与沙哑音的现象。

槌头：槌头的排列就是要整齐。槌头打弦的时候，所成的角度要和琴弦对准，弦与接触面成 90 度。可以用下列方法鉴别机件部分：当用手轻轻地摇槌头的时候，看它是否会摇晃不定，弹键的时候，机件是否会发出嘈杂的声音，或者也可以观察槌头在打弦的时候其动作是否敏捷。

踏板：在弹力方面，要求踏板的弹力适中，踏下左踏板的时候，仔细观察机背档上是否抬起；踏下右踏板的时候，观察制音器在离开弦的时候是否整齐一致，外踏板复位的时候没有强声。

外观：油漆要完好无损，并且有光泽，颜色深淡均匀，没有气泡出现。木纹要协调对称，木板接合处应该紧密无缝。当盖上琴盖的时候，密封良好。在钢琴背后的音板的颜色上，还是白色等比较浅淡的好。

2. 选购电子琴的窍门

在选购电子琴的时候，其音调要准，而且要求模拟音要像，还要优美，这也就是说音色要真实。节奏要轻快明晰，节奏的种类多多益善，变换要灵活。键盘的要求则是要平整，且灵敏一致，琴键的弹性要好，不可以出现键较松或者键按不下的现象。

选择电子琴的时候，先要把各种效果关闭，比如说振音和延长等，这样做的目的是为了听到电子琴的原声。然后逐个打开各个按钮，分别观察其效果。

还可以同时按下一系列的键，听听它们同时发音的效果。

3. 选购小提琴

在选购的时候，要看琴头、琴颈、指板和琴身的中心连线是否在一条直线，可以用下面的方法来检查小提琴是否端正：看琴头和两个下琴角是否成一个等腰三角形，若不是，则这个小提琴不端正。检查琴身是否牢固，可以用一手提琴，一手指关节轻扣小提琴，听声音就可以知道小提琴是否牢固：如果是"咚咚"声，表明良好，否则有脱胶现象。拉小提琴，如果低音浑厚深沉，中音优雅柔美，高音明亮清澈，则是好的小提琴。

4. 选购手风琴

在选购手风琴的时候，棱角要圆滑，键盘和贝司要平整光洁，不可以高低不平，拉起来要灵敏有弹性，手感舒适。风箱严密不能漏气，拉奏毫不费力。如果要检验就先不按键，然后轻拉风箱再按下放气键拉推风箱，在正常情况下气孔是关闭的，风箱拉不开，如果能拉开，表明风箱漏气。按变音器后拨棍便可以拨动传动片，让音孔板滑片滑动，然后打开或关闭部分的音孔，使得音色改变来检查效果。

5. 选购吉他

选择吉他时，要注意4个方面，分别是吉他的外形、琴柄、琴身还有音响，选购时还要注意经济条件和自身水平。一般初学者购买一把普通型的吉他即可，待有了一定的经验和技艺后，再考虑购置高级吉他。

（1）外形：在决定好类型后，先看外形，其次看跟自己的体型是否相称，若女性或身材矮小的人一般宜买中号琴。还应注意吉他的指板宽度跟自己的手掌是否适合，手形比较小巧的，千万不要弹指板比较尖宽的吉他，否则不但会使发音受到影响，而且也会妨碍指法及技艺的进步。

（2）琴柄：应仔细挑选，一般以乌木、紫檀、红木等硬木为好，木纹要顺直，斜断纹容易断裂或变形；指板的面要平直，音品的排列要准确、清晰，线轴要以不打滑、松紧适度为好。

（3）琴身：它能决定吉他音响的效果。背板、面板以独板为最好，如果是拼板，只能用两块拼成，越多就会越不好，用三合板的为下等品。板面不得有疤节和空隙，与琴框、背板接合处要胶合严密，看不出有拼接的痕迹。

（4）音响：可以试着弹一下，一阶一阶地弹，要认真辨别。要求它的音阶准确，若音不准，不宜选购。吉他的声音持久而洪亮，将弦定至标准的音量，只需要弹拨一次，每根弦的发音都会持续5～6秒钟，若有余音绕梁，会更好。

（5）其他：细致检查它的共鸣箱是否有裂痕，喷漆是否完美，弦钮的转动松紧是否合适，弦枕是否太高。若购买高档琴，还要仔细检查它的共鸣箱是否是用真正的白松板制成的。

6. 选购电吉他

普通吉他的声音没有电吉他的洪亮动听，电吉他是西洋乐器，深受人们喜爱，它分为两种形式。双凹肩琴形的是西班牙式，琴体小并且呈葫芦状的是夏威夷式。以下几个方面是选购时的重点：

（1）电吉他指板的目测。质量好的，

其指板应该平整而光滑，否则，其音品可能高低不一，发音也不好。

（2）检查拾音器。

（3）应将质量好的拾音器安装在琴弦低端；如果安装在其他的部位，发音的清晰度会受到影响。

（4）查看金属琴弦。质量好的电吉他不应有锈斑，否则琴弦易断，也会影响发音。

（5）电吉他外表的检查。琴身必须精致雅观，平滑光亮。

7. 选用照相机

照相机有两类，即120和135。其中，120照相机又可以分为两种型号：双镜头和折叠式。双镜头式在调整焦距方面比较方便，而且取景构图直观。折叠式相机因为其结构简单，所以携带比较方便，并且价格便宜。135相机结构紧凑，所以一般体积小，重量轻。这类相机的造型比较美观，而且测光精确，在拍摄彩色照片方面比较适用。

8. 选购家用数码相机

形状大小：过于袖珍小巧的相机镜头往往太小，光圈与变焦就不会太理想，分辨率也不会太高。

像素大小：500万～600万像素的相机在家用数码相机中很普遍，500万像素的适合在电脑中储存、刻盘储存、普通精度的打印或者液晶屏上欣赏。600万像素的则可以考虑稍高精度的打印储存。

9. 选购光学相机

机型：光学照相机主要分120照相机和135照相机两类。家庭使用照相机一般可购买135照相机，选用单镜头反光普及式照相机。

外表：外表要美观且各接缝处要严密，装饰花皮的粘贴平整牢固，漆面牢固光滑。

机内清洁度：要选购镜头内部干净，表面也清洁，镜片上无脱胶、霉点、气泡等现象的相机。

10. 选购胶卷

看内外包装：若包装纸盒印刷粗糙、色彩晦暗、图像不清，或有污迹或折痕，一般是假冒产品。若用糨糊或者普通胶水封口的，则很可能是假冒品；真品都是以乳胶三点封装，非常规则。彩色胶卷的内包装，塑料的色彩明亮，纯度极高，圆润光滑，富有光泽；假货则色彩晦暗而光洁度不高，有的甚至有划痕。

看说明书：每个胶卷内都会附有一张印刷精美的说明书，而假货的说明书则多为复印件，甚至有的根本没有说明书。

看胶卷片舌：胶卷片舌大小、长短一样，且边角过渡圆滑。而假货一般是手工剪的，其大小、长短均不一样，边角的过渡不圆滑，有刺头或有棱角。

11. 选用相纸

如果你要印照片，则要买印相纸，因为它感光慢；放大时则相反了，要买感光快的放大纸；如果要洗特写照，要用网纹纸；小的风景照和团体照可以使用光面纸；而绒面纸则适用于着色照。

12. 选用黑白胶卷

黑白胶卷有两种，120和135。规格为6厘米×9厘米、6厘米×6厘米和4.5厘米×6厘米景色的底片可以用120胶卷，而规格为2.4厘米×3.6厘米景色的底片要用135胶卷。胶片的感光度和曝光量之间存在反比例关系。这就说明了感光度高的胶片在较弱的光线下就会曝光，所以包装不可以破损。

13. 选购彩色胶卷

不同牌号的彩色胶卷有着各自的特点，那么在选购时要根据拍摄的需要：柯达ＶＲ100彩卷，反映黄色和绿色，适合拍摄人，由于它会使得石头呈现粉红色，所以不适宜拍建筑物。富士ＥＲ100拍出的照片会偏蓝，所以很适合拍摄建筑物；但是用于人物摄影时，由于闪光灯的原因，使得人的前额呈现白色。富士ＶＲ400拍摄人物的时候比柯达ＶＲ100好，因为表现的肤色比较好，但是它也不适合拍建筑物。

14. 选购艺术陶瓷制品

在选购艺术陶瓷制品的时候，要选择艺术造型优美、胎体周正、惹人喜爱的品种，同时，色彩也要纯正、和谐，表面光亮，当弹击的时候，清脆悦耳；而且要底座平稳，边缘齐整，无砂眼，无断口，无裂缝。

15. 选购珐琅艺术品

在选购珐琅艺术品的时候，选择花纹工整、胎型标准、色彩合理、无砂眼、颜色鲜艳、无坑包、造型美观者为佳。

16. 选购儿童玩具

选购儿童玩具要根据儿童生理、心理发育状态来选用，以便起到开发智力、增强行为能力的功用。

(1)哺乳期宜选带有声响的色彩鲜艳的玩具，比如铃铛、手摇鼓、气球等，这样可以提高婴儿听觉和视觉能力。

(2)1～3周岁适合选有动作有形象、模拟真实世界声音、有简单逻辑计数类的玩具，如电动玩具、动物玩具、发声娃娃等，寓教于乐。

(3)4～5岁的幼儿适合选择精致、玲珑、新颖的机动玩具，提高观察力，培养美学观念。

(4)5～6岁的学龄前儿童适合选择智力、拼搭玩具，达到开发智力的效果，比如看图识字、组字游戏等。

(5)7～12岁的儿童适合选购各种光控、声控、遥控玩具。比如电子琴等，使得儿童学习新科技、发展形象思维与培养创造能力。

17. 选购隐形眼镜

在选购的时候，可根据以下两点进行选择：

(1)软质镜片：这种镜片是由一种亲水的材料制成的，比较舒适安全，因为它吸水后会变软，有弹性，而且还透水透气。但是这种镜片不大结实，只能使用一两年，而且对角膜散光没有太大的矫正效果。

(2)硬质镜片：这种镜片是用有机玻璃做成的，比较耐用，可以用六七年，而且透光率高，便于清洗。但是这种镜片不亲水，透气性不好，不大舒适。这种镜片可以矫正高度近视、远视，对于高度层光参差和角膜不规则散光也有较好的矫正效果。

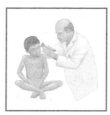

医疗篇

一、医护技巧

（一） 选药

1. 到药店买药注意

去药店买药的时候，要注意以下几个方面：

（1）在买药之前要先问医生。现在很多患者买药只凭自己的感觉，或是听信广告去买药，这样，可能会因为不对症下药而出现不良的后果。由于患病时会有各种反应及多种因素，则患者不能只凭广告或说明书买药，或者脚痛医脚、头痛医头，且一些药物会有很大的副作用，有些甚至会危害到人的生命。因此，患者应先看医生后再去买药。

（2）不可轻易相信坐堂医生推荐的药。现在有些药店，其坐堂医生的医术并不高，药店把他们聘来，完全是为了商业目的。他们为了给药店多卖药，往往会向患者推荐一些高档的药品，或是以小病当大病开处方。甚至有些坐堂医生是为推销保健产品而来的，他们从中获取一定的回扣，这样就会给患者带来一定的经济负担。

（3）不要瞎买替代药品。如果在买药时遇到了短缺药品，有些药店为了营利，会给患者推荐一些作用大概相同的药品来代替。很多患者会因治病心切而听从了售药者的推荐，这种做法是不可取的。因为随便用药，其隐患非常大，比如消炎药就有很多种类，但是，不同的病需选不同的药，如磺胺类药虽然可以消炎，但是有些人吃了就会过敏。因此，正确的方法是：先去咨询医生，然后再去买药。

（4）谨防买到假冒伪劣药品。现在的药店越来越多，其竞争也越来越激烈，有些药店生意清淡，就会打歪主意，用假冒伪劣药品来欺骗患者。因此，患者在买药的时候一定要特别留意，尽可能去正规的大药店买药。买的时候，一定要认真查看药物的有效期。在用药的时候，不要把它全部用完，要有意识地留下一点，以防被坑害以后没有投诉的依据。

2. 鉴别伪劣药品

购买药品时，应注意识别所购药物是否为伪劣药品。可从以下几个方面加以鉴别。

（1）看标签：先看标签印刷是否正规，尤其是商标和批准文号最为重要。如果没有或印刷得不规范，即可视为假药。

（2）看药品：无论针、片、丸、粉和水、酊剂以及药材，凡有发霉、潮解、结块或异臭味、色泽不一致，即可视为劣药。凡超过有效期的药品，也可视为劣药。

（3）游医和地摊药贩以及"卖艺者"，大多是骗人的，卖的是假药；求神弄鬼"讨来"的药，不需鉴别，也都是假药。

3. 辨别药品变质的窍门

药物是否变质，可通过色、形、味等形态来加以辨别：

丸药：变形、发霉、有臭味、变色。

注射剂：色度异常、沉淀、发浑、有絮状物。

片剂：表面粗糙或潮解、变色、发霉、虫蛀、发出臭味、药片变形或松散、表面出现斑点或结晶。

胶囊：胶囊变软、发霉、碎裂或互相粘连等。出现变色、色度异常、发浑、有沉淀物。

糖衣片：出现黏片或见黑色斑点、糖衣层裂开、发霉、有臭味。

冲剂：糖结块、溶化、有异臭等。

粉针剂：药粉有结块、经摇动不散开、药粉粘瓶壁，或已变色。

混悬剂及乳剂：有大量沉淀，或出现分层，经摇亦不匀。

栓剂、眼药膏及其他药膏：有异臭、酸败味，或见明显颗粒干涸及稀薄、变色、水油分离。

中成药丸、片剂：发霉、生虫、潮化、蜡封丸的蜡封裂开等。

4. 识别药品批准文号的四个方法

药品批准文号是由国家组织审评批准时给予的文号。任何药品必须有批准文号，方可发售和使用。

（1）1998年前经卫生部批准的药品文号都标明"卫药准字X（或Z）号"，其中X为西药，Z为中药。

（2）若为国家已经批准而尚需试用一段时间的药品，则用"卫药试字"。而保健品则为"卫药健字"。

（3）1999年起由国家药品监督管理局批准的文号则为"国药准字（年份）X（或Z）号"。

（4）进口药品则写为"进口注册许可证号X号"。

5. 药品说明书常规解读

（1）药品的名称及主要成分：药品治疗作用的发挥有赖于它含有的主要成分。目前市面上药品种类很多，有的药物有效成分是相同的，但以不同的商品名出现却容易使人以为是不同作用性质的药。所以在用药前要看清它的主要成分或药物组成是什么。千万不要同时应用相同成分的两种药物以免超量。

（2）适应证：指这种药用来治什么病，对照自己的病症，看看是否适用。

（3）不良反应：几乎所有的药品都有不良反应，但并不是每个用药者都会发生；若发生了不良反应，应及时去医院就诊。

（4）用法和用量：一定要按照说明书的用法和用量使用，用量过大可能出现不良反应甚至中毒，用量过小则无法发挥药物疗效，因此不要随便更改用法用量。

6. 解读药品说明书的注意事项

一般药品说明书上都有注意事项一栏，应仔细阅读再决定是否可用。注意事项是对患者的提醒与警告，一般包括慎用、禁用和副作用等内容。

（1）慎用：就是要谨慎使用，有些药使用不当易发生不良反应，在使用时要谨慎，尤其是老年人、儿童、孕妇及肝肾功能不好的患者。虽并非绝对不能使用，但要十分慎重，并注意观察。

（2）禁用：说明某些患者对该药绝对不能使用，如青光眼患者禁用阿托品，有青霉素过敏史者禁用青霉素。

（3）副作用：药品说明书上一般都有副作用栏，副作用常常来自药品的药理作用，可大可小。药品的不良反应也在此栏，它与人体的体质、环境等因素有关。选用时要因人而异、因药而异。

7. 药品说明书使用期限的解读

药品说明书上的批号和使用期限直接关系着药品的疗效，阅读时一定要注意。

(1) 批号是指药品的生产日期，如：080812 就是 2008 年 8 月 12 日生产的。

(2) 药品使用期限用"失效期"表示的，如：注明失效期为 2008 年 10 月，则指使用到 2008 年 9 月 30 日，到 10 月份第 1 天起便不要再用了。

(3) 药品使用期限用"有效期"表示的，如：注明有效期为 2008 年 6 月，则说明此药 2008 年 6 月 31 日前有效。过期的药不能使用。

(4) 贮藏：说明存放药品的条件要求。

8. 非处方药的解读方法

非处方药是不需医生处方、病人可自购自用的药品，具有的特点是：

(1) 应用安全。据现有资料与临床使用经验证实，为安全性大的药品。

(2) 性能平和。只需按常规剂量使用，不会产生不良反应；或即使有一般反应，病人也会自行察觉，并可忍受，且为暂时性的，待停药后，便可迅速自行消退；即使连续应用多日，也不会成瘾；更无潜在毒性，不会因药物在体内吸收多、排泄少而引起蓄积中毒反应。

(3) 疗效确切。药物作用的针对性强，适应症明确，易被病人掌握与感受；治疗期间不需要经常调整剂量，更无需特殊监测；在较长时间应用后，机体不会产生耐受性，即不会出现剂量愈用愈大的现象；同时，用药后也不会掩盖其他疾病。

(4) 质量稳定。药品的理化性质比较稳定，在一般贮存条件下，较长时间内不易变质；药品出售时都明确标出贮存条件、有效期及生产批号，包装也符合规定的要求。

(5) 使用方便。以口服、外用、吸入等便于病人自行应用的剂型为主；若要分剂量应用，简便明了，易于掌握；此外，药品价格合理，易被病人接受。

9. 家庭选药四法则

(1) 疗效高：通常有好几种药品可以治疗同一种病，而有些药品又往往可以一药多用。不过，无论患有哪种病症都应根据病人的病情、体质、得病原因，选用既对症、效果又最好的药品。

(2) 毒性低：有些药品效果虽好，但毒副作用却很严重；有些药品见效虽较缓慢，但毒副反应却较小。应选择作用较好而毒副反应较低的药品。

(3) 对症选药：每种药能治什么病，都有一定的范围。若用药不恰当，不但治不了病，还可能发生生命危险。所以，在选药前，要对病情有确切了解后再对照要购买药品说明书所列的主治或功能、禁忌症、不良反应等查看是否对应。如果把握不准，应请医生诊治，以免耽误治疗。

(4) 价格低：药品的疗效与药品的价格不一定成正比。药品的好坏关键在于疗效，"贵药"并不等于好药。滥用药品不仅增加经济负担，还会造成不必要的浪费。

10. 配备家庭药箱常见药品

(1) 外用药常备品种

皮肤损伤、出血：创可贴；

撞伤、扭挫伤、皮下肿痛："好得快"喷雾剂；

口腔溃疡：口腔溃疡散；

油、开水等烧烫伤：绿药膏、金

万红；

眼睛发痒：氯霉素滴眼液。

（2）内服药常备品种

抗感冒药：阿司匹林、扑热息痛、清热感冒冲剂、板蓝根冲剂、藿香正气胶囊；

止咳药：复方甘草片、川贝清肺糖浆；

心脏病用药：速效救心丸、硝酸甘油片；

消化不良用药：酵母片、乳酶生片；

止泻药：黄连素；

抗过敏药：马来酸氯苯那敏（扑尔敏）；

同时配备一些常用的降压、降糖药等。

11. 药品保存

用剩的药如没有必要保存则做垃圾处理。在丢弃前应把药物自包装中倒出（不要整包丢弃，以防他人误食误用）。

请将药品放在儿童不能接触的地方，不要把药品给儿童当玩具玩。

药品最好分类存放，如内服药和外用药，应分类存放。药品说明书也要保存好，以备查用。不要用某一种药的瓶子去装另一种药，以免误服误用，发生危险。

须冷藏的药品如胰岛素、利福平滴眼液等，要放在冰箱的冷藏室内，绝不要放在冷冻室内。

须避光的药品，在空气中易氧化变质的药品，如维生素C、硝酸甘油等，要放在密闭的棕色瓶中。

须防潮的药品，如干酵母、维生素B1、复方甘草片等，要放在密闭的容器里，用后拧紧瓶盖。

注意失效期，应经常查看，过期失效的药品应及时丢弃，以免用的时候发现过期，再去买药，贻误服药最佳时间。

12. 名贵中药的贮藏窍门

人参：红参可装在木盒或瓷瓶内贮存。白参容易生虫、发霉、变色。已受潮者，应及时晒干，再收藏在瓷瓶内密封。逢梅雨季节，最好放在冰箱中冷藏。

鹿茸：干燥后用细布包好，放入木盒内，在其周围塞入用小纸包好的花椒粉。

三七：易在交根折断处生虫，剔除干净后，放入布袋置入木盒内，或装入纸袋、纸盒内，再放入生石灰缸中密封。

阿胶、鹿角胶、龟板胶：用油纸包好，埋入谷糠中密闭。

蛤蚧：极易受潮，须置木盒内，拌以花椒一起贮存。要特别保护蛤蚧的尾巴，因它是药用的主要部分。

冬虫夏草：晾干后装入木盒。

麝香：可装在陶罐或玻璃瓶内，并用蜡封口，置干燥阴凉处贮藏，以免香气失散。

13. 选购血压计

市场上销售的电子血压计种类很多，有腕式、上臂式、指套式等。其中，上臂式测压数据最准确。而电子血压计因传感器比较敏感，经常会受到外界的干扰而造成测压误差。

（二）　用药

1. 常见药物服用时间掌握

（1）治疗皮肤过敏的药物：如扑尔敏、苯海拉明，最好在临睡前半小时服用。

（2）对胃有刺激反应的药：如阿司匹林等，应在饭后半小时服用。

（3）催眠、缓泻、驱虫、避孕药：一般在晚上临睡前半小时服用。

（4）去痛片、消炎痛等镇痛药：一般饭后服用可减少药物对胃黏膜的刺激性。

（5）胃药如胃舒平、甲氰咪胍等胃药：空腹用药是饭后服用的6～8倍。

2. 用药剂量掌握

通常在药品包装和说明书上，经常用容量单位毫升（ml）或质量单位克（g）和毫克（mg）来标示药量，同一种药可以有不同的剂量，如感冒通有0.5克、0.325克、0.15克、0.1克、40毫克等多种规格的片剂，以供不同疾病和不同年龄组的患者使用。因此必须要看清药品的剂量。如医生开方某药每次服用30毫克，而实际药片是15毫克1片的，就需要每次服2片。而有时候则需要把剂量大的药片掰开服用。

3. 减轻服药苦口的方法

（1）减少药物接触部位。舌头是味觉感受器主要分布的位置，但舌头的味蕾功能不同：舌尖部的味蕾主要感受甜味；近舌尖部两侧感受咸味；舌后部两侧感受酸味；舌根部感受苦味。因此，服苦药时应减少药物与舌根部的接触。

（2）降低汤药温度。人舌头的味感与温度有关，当汤药温度在37℃时，感受苦味的味蕾最灵敏；高于或低于37℃时，相应就会减弱。因此在服用中药汤剂时，应在药熬好后凉至37℃以下再服。

4. 服中药用药引的常见方法

用姜汤。有暖肠胃、散风寒、止呕逆等功效。用法是：取姜9～15克，水煎取汁，送服治疗胃寒呕吐、风寒外感、腹痛腹泻等症及健脾胃的中成药。如通宣理肺丸及附子理中丸等。

用米汤。能保护胃气，减少一些苦寒药对人体胃肠的刺激。通常用于补气、健脾、止渴、利尿及滋补性中成药。如以小米汤送服香连丸，大米汤送服八珍丸等。

用蜂蜜水。有润肠通便、润肺止咳等功效。用法是：取蜂蜜1～2汤匙，加入温开水中搅匀，送服润肠丸及麻仁丸、百合固金丸等。

用黄酒。黄酒其酒性辛热，有舒筋活络、发散风寒等作用，多和疮痛、跌打损伤等症的中成药同用。如追风丸、活络丸、通经丸、木瓜丸、妇女养血丸与云南白药等。通常每次用温热的黄酒15～20毫升送服。

用盐汤。用盐汤有引药入肾、清热凉血、软坚散结之功效。一般用淡盐汤送服补肾药，如六味地黄丸、大补阴丸以及固肾涩精药、安肾丸、金锁固精丸等。用法是：取食盐2克，加温开水半杯搅拌溶化即可。用完后效果明显。

用葱白汤。葱白汤有发汗解表、发散风寒等作用。可用于荆防败毒丸、风寒感冒冲剂等。用法是：取新鲜葱白2～3根切碎，煎水送服。

用大枣汤。大枣汤有缓和药性、补中益气与补脾胃等作用。用法是：将大枣5～10枚加水煎汤，送服归脾丸等。

用藕汁。有清热止血等作用。用其送服十灰散等，效果颇佳。用法是：取鲜藕并洗净、切碎，加入凉开水少许捣烂，用纱布包裹挤压取汁，每次约100毫升即可。

5. 煎中药的方法

煎中药最好使用砂锅，切记不能使用金属锅。其方法是：将药物放入锅后，先加凉水浸没药面 2～3 厘米。等药煮沸后再用小火煎 20 分钟，每剂药可煎 2～3 次；第二、三次煮沸后，先用小火煎片刻，再用急火煎 15～20 分钟即可。每次煎药后将药液过滤后掺在一起，分早晚两次服用。

6. 正确服用中药丸剂的方法

中成药传统的丸剂由于制作方法和功效不同，在服用时也有一定的差别。常见的丸剂有大小蜜丸、水丸、浓缩丸、糊丸等。中小蜜丸、水丸、浓缩丸体积小，可以用温开水送服；大蜜丸体积大（每丸重 6 克、9 克不等），不能直接吞下，可以嚼碎后咽下，或者洗净手后掰成小块或搓成圆粒后用水送服；糊丸是一种用米糊制成的干燥丸剂，很硬，服用时必须在一洁净的容器内锤碎后再吞服，不能整粒吞服。

7. 吃中药用吸管

中药在煎好后，服用时一般药味都很浓很苦，嘴里很长时间内存有药味，消失缓慢。这时可以用一支塑料吸管（如饮料管或细塑料管）直接吸入咽喉中，这样就可以避免中药异味了。

8. 喝中药防呕吐法

假如喝中药有呕吐的毛病，可试着在喝中药前先在口中含一片生姜，在口内停留约 5 分钟后将姜片吐出再喝中药，这样就不会再出现呕吐现象了。

9. 中药汤剂利用

每次药汁倒完，等稍凉后，把药渣倒入事先洗好的硬皮塑料袋内。在塑料袋的下端扎若干小孔，捏住袋口，用手一挤，这样还能回收一部分药汁。

10. 服药期间吃柚子要注意

服药期间不宜吃柚子。柚子中含有一种不知名的活性物质，会令血药浓度明显增高。这不仅会影响肝脏解毒，使肝功能受到损害，还可能引起其他不良反应，甚至发生中毒。据临床观察，病人服抗过敏药特非那定时，如果吃了柚子或饮了柚子汁，轻则会出现头昏、心悸、心律失常、心室纤维颤动等症状，严重的还会导致猝死。现在已证实不能与柚子同服的药物有：冠心病患者常用的钙离子拮抗剂、降血脂药；消化系统常用的西沙必利、苯二氮卓类药物（如安定）以及含咖啡因的解热镇痛药物等。

11. 漏服药物补救

把服药的间隔设定为 4～6 小时，如果漏服，发现时若在间隔时间的 1/2 之内，可以按量补服，下次服药仍可按照原间隔时间。如果已超过 1/2 的时间，则不必补服，下次按时吃药即可。切记漏服药物后千万不可在下次服药时以加倍的量服用，以免引起药物中毒。

12. 正确使用眼药液的方法

首先用消毒剪刀剪开瓶口（用之前先将剪刀的刀口消毒）。

先清洁双手，然后将头往后仰，眼睛尽量向上望，再用食指轻轻地把下眼睑拉开成一袋形。

这时将药液从眼角侧滴入眼袋内，请注意切勿让滴管接触到眼睛或眼睑。可以闭上眼睛 1～2 分钟，同时用手指轻压鼻梁并用药棉或纸巾抹去流出眼外的药液。如果要同时使用多于一种药液，两者应相隔数分钟。若多次开瓶使用逾

1个月的药液最好丢弃，切勿将自己的滴眼药液给他人使用。嗓子如果有苦味是正常现象。

13. 正确使用眼药膏的方法

首先用消毒剪刀剪开瓶口（用之前先将剪刀的刀口消毒）。

先清洁双手，然后将头往后仰，眼睛尽量向上望，再用食指轻轻地把下眼睑拉开成一袋形。

这时把眼药膏从眼角侧挤入眼袋内，请注意切勿让眼药膏的管口接触到眼睛或眼睑。可以闭上眼睛1～2分钟，若有流出眼外的药膏可用药棉或纸巾抹去。如果要同时使用多于一种药膏，两者应相隔数分钟。若多次开瓶使用逾1个月的药膏最好丢弃，切勿将自己的滴眼药膏给他人使用。

14. 正确使用滴耳药的方法

首先清洁双手，用药棉轻轻将外耳清洁干净后，把头部轻侧或身体侧卧，耳朵向上；手持耳垂向上并向后轻拉。请依照医生所指定的滴数（要严格按照说明书操作），将药液滴进耳内。滴药后要保持头部倾斜约2分钟。用完后应将药瓶（管）盖好。在操作有困难时，应请他人协助。

15. 正确使用滴鼻药的方法

在上药前先呼气。这时请坐在椅上，将头部后仰靠椅背，或躺在床上，将枕头放在肩背上，令头后仰。应小心地将滴管对准鼻孔内，把药液滴进鼻孔。切记不要让滴管接触到鼻腔内壁。

滴药后，要让头部保持后仰2分钟左右。一切完成后要把滴管清洗干净，放回药瓶内。如果是滴药瓶，则将瓶盖盖好即可。若药液流进口腔（正常现象），可将其吐出。

16. 正确服用咽喉含片的方法

所有的咽喉含片都含有在口腔释放的药物成分，它们有缓解咽喉疼痛、止咳或治疗咽喉炎等功效。服用此类药物应让药在口中溶化，不宜咀嚼或整片吞下。切记在药物溶化后一段时间内不要吃食物或饮用任何饮料。

17. 正确使用肛门栓剂的方法

使用时如果栓剂太软，可先浸在冰水中或放在冰箱冷冻室内，片刻后取出，除去包装纸。

使用方法是：先清洁双手；用清水或水溶性润滑剂涂在栓剂的头部；人要侧卧，把小腿伸直，大腿向前屈曲，贴着腹部，儿童可伏在成人大腿上；放松肛门，插入栓剂，并用手指推进，把栓剂塞入肛门，婴儿约2厘米，成人约3厘米深；合拢双腿，维持侧卧姿势约15分钟，以防栓剂倒挤出来。

18. 正确使用阴道栓剂的方法

使用时如果栓剂太软，可先浸在冰水中或放在冰箱冷冻室内，片刻后取出，除去包装纸。

使用方法是：先清洁双手；用清水或水溶性润滑剂涂在栓剂的头部；人要侧卧在床上，曲起双膝，将栓剂的尖端对准阴道口，塞入栓剂并用手指轻轻推入阴道深处；合拢双腿，维持侧卧姿势约20分钟。使用阴道栓剂时最好在睡前进行。即使症状消失也必须继续用药，直到整个疗程完成为止。要严格按照说明书操作。

19. 正确服用胶囊剂、口服散剂和片剂

生活中有些病人吞咽片剂或胶囊是很困难的，尤其是老年人因唾液分

泌少，吞咽药片或胶囊更加困难。可在服药前先漱漱口或先喝些温水以温润咽喉，然后将药片或胶囊放在舌的后部，喝一口水咽下。若药片或胶囊太大可将药片研碎、胶囊倒出，置于汤匙中加以温水混匀，再行服用。如果是缓释胶囊、缓释片剂、肠溶片则必须整片整粒吞服，不能研碎或倒出。吞服药片的最理想姿势是站立，可防止药片停留在食道壁上刺激食道壁，散剂不宜直接吞服，可用温水混合均匀后吞服。

20. 喂儿童服药的窍门

家庭生活中给小孩喂药是每位家长头痛的一件事情。有一喂药方法：撕一小块新鲜的果丹皮把药片包住，捏紧。再放在孩子嘴里，用温水冲服，孩子就会乐意服用。此法适用于3岁以上的儿童。

21. 老年人正确服药的方法

通常老年人用药要比其他年龄段的人多，并经常服用多种药物，这时不良反应的发生率就会相对增加。因此，在用药时要特别慎重，一样的剂量，对老年人的作用往往比对青年人要强，比如安定类药物对老年人产生的不良反应要比青年人大3倍。所以，老年人在多药联用时，应尽量先服主要药物，以防止相互药理作用的发生，若必要时可请医生调整剂量（一般可用成人量3/4），或延长服药的间隔时间，以此保证用药安全。

22. 消除打针结块

打完针几天后有时会遇到在针眼部位出现结块的现象，这是由于药物未被吸收而引起的。遇到这种情况时，通常可取一块生土豆，切开敷于结块部位，一般能使结块消除。

23. 家庭输液准备

家庭输液应先准备好"输液架"，可利用衣服架、铁丝或绳。"输液架"必须牢固、高度适宜。输液操作前的准备工作要切实可行、措施得当，最好在护士未到病人家前，提前按要求准备好，这样可节省时间（室内清洁度，温、湿度可根据病人家庭中的条件制定）。

24. 家庭输液液体加温的窍门

冬季输某些药物时需要给液体加温，如甘露醇等，以防低温输液给病人造成不良反应（如寒战等）。可在输液瓶外绑一个热水袋或一块热毛巾进行加温。但有些药物如青霉素、维生素C等不能加温。

25. 家庭输液滴速的窍门

家庭输液按要求要保持滴速稳定，对老年人、心肺疾病等病人尤其重要。要充分利用家庭中的人力资源，如清醒、能自理、可合作的病人；要教会家属或家中其他人员学会数滴数，对可引起滴速改变的行为或动作，如大小便、进食、饮水等，要注意尽量保持输液针头与滴管的距离和高度，活动度不可过大，必要时可使用硬物如夹板等进行保护性固定，以防针头滑出血管而造成药液外溢。

26. 家庭使用氧气袋节约的窍门

家庭在使用氧气袋时，病人呼气时应用手指卡住皮管，吸气时再放开，这样，一袋氧气的寿命可延长一倍。有条件的家庭可把氧气瓶内的氧气灌入氧气袋内吸用，能节约很多氧气。国外现已生产出一种吸气时自动打开、呼气时会自动关闭的新氧气袋。

（三）　急救

1. 家庭急救注意

（1）衣物接触敌敌畏、敌百虫等烈性药水时，不要用热水或酒精来擦洗，以防促进敌敌畏吸收。正确的处理方法是立即脱去污染衣服并用冷水冲洗干净。

（2）触电的患者，切忌旁人用手去拉救。应立即切断电源或用绝缘物挑开触电部位。

（3）出现急性腹痛症状时，不要服止痛药。因止痛药会掩盖病情，延误医生诊断，应立即送医院做详细检查。

（4）心脏病患者发生气喘时，不要让患者平卧，以免增加肺部淤血和心脏负担，应将其扶坐起，并尽快送往医院诊治。

（5）发生脑出血症状时，不要随意搬动患者，否则很容易扩大患者脑出血的范围，应立即让其平卧，把患者头部抬高就地治疗。

（6）铁钉、木刺扎伤等小而深的伤口戒马虎包扎。应立即清洁伤口，注射破伤风血清。

（7）昏迷的患者，不要进食饮水，以免误入气管而引起窒息或肺炎，应使患者侧躺，防止呕吐物吸入肺部。

（8）腹部外伤内脏暴露时，应立即用干净纱布覆盖，以防感染，并送医院做抢救处理。

（9）用止血带包扎时，忌结扎时间过长，以防肢体缺血而坏死，应每隔1小时松开15分钟。

（10）抢救时勿舍近求远。抢救患者应争分夺秒，立即送往就近医院抢救。

2. 家庭急救药箱配置

家庭急救药箱里要常备些消毒纱布、绷带、胶布、棉棒等。若有条件，最好备有一条边长为1米左右的三角巾、体温计、医用剪、镊子等，各种医用品均应在使用前用火或酒精消毒。同时应配置解热药、止痛药、止泻药、防晕车药、碘酒、紫药水、红药水、烫伤膏、止痒膏、眼药膏、清凉油、创可贴、伤湿止痛膏及75%浓度的酒精等及重大疾病的常用药。家庭急救药箱内的药品要保持定期检查和更换，注意要通风和阴凉处存放。

3. 拨打急救电话的方法

在拨打急救电话时，要清楚地告诉接线员病人或伤者所在的地点、发生的情况以及目前病人的情形，并留下求救者的联系方式，时刻保持通信通畅，保证急救车能尽快赶到出事地点。若病人或伤者呈昏迷状态，要简单说明可能导致昏迷的原因及昏迷者目前的情况。

4. 急救病人不宜用出租车

（1）腿部骨折的伤者必须先采取止血固定，及保护伤者的特定体位，以减少患者的疼痛和不必要的损伤。出租车空间小，对伤者不利，若搬运不当，很可能导致伤者残疾。

（2）对于脊柱受伤者的正确搬运是处理伤者的关键，若乘坐空间狭小的出租车，会对抢救伤者以及伤势的恢复很不利，严重时，可能会造成终身残疾。遇到此类伤病者应遵守快速、正确、轻柔的原则，并用急救车送医院。

（3）对于烧伤的伤者，要做好保护创面、防止感染、抗菌止痛的必要措施，因此应通过专业急救车的医护人员进行应急处理，再转入医院治疗。

5. 食物中毒家庭急救

一旦发生食物中毒，家属应及时采

取相应措施，若患者能饮水，应鼓励多饮浓茶水、淡盐水。中毒早期，吐泻严重时，应禁食 8～12 小时，若吃下去的有毒食物时间较长，且精神较好者，可服用 1 片泻药，促使中毒食物尽快排出体外。一般用大黄 30 克，用开水泡开，一次服完，同时给患者服用藿香正气水或香连丸，若症状较重，脱水明显者应尽快送往医院救治。

6. 用山楂解食物中毒

用催吐法先吐净所吃食物，再取山楂 10 克用水煎，取热汁服用，可解食物中毒。

7. 用大蒜解食物中毒

取适量大蒜，将其去皮，置于砂锅中密封，用文火烧黑研末，每次 3 个，每天 3 次，饭前用水服用，可解食物中毒。

8. 用生姜解食物中毒

食物中毒患者，可取 4 片干姜或鲜生姜，20 克紫苏，加水同煎至 1 碗，分 3 次服完，可有效解除食物中毒。若在野外误食有毒食物，可立即吃些生姜，亦可缓解。

9. 用盐解食物中毒

将 10 克食盐，放进 100 克水中煮沸，取温盐汤服下，可利于毒素排出体外。

10. 用糖水解食物中毒

食物中毒时，在采取急救措施的同时，大量服用浓糖水，能暂时起到保肝解毒的作用。

11. 用绿豆解食物中毒

取适量新鲜的绿豆，将其洗净捣碎成粉，用水冲服，1 次即可见效。若中毒严重，应尽快去医院急救为好。

12. 食用土豆中毒急救

取土豆苗 250 克，用水煎，去渣饮汁，每次 1 剂，每日 2 次，直到痊愈。

13. 食用未熟豆角中毒急救

治疗豆角中毒还没有特效药出现，有中毒症状应立即采取催吐措施，用手指、筷子等刺激咽后壁和舌根引起呕吐，可饮一些温开水反复催吐，直至呕吐物为清水。严重者需送往医院医治。

14. 解蘑菇中毒

（1）用适量黄豆，将其煎成汤剂，频频饮服，可解蘑菇中毒。

（2）取 20 克绿豆，加水煎成汁，一次饮完，可解蘑菇中毒。

（3）用手指按压第二脚趾和第三脚趾间的穴位，有助于解毒。

15. 解木耳中毒

（1）将 1 枚金戒指放入 200 毫升的水中煎煮 15 分钟，饮水便可解毒。

（2）取甘草 20 克，用 600 毫升的水煎，一次服下，可解木耳中毒。

（3）取适量生姜，将其捣烂取汁，服半酒杯，可解木耳中毒。

16. 防治曼陀罗中毒

曼陀罗中药名洋金花、闹洋花或风茄。我国民间用以浸酒内服以治疗关节酸痛等疾病。服食过量可致中毒。儿童误食曼陀罗果亦可引起中毒。

曼陀罗含阿托品、莨菪碱等成分，故其中毒表现类似阿托品中毒。表现为面红、口干、心悸、头痛、视力模糊、尿潴留、震颤、幻觉、谵妄等，严重者可至昏迷，甚至因呼吸、循环抑制而死亡。瞳孔散大、皮肤发红干燥、心跳加快是此种中毒的特征。应速将病人送医院，除洗胃、输液外可用新斯的明等药物治疗。

17. 解白果中毒

取麻油 50 克，频频灌服，并用手

指、筷子或鸡毛刺激咽喉，以达到催吐排毒的目的。

18. 解草药中毒

若服用天南星中毒：可用食醋100克或取5个鸡蛋的蛋清，和匀，频频饮服即可。

若服用曼陀罗中毒：可取适量生菠菜，将其熬汁饮服。

若服用乌头中毒：可取绿豆200克、生甘草100克，煎汁饮服。

若服用百部中毒：可取50克姜汁或食醋饮服。

若服用猪牙皂中毒：取生姜、甘草各15克，熬浓汁饮服。

若服用血上一枝蒿中毒：可取适量红糖或蜂蜜，与小米熬粥食用即可。

19. 解蜂蜜中毒

有的蜜源植物花粉有毒，如断肠草、雷公藤等，蜜蜂采集这些花粉所酿的蜜也会因此而含毒。一旦发生食用蜂蜜中毒，可按下列常用方法急救：

急救方法：早期发现时应立即进行催吐、洗胃、导泻。洗胃可用淡盐水或1∶5000高锰酸钾溶液，导泻可用硫酸镁或硫酸钠20毫升口服。服用"通用解毒剂（活性炭2份、氧化镁1份、草氨酸1份）"20克，混合于水中饮服，以吸附毒物。中毒严重的患者应尽快送医院抢救。

20. 解食鱼中毒

（1）将生茄子捣烂取汁，口服，可解食鱼中毒。

（2）取大量鲜冬瓜，榨汁饮服，可缓解中毒症状。

（3）服用山楂煎的浓汁，可解食鱼中毒。

（4）取绿豆粉20克，用水送服，可解食鱼中毒。

（5）取干乌贼鱼水煎，多服其汤，可解食鱼中毒。

（6）取甘草30克，用水煎汁，频频饮服，可解食鱼中毒。

21. 用橘皮解鱼蟹毒

将若干橘皮晾干保存，经常泡水当茶饮用，不仅能有效补充维生素C，同时也可化解鱼蟹毒。对胸腹胀满、咳嗽多痰等症，也有较好疗效。

22. 解螃蟹中毒

（1）将100克新鲜冬瓜榨汁后饮服，可解食螃蟹中毒。

（2）取20克大蒜，将其去皮，用水煎服，可解食螃蟹中毒。

（3）取小麦苗1把，用水煎，大量饮服，可解食螃蟹中毒。

（4）取紫苏叶12克，用水煎服，可解食螃蟹中毒。

23. 解贝类中毒

（1）服用1盅香油，可解食蛤中毒。

（2）取适量南瓜煎汤，频频服用，可解贝类中毒。

24. 解虾中毒

取适量新鲜的橘皮，将其用少量的水煎汁，服用后可解食虾中毒。

25. 解变质海产品中毒

若因食用变质的鱼、虾等海产品而引起食物中毒，可取100毫升食醋，加水200毫升，稀释后一次服下，即可见效。

26. 解狗肉中毒

取空心菜5千克，将其洗净切碎，用8碗清水煎煮，当汁液煎至4碗时温服即可解毒。

27.解腐肉中毒

可将50克蒜头和200克马齿苋放在一起捣烂，用开水冲泡服用。

将煎熬好的紫苏叶汁和适量姜汁，一起搅匀服用。

用开水冲服10克烤成焦黄的红小豆细末。

28.毒蛇咬伤救助

当被毒蛇咬伤后，首先拨打急救电话，之后让伤者躺下，用水或肥皂水清洗伤口后再包扎。同时要注意保持受伤部位的高度低于心脏。要想办法在施行上述急救后立即送往就近医院。如打死或捉到咬伤人的蛇，应一并带到医院，可以帮助医生尽快解毒。

29.用丝瓜叶去蛇毒

将少许丝瓜鲜叶捣烂，敷在伤口处，并服100克丝瓜叶汁，每天数次，可去蛇毒，并促进伤口愈合。

30.用生姜去蛇毒

被毒蛇咬伤后，应先排出污血，将鲜姜切成细末，撒在伤口，并用棉布或手帕盖上，阴干后即换，可缓解蛇毒。

31.用雄黄大蒜去蛇毒

一旦被毒蛇咬伤，应先将伤口有毒素的污血挤出，敷上用雄黄、大蒜捏成的药丸，即可解毒。

32.解酒精中毒

酒精中毒的表现为眼部充血、颜面潮红、轻度头晕、言语过多且语无伦次、言语不清、步态不稳、动作笨拙不协调、身体失去平衡，最后表现为昏睡、呼吸缓慢、颜面苍白、皮肤湿冷，有的陷入昏迷，严重者可因呼吸循环衰竭而死亡。常见的解救方法是：酒后多饮白糖水，可以达到解酒之功效。

米汤解酒法。米汤中含有多糖类及B族维生素，醉酒后饮服有解酒功效；若米汤中加适量的白糖，效果更佳。

牛奶解酒法。牛奶中的蛋白质在酒精的作用下会凝固，从而对胃黏膜起保护作用，缓解对酒精的吸收，所以酒后多饮点牛奶可以达到解酒的目的。

33.萝卜榨汁解铅中毒

取适量萝卜榨汁，取汁频频饮服，即可治疗铅中毒。

34.绿豆甘草解铅中毒

取120克绿豆、60克甘草，煎汤分2次饮服，同时每次服用300毫克维生素C，每日1剂，连服10～15天，可以解毒。

35.解水银中毒

若不慎将体温计、温度计咬断，误服了表内的水银，可立即服用3个生鸡蛋清，以减少肠胃对水银的吸收；若有明显中毒症状出现，应立即送往医院治疗。也可连续服用适量浓茶、牛奶，均可解水银中毒。

36.防粉尘中毒

在粉尘环境中作业、生活的人，日常饮食时，可多食用一些猪血，便可使体内粉尘迅速排出，长期食用能够预防粉尘中毒。

37.误食洗涤剂中毒急救

生活中若洗涤剂保管不好与食物混放，常常会因为误食而发生中毒。

急救方法：症状严重者尽快予以催吐，在催吐后可内服200毫升牛奶或酸奶、果汁、鸡蛋清、豆浆、米汤，并立即将患者送医院救治。内服少量的食用油，可缓解对胃黏膜的刺激，并将患者送医院急救。若误食洗厕剂时应马上口服豆浆、牛奶、花生油和蛋清等，并尽快将患者送医院急救。一般不要洗胃及灌肠，以免后果更严重。

38. 误食干燥剂中毒急救

食品袋中的干燥剂分为氧化钙和硅胶。误食后，可分别采取以下措施：

(1) 不慎误食氧化钙干燥剂者，千万不要催吐，应立即口服适量牛奶或水，一般成人服 150~200 毫升，小孩可减半服用，同时要注意，不要用任何酸类物质来中和，因为中和反应释放出的热量会加重损伤。

(2) 若有干燥剂溅入眼睛，可尽快用生理盐水或清水从鼻侧往耳侧冲洗，每次冲洗至少 15 分钟，严重的患者应尽快送往医院诊治。

(3) 若不慎误食硅胶干燥剂时，可不必担心，因为硅胶在胃肠道不能被吸收，可经粪便排出体外，对人体没有毒性，所以误服后不需要做特殊处理。

39. 解肥皂氨水中毒

若小儿不慎误服肥皂、氨水等物质，应迅速饮服 50 克食醋，便可减轻其毒性，同时尽快送往医院治疗。

40. 误服药物处理

若不慎误服剂量大且有毒性的药，可立即用手指、筷子或鸡毛刺激舌根催吐。

去医院之前，可饮用大量清水，并用手或筷子刺激舌根，反复呕吐洗胃。

若误服碘酒，可喝淀粉浆、稠米汤及稀面糊来解毒。

41. 误服农药中毒急救

误服农药 10~20 分钟后，一般会出现头晕、呕吐、流汗、站立不稳、面色苍白、大小便失禁等症状。应迅速采取以下方法：

(1) 在医生救护前，可用筷子或手指刺激患者咽喉，令其将农药吐出。

(2) 呕吐后可服用蛋清、牛奶等食物，以保护胃黏膜，延缓对毒物的吸收。

42. 服安眠药中毒急救

服用过量或一次大量服用，多可出现昏睡不醒、肌肉痉挛、血压下降、心跳缓慢、脉搏细弱，严重者出现深度昏迷。若吸收的药量超过常用量的 15 倍时，可因呼吸衰竭而致死。安眠药的急性中毒症状根据服药量的多少、时间、是否空腹及体质不同而不同。一般采用以下方法急救：

让患者平卧，头部侧仰，尽量少搬动患者头部，以防误吸。

对血压下降者用去甲肾上腺素或间起胺静脉滴注，并呼叫急救车送医院抢救。

急救时可刺激咽部反射而致呕吐，或以 1∶5000 高锰酸钾溶液或清水洗胃，还可以用硫酸镁导泻。

43. 误食砒霜中毒急救

砒霜为白色粉末，气味不特殊，与淀粉、面粉、小苏打很相似，容易误食，其毒性很强，进入人体后能破坏某些细胞呼吸酶，使组织细胞不能获得氧气而死亡。

其中毒症状表现为：黏膜溃烂出血、口鼻出血，因呼吸困难而导致死亡。一般常采用以下方法治疗：

催吐，以排出毒物。首先让病人大量喝温开水或稀盐水，然后把食指或筷子伸到舌根，刺激咽部，即可呕吐。最好让患者反复喝水和呕吐，直到吐出清水为止。

把馒头烧焦并研末，让病人食用，以吸附毒物。

大量饮用牛奶及蛋清以保护胃肠

黏膜。

砒霜中毒后，要迅速采取适当的急救处理并快速将患者送往医院。

服用特效解毒剂二硫基丙醇，它进入人体后能与毒物结合形成无毒物质。

44.用空心菜解砒霜朱砂中毒

若不慎误食木薯、砒霜、朱砂等中毒后，可取适量空心菜，将其煎浓汁服用，即可减轻或消除中毒症状。

空心菜具有清热解毒的作用，对于轻度中毒的患者，服用后可立即消除中毒的症状。

45.防治硫化氢中毒

防治硫化氢气体中毒，首先在生产过程中要防止硫化氢气体外逸和发生意外事故。车间里产生的硫化氢气体，不应直接排放到周围大气中，应采取净化措施，以免影响居民的健康和农作物的生长。如发生急性中毒事故应迅速将患者移至空气新鲜处，注意安静、保暖。对呼吸暂停者施行人工呼吸。在深沟、池、槽等处抢救中毒患者时，抢救者自己必须戴供氧式面具和腰系安全带（或绳子）并有专人监护，以免抢救者自己中毒和贻误救治病人。

46.解敌敌畏中毒

（1）给患者灌服 1：5000 的小苏打溶液或相同比例的肥皂水，然后用手指或筷子刺激其咽喉，尽快使其呕吐，可反复进行多次，以达到解救的目的。

（2）迅速将患者移出中毒现场，为其脱去被污染的衣物，并用生理盐水洗净沾有毒物的皮肤、头发等，并尽快送患者去医院治疗。

47.鼠药中毒急救

误食鼠药中毒后，应迅速给患者喝300克清水，再用筷子或手指刺激咽喉催吐，反复洗胃，可减轻鼠药中毒的症状。

48.用鸡蛋清等解鼠药中毒

立即服食鸡蛋清 3 个，并用手或筷子刺激患者咽喉催吐。亦可取 1 小杯柿汁服下，可促其吐出胃里的食物。

49.误食磷化锌中毒急救

误食磷化锌中毒半小时至数小时内会出现口腔及胃部烧灼感、咽喉部麻木、口渴、恶心和呕吐等胃肠道症状。呼出的气体和呕吐出来的东西都有磷化锌特有的蒜臭味。其急救方法是：应立即用手指或筷子刺激咽喉部及舌根催吐。切忌让中毒者吃肥肉、蛋黄及油类食物，以免加速磷化锌的吸收。对误食中毒者，在经急救处理之后应将其快速送往医院进行诊治。

50.一氧化碳中毒急救

大部分中毒患者因大脑缺氧而昏迷。重症患者因急救不及时导致死亡。其急救方法是：

将中毒者安全地从中毒环境中救出来，迅速转移到清新空气中。

若中毒者呼吸微弱甚至停止，应立即采取人工呼吸。人工呼吸前应先清除口腔中的呕吐物。如果心跳停止，就要进行心脏复苏。

给患者高浓度吸氧。氧浓度越高，碳氧血红蛋白的解离就越快。吸氧应坚持到患者神志清醒为止。

若患者昏迷程度太深，可将地塞米松 10 毫克放在 20 毫升 20% 的葡萄糖液中缓慢进行静脉注射，并用冰袋放在头部周围降温，以防脑水肿的发生，同时送往医院医治。最好是有高压氧舱的医院，以便对脑水肿给予全面有效的治疗。

在现场抢救及送往医院的过程中，

要给中毒者充分吸氧，并注意呼吸道的畅通。

51. 用绿豆解煤气中毒

当煤气中毒恶心呕吐时，可抓把绿豆煮汤饮服，或取绿豆粉 30 克，用开水冲服，可缓解煤气中毒。

52. 用白萝卜解煤气中毒

将鲜白萝卜捣碎取汁，约 100 克，一次灌下，1 小时后即可解除中毒症状。

53. 婴幼儿窒息急救

婴幼儿喂奶或服药窒息时，可立刻把孩子倒提起来，轻拍臀部，使其排出气管内的异物。

婴幼儿因棉被包得太紧而发生窒息，且面色青紫甚至停止呼吸，可立即采取口对口的人工呼吸，并迅速送医院抢救。

54. 小儿高热惊厥急救

将患儿平卧，令其头部偏向一侧，然后解开患儿的衣领扣，为其吸去咽喉部的分泌物，以保持呼吸道通畅。

用大拇指指甲掐患儿的人中穴 1~2 分钟，直到患儿发出哭声。

将冷湿毛巾敷实在患儿前额或颈部；也可用冷湿毛巾反复擦拭颈部、腋下、四肢、腹股沟等处。

可喂服退烧药 1 次，再喂半杯凉开水，同时立即送医院治疗。

55. 儿童抽风急救

当小儿抽风时，不宜乱摇患儿，以免加重病情，也不要为其灌水喂汤，以免吸入气管。正确的方法是：打开窗户，解开患儿的上衣，保持呼吸通畅。将药棉塞入患儿上下牙之间以免咬破舌头。可用毛巾蘸冷水敷于额部，并详细记录患儿抽风的时间及症状。简单处理后，可立即将患儿送医院治疗。

56. 癫痫发作急救

当癫痫患者摔倒在地、抽搐、尖叫或面色发绀，甚至出现咬破舌头、吐带血泡沫、瞳孔散大等症状时，应保持患者侧卧的姿势，并为其解开衣领和裤带，用毛巾垫住牙床以防其咬破舌头。若患者有生命危险，反复抽搐不止，则迅速送往医院诊治。

57. 低血糖患者急救

当低血糖患者有神经系统和心血管系统异常出现时，如腹痛、晕厥、焦虑、心慌、身出冷汗、抽搐、昏迷等症状时，应采取以下急救措施：让患者平卧在床上休息，为其送服糖水或含糖饮料。若出现惊厥、抽搐等严重症状时应迅速送医院急救。

58. 老年人脑溢血急救

当老年人出现肢体突然麻木、无力或瘫痪、口角歪斜、流口水、语言含糊不清，个别情况下还伴有视觉模糊、意识障碍、大小便失禁、头痛、呕吐等现象时，应迅速采取以下急救措施：

用冷毛巾覆盖患者头部，因血管在遇冷时收缩，可减少出血量。

迅速将患者平卧，不要急着将病人送往医院，以免路途震荡，加重病情。为了使患者保持气道通畅，可把患者的头偏向一侧，以防痰液、呕吐物吸入气管。并为患者松解衣领和腰带以保持空气流通。

若患者昏迷并发出强烈鼾声，则表示其舌根已经下坠，这时可用纱布或手帕包住患者舌头，轻轻向外拉出。

在送往医院途中，车辆应尽量减少颠簸震动；同时将患者头部稍稍抬高，与地面保持 20° 角，并随时注意病情变化。

59. 老年人噎食昏倒急救

骑跨在患者髋部，用手推压冲击脐上部位。这样冲击上腹部，可增大患者的腹内压力，并抬高膈肌，使气道瞬间压力迅速加大，肺内空气被迫排出，即可使阻塞气管的食物上移并被排出。

60. 老年人骨折急救

对开放性骨折可用消毒纱布加压包扎，避免接触暴露在外的骨端。用旧衣服、棉布等软物衬垫着在患处夹上夹板，无夹板时也可用木棍替代，将伤肢上下两个关节固定起来。若有条件，可在清创、止痛后送医院治疗。

61. 中暑急救

应迅速将病人移到阴凉通风处，让其躺下，解开衣服，用冷毛巾擦身，若有条件用酒精擦身，可使身体快速挥发散热；然后为其进行肢体按摩，以促进患者身体血液的循环，同时可以给患者喝凉开水、盐水或绿豆汤等。若出现意识不清、小便尿不出、血压心跳改变、皮下组织出血，甚至抽搐等，应立刻送往医院。

62. 按压心脏急救

进行人工呼吸急救时，应同时按压心脏。按压为每分钟60次。按压点在胸骨底边往上1/3处；按压时双手掌心应向下，腕骨朝内，双手掌重叠交叉，按压方向应偏离脊椎中心5～6厘米。

63. 救治窒息患者

首先将患者平放在空气畅通处，然后对其施行人工呼吸。方法是：先托起患者的下巴，使头尽量后倾，保持气道通畅。再将其鼻子捏紧，然后对准嘴巴用力吹气，使其胸腔慢慢鼓起，反复进行2～3分钟，每分钟10次即可。若

是因异物而导致窒息，可使患者倒置在地或将其俯卧在一把椅背上、楼梯的阶梯上，使患者头部悬垂，片刻后即可将异物从气管中咳出。

64. 溺水急救

应尽快清出溺水者呼吸道中的积水、泥沙等异物，若口腔紧闭，可先按捏两侧颊肌，将下颌推向前方，立即采取口对口的人工呼吸。并尽快将患者送医院。

65. 触电急救

迅速切断电源。用绝缘物挑开电线或砍断电线。立即将触电者抬至通风处，为其解开衣服、裤带，用盐水或凡士林纱布包扎局部烧伤处。若呼吸停止，立即采取口对口人工呼吸及心脏按压，或将其送附近医院急救。

66. 灼伤急救

应迅速脱离灼伤源，以免灼伤面积增大；应尽快剪开或撕掉灼伤处衣物；有条件的话，可用冷水冲洗伤处，以达到降温的目的；若是小面积轻度灼伤，可选用玉树油、四环药膏、必舒膏等涂抹；用干净或消过毒的棉布、被单来保护伤处，并尽快将患者送医院治疗。

67. 头骨外伤急救

头骨外伤时，若皮下有血肿，可包扎压迫止血；若头部局部回陷，则表明有颅骨骨折，只可用纱布轻覆，切不可加压包扎，以防脑组织受损。

68. 脊柱骨损伤急救

脊柱骨损伤的病人如果头脑清醒，可让其活动四肢，若单纯双下肢活动障碍，表明胸椎或腰椎已严重损伤；上肢也活动障碍，则颈椎也受损伤。先使患者平卧地上，两上肢伸直并拢。将门板

放在患者身旁。4名搬动者蹲在患者一侧，一人托其背、腰部，一人托肩部，一人托臀部及下肢，一人托住其头颅，并随时保持与躯干在同一轴线上，4人同时用力，把患者慢慢滚上门板，使其仰卧，腰部和颈后各放一小枕，头部两侧放软枕，用布条将头固定，然后立即送往就近医院。

69. 胸部重伤急救

若胸部有大面积开放性伤口时，空气会随着呼吸从伤口进出胸腔，而导致血流不止。这时不宜活动，以防肋骨折断端刺破肺脏和血管。同时可用棉纱布或衣服覆盖伤口，包扎压迫，并迅速送往医院急救。

70. 休克急救

让患者仰卧躺下，将头部放低，并偏向一侧，以保持脑部血液供应，预防呕吐。

保持温暖。不要使用热水袋，以免血液流向皮肤，造成重要器官缺血。

放松衣物束缚，以促使血液循环。

若患者口渴时，可用水润湿其嘴唇，切记不可喝任何饮料。

对神志不清者针刺或指掐人中穴。

如果心跳和呼吸停止，应立即做人工呼吸。

用担架将患者迅速送医院诊治。

71. 猝死急救

一般情况下，人从心跳停止到完全死亡，脑细胞会受到损坏，即使抢救过来，人也会丧失思维能力。若出现猝死症状，应立刻进行抢救。其方法是：让病人仰卧并撤去枕头、头上仰使脖子伸开，让患者气道通畅。同时结合人工呼吸施救，施救者应用右手托住病人下

颌，左手捏住病人鼻孔，进行口对口呼吸，并不间断地做心脏按压，以每分钟20～30次的速度交替进行。一般情况下人工呼吸要在3～5分钟内完成，否则，会因施救不及时而使病人死亡。

72. 心脏病发作急救

当患者心脏病发作时，应尽量解除患者的精神负担和不安情绪。然后取适量硝酸甘油或消心痛放于患者舌下，并让其口服1～2粒麝香保心丸，保持半坐立位。若患者感到心跳逐渐变慢以至停跳时，应令其连续咳嗽，每隔3秒钟咳1次，心跳即可恢复。若患者心跳骤停，可用左手掌覆于患者的心前区，右手握拳，连续用力捶击左手背，此方法可在患者心脏停搏2分钟内有效。若患者呼吸停止，应对其进行人工呼吸与心外叩击交替进行，直至将患者送到医院。

73. 冠心病自救

冠心病发作时，可就地坐下或躺下，并迅速取出1～2片硝酸甘油，嚼碎后含于舌下，一般3分钟便可缓解。若忘记带药，可用拇指掐中指指甲根部，直到有痛感，亦可采取一压一放，持续5～7分钟，症状即可减轻。

74. 心肌梗死和心绞痛急救

当心肌梗死发生时，病人的疼痛有时会持续半小时，并伴有出冷汗、面色苍白、心律不齐等症状。此时，不要随意搬动病人，应让病人保持静卧休息。同时取1片硝酸甘油放入患者舌下，即可有效缓解疼痛；若疼痛剧烈，可1次将0.2毫升的亚硝酸异戊酯药片放在手绢里碾碎喂服。

75. 急症哮喘急救

当哮喘发作持续24小时以上，且呼

吸困难、咳嗽、面色苍白或发紫、心率增快，严重者血压下降，出现神志不清、昏迷等症状时，可采取以下措施急救：

（1）让患者取坐位或半卧位休息；或让患者抱着枕头跪坐在床上，腰向前倾。

（2）取出家用吸氧瓶，以每分钟3升的流量，用鼻导管或面罩给患者吸入。

（3）口服喘乐宁，每次3～4毫克，每天3次。

（4）室内保持通风，避免有异味刺激患者。

（5）经过一般处理还没有好转，应立即向急救中心呼救或去医院诊治。

76. 异物堵塞气管急救

如不慎把异物吸入气管，可立刻站在患者背后，右手握拳，用拇指按住患者的肚脐正上方、肋骨正下方，再用左手抱住右手拳，用力向上推压，反复使用这个动作2～3分钟，即可把气管中的异物吐出。患者同时还可借助椅背、桌边进行自救。

77. 用韭菜治误吞金属物

取一把韭菜，不切断，直接投入沸水中煮熟，放入适量香油拌匀，服食后，可能将误吞的金属等异物裹住，并顺利排出。

78. 用磁石粉等治吞食铁质异物

若不慎吞咽铁质异物时，可取适量磁石粉，加少量蜂蜜搅拌后吃下，再吃些拌过活性炭的韭菜，片刻后即可排出。活性炭有吸收水分和解毒的作用；磁石粉含磁能包裹住铁物锐利的尖端，并有促泻的作用；蜂蜜有润肠通便作用；韭菜则能促进肠道蠕动并缠裹异物排出。

79. 用荸荠核桃仁取铜质金属物

当不慎把铜质金属物体吞进腹中时，可取250克荸荠、120克核桃仁，生嚼食，片刻后，即可随大便一起排出。

二、 病症辅方

（注：文中所述仅为病症辅助方法，效果因人而异，具体请遵医嘱。）

（一） 感冒发烧

1. 生嚼大蒜

可把鲜蒜瓣含于口中，生嚼不咽下，直至大蒜无辣味时吐掉。连续用3瓣大蒜即可见效。一般用于感冒初起、鼻流清涕、风寒咳嗽等病症。

2. 大蒜塞鼻

可将大蒜削成圆锥状，裹上一层薄棉后塞入鼻孔，一般1次5分钟，连续几次后，清鼻涕可止。

3. 蒜汁滴鼻

可用温水稀释后的蒜汁每隔2～3小时滴入两个鼻孔各1滴，对流行性感冒有缓解作用。

4. 大蒜＋蜂蜜

把大蒜捣碎，取比例相同的蜂蜜进行混合并搅拌均匀，坚持每日服4次，每次1汤匙，用温开水送服，对流行性感冒有缓解作用。

5. 大蒜＋生姜＋红糖

将大蒜、生姜各15克，切成片加入500毫升水，用大火煎，直至水剩余一半，患者可在临睡前加适量红糖，一次服下。对风寒感冒有缓解作用。

6. 大葱煎煮冲服

将 3 根葱白、3 片生姜一起煎煮，取出葱并捣汁，适量滴鼻或用冷开水冲服，可缓解风寒感冒症，且能预防感冒。

7. 空腹食大葱

空腹可将 100 ~ 150 克干大葱约 2 根用相同重量的食物送服，可缓解感冒，且可退烧止咳。

8. 葱白捣汁滴鼻

若因感冒而鼻塞流涕可以用适量葱白，捣汁滴鼻；也可加入苍耳子、辛夷花药汁同用，可缓解鼻塞。

9. 葱姜粥

将 250 克糯米洗净后放入有 2000 克清水的锅中；待锅开后改用微火，文火熬制六成熟时加入洗净切成碎末的姜粒 25 克、葱白 100 克；熬至九成熟时再加入 100 克红糖，熬熟后口服即可，可预防风寒感冒。

10. 生姜粥

用鲜生姜约 10 克切碎，糯米 50 克。先将糯米加水入锅，粥煮成后，加入生姜，再煮片刻。睡前可温热顿服，服后即睡，出微汗为佳。解热驱寒，温中止呕。也可用生姜 30 克切片，糯米 50 克，煮成粥，放食盐、花生油等调味后食用。可缓解风寒感冒兼脾胃虚寒。

11. 鲜姜煮可乐

用鲜姜 25 克，去皮，切碎，放在可乐中，用火煮开，在温度适当后服下，可防感冒，还可缓解呕吐、厌食、偏食、小孩恶心等病症。

12. 生姜 + 白萝卜

将适量生姜、白萝卜片、少许红糖一同煎汤服用后，盖棉被睡下，对感冒引起的头痛有缓解作用。

13. 生姜 + 紫苏叶

取生姜、紫苏叶各 5 克，红糖适量，用开水冲泡 15 分钟，趁热饮服。适用于风寒感冒、头痛身热、恶心呕吐等病症。

14. 姜糖橘皮水

用 10 多片生姜与一把橘皮加入适量水里熬煮，待煮沸后趁热服下，喝前放入适量糖，春夏用白糖，秋冬用红糖。每天喝上 3 杯，可缓解感冒。

15. 鲜姜 + 香菜根

将香菜根约 50 克，鲜姜 10 克，用水煎后服用可缓解风寒引起的感冒。

16. 大白菜汤

将几棵白菜根洗净切片，加入同等的大葱煎汤，并加白糖少许趁热服下。或用白菜心 250 克，加白萝卜 60 克，煎后加红糖适量，服下即可。可缓解风寒感冒。

17. 黄花菜 + 红糖

将黄花菜、红糖各 30 克，加入适量的水，煎后饮用，可缓解风热感冒。

18. 洋葱头 + 砂糖

把洋葱头切成细丝，用 1 汤匙砂糖拌匀，过 1 小时后即可取汁饮服，每日饮服 4 次，每次 1 小匙，可缓解感冒。或将一棵洋葱切成小碎块，置于锅中并加入适量砂糖，然后加热煮成洋葱汁服用。

19. 蒸白糖豆腐

将 100 克左右的豆腐、加少许白糖，用锅蒸熟后吃下，可缓解感冒。

20. 西瓜 + 西红柿

将西瓜去皮及籽；然后用开水烫泡西红柿并去皮。分别用纱布绞汁，然后将两种汁液调和，随意饮用，适用于夏季感冒发热。

21. 生梨隔水蒸服

取生梨1个，洗净后连皮切碎，加适量冰糖隔水蒸服。适用于风热感冒咳嗽。

22. 黄瓜 + 蜂蜜

取适量嫩黄瓜并去芯，切成细条，放入水中加热待煮沸后倒掉水，加入100克蜂蜜，调匀后再煮沸，每日服食多次，有清热解毒之效。适用于小儿夏季发热。

23. 橘子皮

取鲜橘子皮30克或干橘子皮15克，放入锅内加水750毫升，煎至500毫升时加白糖适量，趁热服用。有利于缓解感冒。

24. 烤橘子

将整只带皮的橘子放置铁火钳上，放在火炉上烤，距火焰要有一定距离，并不时翻动，等橘子皮冒气有香味时，取下剥皮食用，可缓解感冒。

25. 芦荟

取20克芦荟鲜叶，早晚各取10克生吃。

用适量芦荟汁滴鼻，以减缓流感的病痛，坚持服用4～5天。

取适量生姜及芦荟同时煎服，1天3次，每次3毫升，也可缓解流行性感冒。

注意：芦荟中含有芦荟酊和芦荟苦素，有很强的消炎、杀菌、抗病毒功效，但服用芦荟叶一次不宜超过9克，否则会引起中毒。

26. 薄荷 + 米醋

在居室内按每立方米房间用薄荷梗25克、米醋5毫升的比例放在不加盖的容器里并加入适量水煎熏，熏之前应将门窗关闭，连续熏3日，可预防感冒。

27. 绿豆

将适量绿豆煮上，温热后加入姜丝和可乐，煮完后，趁热服用，发汗后浑身舒服。对流行性感冒有辅助疗效，发汗也不像退热药那么猛，这时肠胃也很舒服。或将绿豆25克捣烂，加入15克茶叶，用1碗清水煎煮15分钟后，去茶叶渣，并加入50克红糖饮服疗效更佳。

28. 红枣 + 核桃仁

将几枚大红枣和若干个核桃仁洗净放锅内，加适量的水煮熟，然后连汤一起服下。每天只清晨服1次，连续30天不间断，即可预防冬季感冒。

29. 菊花 + 糯米

用菊花60克、糯米100克，先将菊花煎汤，再同煮成粥。对秋季风热型感冒，心烦咽燥、目赤肿痛等具有较好的疗效，同时对心血管疾病也有较好的预防作用。而且还有散风热、清肝火、明目等功效。

30. 菊花 + 金银花

将白菊花、金银花各10克，用开水冲泡，有清热解毒的功效，此方法适用于流行性感冒、烦躁不安等病症。

31. 柴胡滴鼻

可选用柴胡注射液滴鼻，新生儿每个鼻孔各滴1滴，5～8个月各滴2滴，9～12个月各滴3滴，1～4岁各滴4滴，5～6岁各滴5滴，30分钟后可使高烧暂时退下。

32. 白酒擦拭

当患有流行感冒而又不愿吃药时，

可用干净的纱布蘸酒（酒精度要高）来回擦拭。在耳根下方、颈部两侧、腋窝、手臂内侧、手腕、大腿根处、膝盖内侧、脚踝两侧、脚心等处，来回擦拭30～40次，立即盖棉被睡下即可好转。此方对怀孕期间感冒而不能服药的妇女更为适用。

33. 常饮葡萄酒

常饮葡萄酒的人相对于滴酒不沾的人更少患感冒。这主要是因为，葡萄皮里面含有一种名为类黄酮的抗氧化剂，由于类黄酮有对抗病毒的能力，所以常饮葡萄酒能预防感冒。

34. 葡萄酒 + 鸡蛋

将1杯红葡萄酒加热，打入1个鸡蛋，并用筷子搅匀后饮用，此方法对缓解感冒有效。若在经过加热的红葡萄酒里，加上一些柠檬汁和砂糖并搅匀后服用效果更佳。

35. 用醋擦抹鼻孔

有过敏性鼻炎的患者，每到春秋季节，就容易伤风感冒。在刚刚患了伤风感冒流清鼻涕的时候，可以用棉签蘸适量白醋，然后用棉签向左右鼻孔里均匀擦抹即可。

36. 用清凉油擦涂

把适量清凉油涂擦在风池穴、太阳穴和印堂穴等部位，能缓解感冒引起的头晕目眩。风池穴在胸锁乳突肌与斜方肌之间；印堂穴在两眉头连线的中点。

37. 用伤湿止痛药膏贴穴位

先用热水洗净双脚，擦干后用一小块伤湿止痛膏贴于脚心涌泉穴，若有上呼吸道感染症状时，可在大椎穴再贴一块。每天更换1次，直至痊愈。

将伤湿止痛膏贴于双侧手臂曲池穴位上，半小时后便有退热作用。

38. 用吹风机吹鼻孔

当因感冒流鼻涕不止时，可以用吹风机吹左右鼻孔，时间由症状轻重而定，每次三五分钟最佳，用此法后流鼻涕即可好转。

39. 用蒸汽熏口

取1只电热杯，加入水后加热，待水开后可张开嘴对着热蒸汽呼吸，使热蒸汽进入鼻腔并湿润咽喉。每天早、中、晚各1次，每次5～10分钟。有利于缓解感冒。若吸入感冒冲剂的蒸汽，疗效更佳。也可在大茶杯中加热水来熏蒸。

40. 热耳畅通鼻塞

患有感冒鼻塞很难受，可在临睡前把毛巾放热水中浸湿，稍微拧干热敷于双耳十几分钟，就可使鼻塞通畅。

41. 用毛巾热敷

冬天人们很易感冒，经常会有鼻塞、流鼻涕、头痛、耳鸣等症状。若发生上述症状时可以用热毛巾盖住整个鼻部，使鼻孔吸入热蒸汽并使鼻黏膜收缩以给鼻部起到热敷作用，数分钟后流鼻涕即可止住。每天热敷4～5次，每次约5分钟。

42. 捏鼻

当婴儿患有感冒鼻塞时，可在喂奶前用炉火把拇指和食指烤热，然后立即轻捏婴儿的鼻梁，揉捏几下，手指凉后再烤热，反复数次，鼻子即可通气。

43. 用酒精擦浴

取适量酒精倒进温水中，用毛巾浸泡后擦拭全身，重点擦腋下、肘部、颈部、腋窝等处，可暂时降低体温。适用于发热初期。

44. 搓两脚

用手心搓两脚心和脚背，不久全身出汗，烧也退了，感冒好了。适用于抵抗感冒病毒能力强者。

（二） 咳嗽

1. 用清水煮蒜

取蒜一头、清水两杯，将蒜瓣剥皮洗净后与水放锅内煮，水开后煮10分钟，趁热将蒜、水全部喝掉，晚间临睡前服用最佳。适用于风寒引起的咳嗽。

2. 清蒸蜜梨

把梨切开一个三角口，并把梨核挖空，放入适量蜂蜜，再把三角小块盖好。将梨的开口向上放入容器内用锅蒸15分钟后，取出趁热服用，缓解咳嗽效果甚佳。

3. 绿豆汤煮梨

取大鸭梨2个洗净后切片，绿豆100克，置于锅内同煮，待七分熟时放入适量的冰糖。每天凉凉饮服，早晚各吃一碗，两个月后即可见效，适用于咳嗽、风热感冒、肺部燥热。

4. 黑豆 + 梨

选用一个鲜梨和适量的黑豆，将梨从中间挖空去内心，填满黑豆，然后合上盖，以文火蒸熟，每日食用1~2个。能化痰止咳，对气喘气急症疗效更佳。

5. 冰糖 + 香蕉

取冰糖5克、香蕉3~5根，置入碗内上锅蒸，待开锅后用温火再蒸15分钟，即可食用，止咳效果较佳。适用于风热感冒引起的咳嗽。

6. 吃草莓

先将若干草莓洗净去蒂与冰糖隔水炖服，用量为2∶1，每日服2~3次。有利于缓解咳嗽。

7. 荸荠 + 鸭梨

冬季小孩子容易感冒咳嗽，可取若干荸荠去皮洗净后与鸭梨一起蒸熟，加热后再加入适量蜂蜜。适用于冬季小儿咳嗽。

8. 南瓜藤

选取去头的鲜南瓜藤1束，插于空玻璃瓶内，经过一夜便有汁流入瓶内。每日取汁，用开水饮服，可止咳化痰。

9. 烤萝卜

将红心萝卜一个洗净，切成片，放在火炉上或烤箱里烤，烤黄焦即可。每晚临睡前吃，吃上两三天，咳嗽就会好转。在烘烤时一定要把握火候，烤焦的萝卜最好不要食用。

10. 大白萝卜汤

选用大白萝卜一个（约200克）切成小块，用白水清煮20分钟，煮热后放冰糖20~30克，趁热服下，15分钟后可见效。适用于风寒咳嗽。

11. 糖渍萝卜汁

选用适量的萝卜，切成薄片，放白糖渍数天。每次取1汤匙汁，用开水冲服，每日2次，可缓解小儿咳嗽。

12. 香油拌鸡蛋

取香油50克，放入锅内加热之后打入一个鲜鸡蛋，再冲进沸水拌匀，趁热吃下，早晚各吃一次。有利于缓解咳嗽。

13. 白糖拌鸡蛋

选取鲜蛋一个，磕在小碗内，不要搅碎蛋黄、蛋白，加入适量白糖和一匙芝麻油，放锅中隔水蒸煮，在晚上临睡前趁热一次吃完。一天一次，2～3次后咳嗽可缓解。

14．醋炒鸭蛋

将鲜鸭蛋一个打入热锅内，搅拌均匀，用勺子翻炒（防糊），半熟，再加入25克陈米醋，继续翻炒至熟。趁热吃，每天早晚各一次，服用7天。有利于缓解咳嗽。

15．葡萄泡酒

选取葡萄、冰糖和纯粮食白酒各500克。先将容器及葡萄洗净，葡萄粒不用去皮直接和冰糖混合后研成碎末，将其溶液放入容器内，倒入白酒，封好盖，置于室内30天后打开盖，即可饮用。每天晚上睡觉前服用1次，每次用量不宜超过25克。长期坚持饮用，便可缓解咳嗽。注意：饮用时和饮用后都不应食用其他食物。

16．猪肺＋杏仁＋萝卜

选用鲜猪肺一个、1只白萝卜、10克杏仁，放入锅内加适量水，用文火煮烂，吃肺喝汤，可缓解久咳不愈。

17．杏仁＋红糖

将老姜100克、红糖100克、苦杏仁5枚一起煎煮，冷却后装入瓶内，分3天服完，可缓解外感风寒引起的咳喘。

18．花生仁＋红枣＋蜂蜜

将花生仁、红枣、蜂蜜各30克，用水煎煮饮汤，花生仁和枣一起吃下，每日2次。适用于久治不愈的咳嗽。

19．猪肉＋米酒

选取50克精瘦猪肉，放少许米酒，加适量清水，隔水蒸熟后食用，可止咳。

20．自制秋梨膏

先将2个梨洗净，切碎捣烂取汁液，用小火熬至浓稠，加入适量蜂蜜搅匀熬开，放凉后即是秋梨膏。一次2汤匙，早晚各一次，数天后可止咳。

21．生姜＋梨

取1只鲜梨、5片生姜，加入适量水煎服，可止咳化痰。长期饮服对有肺部炎症的患者有辅助治疗的作用。

22．大蒜敷脚心

取大蒜若干切片，睡觉前洗净脚后把大蒜薄片敷在脚心涌泉穴位上，并用医用专用胶布贴紧，保持时间在8小时左右。由于大蒜对皮肤有刺激，所以贴的时间不宜过长。连续敷8～10天，效果很好。有少数人脚心敷蒜后会起水泡，若有此现象可暂停敷贴，待水泡破后皮肤复原再敷贴，一般不再起水泡。适用于咳嗽、鼻子不通、便秘。

23．按摩

每当咳嗽时，可将食指用力按压两个耳垂下面的部位片刻，可缓解咳嗽。

（三）头晕头痛

1．白果去壳研粉

选用白果40克，去壳研成粉，分成4份，早、晚各服一份，用温水送服，坚持两天眩晕症可好转。注意：白果有毒，不可随意加量，也不可长期服用。

2．龙眼壳煎汤

头晕发作时，取15克龙眼壳，加适量水煎煮，每天服用1次，可缓解心虚头晕。

3．白萝卜＋生姜

选取白萝卜、生姜、大葱各50克，

将其捣成泥，敷在额部。每天 1 次，每次 30 分钟，一般贴敷 2～3 次，可缓解老年性头晕。

4. 鸡蛋

选用几个受精的鸡蛋，将其存放 8～12 天，然后煮熟食用。每天 1～2 只，10 天为 1 个疗程，可缓解头晕乏力。

5. 蛋煮红枣

选用 2～3 个鲜鸡蛋、1～2 个鲜鸭蛋和 50 克红枣，放在砂锅内煮沸，并加入适量白糖或冰糖。每天吃一碗，服用几次有利于缓解头晕。

6. 姜汁饮料

取适量调味用的姜粉，与常见的饮料配制勾兑，乘车前半小时饮用，可防止头晕恶心。

7. 按摩

用双手中指对准位于耳尖直上 1.5 厘米处，左右各旋转按揉 40 次。严重者，可增至 80 次，可缓解眩晕。

用拇指和食指捏压手的虎口 10 余下。

左手握拳，用右手大拇指和食指上、下夹按中清穴（距无名指和小指根大约 0.7 厘米处），用力揉按，然后，换另一只手做，每只手各做 5 次。

8. 防起立时头晕眼花

人长久蹲着立起时，上身先不要直立，应将双脚直立，稍靠拢，弯腰低头，双手慢慢下垂，静待 10 秒钟左右，再慢慢伸直弯曲的腰，可防止头晕眼花。

9. 防洗澡晕堂的窍门

洗澡前适量吃点食品，也可饮用半杯糖水或盐水；身体虚弱者应先用温水洗头，再用湿毛巾擦身，使肌体适应热环境后，再洗澡；洗澡时间不宜过长，避免长时间浸泡，站起时动作要保持平稳，此方法可防洗澡晕堂。

10. 用生姜防晕车

乘车前，取适量生姜片，敷于内关穴，并用胶布包好即可。也可用大拇指捏掐此穴来代替贴姜片。风池穴、太阳穴处的防止办法均相同。注意：内关穴位于腕关节掌侧，腕横纹上约两横指，掌长肌腱与尺侧腕屈肌腱之间，此方法可防晕车。

11. 用茶汁防晕车

在旅游或乘车前饮用 1 小杯浓茶汁，可预防晕车。

12. 用薄荷糖果防晕车

在坐车前含一颗酸性的薄荷糖果，可有效防晕车，一颗接一颗，直至晕车症状缓解。

13. 嗅鲜橘皮汁可防晕车

乘车前，带 2～3 个新鲜的橘子，吃肉留皮，在乘车时若觉察到有晕车症状，可随时将橘子皮的汁液挤向鼻子，片刻后，晕车感即可缓解。

14. 用伤湿止痛膏防晕车

在乘车、船、飞机前，取一小块伤湿止痛膏贴在肚脐部位，可以预防晕车、晕船、晕机。

15. 白萝卜挤汁滴鼻

将 100 克白萝卜，洗净切碎后，用纱布挤汁，头痛时，取适量萝卜汁滴入鼻孔，右头痛滴左孔，左头痛滴右孔。一般每次 3～4 滴，每天 2～3 次，长期坚持可缓解偏头痛。

16. 冷敷法

当偏头痛发作时，可取湿毛巾敷在头部，毛巾变热后就随时更换，持续

20 分钟左右，可使症状明显减轻。

17. 用热水泡手

当出现偏头痛时，取一个干净的脸盆，倒入适量热水，待温度适宜时，将双手浸入热水中浸泡 30 分钟左右，一定要保持水温。每天浸泡 2～3 次，坚持数天，可改善偏头痛症状。

18. 做按摩运动

每天早上坚持用两手在脖子前后，各来回搓摩 30 次，再用左右手同时在两个耳朵后上下搓摩 30 次。

将双手手指放在头部最痛的地方，进行轻度快速梳摩，反复 100 次，每天做 3 次运动。

用大拇指根部在头痛部位的寸关穴位连续向上推压，可达到改善脑部血液循环的作用，同时也可缓解因脑供血不足而引发的偏头痛。

可用双手的大拇指和食指捏住两耳垂向下拉动，可缓解头痛。

双手同时用力掐捏双脚大脚趾的下部，可缓解头痛、恶心的症状。

可用一只手的拇指和中指使劲按两边的太阳穴，另一只手的拇指和食指按摩后颈部的颈窝，直到不痛为止。

19. 用鲜韭菜根煎汤

取鲜韭菜根 150 克，将其洗净后放入砂锅内，加 2 碗水，水开后用文火熬煮成 1 碗汁，倒出并放入适量白糖，临睡前温服，每天 1 次，连服 5～8 次，可缓解头痛。

20. 烟丝

取一根烤烟型香烟，折断后，将其烟丝倒在容器内，加水煮沸，然后取手绢浸蘸含有烟丝成分的溶液擦抹两侧的太阳穴，可起到提神、醒脑、止头痛的作用。

21. 荞麦＋米醋

选取 250 克荞麦面和适量米醋，将两者制成面饼，放入铁锅中烘熟，熟透后包在毛巾内趁热敷于患处，可缓解头痛。

22. 呼气法

当偏头痛症刚发作时，拿一个圆锥形的小纸袋或不透气的小塑料袋孔，对着袋子开口的一端，用手捂住鼻子和嘴，用力向袋内呼气，以减少大脑中的氧气。反复数次后，偏头痛症就会缓解。

23. 用酒精棉球塞耳

取 2 个酒精棉球置于两个耳道内，1～3 秒内即有凉爽和清醒的舒服感觉，头疼症状可缓解。

（四） 失眠疲乏

1. 吃水果

因过度疲劳而造成失眠的人，可吃一些香蕉、苹果、梨等水果，这些水果属碱性食物，可以抗肌肉疲劳，辅助缓解失眠。

2. 新鲜果皮放枕边

取新鲜橘皮或梨皮、香蕉皮各 80～100 克，放入一个小袋内。晚上睡觉前把它放在枕边。当上床睡觉时，便闻到一股果皮散发的芳香，可促使安然入睡。

3. 吃香蕉

失眠者如果在睡前吃 2～3 根香蕉就很容易入睡，这是因为香蕉含糖量高，能增加大脑中色胶化学成分的活力，可以催人入眠。

4. 用水煮葱枣

取 20 粒黑枣或红枣，一大碗清水，

将其一同倒入锅中煮 20 分钟左右，再加上 3 根大葱，煮 10 分钟左右后将其晾凉，边喝汤边吃红枣，每晚睡前服用，可缓解失眠。

5．核桃捣烂泡水

将 10 克生核桃仁捣烂，用白开水泡 10 ~ 15 分钟，加适量白糖，睡前服用，可缓解失眠。

6．枸杞＋蜂蜜

取适量新鲜的枸杞，洗净后按一定的比例浸泡于蜂蜜中，7 天后可在每天早、中、晚各服用 1 次，每次服枸杞 10 粒左右，同时用蜂蜜送服，可缓解失眠。

7．饮用蜂蜜茶

蜂蜜能补中益气、安五脏、和百药、解百毒，有营养心脏和脑细胞的作用。在临睡前取酸枣仁粉 10 克，和蜂蜜兑开水送服，可缓解失眠。

8．用桑葚煎水

选用桑葚 50 克加适量水煎服，每天饮服 1 次，有催眠作用。桑葚含有糖类、钙质及多种维生素，可缓解由心血管病引起的失眠。

9．小米粥

每晚取适量小米，熬成较稠的小米粥，睡前半小时适量进食，能使人迅速发困入睡。小米性微寒、味甘，有健脾、和胃、安眠的功用；色氨酸含量高的食物具有催眠作用，在众多食物中，应首推小米。

10．食用百合羹

百合含淀粉、蛋白质、脂肪及水解秋水仙碱等物质，有清心、润肺、宁神之功能。用百合 25 克，加水熬羹，每日 1 剂，对由呼吸道感染引起的心悸、烦躁和失眠具有独特疗效。

11．食用核桃仁粥

取 50 克核桃仁，将其碾碎；然后再取若干大米，淘净后加入适量的水，用小火将其煮成核桃仁粥，每晚一次，服用 2 ~ 3 周能缓解失眠。注意：核桃仁不应多食。

12．食用糯米百合粥

取百合 60 ~ 90 克，糯米适量，红糖少许。将百合、糯米共煮粥，煮熟时调入红糖。每日 1 次，早餐温热服食，连用 7 ~ 10 日。可补身益气、健脾养胃、养心安神。适用于胃脾疼痛及心烦不眠等症。

13．饮用鸡丝黄花汤

选取黄花菜适量，配以鸡肉丝煮成鸡丝黄花汤，饮后能安五脏、利心志，可缓解失眠。

14．莴笋汁

莴笋中有一种乳白色浆液，具有类似鸦片的镇静安神作用，但没有毒。取一小匙鲜莴笋茎叶里白色的浆液，加入到一杯温开水中，在入睡前服下，对催眠有很好的效果。

15．黄花菜

取 50 克黄花菜、15 克冰糖，把黄花菜泡在温水中，待泡软后将其切碎，加入适量水放在火上煎，煎好后将渣去除，加入适量的冰糖再煮，睡前饮服，可缓解失眠。

16．大葱

选取葱白 150 克，切碎后放入小盘内，临睡前把小盘摆在枕头边，闻其味便可以安然入睡。或将葱白洗净，切段和小枣若干粒与水共煮，饮汤后食用，可缓解心神不宁、烦躁不安的症状，有利于安然入睡。

17. 吃大蒜

每天晚饭后或临睡前，吃两瓣大蒜。如不习惯吃蒜，可以把蒜切成小碎块用水冲服，可缓解失眠。

18. 用姜醋水泡脚

将 3 大片姜放入半盆水中，待煮沸后加一勺醋，待水温适宜的时候，将双脚浸泡半小时左右，浸泡期间适量地加热水以保温，待连续半个月左右，便能有效地缓解失眠。

19. 红皮鸡蛋＋醋

将红皮鸡蛋洗净，用 100 ～ 150 毫升米醋泡在广口瓶里，置于 20℃ ～ 25℃ 处，48 小时后搅碎鸡蛋，再泡两天即可。每天早晨喝 50 毫升醋蛋液，可缓解失眠。

20. 鲜豆浆

每晚睡前，选用鲜豆浆 200 克，加热后放入适量白糖，搅拌均匀后饮用有助于睡眠。

21. 羊心

羊心一个，洗净后用不锈钢锅煮至八分熟，再加入适量玫瑰花，与羊心一同煮熟为止，将羊心捞出后，切成片放在香醋鸡蛋羹上，放上蒜泥，撒上少许精盐调味后食用，配以玫瑰羊心汤送服效果更佳。此方养心安神，对失眠及睡眠及做噩梦者效果皆佳。

注意：一定要在晚上临睡前服用。此方法对于顽固性及抑郁型失眠患者，可用玫瑰花与合欢花循环使用至痊愈为止；煮羊心尽量用不锈钢锅，蒸蛋羹时切忌用微波炉。

22. 风油精

睡眠不宁，可用少量风油精涂于两侧太阳穴、风池穴，头昏脑涨很快就会缓解，渐渐入眠。

23. 按摩印堂穴

先把两手搓热，然后用两手搓脸，再用中指按摩印堂穴。从下向上搓 50 次；再沿着两边的眉毛顺着推，从眉心到眉梢，一共做 30 次，以这些部位感到酸胀为好，可有效缓解失眠。

24. 按摩涌泉穴

每天晚上用热水烫脚，两脚发红、血管扩张以后，用双手拇指按摩涌泉穴 90 次，有调肝、健脾、安眠的作用。

25. 换方向和睡姿

经常变化睡觉的方位和睡姿，可改善失眠症状。若睡前用热水烫脚 20 分钟左右，效果更佳。

26. 用牛奶煮鸡蛋

选用一个鸡蛋将皮磕破，分离蛋黄和蛋清。将蛋黄倒入鲜牛奶中同煮，饮后可起到镇脑安神的功效。

27. 茶

将大米 60 克、茶叶 20 克，放在铁锅中炒至大米微黄时，再倒适量开水，煮沸 3 ～ 5 分钟，去其渣将汁倒在茶杯中，加食盐调味，趁热服下，并卧床休息半小时，每天坚持服用一次，2 ～ 3 天后，困倦乏力便可消失。

注意：也可泡一杯新茶饮用，能较快地消除疲劳、恢复精力。另外，过食油腻不适者可饮用较浓的热茶，如饮砖茶或沱茶，解腻效果更好。

28. 用热盐水、茶水泡脚

当感到身体特别疲劳的时候，可采用热盐水浸泡双足。即将 1 ～ 2 汤匙盐溶化在热水中，拌匀后浸泡双足，待足部发红、血脉疏通后即可消除疲劳。也可用茶来代替盐一样有效。

29.按摩小指

经常按摩刺激小指。小指属于心经，它的经络从心脏出发，经过身体正中，穿过横脑膜，和小肠连接。按摩小指后，双手可举在头上，将小指互相勾住，向左右拉，静止3秒钟后，再向左、右屈伸各5次，可缓解疲劳。

30.轻弹后脑部

用两手掩两耳孔，五指自然斜向上按住后头骨，以食指压中指轻弹后脑部，弹击30次即可。

31.按摩耳轮

用两手的中、食指分别夹住左右耳轮，按顺时针方向揉动，速度要缓而匀，每次搓揉30下即可缓解疲劳。

32.伸懒腰

对于长期伏案工作的人来说，由于身体长时间处于一种姿态，肌肉组织中的静脉血管会累积较多的血液，从而血液循环就会减少。若此时伸一个懒腰，会将全身大部分肌肉都收缩，在持续几秒后，再伸几个懒腰，很多积累的血液就会被挤回心脏，这样，就大大增加了血液循环，增进了血液的运动，把肌肉中的一些废物都带走了，从而消除疲劳，感觉舒服。

（五）　盗汗中暑

1.黑豆煎汤服用

治疗方法1：选用黑豆9克、黄芪6克、浮小麦3克，加水煎汤服，可缓解小儿自汗、盗汗。

治疗方法2：将黑豆衣10克、浮小麦10克，加水煎汤服用，可缓解肾阴虚盗汗。

2.吃甲鱼

肾虚出汗，尤其是晚上睡觉盗汗，可选用一只甲鱼，适当烹调炖汤饮服，即可缓解。火力旺盛者慎服。

3.用二锅头泡枸杞

用一瓶二锅头酒，选用50克枸杞浸泡于酒中，密封保存至白酒变黄即可饮用，每天饮用量按患者酒量而定，每天1～2次即可缓解出虚汗等症状。

4.五倍子研末敷脐

选用25克五倍子，将五倍子研成细末，晚上睡觉前，用唾液将细末揉成拇指大小略厚一些的小饼敷在肚脐上，然后用棉布和医用胶布将其固定，第二天早晨揭下并注意肚脐的保暖。坚持贴7天即可缓解多汗盗汗。

5.黄芪＋白术

选用黄芪20克、焦白术15克、焦麦芽30克、大红枣20克、五味子15克，每天用水煎，每日一服，分两次煎服，服用4服后可缓解夜间盗汗。

6.蜂蜜＋梨

取梨榨汁后加入适量蜂蜜熬成膏状，每天1次，每次服1汤匙，能生津止渴。

7.猕猴桃

夏季选购适量猕猴桃放入冰箱内保鲜，遇有高热烦渴时，可食用猕猴桃3～5枚，每日3次即可见效。适用于高热烦渴、胸腹胀闷者。

8.杨梅

选取15克杨梅用适量水煎，凉凉后代茶饮用可防中暑。

9. 黄瓜

适量酱油、麻油、精盐、味精，取鲜黄瓜 100 克切成薄片，浇上以上作料搅拌均匀食用；食用后清爽舒身。适用于暑热烦渴、咽喉肿痛、目赤、热病后厌食等症。

10. 黄瓜 + 蜂蜜

用黄瓜 5 条，洗净去瓤，切成条放入锅中，加少量水，煮沸后立即倒出水，趁热加入蜂蜜 100 克，搅拌均匀煮沸即可。随意食用，每日数次，此法有清热解毒之功效。适用于清热解毒、小儿夏季发热。

11. 苦瓜

将适量鲜苦瓜去瓤后切碎，加水煎服，可缓解夏季烦热口渴。

12. 做荷叶冬瓜汤

选用 1 张鲜荷叶、500 克带皮冬瓜，适量加水煎汤，放少许食盐调配，饮汤食冬瓜，有清热解暑、利尿除湿、生津止渴的功效。

13. 鲜蜂蜜 + 绿茶

取鲜蜂蜜 25 克，绿茶 1 克，用开水 300 ~ 500 毫升浸泡。5 ~ 8 分钟后温饮，或煎服，每天服用 1 剂可缓解中暑。

14. 金银花 + 蜂蜜

蜂蜜 30 克，金银花 15 ~ 30 克。金银花水煎取汁，凉凉后分次与蜂蜜冲调，饮服即可解暑。

15. 薄荷粥

选用鲜薄荷 30 克，干薄荷可 15 克，煎汤待冷，然后用其汤煮糯米粥，适量加冰糖略煮服食。此粥可缓解风热感冒、头痛目赤、咽喉肿痛，并可做防暑解热食疗。注意：可供夏季感冒服食，

冬春不宜。不宜多服、久服。

16. 地黄粥

选用生地黄 50 克煎水，去渣取汁，加糯米 50 克，放入适量生姜片调味，煮成稀粥，每日服用 2 ~ 3 次。适用于中暑时阴液耗伤、低热不退，或劳热骨蒸、口鼻出血等症。注意：生地黄味甘性凉，有清热解毒、凉血止血之效。

17. 甘蔗粥

选用 500 克甘蔗劈细分段，加白米及适量清水，煮粥服食，有清暑除烦、生津止渴的功效。

18. 生姜煎汁服用

取鲜姜若干切片，用水煎出汁后，加入适量冰糖煮沸，凉凉后灌入中暑者的嘴里，片刻即可解暑。

19. 涂抹清凉油

当夏季发生轻度中暑时，应迅速将患者转移至阴凉通风处，在其太阳穴、人中穴适量抹点清凉油，再多饮水，中暑即可好转。

（六） 呃逆打嗝

1. 杨桃

每日嚼吃 3 ~ 4 次鲜杨桃，每次 1 个，可缓解呃逆。

2. 柿子蒂

选取 8 ~ 10 只柿子蒂，加入适量的水煎汤饮服，可缓解呃逆；也可将适量柿子蒂烧成灰，拌以少量黄酒并调匀，分 4 次服下，缓解呃逆效果更好。

3. 韭菜

将新鲜的韭菜榨汁后适量饮服；或将韭菜籽研末内服、生吃均能缓解久呃不止。

4. 用酒浸柠檬

把1个新鲜的柠檬浸泡在高度白酒中，当呃逆时取出柠檬，去皮后食用，即可止住，效果甚好。

5. 刀豆＋生姜

将30克带壳的老刀豆及3片生姜加适量的水放入旺火上煎煮，待煮沸后，熬10分钟左右，凉温后倒出，将渣去掉，加入适量的红糖，1天服2次，可缓解呃逆。

6. 醋

当发生呃逆时，可取用少量米醋，缓缓咽下，即可制止。

7. 白砂糖

因胃肠突然受热或受冷而引起的呃逆，可在口中含1汤匙白砂糖，待糖还没有溶化的时候弯腰将其咽下，可缓解呃逆。

8. 喝姜糖水

把大小跟核桃差不多的生姜切成4～5片，加入半碗自来水放在火上煎10分钟左右，然后把姜拿出来，放少许白糖，在不烫的时候，趁热喝下，不一会儿打嗝就会停止。

9. 饮水

发生呃逆不止时，可饮一大口水含在嘴中，然后将其分7次咽下，中间不要换气，片刻后呃逆即停。

当呃逆不止的时候，抿一小口（不到2毫升）豆浆，仰头慢慢咽下，也可一口气喝几大杯水。

10. 压眼球

将两手掌稍稍用力按在眼球上，胃里即会感到有股气体排出来，此时呃逆便可止。若不止，可将手指压在眼眶边缘，寻找压痛点，然后再用力按揉几下。注意：高度近视、心脏病患者和青光眼不宜采用此法。

11. 拉舌

用一块干净的纱布将舌头尖包住，然后用手指将其捏住，当打嗝的时候就往外拉，此时就会感到腹部有股气体往上升，打嗝会停止。

12. 压喉

当发生呃逆的时候，可将食指按压在喉下的凹陷处，片刻能止。

13. 憋气

可在刚开始打嗝时，深吸一口气，用力憋住，同时胸腔用力，直到憋得"脸红脖子粗"，实在憋不住时再呼气。一次即可止住。

14. 呼吸

在打嗝的时候做3次慢深呼吸。在吸气的时候使劲吸，待感觉再也吸不进气的时候，屏住气，待5～10秒钟后，慢慢使劲呼气，待感觉腹内的气将呼尽时，再屏住气5～10秒钟，再吸气。连续做3次，能缓解呃逆。

15. 捏中指

吃饭打嗝时，可立刻用力捏住自己的中指，左手右手都可以，片刻后会感觉食道内通畅，不再打嗝。

16. 仰卧

发生呃逆时，立即仰卧在床，垫低枕头，身平头正，将双手放在脑后，稍后便可缓解呃逆。

17. 婴儿呃逆

婴儿出现呃逆后，应抱起后，用食指尖在婴儿的嘴边或耳边轻搔60～80下，直至婴儿发出哭声，呃逆现象即会缓解；或者用手抓捏婴儿的小腿肚子，同样有效。

（七）　肠胃病

1. 白葡萄汁＋生姜汁

取白葡萄汁3杯，生姜汁适量，蜂蜜1杯，新茶叶10克。将茶叶煎1小时后取汁，冲入各汁的混合液一次饮服。每日2～3次。3天后即可缓解肠疾。

2. 大蒜泥

方法1：患有痢疾、肠炎，可用紫皮蒜3～4瓣捣成蒜泥，敷在肚脐眼上，外面包裹上纱布，再用医用胶布固定好，坚持1～2天可见效。注意：根据每人体质不同，须掌握用量，皮肤过敏的人可垫一块净布。

方法2：将茄子蒸熟，按正常餐饮比例加入适量蒜泥、姜末调味食用，即可见效。

方法3：用紫皮大蒜50克，将蒜捣碎后浸于100毫升温开水中2小时，然后用纱布过滤，加入适量的糖，每次服20～30毫升，每隔4～6小时服用1次，即可见效。

3. 揉腹

将两手掌心搓热，用左手叉腰，右手顺时针沿肚脐周围揉搓腹部50次；右手叉腰，左手再揉腹50次，早晚各一次。长期坚持，可缓解肠胃病。

4. 用葡萄酒泡香菜

用普通葡萄酒数瓶，把酒倒换在广口瓶里，再放入洗净的香菜，密封泡6天即可。早、中、晚各服一小杯，连服3个月。泡过的香菜还保持绿色的可吃下去，缓解胃痛效果更好。注意：在腌泡过程中，可以500克葡萄酒泡制50克香菜为准，吃完后可重复泡。

5. 用核桃炒红糖

将7个核桃去皮，取肉切碎，用铁锅小火炒到淡黄色时，放入适量红糖炒片刻后，即可出锅，趁热吃下。注意：每天早晨空腹吃，过半小时后再吃饭、喝水。坚持服用12天即可缓解胃痛。

6. 土豆粥

取不去皮的新鲜土豆250克，蜂蜜适量。先将土豆切碎，用水煮至土豆成粥状，放入蜂蜜后调匀。每日清晨空腹食用，坚持服用15天即可达到效果。适用于胃隐痛不适，可缓急止痛。

7. 卷心菜粥

选用卷心菜500克、糯米100克。先将卷心菜水煮半小时，捞出菜后，入米煮粥。每天服2次，可健身提神、散结止痛。适用于胃脘疼痛、肾阳虚衰等。

8. 花生米

日常生活中当身体受到某些冷风刺激后，通常会引起胃痛，这时可吃些熟的或生的花生米，胃疼的症状即可减轻。

9. 炒焦茶叶

将适量茶叶放入铁锅，在火上炒焦后，泡成浓茶，稍温时服下，胃痛、腹痛即能缓解。

10. 热敷

方法1：以身体能够忍受的最高温度为限，用热水袋或热毛巾捂胸口、腹部即可缓解。

方法2：可将粗食盐1千克炒热，用布包成2包，反复轮换热敷寒处，有较好的止痛效果。

适用于胃酸过多及寒冷腹痛、受寒引起的胃痛。

11. 炒山楂肉

选用山楂肉90克，炒焦研为细末，每次取用15克，温开水送服，每天两次。适用于因肉食过多而导致的少食、胃胀痛、呃逆等症状。

12. 白萝卜

若发生胃烧症状，取一个白萝卜，用清水洗干净后，切成片放在冰箱保鲜备用。每当饭后有胃烧症状，可取出 2～3 片生吃，即可见效。注意：切好的萝卜放冰箱时，要用保鲜膜保鲜，以免细菌侵入。

13. 烧心

(1) 吃适量葵花子，可使烧心感很快缓解。

(2) 取少许白菜头，洗净煮沸，加入少许食盐、香油，吃菜喝汤，可缓解烧心。

14. 苹果

冬末春初，遇阴冷天气或饮食不当，会有胃酸出现。取一个苹果吃下即可立竿见影地缓解胃酸。注意：每回胃酸时，不用多吃，大苹果半个或小苹果一个即可。

15. 嚼服芝麻

取炒熟芝麻若干，当胃酸时，可把适量芝麻放入口中嚼服，坚持一个月，胃酸即可缓解。

16. 蘑菇粥

取糯米 60 克，用常用方法煮粥，待半熟时加入洗净切成块的蘑菇 10 克，煮到米熟时食之。可缓解热呕吐、肠热泻痢、食欲不振等。

17. 芋头鲫鱼汤

选用鲜芋头 250 克，鲫鱼或鲤鱼 500 克，加水同煮至烂熟，适当放入调味料服食即可缓解脾胃虚弱。

18. 白酒＋鸡蛋

用高度白酒 50 克，倒在铝制器皿里，打一个生鸡蛋，然后把酒点燃，待酒烧干，鸡蛋也就熟了。每天早晨空腹吃缓解胃寒最佳，轻者吃 2～3 次可愈，重者吃 5 次可愈，注意：鸡蛋不要加任何调料。

19. 用粥汤冲糯米酒

早晨起来后空腹，用粥汤冲糯米酒放糖热服可缓解胃寒。

20. 生姜

把生姜用草纸包裹，放在清水中浸湿，再放置近火处燥制，以草纸焦黑、姜熟为度。用量 3～10 克，切碎温开水吞服可缓解胃寒呕吐。

21. 鲜姜糖蛋

将鲜姜洗干净后切丝，准备适量的糖，然后煎两个鸡蛋，放入姜丝，待姜丝有些黄时，放糖并喷上白酒，趁热食用可缓解胃寒。

22. 香菇饭

将香菇泡发后切成丝，然后加瘦肉末与糯米煮饭。此饭对缓解慢性胃炎有较好的辅助作用。

23. 用萝卜煮水

选用一个红心萝卜，洗净后切碎，放入锅内煮沸，放适量的糖趁热服用即可。适用于胃炎发作、呕吐不止等。

24. 粳米＋肉桂

肉桂末 1～2 克、粳米 100 克、砂糖适量。先将肉桂研成细末；再将粳米、砂糖同放入砂锅内加水煮成稀粥，然后将肉桂末调入粥中，用文火煮沸即可。早晚餐时空腹温食。此粥温中和胃，适用于脾胃虚寒型慢性胃炎。

25. 土豆

方法 1：先将土豆去皮洗干净后捣碎，再用多层纱布包起来挤压取汁，用文火煮沸后饮服。每日 3 次，每次 1 汤匙，连服 2～3 周，可缓解胃溃疡。

方法 2：将 2000 克土豆洗净，去除芽眼，切碎捣泥，装入净布袋内，放入 1000 毫升清水内，反复揉搓，便生出一种白色的粉质，把这种含有淀粉的浆水倒入铁锅里，先用大火熬，水将干时，改用小火慢慢烘焦，使浆汁最终变成一种黑色的膜状物，取出研末，用容器贮存好。每日服 3 次，每次饭前服 1 克，30 天为一个疗程。

可缓解胃溃疡与十二指肠溃疡。

26. 甲鱼胆 + 白酒

选取新鲜的甲鱼胆 3 个，用微火将其焙干，研成粉末，倒入 500 克高度白酒中，封闭瓶口，每天摇晃一次，浸泡 10 天，每天早晚各空腹饮用 1 小酒杯，坚持服完为止，可缓解胃溃疡。

27. 黄芪

选用 30 克生黄芪煮水饮，即可促进胃溃疡愈合。

28. 苹果皮

用 30 克苹果皮煎水服用。适用于呃逆反胃、咳嗽痰多等症。

29. 洋葱饭

先将水煮沸，取适量切碎的洋葱和糯米、盐等同煮饭。此饭松软，宜食用。适用于降低血压、血脂，预防肠道疾病，健胃助消化等。

30. 西红柿汁饭

先将洋葱、蒜头炒出香味，加入水和西红柿汁煮沸，再加入糯米煮饭后食用。适用于健胃消食、生津止渴、防食道癌等。

31. 蜂蜜 + 萝卜汁

选用一个萝卜洗净，挖空中心，倒入蜂蜜，将萝卜加水蒸熟，吃萝卜饮汁。可化痰消食。

32. 蘑菇 + 大枣

取鲜蘑菇 500 克、大枣 10 枚，将两者一起煎煮 40 分钟，取汁分 4 次饮用，早晚空腹为宜，便可缓解消化不良。

（八） 便秘腹泻

1. 冬吃萝卜夏喝蜜

冬季选取适量大白萝卜，将其洗净切成小块，用清水煮沸食之；夏季在每晚睡前喝 1 小汤匙蜂蜜，用 1 杯温水送服，长期坚持可缓解习惯性便秘。

2. 食醋

每天清晨空腹饮用 1 杯加入少许食醋的白开水，早饭后再饮 1 杯白开水，然后室外散步 30～50 分钟，中午即可有便意，长年坚持效果佳。

3. 黄豆

选取新鲜黄豆 200 克，用温水泡胀后，放入铁锅内加适量清水煮，待快煮熟时，加入少许盐，煮沸便可。一般每天食用 50 克左右，3～4 天即可缓解便秘。注意：煮沸的黄豆趁热吃为宜。

4. 空腹吃橘子

每天早晨起床后空腹吃 1～2 个橘子，可缓解便秘。

5. 香蕉 + 黑芝麻

坚持每天晨起及临睡前各吃 1 只香蕉，对有习惯性便秘的患者有疗效；也可将 500 克香蕉去皮后蘸炒熟的 15 克黑芝麻嚼吃，1 天内吃完，可缓解便秘。适用于习惯性便秘、高血压。

6. 用冰糖炖香蕉

选用 2 只香蕉，将其去皮后与适量

冰糖隔水蒸，每天早晚各 1 次，连服数日，即可缓解便秘。

7. 韭菜籽研末冲服

把 60 克韭菜籽烘干，研成细末，以开水冲服，每次 5 克，每日 3 次，4 天后可通便。

8. 土豆汁

选用若干新鲜的土豆洗净后捣烂取汁，每天早饭、午饭前各服 1 次，每次饮服 120 克左右，可缓解习惯性便秘。

9. 菠菜根煎煮食用

取少量菠菜根，将其洗净切碎，并加 20 克蜂蜜煎煮，煮熟连吃带喝，坚持食用 2 周即可，可缓解便秘。注意：糖尿病患者，可以不加蜂蜜，直接用水煎煮即可。

10. 菠菜＋猪血

取用新鲜的菠菜和猪血各 500 克，将其洗净切成段；然后一起加适量的水煮成汤，调味后食用，于餐中当菜吃，每天 2 次，即可缓解习惯性便秘。

11. 莲子心泡水

选取 250 克莲子心，每次取适量泡水，以水代茶，坚持饮用 1 个月，可缓解便秘。

12. 吃炒葵花子

日常选用熟葵花子 500 克，在闲着没事或看电视时嗑着吃，5 天 1 剂，连续一个多月后，大便可基本正常。注意：用此法最好不间断，同时要养成定时大便的习惯。

13. 葡萄干

每天晚上吃饭后，可食用适量葡萄干，坚持 10 天后，大便不再干燥，而且通畅。

14. 用橘子皮泡茶水

取新鲜的橘皮适量（干的也可），将其洗净后与茶叶一起泡水，每天早晨喝一杯即可缓解便秘。

15. 橘皮＋蜂蜜

先将橘皮洗净，并切成细丝，然后加适量白糖，用适量蜂蜜同煮沸，每日 3 次，每次 1 汤匙，可缓解便秘。

16. 牛奶＋蜂蜜

选用 250 克牛奶加 100 克蜂蜜，再加入适量葱汁，一起煮熟后早上空腹饮完，即可缓解习惯性便秘。

17. 腹部按摩

清晨大便时，可将双手交叉压在肚脐部，顺时针方向按摩 20 次，再逆时针方向按摩 20 次；也可单做腹部收缩运动，有利于通便。

18. 小米红薯粥

取小米 100 克、红薯 200 ～ 350 克，洗净后一起熬成红薯稀饭，在晚饭前后食用，第二天便秘即可缓解。

19. 用洋葱拌香油

取新鲜洋葱若干，将其剥皮洗净后切成细丝，用 150 克香油拌 500 克洋葱为例，渍 30 分钟即可食用。每天 3 次，每次吃 50 ～ 100 克，常吃可防便秘。

20. 散步拍臀

老年人患有便秘时，可在便前散步 10 ～ 15 分钟，同时拍打臀部约百次，便可有排便之意。

21. 胖大海冲泡饮服

选用胖大海 2 ～ 3 枚，用适量热水冲泡 15 分钟，待其发大后，给小儿少量分次饮服，一天内饮完，大便即可通畅。

22.香蕉皮

取香蕉若干,将皮煮水 30 分钟,饮汤食肉,服用 10 天,可缓解便血。

23.豆腐渣

选用适量豆腐渣,将其炒焦后研细,用红糖水送服,每次 10 克,每日 2 次,可缓解大便下血。

24.搓揉耳垂

腹痛时,可搓揉两个耳垂,或将 1 个手指插入耳中,并不停地摇动,便可缓解腹痛和牙痛。

25.鲜桃

在饭前吃鲜桃 1 ~ 2 个,于饭中食用去皮的大蒜 1 ~ 2 瓣,可使腹泻减轻。注意:若吃鲜桃和大蒜 1 天后腹泻不减,应速去医院诊治,以免贻误病情;食大蒜应忌大葱,食鲜桃应忌白术。

26.石榴皮

将 15 克干石榴皮加水煎汤,然后放入少量食糖服用,每天 2 次,可缓解腹泻;也可将石榴皮研成粉末,加红糖调匀服用。

27.银杏

选取适量银杏,早晚各用水煎,饮汤吃仁,连服 3 天,便可缓解腹泻。

28.醋蛋

先把 150 克食醋倒入锅中加热,再打入 2 ~ 3 个鸡蛋,待煮沸后趁热食蛋饮醋,每天 1 ~ 2 次。适用于腹痛、急性肠炎、腹泻等症。

29.茶叶 + 大蒜

取新鲜大蒜一头,将其切片,与一汤匙茶叶,放入锅内加水煮沸 1 ~ 2 分钟,趁温服下,服用 2 ~ 3 次即可缓解腹泻。

30.馒头 + 红糖

取少量馒头,将其烤焦压成碎末,然后与少许红糖一起用热水冲服,每天 3 次,可缓解腹泻。

31.生姜 + 茶叶

选用 100 克生姜、5 克茶叶,放入 1 升清水中煮沸,用文火将水熬至 500 克左右时,加入 15 克米醋,每天分 3 ~ 5 次服用,可缓解腹泻、腹痛。

32.茶叶 + 红糖

取 50 克茶叶,将其煎成浓茶汁,再加入 50 克红糖,煎至茶汁发黑时饮服,可缓解腹泻。

33.苹果隔水蒸熟

将 1 ~ 2 个苹果,洗净后放入碗中隔水蒸熟即可,给小儿食用时去掉外皮,每天分 3 ~ 5 次,可缓解小儿腹泻。

34.柿子

取 1 ~ 2 只熟柿子,将其烘干后压成糠状备用,先把粳米煮粥,然后放入柿糠,每天 1 剂,分 3 ~ 5 次服食,即可缓解腹泻。

35.用石榴敷脐

将 3 个酸石榴挤出汁水,放在勺里,用小火熬成厚糊状,然后摊在小纱布上,趁温热贴到肚脐上,2 ~ 4 个小时即可缓解小儿腹泻。成人也可采用。

36.用白胡椒敷脐

小儿腹泻时,可将 3 ~ 5 粒白胡椒研成细末,放在肚脐中,再用胶布封住,即有疗效。

37.用丁香肉桂敷脐

取等量的丁香、肉桂研成细末,再用少许唾液调拌,敷于脐中,3 天换 1 次,对小儿腹泻有疗效。

38.石榴皮 + 红糖

取 5 克干石榴皮,与适量红糖一同

煎浓汁服用,可缓解赤痢、白痢。

39.葵花子 + 冰糖

将 30 克葵花子,先用沸水冲泡,再隔水蒸煮 1 小时,最后放入适量冰糖,溶化后饮服,即可缓解痢疾。

40.木耳 + 红糖

将 15 克木耳、60 克红糖,加 250 克清水一同煮沸,饮汁食肉,每次 1 剂,一般 2～3 剂便可。适用于便血、腹痛、痢疾等症。

41.胡萝卜汁

取胡萝卜 250 克,用水煮取浓汁饮服。适用于痢疾初期。

42.葱白

将适量葱白洗净后切成碎末,与糯米 50 克同煮粥食用,对痢疾有缓解作用。

43.香蕉

多吃香蕉能将蛔虫、钩虫、蛲虫等肠内的寄生虫清除出来,也能有效地缓解肛门发痒。

44.大蒜

将大蒜捣烂,加入适量的凡士林,晚上涂在患儿的肛门周围,可有效杀灭蛲虫。

将 25 克大蒜捣烂后,加 10 克陈醋、240 克清水,调匀后用来洗肛门,可有效杀灭蛲虫。

45.韭菜

每天在睡觉前,用韭菜煎成汤来清洗肛门,可清除蛔虫。

每天晚上将新鲜的韭菜汁挤出来,滴入肛门,每次 3～5 滴,连用数日,可清除蛔虫。

46.葱 + 麻油

小儿常常会因为肠内蛔虫而引起腹痛,这时可捣烂适量葱白取汁,然后配以 2 汤匙麻油调拌,空腹服用,

每天 2 次,3 天后即可见效。

(九) 肝胆病

1.泥鳅粉

先将若干活泥鳅放在清水中养 1 天,使其吐尽泥沙。烘干,研成粉末。每天服用 2～3 次,每次 10 克,对肝、脾肿大有缓解作用。

2.紫茄子

选取紫茄子 1 个洗净后切块,用糯米 100 克,共同放入锅内加水煮成粥,每日 1～2 次,连食数日,可缓解黄疸肝痛。

3.鲤鱼 + 红小豆

选用鲤鱼 500～800 克、红小豆 500 克。将鲤鱼去鳞及内脏,与红小豆一起加水炖熟。食肉豆,饮汤液,对肝硬化有缓解作用。

4.大蒜 + 猪肚

用大蒜瓣 60 克、砂仁 30 克、猪肚 1 个。前两味药共捣泥,装入猪肚内缝合,加热炖九分熟。分次食用即可,并饮其汤,对肝硬化有缓解作用。

5.甲鱼 + 大蒜

选用甲鱼 500 克、大蒜 200 克,置入锅内加入适量水煮熟。食用甲鱼蒜,饮汤,每日适量食用,对肝硬化有缓解作用。

6.泥鳅 + 豆腐

先将 500 克泥鳅放入盆中养 2～3 天,使其排净肠内异物,除内脏取其 50 克去切段,与 100 克豆腐一起加水煎煮,每日服食 1～2 次可对黄疸有缓解作用。

7.黄瓜根

选用鲜黄瓜根若干,捣烂后取汁,每天晨起温服可对黄疸有缓解作用。

8. 泥鳅丝瓜汤

先把泥鳅在清水中养 1 ~ 2 天，吐出异物。在煮丝瓜汤的同时，放入活泥鳅数条，煮熟后调味食用，1 周 2 ~ 3 次。对急性肝炎效果良好，长期服用对慢性肝炎、肝硬化有缓解作用。

9. 红茶糖水

取 5 克红茶、30 克葡萄糖粉、100 克白糖用适量沸水冲泡，然后加水至 500 克，稍冷却时空腹饮用，当天上午饮完，连服 15 天，可使儿童甲肝患者的黄疸指数下降，肝功能恢复，转慢性率降低。成人服用，药量加倍。

10. 玉米须

选用 30 ~ 60 克玉米须，煎汤代茶饮；或取 30 克玉米须，加 10 克鸡内金、10 克郁金，一同煎汁，每天 2 次，服用 1 周后可缓解胆囊炎，对胆石症也有一定疗效。

11. 饮浓茶

当胆结石急性发作时，饮 1 杯浓茶汁，可缓解胆区疼痛。注意：茶碱有松弛胆管平滑肌的作用。

12. 黑木耳

每天多吃一些黑木耳，能缓解胆结石引起的恶心、呕吐、疼痛等症状。

13. 牛奶

在临睡前喝 1 杯全脂牛奶，可防胆结石。因为牛奶能刺激胆囊，使其排空。这样胆囊内的胆汁就不易浓缩，结石就难形成。

（十）肾脏泌尿器官病

1. 花生 + 红枣

方法 1：选用连皮花生、红枣各 50 克，煎汤代茶饮，花生和枣一起吃下，服用 7 天可缓解肾炎。

方法 2：选用花生仁 50 克、大枣 20 克、鸡蛋 2 个，先将花生、大枣煮熟后，再打入鸡蛋将其炖熟，一同将鸡蛋、花生仁、大枣，连汤吃净，1 天 1 次或隔日 1 次，7 天为一个疗程，一般 2 个疗程可缓解肾炎。

2. 茄子干

将适量茄子晒干，研成细末，每次 1 克，每日 3 次，用温开水送服，可缓解肾炎。

3. 冬瓜 + 大蒜

选用一个嫩冬瓜，切片后与蒜片放到锅里蒸熟，每天吃 3 次，浮肿便可消去，坚持服用肾炎即可缓解。注意：蒸煮时不要放任何调料。

4. 胡椒蛋

选取白胡椒 10 粒，新鲜鸡蛋 1 ~ 2 个，先将鸡蛋的一端磕一小口，然后将白胡椒装入鸡蛋内，用面粉封口，外用湿纸包裹，放入蒸笼内蒸煮，服用时剥掉蛋壳，将鸡蛋胡椒一起吃下。成人每天服用 2 个，小儿 1 个。10 天为一疗程，即可缓解肾炎。

5. 牛蹄汤

取牛蹄角质部分，除去泥土，用利刀切成薄片，加适量的水煎，煎至剩余少部分时，去渣温服。每 2 天 1 次，晚饭后服用，一般服用半个月可缓解肾炎。

6. 红小豆粥

取红小豆 50 克、糯米 50 克，先将红小豆浸泡 3 个小时，然后与糯米煮粥食用。适用于水肿的慢性肾炎者。

7. 玉米绿豆粥

用大白菜与玉米、绿豆一起熬粥，

煮熟后放入适量食盐，一日2次，每次不限量。也可每天吃50克生蚕豆。坚持数周，可以缓解慢性肾炎。

8. 蚕豆＋红糖

选用300克带皮的蚕豆和400克红糖放在砂锅中，加适量水，用文火煮烂，可随意食用。可缓解肾炎水肿。

9. 红小豆冬瓜汤

取红小豆100克、冬瓜500克，加适量水煮汤服用即可。适用于肾炎引起的浮肿。

10. 核桃仁＋蛇蜕

核桃仁、完整蛇蜕、黄酒等适量。先将一个整核桃敲成两半，取其一半把仁去掉将蛇蜕放入，然后再将有核桃仁的那一半与有蛇蜕的一半合在一起包紧，裹上黄泥，再用火烧泥包的核桃，等泥烧热后使桃仁变黑即可。然后取壳内核桃仁研成细末。早晨空腹，用黄酒100克送下，连服3次为一疗程，可缓解肾炎浮肿，观察疗效，再服第二疗程。

11. 黑豆

用黑豆缓解肾虚的四个方法。

方法1：将黑豆30克，用文火炒熟，配以天花粉50克，两者混合一起研成粉末，制成小丸，以黑豆汤送服最佳。1次1剂，日服2次即可。

方法2：将黑豆衣10克、浮小麦10克，放入锅内煎熟。每晚饭后服用1次。

方法3：把黑豆150克、桂圆肉15克、大枣30克、白米适量，共煮粥食用。早中晚皆宜。

方法4：取黑豆100克、杜仲15克、鲫鱼300克，先将黑豆、杜仲加水适量，炖至黑豆煮透，取出杜仲，再加入鲫鱼炖熟，加入适量作料调味后服食即可。

12. 用猪腰煮粥

选取一对去脂膜的猪腰、糯米50克、豆豉10克。先煎豆豉取汁，把汁入肾后与米煮粥，熟后适量加些调料即成。空腹服食。可缓解肾阴虚损、腰膝疼痛等。

13. 按摩小指穴

用大拇指和食指分别按摩双手小指的第一关节（即两肾穴），每天揉2次，每次坚持10分钟。适用于肾虚引起的头晕、眼花、健忘、耳鸣等症。

14. 鸡

选购5只刚会啼叫的童子鸡，按常规将鸡宰杀洗净切成鸡块，放油锅内略炒。再往锅内加入500克米醋在火上炖，以鸡肉炖烂而不剩醋为宜。炖烂的鸡肉可当菜食用，也可放入适量红砂糖调味。每只鸡一日分3次吃完，不要中断，连吃5只小公鸡为一个疗程。适用于不明原因的男性肾虚型腰痛症。

15. 泥鳅

将数条泥鳅吐泥后去脏洗净，配以10克人参共煮。熟后加红糖少量，连汤带肉全吃可补肾。

16. 用附片煮羊肉汤

将附片30克，羊肉2千克，葱、生姜各50克，胡椒、食盐各适量。先将附片用纱布装好扎口；把羊肉用清水洗净后放入开水锅内，煮至红色；将羊肉捞出，剔去骨，切成小方块放入清水中，浸漂去异物。再将砂锅内加入清水，置于火上，下入羊肉、生姜、胡椒，把附片药包放入汤内。先用大火加热至沸30分钟后，再用文火炖至羊肉熟烂（2～3小时），即可将炖熟的附片捞出，分盛在碗内，再装入羊肉，掺入原汤即成。适用于气血两亏、四肢麻木、体弱面黄等症。此方具有温肾壮阳、补中益气的功效。

17. 芹菜

将芹菜1.5千克，去掉根及老叶，洗净切碎后加适量食用油和盐，炒熟后分2次食用，2～3天后便可缓解尿频。芹菜对缓解妇女虚寒性尿频有较好的功效。

18. 白果

若因受惊或遇事紧张而导致尿频的患者，可选用8个白果，加入适量的食盐煮汤，最好在事先饮服，并少喝茶水，可缓解尿频。

19. 枸杞＋红枣＋葡萄干

选用枸杞、葡萄干各10克，红枣5克，杏干、桂圆、核桃仁各2个，用热水泡开饮用。常年坚持即可缓解尿频。此方中老年妇女饮用更佳。适用于尿频、脚浮肿等症状。

20. 做双手拍腰操

每天不定时用双掌有节奏地拍打后腰部，左右各拍打150～200下。常年坚持，可缓解老年人夜间尿频。

21. 感冒通

当患有尿频症时，可服用一片感冒通药片，晚上睡觉前服用，可缓解尿频，对失眠也有帮助。

22. 用葱盐敷脐

将100克带须葱、15克食盐，捣烂后炒热，敷于脐中，能通小便。

23. 绿豆

当小便不畅通时，可选用适量的绿豆皮煎汤饮用。若尿道灼痛，可用500克绿豆芽，将其挤汁后，配以适量白糖饮服，即可利尿止痛。

24. 洋葱

洋葱内的槲皮苦素可产生明显的利尿作用，经常食用洋葱可缓解肾炎水肿等疾病。

25. 土豆

选取新鲜土豆若干，切块后榨汁，取土豆汁煮沸饮用，每次饮服半杯即可有效。适用于排尿困难、便秘。

26. 盐水

每晚取适量食盐，放入小茶杯内，温水冲服，每天1次，坚持饮用1个月即可见效。适用于前列腺增生、尿频尿急、尿不畅通等症状。

27. 鲇鱼

将一条约500克的鲶鱼，用清水洗净后，去掉内脏，放50克香菜于鱼腹中，加入些许香油，炖熟，连吃数日，可缓解水肿及小便不利。

28. 大蒜

选取新鲜大蒜1～2瓣，将其去皮切开后，把挤出的汁滴在尿道口，10～30分钟后，术后排尿困难即可解除，若1次无效，可再重复1次。注意：若黏膜稍感不适属正常现象，片刻后即可消失。

29. 花生衣

选取半茶杯炒熟后的花生仁外的红衣，将其研成细末，用开水冲服，可缓解血尿。注意：血尿患者忌辛辣食物。

30. 茄子＋黄酒

选用隔年茄子叶若干，将其烘干研末，然后用温热的黄酒或淡盐水送服，每次服用10克，可缓解血尿。

31. 苦杏仁

选苦杏仁100克，洗净、砸碎，放适量清水煮开后倒入不锈钢盆内趁热熏患处，等水温后用纱布清洗患处。留下原水苦杏仁，可第 2 天加热再用，连续坚持 1 周后，即可倒掉，此方法有利于缓解尿道炎。

32. 玉米

秋季时节，选取鲜玉米根及嫩叶各 60 克，加水煎服，可缓解尿路结石。或者取金钱草与玉米须各 30 克用水煎服，也有同样疗效。

33. 丝瓜水

取新鲜嫩丝瓜 50 克，切片后煮水，待丝瓜煮熟后加适量白糖，然后将丝瓜和水一同吃下，连续服用 10 天，泌尿感染病症就可减轻，直至消失。如果症状较重，可多服几日。注意：用丝瓜煮水时不可用铁锅，宜用砂锅。

34. 葱白

取 7～8 只带根须的葱白，洗净后捣碎，拌上硫黄粉至糊状，涂抹在布上，晚上睡时敷于肚脐处。第二天早晨取掉，晚上另换新的。10 天左右就可缓解遗尿症。葱白量应根据葱的大小增减。

35. 红糖 + 白酒

每晚临睡前，用白酒 10～20 克，加入等量的红糖，然后搅拌均匀后饮服，连续 10 天左右，可缓解遗尿。

36. 蜂蜜

每天晚上睡前，给小孩服 1 汤匙蜂蜜，坚持连续服用数月后，可缓解小儿遗尿。

37. 小米汤

每天早起盛碗小米汤，将其冷却后去除上层的薄膜，加入适量的白糖或盐服食，坚持 1 个月，可缓解小儿遗尿症。

38. 鹌鹑蛋

选用鹌鹑蛋若干，煮熟后每天早晨空腹吃一个即可，坚持食用 2 周可缓解小儿遗尿。煮蒸鹌鹑蛋时一次可多做几个，每天吃之前也可用剩余的开水将鹌鹑蛋泡热，效果更好。

39. 做提肛运动

每天早晚在室外，用鼻子深深吸进一口气，然后气存丹田，意守丹田至裆下会阴部，全身放松，将气从口中慢出，这时做数十次提裆运动。如此反复，练 15～30 分钟，早晚各 1 次即可缓解前列腺疾病。一般患者坚持半年病情会有很大好转。

40. 南瓜子

大部分患有前列腺肥大症的病人，时有排尿困难、尿频等症状出现，尤其是晚间，排尿次数多。每天适量选取一些南瓜子吃，坚持一段时间即可见效。

（十一） 高血压、糖尿病

1. 玫瑰 + 山楂

将 10～30 克玫瑰花放入砂锅或不锈钢锅内，加入适量纯净水或矿泉水（可多加些），放在火上煮，待煮沸后，再用文火煎 3～5 分钟，然后将其倒入搪瓷锅中，加入适量蜂蜜和白糖，均匀搅拌做成玫瑰汁待用；再用清水将山楂洗净后放入砂锅或不锈钢锅内煮温（不要煮开），用干净的手将核儿一个个捏挤出去，待将核全部捏挤完后，将其全部放进上述已做好的玫瑰汁中，待凉后放入冰箱中冰 2～3 天，待玫瑰汁全稠后，取出来食用。对降低血压、血脂有作用。

2. 玫瑰 + 红果

取 10～30 克玫瑰花、250 克左右的鲜红果、白糖及蜂蜜适量。先将玫瑰花和红果放入砂锅或不锈钢锅内，倒入适量矿泉水，煮沸后再用小火煎 3～5

分钟，然后把白糖和蜂蜜放入，搅拌均匀即可食用。每天 3 次，1 周 1 个疗程，有利于降血压。

3. 用葡萄汁送服降压药

每天服用降压药的时候，若用葡萄汁来代替白开水送服降压药，能使血压降得非常平稳。

4. 香蕉 + 小枣

将 1 根带皮的香蕉、8 个小枣，一同放进锅内，加 2 杯凉水，文火煮 5 ~ 10 分钟，稍凉后服用。每天 2 次，饭前服用，一般连服 3 个月，即可缓解高血压。注意：服用时不能喝酒和吃油腻食品。

5. 黄瓜

选取嫩黄瓜 3 根，用少许盐水洗净，再用清水冲洗后，在早、午、晚饭后 1 ~ 2 小时内各吃 1 根，可降血压。

6. 洋葱

每天坚持吃适量洋葱，有降血脂、预防血栓形成的功效，也能使高血压下降；而且还可减少胆固醇在血管壁上的积累。若用葱煮豆腐，食用后可协同降低血压。

7. 豆腐 + 芹菜

日常生活中常吃豆腐能降低人体的胆固醇。常用豆腐煮芹菜叶吃，可辅助降低血压。

8. 芹菜 + 鹅蛋

用 1 根新鲜的芹菜、1 个鹅蛋，加适量清水，将两者煮沸，放 1000 毫升水煮，先喝汤，后吃菜蛋，分两次吃完。每两天煮 1 次即可缓解高血压。

9. 芦荟

每天取芦荟叶适量，用清水洗净并剪掉两边飞刺，早上、中午、晚饭后嚼碎用凉开水送下即可降血压。坚持食用 20 天后，每次剂量再增加 1 倍，同时逐渐减少服用治疗高血压药物的药量，切忌快速减药。

注意：芦荟含有蛋白质、氨基酸、多糖类、多种维生素、微量元素等多种营养物质和芦荟素、芦荟大黄素等成分，是一种上等的营养食品，但一次服用不宜超过 9 克，否则可能中毒。

10. 用黄芪煮水

选用若干黄芪，每天早晨用 2 ~ 3 匙黄芪加水煮 30 分钟，先大火，后改小火。煮好后，早晨空腹喝一杯，可常饮，即可起到降压的效果。

11. 草决明

取适量草决明，除去杂质用微火炒热，若听到微微爆响，可勤翻动，炒至嫩黄色为好。使用时，取 20 克放于茶杯内，用白开水冲泡 20 分钟，其水由淡黄色会逐渐变深，长期代茶饮，可对高血压、高血脂、慢性便秘等有疗效。适用于健胃利尿、清肝明目、润肠、增强视力等。

12. 海带汤

将水发海带 30 克、草决明 10 克放入清水 1000 毫升中，煎至一半时，去渣，分 2 次喝汤。适用于清肝、明目、化痰、降血压。海带可以预防体内动脉壁沉积，经常食用海带炖豆腐，也有同样疗效。

13. 玉米须

将玉米须 45 克、黄芪 30 克、白术 15 克与猪胰一具炖后，一天内服完，可缓解高血压。

14. 糖蒜

每天清晨起床后空腹吃糖醋蒜

1～2瓣，并喝些糖醋，坚持服用2个星期可降低血压。

15. 醋

患高血压和血管硬化的人，每天坚持喝适量的醋，可减少血液流通的阻塞，降血压。若喝醋减肥，平均每星期可减体重300～600克不等。

16. 醋蒜

选取若干鲜蒜，放到清水中浸泡2天，最好隔天换1次水，将辣味去掉，2天后放进玻璃瓶用醋浸泡，加少许盐，封严口即可。一个月后可食用，即可对糖尿病、高血压、高血脂、肥胖病患者有一定的辅助疗效。

17. 花生＋核桃

将适量生花生、生黄豆、核桃仁一起放进玻璃瓶内，用醋浸泡，封上口，7天后食用，可具有减肥和降血脂、血压、血糖的作用。

18. 花生壳

将吃花生剩下的花生壳用清水洗净后放入茶杯中，在杯中倒满开水，饮用。此法既能有效地降低血压，又能调整血中胆固醇的含量，对血脂不正常及高血压患者有一定疗效。

19. 鲜藕＋绿豆

将鲜藕100克、绿豆适量，一同放入锅内用水煮，熟后即可食用。适用于高血压患者。

20. 白菊花茶

取完整的干白菊花15朵，泡于玻璃瓶中，放适量白糖泡水饮用即可；也可取适量白菊花与金银花一同放到玻璃杯中，用热水泡开饮用。以上两种方法均可达到降压的目的。适用于解热毒、止眩晕、降血压、失眠等。

21. 自制药枕

用适量废茶叶渣，将其晒干后装入小布袋中，作枕头垫，长期垫靠，能起到平肝降压作用，对偏头痛等症也有辅助疗效。

22. 用小苏打洗脚

将水烧开后，放入适量小苏打，待水温后用来泡脚，每次泡25分钟左右（在水将变凉的时候再加些热苏打水），连续洗3次后，能缓解高血压。

23. 用芥末水洗脚

将250克芥末面分成3份，每次取一份放在洗脚盆里，用半盆水搅匀煮开。每天用此水泡脚，早晚各1次，5天后血压可有所下降，若配合吃药物，效果更好。若没有芥末，每次用2～3勺小苏打替代也可。

24. 搓脚心

每天早晚，先将双手搓热，用左手搓右脚、右手搓左脚各300次，直至搓得足心发热可有效缓解高血压。晚上最好在用热水洗脚后，擦干脚再搓。注意：秋冬季要特别注意足部的保暖。

25. 刮痧

每晚睡觉前用40℃以上的温水泡脚，在泡的过程中，使水温始终保持所能耐受的较高温度。泡脚要坚持30分钟以上，泡脚后，用刮痧工具刮双脚涌泉穴300下左右，刮头部百会穴300次左右。常年每天坚持，降压效果显著。

26. 鸡蛋

每天食用2个鸡蛋即可达到缓解低血压的效果。吃法可采用蒸、煮、煎的任何方式。连续吃3天血压就会升到70～110毫米汞柱。

27. 常吃海带

用温水将适量海带洗净，再用凉水发泡，等黏液泡掉后，用开水过一遍，即可捞起来放点蒜末、米醋、麻油等食用。常吃可降血糖。

28. 绿豆

选取一把绿豆，将其洗净，用大火烧开，再改用微火煮烂至开花、汁成绿色。喝汤吃豆，可降血糖而且无副作用。长期食用即可。

29. 绿豆 + 荞麦

在锅中放入适量绿豆或豌豆等豆类，在煮至八成熟的时候，再加入250克荞麦面或玉米面，用一杯生水和好后，做成30个左右的大窝头，蒸20分钟左右。每天食5次（食4～5个），长期服用，能有效控制血糖。

30. 苦瓜 + 红萝卜丝

夏季，取适量苦瓜和红萝卜，将两者洗净切成丝拌凉菜吃，每2天食用1次，食用15次左右血糖可降。

31. 玉米须

选取100克玉米须、50克炒绿豆，用水煎，然后倒入茶杯中，每天1剂，早晚各1次，一个星期后，尿糖量将减少。

32. 柿叶

在深秋柿子树叶掉落时，可捡若干，用清水洗净后，切成细丝，晒干贮存。在用的时候每次抓20～100克，用热水泡茶喝，长期饮用，可缓解糖尿病。

33. 山药

用长山药加水煮成粥，早、晚各服一碗。秋冬季可买鲜者煮食；或去中药店买干片，研粉，开水冲成糊状，上火煮沸，趁热饮服即可缓解糖尿病。

34. 猪胰

选取新鲜猪胰1条，洗净后放入开水中烫至半熟，用酱油等调料拌食，每日1次。适用于糖尿病者。

35. 猪脊汤

挑选猪脊骨若干、红枣150克、莲子(须去心)90克、木香5克、甘草10克，先把猪脊骨洗净剁碎，把木香、甘草用布包扎，同放锅中，加入适量水，用小火炖煮4个小时服食即可。以喝汤为主，可食红枣及莲子。适用于糖尿病有"三多"症状者。

36. 兔肉 + 羊肺

选取新鲜兔肉100克、羊肺50克，加适量水入砂锅内煮沸，喝汤食肉，每日1～2次。适用于糖尿病者。

37. 鱼胆

选购新鲜鲤鱼一条，剖肚取出苦胆后用水洗净，浸泡在花茶或绿茶水中，以便去掉腥味和消毒。待茶水稍凉，用茶水吞下苦胆。每天饭后吞吃1个苦胆，连吞食6天，糖尿病者适用。

38. 鲫鱼 + 绿茶

选用500克左右鲫鱼一条，绿茶适量。将鱼去鳃、肠、内脏异物等，留鱼鳞，在腹内装满绿茶，放盘中，上锅蒸35～40分钟即可，不加调料淡食为佳。适用于各种糖尿病患者。

39. 蒸公鸡肠

用一副公鸡肠浸入冷水中洗净，将10克泽泻捣成细粉，用细竹筒分段吹入鸡肠内，蒸熟后食用。若一次吃不完，可下次再吃。有利于缓解糖尿病。

40. 桂皮

桂皮能够重新激活脂肪细胞对胰

岛素的反应能力，大大加快葡萄糖的新陈代谢。每天在饮料或流质食物里添加 2 ～ 5 克桂皮，可对 Ⅱ 型糖尿病起到预防的作用。

41. 黑豆＋黄豆

选取 7 粒黑豆、7 粒黄豆、7 粒花生米、7 个枣、1 个核桃（将其全部用清水洗净后放入温水浸泡，待用）、2 个鸡蛋。如蒸鸡蛋羹一样将鸡蛋打碎后，加入以上各种待用配料，均匀搅拌，不放油盐蒸 20 分钟左右，早上吃一顿。连续吃 2 个月，能降低血糖、尿糖。

注意：

（1）服用时间不要太长，以血糖下降、感觉全身有力为止，不然，血糖反而会升高。

（2）在服用的过程中，不能再吃蛋白质含量高的食物，尤其是动物蛋白质。

（3）注意防便秘。

42. 五味子＋核桃

每天早上，在杯中放入 2 汤匙五味子、半个核桃，用开水冲一大杯，当茶饮用（其味酸，微带点甜味），凉热均可饮用。连续服用 3 个月，可降低血糖。

43. 煮粥

（1）取小麦 60 克、糯米 60 克，按此比例加入适量清水煮小麦粥。早晚各 1 次，可用于糖尿病烦渴、肢寒者。

（2）取糯米 40 克、黍米 40 克，按此比例加入适量清水煮黍米粥。早晚各 1 次，可用于老年人糖尿病、肢寒者。

44. 枸杞粥

用 30 克枸杞，50 克糯米。按常用方法煮成粥，至粥将熟时，放入枸杞煮沸即可；也可先煮枸杞取汁去渣，与米同煮粥，早晚各服用 1 次，也可随意服

用。可滋补肝、脾、肾三脏，适用于糖尿病、眼病或肾病患者。

45. 绞股蓝茶

取绞股蓝 5 ～ 10 克，每天早晚各用开水泡服。长期饮用可缓解糖尿病。

46. 捏指

按捏左手拇指的两个关节，每次捏 3 分钟左右，每天一到两次。长期捏能缓解糖尿病。注意：在手指受伤或发热的时候，要暂时停止操作。

47. 散步

每天三餐饭前饭后各散步 1 次，能消耗血液中部分葡萄糖，缓解糖尿病。

48. 芦荟

取芦荟叶 5 克加水煎服 2 ～ 3 次，可调理内分泌、排除身体内毒素、促进新陈代谢。

用鲜芦荟叶汁按摩糖尿病患者麻木、疼痛部位能明显缓解并发症状。用芦荟内服外抹可缓解病情，常用芦荟鲜叶结合锻炼有良好防治效果。

注意：切记芦荟叶一次服用不要超过 9 克，否则可能中毒。

（十二） 心脑血管病

1. 蜂蜜

心脏局部缺血症、冠状动脉硬化和心血管疾病的患者，应坚持每天 3 次服用蜂蜜，每次 2 ～ 3 汤匙，长期坚持，可有疗效。

2. 温开水

当感觉胸闷、心悸或心律不齐时，可喝几口温开水，并有意识地往食道中加压，可使病情迅速缓解。

3. 茶叶＋鲫鱼

取 200 克左右的鲫鱼一条，不要刮

鱼鳞，洗净去内脏，然后将10克绿茶塞进鱼腹，用线捆好，加水600毫升，用文火熬至400毫升时，可取出鱼中茶渣，饮汤食肉。每5天服1次即可缓解心衰。

茶叶中的咖啡因与茶碱可抑制心肌细胞中的磷酸二酯酶，同时可使细胞内的环磷酸腺苷浓度增强；鲫鱼则含有丰富的蛋白质。以上物质均可影响血管的功能，降低血液黏稠度，促进血液循环。

4．猪心＋红枣

用1只猪心，加20克红枣，隔水蒸熟后，分3天用完，连服3剂，对心悸胸闷有疗效。

5．山楂

每晚睡觉前吃6～10个生山楂，长期服用，可预防心血管疾病。

6．鸭肉＋海带

选取300克鸭肉与100克海带同煮食，能软化血管、降低血压，对动脉硬化、高血压、心脏病也有一定的辅助疗效。

7．菊花茶

每天取10～20克干菊花，加水煮或用开水冲泡均可，可疏风清热、明目解毒。适用于高血压、冠心病等。

8．猪血

由于猪血中含有大量的微量元素铬，因此，日常多饮用猪血即可防治动脉硬化，对冠心病患者也有辅助疗效。

9．拍打穴位

先两脚平行站立，与肩同宽，排除杂念，轻松呼吸3分钟。然后拍打两眉间的印堂穴，自上而下依次拍打后颈部、上下嘴唇、下颌两侧、两肩、两肘、十指、胸背、腰骶、脚趾。吸

气时，可默念"静"字，呼气时意守涌泉穴。全部操作完成后，搓热双手，以手浴面，缓缓睁眼，舌离上腭，长期坚持此项运动，可缓解冠心病。

10．喷酒按摩

以下方法可缓解心绞痛。

口含适量白酒，在患者头部连续猛喷，并轻轻用十指头抓痧和交替敲打持续5分钟。

用手指按摩太阳穴和风池穴5分钟。

在患者前胸后背喷酒，并用双手掌由上而下缓慢搓揉，由内向外旋摩10分钟。

在胃脘部位喷酒，轻轻旋摩3分钟后，揿其内关、合谷两穴2分钟。

11．鲤鱼

将250克左右的鲤鱼内脏及鳞去掉，加1头紫皮大蒜、1段葱白、60克赤小豆，入锅，加水，用文火炖熟，喝汤吃鱼（勿放盐）。每天1次，一周为1个疗程，吃6个疗程可缓解高脂血压。

12．山楂荷叶茶

每次取5克山楂、4克荷叶，将山楂与荷叶混匀用热开水冲泡15分钟，当茶饮。山楂有降血脂、调整心血管功能之功效；荷叶则有芳香醒脾、清热解暑的功效，长期饮用即可扩张血管，有利于降血脂。

13．洋葱

每天取1～2个小洋葱佐餐。连续服用50天，可降低血脂。

14．玉米面粥

用100克玉米面、75克粳米，先将粳米洗净放入开水锅中熬煮至八成熟时，再将用凉水调和的玉米面放入锅中熬制成熟即可。每天3餐均可温热食用。

玉米粉性味甘平，含有较多的不饱和脂肪，对冠心病、动脉硬化、降低高血脂有食疗作用。

15. 马齿苋

选取适量马齿苋，在开水中煎煮 2 分钟，捞出拌成凉菜，每天 2 次，每次 1 剂，每剂 200 克。常年坚持食用，可降低血脂。

16. 空腹食苦瓜

苦瓜发黄成熟的季节，可选取适量，于每天早上空腹吃 1 个，连皮带瓤，坚持吃 20 天以上，可降低血脂。

17. 踩鹅卵石

大脑供血不足的患者，可每天早晚在铺有鹅卵石的街道上漫步 1000 ～ 1500 米；长期坚持，即可缓解大脑供血不足。注意：运动前应穿轻便软底鞋，要做好腿、脚、腰部的准备活动。

18. 洋葱

选用新鲜的洋葱若干，每天取 50 ～ 100 克，采用爆炒、凉拌均可，坚持食用 3 个月，可缓解脑血管硬化头痛症。

19. 山楂 + 玉米

取山楂 60 克、玉米糁 120 克。将山楂洗净、去核、切片。先将水烧开后撒入玉米糁，煮至八成熟时，再加入山楂片，煮至粥熟即可。每天 2 次，连服 10 ～ 15 天可缓解心脑血管病。

20. 麝香

先取白胡椒 10 克磨成粉，再将 100 克香油用勺熬开，将白胡椒粉放入油中，炸成微黄色；然后将麝香放入容器内，用炸成微黄色的白胡椒粉连同香油浇在麝香上，用此药敷于患处即可缓解脉管炎。

21. 田七 + 瘦肉

取田七 30 克、猪瘦肉 150 克。先将田七用温水清洗，入锅蒸 15 分钟，取出切片，与猪肉一同放入锅内，加清水适量，蒸 40 分钟左右，汤肉全部吃完，每天早晚各 1 次，坚持食用，可缓解动脉硬化。

22. 海参 + 冰糖

选取海参 20 ～ 30 克，冰糖适量。先将海参用清水泡发洗净，后入锅中，加适量水烧沸，再用文火炖烂，加入冰糖调服，每天 1 次。可用于肾阴虚所致的头晕、腰酸、咽干、心烦、动脉硬化、高血压等。

（十三） 肛肠痔疮病

1. 香菜汤

选用一把香菜，洗净入锅后加适量的水煮沸，用其水熏洗肛门；然后再按一定的比例，用醋煮香菜籽，等煮沸后，取棉布浸湿后趁热覆盖患处，7 天后可缓解痔疮。

2. 大萝卜

将适量大白萝切成厚片，用水煮烂后将萝卜捞出，趁热熏洗患处，一次萝卜水可用 3 ～ 5 天，用前加热即可。5 天为一个疗程，用 3 个疗程即可缓解痔疮。

3. 高粱壳

选用高粱壳 100 克，加适量的水，将其熬成汤药状，一天之内分 2 ～ 3 次服下，一般 3 ～ 4 天可缓解痔疮。

4. 枸杞根枝

选取适量干净的枸杞根，将其折断成小节，放入砂锅煮 20 分钟即可。先熏患处，待水温合适时泡洗患处 5 ～ 10 分钟。用过的水可下次加热再用。连续 10 ～ 15 天，即可缓解痔疮。

5. 无花果叶

取用适量的鲜无花果叶，用水熬汤 30 分钟，倒入盆内熏洗，一般洗 2～3 次可痊愈。注意：若用无花果的茎或果熬汤缓解痔疮效果会更好。

6. 大葱 + 牛奶

取 100 克鲜葱白，将其捣碎后放入 150 克鲜牛奶中，调拌均匀后，取适量敷在患处可缓解痔疮。

7. 黑芝麻

选用 50 克黑芝麻，捣烂后，配以 60 克蜂蜜调成膏状服用，每次 10 克左右，3 天内服完即可缓解痔疮。

8. 茄子灰

取少量茄子，将其烧灰并研成细末，每天 3 次，每次 1～2 克，用温开水送服即可缓解痔疮。适用于内痔出血、直肠溃疡出血等。

9. 盐水 + 花椒

取几十粒花椒、20 克食盐，加水煮沸，倒入洁净的盆里，然后用其熏洗患部，每天 1 次，每次 10～15 分钟左右，也可每天早、晚各 1 次可缓解痔疮。适用于消肿化脓、止血栓痛等。注意：不宜用于手术治疗的患者。

10. 鸡蛋黄

选取 2～3 个红皮鸡蛋，煮熟后将蛋清吃掉，将剩下的蛋黄掰碎后放在干锅里煎烤，直至蛋黄全部化为黑油，然后装入干净小玻璃瓶内备用。当痔疮犯时，可用棉签蘸黑油涂抹肛门 2～3 次，用完即可缓解痔疮。

11. 牙膏

用温热水洗干净肛门，取适量的药物牙膏，将其均匀地涂抹于患处即可，涂用后可见其痔疮症状明显好转，一般 5～8 次即可见效。

12. 韭菜

取适量韭菜，加水煮沸后，每晚用其汁液擦洗患处，长期坚持，可缓解痔疮。

13. 按足后跟

每天轮流用左右手的食指关节用力按压左右脚后跟的反射区，每次坚持 3～5 分钟，反复按压左右脚各 1 次，每天 1～2 次，2～3 天即可缓解外痔。

14. 空腹吃香蕉

每天清晨起床后可空腹吃 2～3 个香蕉，即可防治大便干结和缓解痔疮出血。

15. 烧大蒜

选取适量的大蒜，将其埋入炭灰烧软后，用棉纱布包好，塞入肛门间，每天换 2～3 次，1 周即可缓解肛裂。

16. 猪羊肠头

选用 1 根 10 厘米长的猪或羊带肛门部分的大肠头，放入锅内和椿根白皮一起加水煎汁，剩多半碗时即可，1 次 1 剂，一般 2～3 剂，即可缓解肛裂。

17. 土豆炖猪肉

选用 500 克猪肉，花椒、生姜、茴香、酱油、食盐各适量，一同放入锅中炖熟烂，再放土豆 200 克煮熟，可分几次服用。一般食用 3～5 次，即可缓解肛裂。

18. 芝麻酱拌菠菜

选用菠菜 500 克、芝麻酱 30 克，用盐、姜末、酱油、味精等适量，将其凉拌后食用，坚持食用 7～10 天，便可缓解肛裂。

19. 黄鳝生姜汤

选取黄鳝 2 条，将其切成几段后，加适量生姜片和少量盐一起煮汤，肉熟后饮汤食肉，每7天为1个疗程，治疗效果好。适用于气虚所致的脱肛。

20. 米粥

取用小米、大米各150克，加入适量水煮至半熟，再加入500克豆浆，搅拌均匀煮熟，可在每天早、晚各食用1次。一个星期后可缓解肛瘘。

21. 木耳粥

先将100克糯米和适量大红枣，一起放入锅内，加水煮开后，再取清水中浸泡洗净的黑木耳30克，加入锅内，煮沸后，选用适量冰糖调至粥稠，分早、晚各1碗。长期食用即可缓解直肠癌。

（十四）气管炎

1. 姜汁

选用适量鲜姜，将其切碎后放入洗衣盆内，把身上穿的背心浸入姜汁内，浸得越透越好。盆内不要放水，几天后完全浸透，阴干。在秋分前穿上背心，直至第二年春分时再脱掉，此方法可缓解气管炎。

注意：为了保持身体清洁，可浸两件替换穿。同时要配合注射气管炎疫苗，此疫苗医疗机构有售，每周注射一次即可；从9月发病的季节到第二年5月份均应注射疫苗。

2. 马兰头

选用若干马兰头及豆腐干，将马兰头拌豆腐干并少放调料。多食对气管炎有疗效。

3. 白茅根

选取若干新鲜的白茅根，晒干后煎汤饮用，每天适量饮服，半个月后即可缓解气管炎。适用于喉咙发痒、干咳无痰、痰中带血等症状。

4. 糖渍萝卜片

选取1个红萝卜，把它切成薄片，加入30～45克白糖，隔水蒸熟后连汤服食，可缓解气管炎。

5. 蜂蜜藕粉

选用蜂蜜、藕粉、梨汁水和姜汁水各300克，混合后搅拌均匀，上锅蒸熟即可，服用时取10～20克，用开水冲成糊状再饮为宜。每天早、晚各服一羹匙（约10克），每周为一疗程，一般3～4个疗程，患者可酌情而定，可有效缓解气管炎。注意：若伴有肺热咳嗽的患者则可加川贝粉1～2克，每晚睡前冲服，但属寒温咳嗽的患者不宜。

6. 蜂蜜 + 鸡蛋

冬季时节，从立冬开始每天早晚用蜂蜜一汤匙与鸡蛋一个，加入适量水蒸蜂蜜鸡蛋羹，坚持吃到立春，即可缓解气管炎。

7. 酸石榴 + 蜂蜜

用酸石榴500克，洗净去掉榴蒂，将石榴瓣碎连皮带籽一同放入锅，勾兑100克蜂蜜后加水没过石榴，用文火炖，不可煎煳。待水分蒸发干即可；然后将石榴盛入大口瓶中，每天服用数次，每次两小勺，可缓解气管炎。注意：若嫌酸涩可适当增添蜂蜜，年老体弱者慎服。

8. 香油

坚持每天早晚各喝一小勺香油，可使因气管炎、肺气肿等引起的咳嗽减轻。

注：香油是一种不饱和的脂肪酸，人体服用后易于分解，并可促进血管壁沉积物的消除，有利于胆固醇代谢。

9. 蒸食猪脑

选用 4 个猪脑，将其放到碗里上锅蒸 15 分钟，然后用筷子分别把每个猪脑夹成 4 块，倒入 100 克鲜蜂蜜再蒸 15 分钟即可服用，一次服完可缓解气管炎。

10. 蒸汽疗法

准备一间房，将门窗闭合，在屋内烧一大锅水，让水沸开一直冒热气，直至屋内墙壁上凝结水珠。持续 2 ~ 3 个小时即可。期间不要外出，坚持疗养 3 ~ 5 天就可缓解气管炎。注意：疗养时其他房间要留人，以便随时观察，预防意外。同时要谨防衣服、电器等物受潮损坏。

11. 荸荠

选用荸荠 60 克、甘露子 30 克、术耳 10 克，加适量冰糖，用水煎服。每天 2 次，7 天为一疗程。适用于肺结核咯血、气管病等。

12. 大蒜

日常生活中可用大蒜炒猪肉，每 3 天食用 1 次，成人尽量多食用，小儿酌量服食，可缓解支气管炎。

13. 洋葱

选取适量鲜洋葱，将洋葱切碎与面粉搅拌成糊状，涂敷在胸部，常用可缓解支气管炎。

14. 醋蛋

将 1 个鸡蛋泡入有 180 毫升米醋的容器中，封好口，7 天后待蛋壳发软，除去蛋皮，将蛋清、蛋黄与醋搅成糊状，分 5 天服食，每天 1 次，用冷开水送服，空腹服用即可。适用于支气管炎、冠心病、脑血栓。

15. 杏仁

取适量均等的炒杏仁、炒芝麻，捣烂压碎后，每次用开水冲服，1 次 3 克，每日 2 次即可缓解支气管炎。

选取新鲜的鸭梨，在中间挖一小洞，放入捣烂的 9 克杏仁，封好口后加水煮熟，食梨喝汤，每晚坚持食用 1 次即可缓解支气管炎。

将杏仁、桑白皮各 9 克，加水煎汤饮用，1 天 2 次用完。长期坚持可缓解支气管炎。

16. 甘草五味子

将甘草 15 克、五味子 30 克及茶叶 120 克，同放入锅内水煎后取汁，熬至膏状，每次 1 ~ 2 汤匙，每天 2 次，用开水冲服即可缓解支气管炎。

17. 麻油

在每天临睡前喝适量麻油，第二天早晨空腹再喝一次，当天咳嗽即可见轻，长期坚持，咳嗽会痊愈。适用于肺气肿、支气管炎等症。

18. 麻雀＋猪肺

选 2 只麻雀去皮、去内脏，再将 1 个新鲜猪肺洗净切碎，一同煮汤服食，每天 1 次，连续服用，可缓解支气管炎。

19. 大枣

将适量大红枣、桂圆肉、冰糖、山楂同煮成糊状，一次可多煮些，放在冰箱冷藏室保存。每天吃 2 饭勺，每年从冬至开始，坚持服用 90 天可缓解慢性气管炎。

20. 生姜＋红糖

将生姜 30 克洗净后切丝，与桔梗、红糖各 20 克搅拌均匀，置于暖瓶内，倒入开水，加盖一小时后当茶饮用，饮后出微汗为佳。此法可适用于慢性气管炎患者。

21. 杏仁 + 冰糖

将生苦杏仁带皮研碎后与等量冰糖混合搅拌均匀，用水煎，每次服食 10 克左右，每天 2 次，10 天为一疗程，可缓解老年慢性支气管炎。

22. 生姜 + 芝麻

取用 50 克芝麻与 60 克姜一起捣烂，煎其汁饮服，可对慢性气管炎有疗效。

23. 猪心 + 杏仁

选新鲜猪心 5 个，苦杏仁 80 克，盐、桂皮、大料适量。先将猪心切成 1 厘米见方的小块，洗净，再将浸泡 2 天的苦杏仁剥去软皮，与盐、大料、桂皮同放入锅内炖熟后分成 5 份，每天 1 份，5 天后即可缓解慢性支气管炎。注意：苦杏仁有毒，不可多食，以防中毒。

（十五）哮喘病

1. 葡萄 + 蜂蜜

选用 500 克鲜葡萄和 500 克蜂蜜，共同装瓶泡 2 ～ 4 天后便可食用，每日 3 次，每次 5 ～ 7 匙，坚持服用，可缓解哮喘。

2. 葡萄 + 冰糖

将 600 克葡萄、20 克冰糖、500 克高度白酒，共同放入一个广口瓶内浸泡，并把瓶口封好，放在阴凉处存放 20 ～ 30 天后饮用。每天早上空腹和晚上睡觉前适量饮用即可缓解哮喘。

3. 黄瓜籽

取新鲜黄瓜籽、蜂蜜、猪板油、冰糖各 200 克，将黄瓜籽晒干去皮研成细末，与蜂蜜、猪板油、冰糖同放一起用锅蒸 60 分钟，捞出板油，余下的装在瓶罐放置 10 天后，即可每天早晚各服

一勺，温水冲服，缓解哮喘疗效显著。

4. 豆浆

每天将豆浆煮沸后，加少许食盐，早晨空腹饮用，坚持 3 个月，哮喘患者即可见效。

5. 浓豆浆

先把黄豆充分浸泡后，再用绞肉机绞碎，榨出豆汁，将其汁煮沸后放入适量味精和盐调味，当茶饮用，长期坚持，可缓解哮喘。

6. 烤白果

将白果放在做饭烧柴草未燃尽的灰内，烘干烤熟后，即可开壳吃果仁。服用时，每日吃一次，每次 4 ～ 5 粒，不要一次过多食用；12 天为一个疗程。吃完一个疗程，要停 3 ～ 4 天再吃第二个疗程为宜，可缓解咳喘。

7. 干核桃仁

选用若干核桃仁，用文火烘干研成碎末，再用温开水送服，即可缓解哮喘。

8. 白糖 + 大蒜

用 1 头去皮的大蒜，加适量白糖，捣烂成泥后用温开水冲服，每天 1 次，服用 3 天可对哮喘有缓解作用。注意：要多卧床休息，忌刺激性食物。

9. 蜂蜜泡大蒜

选用新鲜的嫩蒜 100 头左右，用清水洗净（不用剥皮）；然后将其浸泡于适量蜂蜜中，再把容器封好后保存 6 个月。待秋冬时节即可打开食用，每天吃一头，缓解哮喘效果明显。

10. 芝麻 + 冰糖 + 生姜

先把 150 克左右的冰糖捣碎后与 120 克蜂蜜一起入锅蒸熟；然后再把 120 克生姜捣烂去渣取汁；最后将冰糖、

蜂蜜和生姜汁与300克煎炒的黑芝麻调匀即可食用，每次1～3汤匙，每天2次，长期服用，可缓解老年哮喘。

11. 核桃＋黑芝麻

将250克核桃仁、100克黑芝麻上锅微炒，尽量不要炒煳，然后将其捣碎备用；取适量蜂蜜和水，放入锅内煮沸，趁热倒入捣碎的核桃仁和黑芝麻中，用筷子搅拌均匀后置入碗内，再放在笼屉上蒸20分钟即可食用。早饭前、晚上睡前吃两匙，按量服完为一个疗程，病重者可连续服用，无副作用。适用于咳嗽、哮喘、肺病及气短。患者不必忌口，有烟酒嗜好的患者饮用效果更佳。以上配料一定要用当年产鲜货。

12. 用白胡椒粉敷贴

将白胡椒粉约1克，放在伤湿止痛膏上，敷贴在第一胸椎的上陷中（大椎穴的位置），3天换一次。此方对遇寒冷哮喘的病人有效。对哮喘较久的病人，可选用莱菔子、苏子、白芥子各15克，用水煎服。每日一次，睡前服用。

13. 按摩

让身体平躺在床上，将右手放在脖子下边，大拇指按在脖子下边的坑里，左手挨着排在右手下边稍偏左点，接近肺心部位，少用些力轻轻上下揉动各一次，每晚坚持2～3分钟即可缓解哮喘。注意：若憋得喘不过气时，可随时减轻按摩。

14. 仙人掌

取适量仙人掌，去刺及皮后，上锅蒸熟，加少许白糖后服用即可。此法对缓解哮喘病甚佳。

（十六）　出血肿痛

1. 生姜

取适量生姜，将其捣烂后敷在伤口上，即可迅速止住外伤出血，同时也能加速伤口的愈合。

2. 烟丝

若发生皮肤创伤而引起出血，可将适量香烟丝敷于出血的伤口处应急，可立即止血消痛。

3. 白茅根

若发生小伤口出血时，可取适量的白茅根，将其烤干后研成细末，然后外敷于伤口，即可止血。

4. 丝瓜叶

将丝瓜鲜叶晒干后研成细末，敷于患处，可治外伤出血。

5. 西瓜叶

取适量的西瓜叶，将其晒干后，研成末状，涂于伤口，包扎后即可停止出血。

6. 冰块

当皮肤表面发生出血现象时，可用适量冰块敷于伤口处，即可使血管收缩，减少出血。

7. 用手指按压

若出现小伤口少量出血时，可用消毒纱布垫在伤口上，并且用手指按压出血点上的血管，即可制止出血。

8. 葱白＋红糖

将适量葱白与红糖放在一起捣烂成泥后，敷在创伤的部位，即可止血。

9. 明矾

取适量的明矾放入容器内加热，让水分蒸发后形成海绵状的疏松白物后，将其涂在患处，即可止血消炎。

10. 药物牙膏

当皮肤发生创伤后，可立即用药物牙膏临时消炎止血，即可达到实用功效。

11. 紫药水

医用紫药水杀菌力很强，无毒无异味，可用于口腔溃疡、皮肤浅表的外伤等。

注意：若将适量紫药水涂于化脓伤口，会阻止伤口愈合，阻塞脓液外流，从而加重感染。紫药水不可用于较深的伤口、面部等，因为伤口愈合后，会留下紫色痕迹，影响美观。

12. 茶叶

茶叶中含有大量草氨酸和能凝固细菌的蛋白质，且能防止伤口化脓，促使肌肉收缩。因此，可以取适量茶叶，将其用火烤至变焦后，研成细末；然后用其热敷于伤口上，便能止住少量出血，有利于伤口愈合。

13. 鱼肝油

先用双氧水对伤口消毒、清创后，再敷上适量鱼肝油，然后用消毒纱布包扎数日后即可促伤口愈合。

14. 黄豆

选用适量的黄豆，加水煮至半熟后，剥去外皮，然后捣烂成泥，贴敷在溃疡处，用棉纱布扎紧，每天换1次，即可缓解外伤溃疡。

15. 白砂糖

若皮肤表面有肿块或被擦伤，可抹上适量白砂糖，即可消肿且不留疤痕。

16. 韭菜 + 石灰

取 240 克韭菜、60 克生石灰，将两者一同捣烂成泥，取其涂于患处，用绷带包扎好，每天换1次药，连敷 5～6 天，即可消肿。

17. 清凉油

因旅途劳顿而双足酸痛时，用适量清凉油涂擦双脚，便可消除脚部的酸痛和疲劳。

18. 高热引起的抽筋

用冷水将毛巾浸湿，敷在头部，并针刺合谷穴，或用指甲掐人中穴，同时配合服用退热片即可缓解高热引起的抽筋。

19. 按穴

当腿脚不小心抽筋时，可立即用食指和拇指捏住上嘴唇中央的穴位，捏 20～30 秒钟，这样可松弛肌肉，消除抽筋。

20. 红枣酒

选取 50 克红枣，将其浸泡在 500 克白酒中，用泡透的红枣擦抹扭伤处，反复多次，即可活血散淤。

21. 萝卜 + 石膏

选取 1 个白萝卜，将其洗干净捣烂，与 50 克石膏一起拌和均匀，取适量敷于扭伤处，疼痛便可消除，直至痊愈为止。

22. 手腕扭伤

当发生手腕扭伤时，可将手抬高，用木条托住，冷敷即可见效。若没有好转，应及时去医院治疗。

23. 敷疗

若不慎将腰扭伤，可先仰卧在床上，在腰下垫只枕头，先对患处进行冷敷，隔 2～3 天后再改用热敷。反复 2～3 次，即可痊愈。

24. 韭菜

将适量韭菜根茎切碎，与少许樟脑、酒精、松节油拌匀，外敷于患处，每天换 1 次，要连敷 3～5 天，便可缓解关节扭伤。

25. 按摩

首先在患者两侧的上背和肩部平推（以疼痛侧为主），再揉捏颈后部的肌肉群，从上至下，反复地揉捏。然后用一只手托住下巴，一只手按着头顶，慢慢地转动颈部，待肌肉放松后，颈部转至健康的一面，并向疼痛的一面旋转，然后用适当的力突然将头颈向疼痛的一面猛然回转，最后在颈后部的肌群周围再用力揉捏几次，便可使落枕症状缓解。

注意：此法老年人慎用。

26. 热敷

当发生落枕后，可取一个柔软的毛巾，用热水浸透后，直接敷于患处，每天多次，即可见效。

27. 使颌骨复位

先洗净双手，再用干净的纱布包扎双手的拇指，伸入口中，将下齿向下压，其余指将下颌骨体往上抬，然后猛然将下颌推向后方，同时拇指迅速离开，即可使颌骨复位，然后用三角巾固定 2～3 天即可。

28. 风油精

若有竹丝刺刺入皮肤，可在患处滴入 1～3 滴风油精，然后用消过毒的针尖轻轻挑出即可，同时可防痛、防出血。

（十七） 妇产儿科病

1. 红糖＋鲜姜

选 500 克红糖和 150 克鲜姜，先把姜洗净后切成碎末，再与红糖拌匀，然后入锅蒸 20 分钟。在月经来临前的 3～5 天服用，每天早、晚各一勺，用温开水送服即可缓解痛经。注意：用红糖与姜末搅拌时不要加水。

2. 芹菜

选取新鲜的芹菜 500 克，连茎带叶一起洗净晒干。每天吃时将其切碎放入锅里做汤面或淡炒，连续 4 天，经血超期即可恢复正常。

3. 花椒＋陈醋

取 15 克干花椒、250 克老陈醋，加水 500 克一起煮开后，凉凉熏洗阴部，每天晚上 1 次，长期熏洗，可对滴虫引起的阴道炎有疗效。

4. 孕妇临时止吐法

孕妇呕吐不止时，可用手掐住胳膊肘往上的伸缩肌肉，片刻后可止住呕吐。此方法也可用于妇女妊娠反应性呕吐。

5. 菊花叶

取适量鲜菊花叶，将其捣烂后，直接敷于患处，用医用胶条贴紧，干了再换，持续 2～3 天便可缓解乳疮。

6. 仙人掌

好多产妇在生育后，因护理措施不当，在乳房周围长了几个大肿块，疼痛难忍。这时可试试以下方法：取适量仙人掌，将其去皮捣成糊状敷在疼处，用 2 次即好转。

7. 电动按摩器

产妇在生完孩子后，常常会受到乳胀困扰，轻则疼痛，重则染患乳腺炎。这时可以先用毛巾热敷一下，放上吸奶器，同时用一个小电动按摩器轻轻按摩，奶水就会自然顺利地流出，以达到疏通乳腺管道、消除乳胀、避免发生乳腺炎的目的。

8. 蒲公英

选取适量蒲公英洗净，连根带叶一起捣成碎末，用纱布包好，放在热锅内蒸热，敷于患处，一般几分钟后奶疙瘩即可化开。

9.花生米

取适量当年的新鲜花生，将其剥皮晒干后碾碎成末，用开水冲后送服，切忌冲得太浓，连续喝 2 ～ 3 次即可催奶。

10.无花果红枣

分别用 5 ～ 8 枚鲜无花果与红枣，与少许瘦猪肉一同煮熟，然后一气服下，每天一次，长期服用可对产后缺奶有疗效。

11.炒麦芽

选用 80 ～ 120 克炒麦芽，用水煎服，每次服用 15 克，每天 2 次，用温开水送服，坚持 5 天，可达到回乳的目的。

12.黄花菜

取黄花菜 15 ～ 20 根，将其洗净后，选 3 ～ 5 根放在杯子里用开水泡开，每天当茶饮用，一般 3 天，即可回乳。

13.萝卜籽

选取萝卜籽 30 克，将其捣碎，用水煎，每天早晚各温服 1 次，每天 1 剂，直至回乳即可。

14.芦荟叶

患乳腺炎肿胀疼痛难忍时，可选用 1 片长和宽均为 3 厘米的芦荟叶贴敷于患处，用胶布固定即可，24 小时即可见效。

15.人乳

当婴儿有鼻塞症状出现时，可用母亲的乳头对着小儿的鼻孔挤几滴奶汁，然后反复轻捏其鼻子，片刻后可见效。

16.新蒜瓣

选取几瓣新鲜大蒜，将其分别切成断面，摩擦新牙处的牙床。每晚一次，几日后可长出新牙，此方法有助于小儿长新牙。

17.给小儿去痱子

夏季炎热，小儿皮肤容易生长痱子，若有此情况时，可取用庆大针剂的药液直接涂抹于小儿患处；也可在为其洗澡时倒入盆中一支藿香正气水，可有同样疗效。

18.苹果＋胡萝卜

选用重量相同的苹果和胡萝卜各一个，不用削皮，洗净切成薄片，放在一起加水煮沸，要保持沸腾 6 ～ 8 分钟，然后倒出果汁，取 200 毫升分 2 次给小儿饮用。每天煮 1 次，连续饮用。放点冰糖增加甜度，即可缓解小儿湿疹。

19.荷叶＋粳米

选取一张新鲜荷叶，将其洗干净后，切细备用；先将粳米煮粥，待快好时放入荷叶，煮沸即可。每天给小儿食用 3 ～ 5 次，可缓解小儿暑热、暑湿泄滞发热等。

20.核桃

选取 1 ～ 2 个皮薄的核桃，放在草灰里烧，不要烧焦了，略带黑色即可取出。然后分别将核桃壳和肉砸碎成粉状，再将核桃壳和肉调拌一起，放入少许白糖，用温开水送服。每天服用 3 次，吃完即可缓解小儿百日咳。

21.柚子皮

选取几个新鲜柚子，吃完留皮，将皮晾干，取几块皮放进锅里，加水煎汤，晾凉后，分次给小儿喂服，连续服用 1 个星期，即可缓解小儿肺炎。

22.橘皮

取适量鲜橘皮，将其洗净切成条状，再放入适量白糖拌匀，置于阴凉处存放 7 天。在小儿进餐时取少许配菜吃，每天 1～2 次，可缓解小儿厌食。

23. 丝瓜瓤

将 2 根丝瓜瓤剪成数段，每次取用 2～3 段放在药锅中煎熬半小时，每天当水饮用（不用加任何东西），2 周后即可缓解小儿疝气。

24. 乌鸡蛋

取一个乌鸡蛋，磕入茶缸中并倒入适量食醋再搅拌均匀；然后找一块生铁用火烧红，用它把蛋醋液烫熟，趁热吃下后盖被休息，以出汗为好。每天晚上吃一个（最好晚上吃），7 天为一疗程，一疗程即可缓解小儿疝气。注意：在用火烧生铁时，一定要注意安全，以免烫坏皮肤。

（十八） 五官口腔病

1. 母乳

取母乳适量，将其滴入耳朵内，1～2 分钟后将奶水倒出，每天滴 3～4 次，严重中耳炎 2～3 天可好，轻者 1～2 天就好，此方法有利于缓解小儿中耳炎。

2. 蛋黄油

将一个新鲜鸡蛋煮熟后，用其蛋黄入锅煎熬取油，然后把油装入小瓶内，用药棉球蘸取药油浸入耳内，待药棉球干燥后取出。每天重复 2～3 次，10 天即可缓解中耳炎。

3. 盐枕

将适量的食盐炒热后，装入大小不等的布袋，以耳枕之，坚持数次，即可缓解耳鸣。注意：袋内要保持合适的热量，转凉后，要即刻更换。

4. 筷子

取圆头筷子粗的一头，用沸水浸热，插入双耳道做插入、拔出动作各 50 次，再用筷子做圆周按摩各 30 次。每天早晚各做 1 遍，操作完毕，用双手心揉搓双耳及耳根，至发热止。此方法可缓解神经性耳鸣、缺血性耳鸣等。

5. 大蒜

取适量大蒜，将其捣烂成糊，若左鼻孔出血，则敷于右足心；如果是右鼻孔出鼻血，则敷于左足心，即可缓解出鼻血，效果明显。

6. 韭菜

取 100 克新鲜韭菜，将其洗净后，加少许食盐搓软，去汁液加醋浸渍 10～15 分钟，连醋吃下，鼻血即止住；也可将适量的韭菜和葱白一起捣烂后塞入鼻孔，换用 2～3 次，即可止鼻血。

7. 萝卜

选用适量的白萝卜，将其洗净捣烂，取汁滴入鼻内，每次 3 滴，同时可配合饮汁 10～15 毫升，每天 3 次，坚持服用，即可缓解鼻出血。

8. 绿豆＋韭菜

取同等的绿豆粉与韭菜茎，将两者捣碎成泥，用冷开水冲开拌匀，沉淀后服用，连续数次，可缓解流鼻血。

9. 韭菜＋红糖

选取适量韭菜，放入碗中捣烂成汁，然后加上少许红糖，每天 1～2 次，用温水送服即可缓解鼻出血。

10. 橡皮筋

当右侧鼻孔出血时，可取 1 根橡皮筋扎在左手中指根部，不用太紧；反之，左鼻孔出血则扎右手中指根部；两鼻孔同时出血时扎两手，用此方法 2～3 分钟后即可止血。

11．肥皂水

每天清晨洗脸时，用手指头蘸点肥皂沫清洗鼻孔，再蘸清水把鼻孔里的肥皂沫洗净，长期坚持，可防止流鼻血。注意：手指的指甲要常剪，以防止划破鼻孔。

12．指压法

日常空闲时，将右手拇指放在右鼻孔外下部位向右上斜方向一下一下按压；再用左手拇指放在左鼻孔外下部位向左上斜方向一下一下按压，时间控制在 1 分钟左右，然后用食指在整个鼻孔下部向左右来回搓拉，片刻后鼻孔就通气了，长期坚持还可缓解鼻炎鼻塞。

13．蒸熏法

取适量食醋，将其烧沸，用两鼻孔嗅吸蒸汽，便可缓解鼻塞；也可取 1 小把葱白或 2 个洋葱，切碎后煎汤，用其蒸汽熏鼻，可达到同样的疗效。

14．做运动

当左鼻孔不通，可俯卧或右侧卧，然后将右手掌根靠在耳垂处撑住右后颈，并抬起头部，面向右侧，肘关节向右上方做伸展运动，1 ～ 2 分钟即可消除鼻塞。若是右侧鼻塞，则动作相反；两侧鼻塞，可先后轮换运动。

15．绿茶

选用 10 克绿茶，用开水冲泡，然后用其蒸汽熏鼻子，每天坚持早晚各熏 1 次可缓解鼻炎，每次约 20 分钟，10 天为一个疗程。

16．嚼食茶叶

日常餐后半小时嚼食适量绿茶或花茶，可缓解牙出血和口腔异味，要使茶叶在口中嚼成粉末再服下为好，长期坚持即可见效。

17．嚼吃生花生

牙本质过敏反应时，可嚼几粒生花生米，牙齿可立即复原如初。

18．白胡椒

将 10 ～ 15 粒白胡椒研碎，放于龋齿小洞内，即可缓解龋齿引起的疼痛。

19．芹菜

每天选用 500 克芹菜，将其洗净后，做汤、清炒、凉拌均可。食用两天后口角炎症会自然缓解。

20．花椒水

天气干燥时，很容易发生口角炎。这时可用 20 ～ 30 粒花椒加水 100 毫升同煮沸，2 ～ 3 分钟后停火，凉温后，用药棉蘸花椒水涂抹患处。一般 3 ～ 5 次便可缓解

21．涂眼药膏

冬季干燥季节，口唇很容易起泡、皲裂。在临睡前先洗好脸，然后挤点眼药膏涂在口唇疼痛处，次日疼痛感便可减轻，连续敷用几天，可使疼痛消失。

22．蜂蜜

当嘴唇干裂时，选用适量蜂蜜抹在嘴唇干裂处，即可起到较好的缓解作用。

23．用绿豆汤冲鸡蛋

取 30 克绿豆，将其在冷水中浸泡 10 分钟并洗净，然后用适量的冷水加热煮沸，水沸后再煮 5 分钟，把刚煮好的汤冲入 1 个鲜鸡蛋，趁热空腹喝下，每天早晚各 1 次，3 天后便可缓解嘴角糜烂。

24．水蒸气

日常烹调开锅后，取锅盖上或笼屉上附着的蒸汽水，涂抹于患处。每天

2～3次，3天后即可脱痂痊愈。适用于嘴角糜烂、黄水疮。

25.嚼生姜

当口腔内起水泡时，可切几片新鲜的生姜，放入口中细嚼，2～3天后水泡即会慢慢消除。

26.焙枣粉

取用一个大红枣，将其去掉枣核，与适量尿碱和冰片混合后用火煎烤，焙成焦枣，研制成粉末，吹洒在舌面上，2～3次即可缓解舌烂。

27.苹果片

若舌头上生了口疮，可将适量削了皮的苹果切成小片，用其在口疮处来回擦抹，也可含在舌头上擦拭，一般每天3～4次，2～3天即可见效。

28.海带＋茄子＋蜂蜜

取海带、茄子各适量，将其皮烤焦后，倒入少许蜂蜜捣碎，涂于患处，每晚贴敷1次，2～3天即可缓解口疮。

29.荸荠＋冰糖

取20个洗净削皮的荸荠，然后放到干净的容器内捣碎，加入适量的冰糖用水煮熟，晚睡前饮用，冷热均可，可缓解口疮。

30.用枸杞泡茶喝

每天取用10～20粒枸杞，用热水冲服，当茶饮，枸杞也可吃掉，坚持7～8次口疮便可好转。

31.大白菜

每天取用新鲜的大白菜若干，将其洗净切片后，做菜或做汤，保持饭菜清淡些，不要饮食刺激性调料和饮料。可缓解口腔溃疡。

32.生食青椒

吃饭时，挑几个色泽鲜亮、皮厚、个大的青椒，洗净后蘸酱或凉拌，每天吃2～3个，连吃3天，即可缓解口腔溃疡。

33.苦瓜

取2～3个苦瓜，洗净后去瓤，切成薄片，放少许食盐腌制10～15分钟，然后把腌制的苦瓜挤去水分后，加香油、味精调拌食用。每2天食用1次，一个星期后可缓解口腔溃疡。

34.栗子

口腔溃疡患者，可坚持多食用糖炒栗子，生的也可以，每天15～20枚，一般3～5天，即可缓解口腔溃疡。

（十九）　外科病症

1.金针菜

取适量的金针菜，将其洗净后焙黄，研成细末，加入少许水调匀，涂抹于患处，可缓解湿疹。

2.大蒜＋火罐

选取适量大蒜，去皮后捣成蒜泥，敷在患处2～3个小时，以周围烧起泡为止，然后再拔火罐，将毒汁吸出，有助于缓解牛皮癣；也可用蒜片涂擦患处，长期坚持可有同样疗效。

3.碘酒

先用一根经过消毒的针把白癜风患处的皮挑破，然后涂上适量碘酒，一般用1次就可在患处出现黑斑，然后黑斑由小变大，最后皮肤可恢复正常。

4.猪肝

夏秋时节，取猪肝一副，放在白水中煮沸，不用放盐，一次吃完，忌房事一个月，长期坚持可缓解白癜风。

5.牙膏

当面部有汗斑而去不掉时，可坚持

用牙膏擦洗面部，每天早晚各1次，长期坚持可渐渐缓解。

6. 酸奶

选取适量酸奶，每天用其涂抹患处数次，坚持2～3个月，斑秃处即可长出油亮光洁的黑发。

7. 醋＋蜂蜜

取一汤勺食醋和一汤勺蜂蜜，两者用温水冲开后，倒入碗内，每次喝1～2碗，可先用凉白开水搅匀后再加些热水，每次最少喝一小碗，每天早晨空腹喝，不要间断便可缓解老年斑。

8. 干搓脸

先将双手相合对搓生热后捂在脸上，上下反复轻轻地搓100次。搓手背也是这样，把双手心搓热后，捂在手背上反复地搓，各搓100次。每天早晚各搓一次，长期坚持可缓解老年斑。

9. 橘皮

取新鲜的橘皮若干，将其榨汁后涂擦在皮肤皲裂处，便可使裂口处的硬皮逐渐变软，皮肤皲裂口可愈合。也可将晒干后的橘子皮泡水后浸泡皮肤，一段时间后，可收到同样的效果。

10. 米醋＋花椒

将25克花椒，放入1千克米醋中浸泡，一周后，取适量溶液兑水加热后泡于患处，2天1剂，一天1次，每次15分钟，2周即可缓解皮肤皲裂。须注意的是：若裂口有出血，要等到伤口愈合之后再泡。

11. 鱼肝油

冬季皮肤比较容易皲裂，可在每晚睡前先用温水浸泡患处，擦干后，取3～5粒鱼肝油，将丸内油性液体挤出后抹皲裂处。每天涂1～2次，

一周后可痊愈。

12. 羊油

每次涮羊肉时，可将汤上层的浮油冷却后取出，去杂质后放在瓶内冬春备用。用此油擦脸、手或脚部皲裂处，一般3～5天即可治愈。

13. 甘油＋蜂蜜

若发现嘴唇太干或有裂口，可在嘴唇上涂少许甘油、橄榄油或蜂蜜，即可很快恢复嘴唇的柔嫩光滑。注意：使用甘油前必须加冷开水或50%的蒸馏水调配；日常生活中多吃含维生素B_6的食品可预防嘴唇皲裂。

14. 防冬季手脚皲裂三法

（1）用温水泡洗皲裂处，并将其擦干，然后用创可贴对准裂口贴上，防治效果好。

（2）夏季可取少量的额头汗液，擦抹两脚后跟30～50次，可能防治冬天脚皲裂症。

（3）坚持每天喝一杯果汁，可防治冬季皮肤皲裂。

15. 白糖

先将双脚用温水浸泡洗净，然后取适量白糖涂抹于脚气部位，并用力反复揉搓，搓后洗净，不洗也可以。每3天1次，一般2次后脚气患者症状可缓解。

16. 白矾粉末

将1～2块白矾，投入燃烧的火炉中，待烧成白色泡沫出现时，取出凉凉，压成粉末。在洗脚擦干后将粉末撒入脚趾等患处，第二天即可好转，坚持几日即可缓解脚气。注意：脚趾溃烂者不宜用此方法。

17. 热橘皮

选用适量鲜橘皮或芦柑皮，将其敷

在烧水的铝壶或煮饭的铝锅盖上，待热后贴在冻伤处按摩片刻，如温度降低而橘皮还未干，可再重复一次。冻伤不严重的，一般2～3次可治愈。

18. 山楂

可将3～5个生山楂果去核后切碎，用其敷在冻疮上，坚持2～3次后，冻疮即可缓解。

19. 酒精＋红辣椒

取酒精500克，将10～15个干红尖辣椒放入酒精内，浸泡7～10天。用棉球蘸浸泡好的酒精涂患部（若溃烂者不要使用），可止痒、止痛、消肿，效果显著。一般每天涂擦4～5次，连续涂擦10天左右即可缓解冻疮。

20. 儿童冻疮防护

（1）坚持室外锻炼，适应寒冷环境，并注意保暖。

（2）晚睡前，经常用温热水浸泡手脚3～5分钟。

（3）鞋袜手套要保持清洁干燥，增强保暖性能。

21. 白糖＋豆腐

（1）如烫伤处未溃烂，用100克豆腐、50克白糖拌匀后敷在创面，可立即止痛。随干随换，连换3～4次即可见效。

（2）如烫伤已经溃烂，可在白糖、豆腐中加入5克大黄粉，敷在患处。

22. 酒精

立即将烫伤处全部浸入稀释的酒精中，即可止痛消肿，防止起泡。浸1～2小时，皮肤可逐渐恢复正常。皮肤对酒精过敏则禁用。

23. 鲜橘子皮

选用若干鲜橘子皮，直接放入玻璃瓶内，拧紧瓶盖，一段时间后橘皮会变成黑色泥浆。烫伤时将它抹在伤口上，可止疼，2～3次即缓解。

24. 大白菜

选用适量白菜帮，将其捣碎后敷患处，用药布包好，烫伤疼痛即可缓解，一般4个小时更换1次，一周后即可痊愈。适用于轻度的烧伤、烫伤。

25. 茶叶渣

轻度烫伤，可将干废茶叶渣在火上焙微焦后研细，与适量菜油混合调匀成糊状，涂抹伤处，能消肿止痛。

三、居家保健

（一）日常保健

1. 冬天盖被子防肩膀漏风

在冬天晚上睡觉盖被子时，总感觉"漏风"，这对病人或中老年人来说，不容忽视。若在被头缝上一条15厘米宽的棉布，不管如何翻身，棉布都会自然下垂，能盖得很好，装被子的被罩选用比被子大点的，也能得到很好的效果。

2. 仙人掌可防辐射

仙人掌吸收辐射的能力特别强，可以利用仙人掌减少室内辐射。例如，如果经常在屏幕前工作，可在计算机或电视机前放置一盆仙人掌，这样即可减少电磁波对人体的危害。

3．用水熨法保健

用热水袋或玻璃瓶装上适度的热水，塞好瓶（袋）口即可熨于患处。可用于腹痛、腰背酸痛、四肢发凉等症。

4．用醋熨法保健

先把 250 克左右的生盐放入铁锅内爆炒，再把半碗左右的陈醋洒入盐内。要边炒边洒，力求均匀。醋洒完后再略炒几下，便可用布包好，趁热熨于患处。可用于痛经、小腿抽筋等症。

5．用姜熨法保健

将 250 克左右的鲜生姜（带皮）捣碎，挤出些姜汁盛于碗中。然后把姜炒热，用布包好，即可熨于患处。待姜凉后，可在姜渣内再加些姜汁，再炒再熨。可用于小便不通、腹部胀气等症。

6．用葱熨法保健

用 500 克左右的鲜大葱白捣碎放入锅中炒热（也可加入少许生盐同炒），然后用布包好扎紧，趁热熨于患处。可用于小便不通、腹部胀气等症。

7．用盐熨法保健

用 250 克左右的粗生盐，放入锅内用急火爆炒。炒热后用纸包好，外加一层布扎紧，趁热熨于患处。可用于腹痛腹泻、流虚汗、头晕眼花等症，也可用于治疗鸡眼。

8．橄榄油可保健

橄榄油有保健的作用，如皮肤烫伤者可用橄榄油外敷，可减轻疼痛，愈后不留疤痕；服用橄榄油，每日一次，每次 10～15 滴，连服 2～3 天，可治风火牙痛和咽喉肿痛；服用橄榄油，每日 3 次，每次 15～20 毫升，连服 2～3 天，可治大便干结、痔疮红肿出血；因血压升高而发生头痛头晕，可服橄榄油 2 汤匙，有助于降压和缓解症状。

9．睡觉时穿丝袜能保脚暖

常有人在冬天睡觉时感觉脚冷，尤其是老年人。如果依靠热水袋来暖脚很不方便。穿一双干净、宽松的短筒丝袜睡觉，很快脚就温热起来。但是不要穿长筒袜或线袜，可以专门买一双专用睡袜。睡觉时双脚不要蜷缩，而是要自然伸出，等到脚感到太热时，两只脚互相一挣便能脱下袜子。

10．勤洗鼻孔好处多

每日经常用水清洗鼻孔处，可以清除鼻孔处、鼻孔内的一些脏物，保持鼻孔内清洁，增加每次吸入的新鲜空气量。同时，冷水刺激鼻孔，有防治感冒、增强体质的作用。洗鼻孔的方法是：将杯靠在鼻孔处，呈鼻孔"喝水状"而呼吸，或用手掬水，吸到鼻孔满即可。然后用力喷出，连做几次，一直到喷出的都是水而没有脏物时为止。

11．怎样在纳凉时避蚊子

在炎热的夏天，大家都愿意在外面乘凉，但是蚊子却使人无法安宁。只要用 2 个八角茴香，泡半盆温水洗澡，蚊子就不敢靠近了。

12．秋天吃藕好处多

藕性温，含有丰富的单宁酸，可以起到收敛和收缩血管的功能。生食鲜藕或挤汁饮用，对咳血、尿血等患者能起辅助治疗作用。莲藕还含有丰富的食物纤维，有助于治疗便秘，促使有害物质排出。

13．冬天锻炼可补阳气

经常进行体育锻炼是保存阳气的最

好方法。比如进行清晨散步、跑步和游泳等活动，都能达到良好的效果。用凉水洗脸或是擦身也能锻炼自己耐寒的能力。锻炼御寒能力可先从凉水洗脸开始，但绝不是一下子就用凉水洗，而是循序渐进，今天使热水，明天稍凉一点，直到完全适应凉水，才能达到锻炼的效果。

14. 冬天不要盖厚被

如果盖太厚的棉被，当人仰卧时，胸部会被厚重的棉被所压迫，进而影响呼吸运动，减少肺的呼吸量，致使人吸入氧气较少而产生多梦。棉被太厚，人们睡觉时被窝热度必然升高，而被窝里太热，会使人的机体代谢旺盛，热量消耗大大增加，汗液排泄增多，从而使人烦躁不安，醒后会感到疲劳、困倦、头昏脑涨。夜里盖太厚的棉被，不但使人体散热增加，毛孔大开，而且由于冬季的早晨外界气温较低，起床后很容易因遭受风寒、患感冒。

15. 木梳梳头可保健

木梳梳头具有独特的保健作用，与塑料类梳子梳头不同，木梳梳头不容易产生静电。常用木梳梳头，对眩晕、失眠、高血压等有防治作用，可对青年白发、斑秃、血管神经性头痛、偏头痛和眼疾等疾病有疗效。

16. 梳子按摩可消疲劳

长时间伏案工作的人可尝试这种简单的消除疲劳的办法：用圆头的梳子轮流刮擦左右掌心，这么做可使长时间握笔的手部得到放松，并可使这种略带痒痒和微痛的舒服感从左右双臂漫遍全身；也可用圆头的梳子隔着衬衣刮挠后背、后腰等处，这样能够达到消除疲劳、放松全身的目的。

17. 按摩头部可消除精神疲劳

人体中有大量的血液流经脑，以供大脑的思维活动。当人们进行脑力活动时，需要消耗大量的氧气与营养物质。如果这些供应不能满足需求，或代谢产物滞留，均会导致神经紧张，产生疲劳。按摩头部，一方面可以使大脑得到短时间的休息；另一方面，还可以调节血液循环，带来充足养分，带走滞留的废物，以达到消除精神紧张和疲劳的效果。

18. 揪耳可强体除病

每天早晚或休息的时候，可用手拉耳朵，进行自我按摩保健。具体方法：右手绕过头顶，向上拉左耳十几次，然后左手绕过头顶，向上拉右耳十几次。从中医角度看，耳朵的穴位与全身各部都有联系，经常揪耳朵，就能够通过耳部的穴位影响到全身，使人头脑清醒，心胸舒畅，有强体祛病的功效。

19. 茶水漱口可健齿

每次饭后用茶水漱口，让茶水在口腔内冲刷牙齿及舌两侧，这样可消除牙垢，提高口轮匝肌和口腔黏膜的生理功能，增强牙齿的抗酸防腐能力。

20. 运动手指可健脑

通过运动手指来刺激大脑，可以阻止和延缓脑细胞的退化过程，从而达到保持大脑功能健全的效果。指尖从事一些比较精密的工作，如练习书法、绘画等，可以锻炼皮肤的敏感性。如果仅活动一只手，则只能刺激对侧的大脑半球，平时可以交替进行练习双手。比如经常伸曲手指、闭上眼睛摸按钮、培植花草、玩健身球或用手揉核桃、打球以及进行其他各种有益的活动等。

21. 运动手指防老年痴呆

（1）经常揉擦两中指尖端。

（2）把双手十指交叉并用力相握，然后猛然用力拉开，重复做 20 余次。

（3）分别用手指刺激两手掌的正中点若干次。

（4）经常做一些诸如玩健身球等的手指活动。

22. 用手"弹弦子"可以保健

每天坚持用双手做"弹弦子"的颤动锻炼，最好是快速进行，可以促进血液的循环，使手臂的活动功能增强，还可以很好地辅助治疗局部麻木、胳膊疼和肩周炎等不适之症。

23. 用手指压劳宫穴可以去心烦

每天用手指压劳宫穴大约 10 分钟，能治疗烦躁不安。劳宫穴的认穴方法：握拳，劳宫穴就是中指所对应的部位。

24. 转动脚踝健身

用手抓住脚尖，由缓到快，转动踝部，每次 40 次左右，转动时不要用力过猛，避免踝关节扭伤。此法可消除劳累、缓解紧张，还可降发烧病人体温。早晚进行，澡后进行效果更好。

25. 搓脚心防衰老

每晚用 30℃～40℃温水泡脚，水要没过足踝，若水凉了续上热水泡，反复续上几次，洗完擦干后，用双手搓左右脚心各 300 下。这样可改善神经泌尿和机体循环等系统功能，抗老防衰，提高免疫力。对失眠多梦、头晕、头痛，及关节炎、血管神经性头痛、陈旧性损伤、坐骨神经痛等也有较好的疗效。

26. 擦脚心可保健康

冬天足端受寒，容易引发感冒、风湿病、腰腿部关节炎等病症。每晚临睡前，用热水洗脚后，用手摩擦脚心，能促进足端的血液循环，有助于增强抵抗力，驱除疲劳，促使人酣然入眠。

（二）　生理保健

1. 手淫戒除五步法

（1）避免穿紧身裤，减少对外阴的刺激。

（2）保持外阴清洁，避免因病变诱发阴茎勃起。

（3）不看色情书刊和影视片，以免激起性欲。

（4）手淫欲念较重者应多参加集体活动，减少独处的时间。

（5）消除手淫引起的犯罪感，树立戒除的信心。

2. 阴茎包皮自治

阴茎头与包皮同时感染，急性发作时，局部有潮湿、红肿、疼痛现象，并伴有乳白色臭味分泌物，可将包皮上翻，以利引流，阴茎头用 1∶1500 高锰酸钾溶液浸洗，或涂上金霉素软膏。发作期过后，应去医院做包皮切除手术。预防包皮炎，平时应经常翻转包皮，洗净包皮沟内的污垢。

3. 性交不射精自治

性交不射精，可用虎杖 15 克、五灵脂 9 克、黑白丑各 3 克、土牛膝 15 克、冰片 3 克，加水煎服。

4. 用狗肉生姜熟附壮阳益精

将 30 克熟附片加适量水煎熬 2 小时，再将切成小块的 1000 克狗肉用菜油煎爆后倒入，加适量生姜、大蒜、葱，焖至狗肉呈糊状，分次服食，可治阳痿、畏寒、四肢冰冷等阳虚症。

5. 白果

取 10 克白果，将其炒熟，再加糖，加水煎煮，吃白果喝汤，每天 1 剂，可缓解遗精。

6. 芡实

每日取 20 克芡实（又称鸡头子）煎汤，1 次或数次服完，对遗精有疗效。

7. 莲子

将莲子去芯煮熟，或与糯米煮成莲子糯米粥，经常食用对遗精有疗效。

8. 草莓

取新鲜草莓服用，也可取干品 20~30 克水煎加糖食用，对遗精有疗效。

9. 茶叶蛋

用适量老茶叶煮鸡蛋或鸭蛋，每天服食 3 颗，连用 1 周可缓解遗精。

10. 猪腰

将新鲜的猪腰炖煮烂后食用，常食对遗精有缓解作用。

11. 苦瓜籽

将 9 克苦瓜籽炒熟，研成粉末，用黄酒送服，每日 3 次，久服可缓解阳痿。

12. 药物

患者除心理治疗外，可适当服用丙酸睾酮、绒毛膜促性腺激素等，也可服六味地黄丸、十全大补丸等缓解阳痿。

13. 运动

每天早晚两次，将两腿伸直略分开，一手按于小腹（丹田），另一手将阴茎握住并固定，同时轻轻揉捏睾丸 81 次或 121 次后换手，此法可缓解阳痿。

14. 中药方

药方：当归 50 克、莲杜仲 50 克、金樱子 50 克、刺猬皮 50 克、云苓 15 克、枸杞 15 克、牛膝 20 克、破故纸 20 克、肉苁蓉 50 克、大云 50 克、仙灵脾 50 克、沙苑子 50 克、菟丝子 50 克、巴戟天 50 克、桑葚 50 克、胎盘 2 具、黄鱼鳔 200 克，制成小丸，每日早晚一次，每次 2 钱，此方法可缓解阳痿早泄。

15. 苏打硼酸

苏打粉与硼酸粉各 0.5 克混合后，温开水送服，可缓解阳痿早泄。每日 3 次，连服 33 日为一疗程。服药期间，忌手淫、性交等。安心休息 2 周后，再服一疗程，一般即能见效。

16. 掐指

用拇指、食指的指甲尖掐生殖器周围的皮。掐到硬度最高峰时停止掐。20 天后见效，可有效缓解遗精早泄阳痿。

（三） 心理保健

1. 心理疲劳识别

人们在经过繁重体力劳动或大运动量的锻炼之后，会感到浑身乏困，这称为"肉体性疲劳"。生了病或感到四肢无力叫作"疾病性疲劳"。还有一种疲劳，精神上表现为疲惫不堪，却又查不出病因，这叫作"心理性疲劳"。如果出现头部昏晕、心悸、耳鸣、气短、全身无力而又查不出病因时，这就是心理性疲劳。这是由于长时间感情上的纠葛、不安、忧郁和焦虑造成的。心理性疲劳在人体的各种疲劳中最为严重，如不及时消除，久而久之会诱发疾病。

2. 心理异常识别

不同类别的人存在着不同种类的心理问题，其表现方式也呈现多样化。

老年期心理问题：包括老年人的自

卑、孤独、恐惧、忧郁、失落、多疑等心理问题。

更年期心理问题：常称"更年期综合征"，表现为月经紊乱、情绪不稳定、植物神经紊乱、恐惧、紧张、敏感、焦虑、多疑等。

性心理异常：包括阳痿、早泄、异装癖、性冷淡、窥阴癖、恋物癖等。

疑病心理：指对自身的健康过分紧张，常常怀疑身体某个部位不适，并伴有焦虑等症状。

反食心理：指一种以厌食、闭经、消瘦、虚弱为特点的女性心理疾病，这与通过盲目节食来达到减肥效果的错误做法有关。

3. 成瘾行为识别

成瘾行为是异乎寻常的额外的一种嗜好和习惯。某些嗜好却能危害人体健康甚至威胁社会安全，这类嗜好属于病态的成瘾，如吸毒、酗酒、赌博、吸烟、迷恋网络等。成瘾的步骤分为瘾、癖、迷。三者追求致瘾源欲望的程度中：瘾最重，癖居中，迷较轻，不过这只是相对的划分。在现实生活中，瘾、癖、迷之间并没有严格的界限。如赌博既可以称赌博迷，又称赌博癖，也有人称为赌博瘾。人们在现实生活中无须对瘾担惊受怕，因为并非所有的人都会成瘾。成瘾的基础是性格，那些具备缺乏独立性、意志薄弱、外强中干、抑郁内向等人格特征的人，极易对致瘾源产生成瘾行为。

4. 非心理疾病的异常心理辨别

有的心理异常是在特定条件之下产生的，且维持的时间不长，这类心理异常就不属于心理疾病。

错觉：在恐惧紧张，光线暗淡及期待等心理状态下，正常人可能出现错觉，但在反复验证后可以得到迅速的纠正。成语"杯弓蛇影""草木皆兵"等都是典型的例子。

幻觉：在迫切期待的情况下，正常人有时会觉得自己听到了"叩门声""呼唤声"，经过确认后，自己意识到是幻觉现象，医学人士称之为心因性幻觉。正常人在睡前和醒前偶尔有幻觉现象，不能视其为病态。

疑病现象：很多人都有将身体某个部位轻微的不适现象看作是严重的疾病，并且反复地多次检查的经历，这种现象在亲友、邻居、同事某病英年早逝或意外死亡后较易出现。但在检查后排除相关疾病的可能性，并接受医生的劝告的，属正常现象。

5. 四种心理陷阱识别

人的一生中会有许多心理陷阱，许多人一旦陷入这些陷阱后，便很难自拔。

（1）求败的性格。一些人的性格很怪异，天生即倾向于自取其败。他们常常自陷于自己所想象的被打击、受欺压的绝境，并会因而一筹莫展。此时，就算在他们眼前摆明了各种退路、出口，他们仍会表现为冷漠，并视而不见，拒绝利用。

（2）虚幻的期望。此类人经常表现为志大才疏，对自己的要求过高，而且对自己的潜力和才能无法做出适当的估测，设定的生活目标也极不现实。这种不切实际的妄想，最终只会自取灭亡。

（3）欺世情结。有些人常常会认为自己的才能不够好，尤其是不像别人想象中的那么好，总是怕自己有一天会被揭穿真相，从而产生浓重的内疚感，最后导致用自寻毁灭来对自己进行惩罚。

（4）执拗多疑。这类人总是疑神疑鬼，且心胸狭隘，不停地在揣测他人的动机。他们时常会关注同事是否会在背后算计自己，久而久之，必然会降低自己的工作精力，影响自身的人际关系，最终造成周围人对自己的反感、疏远和冷落。

6. 精神抑郁症识别

抑郁症，表现为持久性的（2周以上）情绪低落，并伴有相应的思维和行为障碍。抑郁症的病因目前还不确定，研究认为可能与遗传因素和体内神经介质如"5-羟色胺"的含量不足以及神经受体的功能降低有关。季节的变化、秋末冬初和精神刺激可视为诱发条件，梅雨天气更能促使抑郁病症加重。抑郁症常见于自尊心强、做事认真、固执刻板、追求完美、心理承受能力差、人生中多顺少挫、精神和生活负担重的人及体型瘦弱的人，30～45岁的女性易患。

抑郁症是可以治疗的，首选的治疗抑郁症的是抗抑郁药物。治疗抑郁症关键是早期识别，加强监护，严防自伤自杀。

7. 转移注意力消除精神压力

听音乐：欣赏自己喜欢的乐曲，以达到忘我的境界，从而将烦恼忘掉。

打扮美容：一旦发现了美，就会使心情感到舒畅，情绪也随之会好起来。

使家中芳香：休息的时候，在房中插一束鲜花或点一支香。

8. 用行为消除精神压力

（1）在做事的时候，不要顾虑太多，只要尽力就好。

（2）可将忧虑、烦恼的心情反复地写在纸上。

（3）多参加一些集体的义务活动，可从中寻到乐趣。

（4）当不想接受某个邀请或工作时，不要勉强答应。

（5）可每天花点时间来做些家务，这样，不但不会觉得累，反而还会慢慢消除疲劳。

9. 适度宣泄消除精神压力

（1）把心中的牢骚、郁闷对朋友谈出来，以获得安慰。

（2）呼喊和欢笑：当想发泄的时候，可在高山或人少的公园里大叫、大笑。

（3）当遇到困难的时候，要敢于说出来，不要憋在心里。

10. 精神压力自然消除法

要学会自我放松。如在眼上敷上一块湿润的眼罩休息15分钟左右。要有充足睡眠，睡眠好了，可使精神振奋。可用月光战胜精神压力，晚上到外面呼吸一下新鲜空气可以缓解紧张的情绪。慢慢地吸气或呼气，可以缓解精神压力。

11. 调节不良激情

（1）自我提醒：可借助内心语言来进行自我提醒，如"冲动会出问题""要冷静"等来帮助自己克服激情。

（2）拖延激情：将激情爆发的时间推迟，使之平息或减弱。如先转10圈舌头，激情就会平息很多。

（3）转移意识：有意识地将注意力转移到其他事物上，丢掉或减弱激情。

（4）调节心境：调节惆怅、忧郁和苦闷等消极的心境。

（5）倾听劝慰：要注意理解或倾听别人的劝慰。

12. "情疗"治心理失衡六法

情疗，即以情抵情，具体来说为通

过一种情感来抵消另一种情感反应的过激之"量"，以重新恢复"阴平阳秘""五行相生"到和谐状态，从而使病情获得缓解，直至痊愈。"情疗"有如下几种基本方法：

喜疗：主要克服抑郁、忧伤以及过度愤怒等病症，方法为让患者心中喜悦，笑逐颜开。

怒疗：主要为控制一些病态情绪，如过度的喜、思等，方法为让患者大怒。

恐疗：主要为制止患者的病态情绪，如过喜等，方法为人为地采用一些惊恐手段。

悲疗：主要为消除患者内部的郁气和过度愤怒的情绪，方法为让患者产生悲痛感。

乐疗：主要为调节、抑制甚至消除与之对立的悲哀情绪，方法为创设快乐环境，使患者高兴起来。

爱疗：引导患者对某物特别关爱，主要为抵制与其相对立的厌恶感。

13. 失恋精神萎靡消除法

人们失恋以后，情绪通常就会一落千丈，甚至出现四肢乏力、不思饮食、精神萎靡、夜不能寐等症状。研究人员认为这是一种病态，并将之称为"失恋综合征"。这类症状是抑郁症的一种身心反应。恋爱病的是由于人体内一种物质——苯乙胺产生波动所引起的，在正常情况下，人体内的苯乙胺浓度处于相对的稳定状态。在热恋时，大脑的活动促使体内苯乙胺的含量骤增，从而使人处于兴奋状态。而在失恋时，人体内的苯乙胺含量又骤减，便使人处于精神抑郁状态。许多患"恋爱病"的人在失恋时非常爱吃巧克力，因为巧克力内含有大量的苯乙胺——正好弥补了人体苯乙胺含量的不足。当然，巧克力只能治标不能治本，心病还需心药医，青年人在失恋后要及时转移注意力，可以通过参加一些有益身心的文体活动，从中寻找一些兴趣爱好，多结交一些谈得来的朋友，及时发泄胸中的抑郁之气，这才是避免和防治"恋爱病"的根本方法。

四、 减肥塑身

1. 少食多餐减肥

少食多餐，不仅可节省时间，而且由于空腹的时间缩短了，可以防止脂肪积聚，有助于减肥、增进人体健康及防病保健。

2. 流食减肥

在2～3个月及更长的时间内完全不吃固体食物，每天只喝热量为400～800千卡的调味蛋白质液，一星期便可减掉2～4千克的体重，此后的每周最少可减2.5千克左右。

3. 提前安排进餐时间减肥

每天，人体内的新陈代谢在各个时间段都会不一样，一般来说，从早晨6点起，人体的新陈代谢便开始旺盛，8点到12点是最高峰。因此，想减肥都应把午饭的时间提前（如早饭5点左右吃，午饭就安排在9点到10点吃），就可以达到减肥的目的。据有关专家通过试验证实发现，此法不但可以在不降低和减少食物质和量的情况下减肥，最明显的是一个星期就能减少 0.5 千克左右的体重。

4. 多吃蔬菜减肥

蔬菜含热量少，含矿物质、维生素和纤维素比较多。矿物质和维生素能促进人体脂肪的代谢，而维生素能减缓糖类的吸收和主食、脂肪的摄入量。

5. 细嚼慢咽减肥

吃饭时放慢吃饭的速度，可以有效地避免多吃，吃饭后 20 分钟左右，血糖才会升高，能有效地减少饥饿感。多嚼还能刺激中枢神经，减少进食量。

6. 食绿豆芽减肥

绿豆芽含有很多水分，当被身体吸收后所产生的热量会很少，不容易使脂肪堆积在皮下。

7. 用荷叶减肥

将 15 克干荷叶（30 克新鲜荷叶），加入清水内，煮开，每天以饮荷叶水来代替饮茶，2 个月为 1 个疗程。一般每个疗程可以减 1 ~ 2.5 千克的体重。用荷叶煮粥喝也有助于减肥。

8. 吃大蒜减肥

大蒜能使脂肪在生物体内的积聚得到有效的排除，能有效地将身体内的脂肪去除，因此，长期吃蒜能够有效地使人体的脂肪减少，有助于保持体形苗条。

9. 用食醋减肥

食醋中含有挥发性的氨基酸物质及有机酸等。每天服用 1 ~ 2 汤匙食醋，能把人体内过多的脂肪转变为热量并消耗掉，能有效地促进蛋白质和糖类的代谢，从而起到减肥的作用。醋的食用方法有很多，可以拌凉菜吃，蘸食品吃，也可加在汤中以调节胃口等。还可以用醋泡制醋蛋、醋花生、醋豆、醋枣等，既可增加营养，软化血管，又可变换口味。

10. 糖水冲服煳花椒粉减肥

将适量的花椒放入炒锅内翻炒，直至炒煳为止，然后将其倒出碾成面状。在每天晚上睡前，用适量的白糖水冲服一汤匙花椒粉。经常使用此法，能有效减肥。

11. 食冻豆腐减肥

将新鲜的豆腐放入冰箱冷冻后，便能制成孔隙多、蜂窝状、营养丰富、弹性大、产热量少的冻豆腐，由于其内部结构和组织发生了变化，产生了酸性物质。常吃冻豆腐可以有效地消除人体肠道及其他组织器官的多余脂肪，从而有利于减肥。

12. 食鳝鱼肉瘦身

将 150 克鳝鱼用清水洗净，并将水分滤干，切丝；将大蒜的皮去掉，用刀将蒜拍碎并斩成泥，待用。在炒锅中加入适量的清水，并将其烧沸，放入姜片、料酒、葱，随后将鳝鱼丝放进沸水中烫透，捞出滤干，整齐地把它们排入汤盆内。在炒锅中加入适量的香油并烧热，将蒜泥放入锅内煸香，加入酱油、醋、盐。将原汤调成卤汁，浇在鳝鱼丝上，撒上些胡椒粉，食时将其拌匀即可。此食方味香、高营养、低能量。

13. 发汗减肥

经常洗温度比较高的热水澡，待出汗后从浴池里走出来，休息 2 分钟左右，再进浴池，这样反复地洗浴、发汗。每周坚持 3 次，习惯后可再增加。若能坚持做下去，每周可减肥 3 千克左右。注意：高血压、糖尿病、心脏病患者禁用此法。

14. 产妇做转体运动

产妇仰卧在床上，将双腿伸直、双臂侧平，当把双腿举起时吸气，并向右侧转动，连续动作10次，便可以使臂力矫健，腰、胸、腿、髋、足等部位得到全面锻炼。

15. 产妇做抬腿运动

产妇俯卧在床上，将双手微撑，用腕、肘的力量将双腿高举抬起来。每天坚持做10次左右，可有效地防止臀部肌肉下坠，臀部的赘肉也将被消除。

16. 产妇做仿蹬单车运动

产妇站立或仰卧在床上，将双手叉腰，两腿交替地抬起来（快慢可根据自己的情况而定），模仿蹬自行车的动作运动，连续蹬1分钟左右，每天锻炼2～3次，既能修长健美腿部，又能防止静脉曲张和下肢浮肿。

17. 中年女性减肥

（1）腹部减肥：每天睡觉前双脚并拢，仰卧于床，脚尖朝上，将双脚同时举起，接近头部或直至头部，然后再将双腿缓缓放至离床10厘米处，反复做10次左右。

（2）臀部减肥：用双手扶住椅背，一只脚向后抬至离地面20厘米处，然后再用力向后踢，左右两腿各做10次。

（3）大腿减肥：将双手紧靠后背，做下蹲动作，每天反复做50次左右。

（4）小腿减肥：用单腿站立，用力将脚跟跷起，停留10秒钟左右后落下，每只脚做50～60次。

（5）腰部减肥：仰卧于床，将双膝屈成直角，用力将身躯上挺，然后放下，反复做10次左右。

18. 老年人减肥

在早晨起床和晚上睡前，用左手在腹下、右手在腹上，双手正反各揉100次左右，再用两手的无名指和中指在肚脐眼上揉100次左右，然后将双手放在胃的上方或下方反复揉腹100次左右，可使腰部的赘肉减少。

19. 男性胸部健美法一

拉哑铃法可使男性健美，做法如下：将两足开立，胸挺背直，上体前屈，使上身跟地面平行；两臂垂直，双手各握一只哑铃，拳眼向前，屈臂用力将哑铃拉起，当拉到两肘不能再往高处时，背阔肌和肱三头肌会极力紧缩，稍停，还原，反复做12～15次。

20. 男性胸部健美法二

撑双杠法可使男性胸部健美，具体做法如下：身体挺直，将两手支撑在双杠上。当两臂弯曲，身体压到最低点的时候，用力撑起，同时吸气。在撑起的时候，头部要向上挺，身体要保持挺直。反复做8～12次。

21. 女性胸部健美四法

（1）挺胸法：自然仰卧在地板上，臀部和头不要离开地板，做向上挺胸的动作并保持片刻，反复6～8次。

（2）荷尔蒙法：随着年龄的增长，有些女性胸部开始下垂、干瘪。为了使胸部能保持健美，可经常在乳房上涂上些荷尔蒙油脂，并进行按摩。

（3）双手对推法：双膝跪在地板上，双手合掌置于胸前，上体直立。两手用力做对推动作（注意：不要使肘关节下垂，两前臂应成一字形），并要挺胸抬头，同时进行深呼吸。反复做8～10次。

（4）屈臂法：将手臂伸直撑地，双膝跪在地板上，向下做屈臂动作，一直向下弯曲直到胸和下颌着地为止。屈臂的时候一定要注意不要使臀部向后，而应将重心移至手腕上，用手腕和手臂支撑身体的重量，并维持片刻，使乳房能充分下垂。每天做 8 ~ 10 次。

22．女性丰乳

每天晚上睡前或早晨起床，脱去内衣或摘掉乳罩，仰卧在床上，用双手的手掌反复揉摩乳头和乳房。其顺序是：由周围到乳头，由上而下，用力均匀柔和，边按摩边揉捏，最后把乳头提拉 5 次。每天早、晚各按摩 1 次，每次 8 分钟左右。这样可有效刺激整个乳房，包括乳腺脂肪、腺管、结缔组织、乳晕和乳头等。

五、 美容护发

（一） 美容养肤

1．用醋美容

将甘油与醋以 1 ∶ 5 的比例混合涂敷在面部，每月做 2 次，可减少皱纹，使容颜变得细嫩。在洗脸的时候，加 1 汤匙醋在水中，洗后，再用清水洗净，也能美容。

2．用矿泉水养颜

经常备用一瓶矿泉水，随时用水来喷脸。

3．用凉开水洗脸美容

经常用凉开水洗脸，能使皮肤显得细腻、柔软而富有光泽和弹性。特别适合中年人。

4．用水蒸气美容

将一盆开水放在适当位置，俯身低头，用毛巾尽力将脸盆与脸部连为一体，可根据自己的忍耐能力和水温来调整水面与脸部的距离，让开水的水蒸气来熏面部。待水凉后，再更换热水，重复熏面。每月做 2 次。可抵制褐色斑和雀斑的产生，使粗糙、干燥的皮肤变得柔软、滑嫩。

5．用淘米水美容

将淘米水沉淀后，取出澄清液，把澄清液用来洗脸，洗完后再用清水洗一次，可使面部的皮肤变得白而细腻，还可以去除面部的油脂。

6．用米汤美容

在煮玉米粥或大米粥时加适量水，煮熟后取适量米汤涂抹于脸部，可使谷物中多种氨基酸及其他的营养成分渗入到皮肤表皮层的毛细血管中，以达到增加表皮细胞活力、促进表皮毛细血管血液循环的功效。此法可在早餐时或晚饭后进行。若没有米汤，也可取新鲜的果汁、豆汁、牛奶等。

7．用菠菜汤美容

菠菜中含有大量的矿物质、维生素。当脸上长有肿疱时，可在水中放入些蔬菜，将其煮成汤，用它来洗脸，即可将油脂去除。另外，大豆、红小豆等煮成汁后，也有美容的效果。

8．用橘皮水美容

在浴盆或脸盆中放少许橘皮，然后

再倒入些热水，浸泡5分钟左右，可散发出阵阵清香，用其来洗浴、洗脸，能滋润皮肤，治皮肤粗糙。

9. 用鲜豆浆美容

每天晚上睡觉前用温水将手、脸洗干净，然后再用当天且不超过5个小时的新鲜豆浆来洗手、脸，自然晾干，大约5分钟后，再用清水洗净，皮肤会变得光亮白嫩。

10. 用牛奶美容

滴数滴牛奶于手中，然后将其轻轻擦在脸部及手上，可使皮肤光滑柔嫩。

11. 冷水拍面美容

洗完脸后，不要用湿的毛巾蘸水抹脸，可用双手捧水拍面，顺着面部肌肤轻轻地拍（上额除外），在拍的时候，不要来回搓。洗完脸后，再抹上适合自己皮肤的护肤霜。这样，每洗脸一次，就会让面部皮肤得到一次营养补充，一次按摩。尤其是晚上使用此法效果更佳。

12. 护粗糙性皮肤

用一片柑橘皮轻轻地按摩皮肤，然后用热水将其洗净，可使粗糙的皮肤变得柔滑。

13. 用水果泥收缩毛孔

将苹果、西红柿、黄瓜等用清水洗净后研磨成泥汁，加入1茶勺藕粉，搅拌均匀，敷在脸上，能收缩毛孔。适用于毛孔粗糙者。

14. 自制祛斑水

取1茶勺奶粉、2茶勺藕粉，数滴水果汁、数滴双氧水、数滴收敛性化妆水，能祛除黑斑、润肤漂白。适用于皮肤较黑者。

15. 制润肤面膜

取1茶勺面粉、1茶勺奶粉、2茶勺蜂蜜，将其搅拌均匀后敷在脸上，能防止、消除皱纹或润肤养肤，适于皮肤干燥者。

16. 制养肤面膜

将2茶勺橄榄油加热后，再加入1个蛋黄、2茶勺面粉。调好后均匀地涂抹在脸上，50分钟左右后擦去即可。此法能消除皱纹或滋肤养肤。适于皮肤粗糙者。

17. 制干性皮肤面膜

将奶粉、生淀粉各1勺，2勺麦片，1个鸡蛋，水、蜂蜜各半勺混合后调匀，将其敷在面部20分钟左右。

18. 制油性皮肤面膜

将1勺奶粉、2勺生淀粉、1个蛋清混合后调匀，将其敷在面部20分钟左右。

19. 制痤疮皮肤面膜

将少许黄柏、黄芩、黄连粉，用蛋清调匀后敷在面部15分钟左右，每周敷2次。

20. 防面部生皱纹四法

（1）少吃盐、多喝水：人体摄入过多的盐量，会使人体机能的老化提前，从而使面部出现皱纹。每天多喝水可使血液循环加快、面部皮肤营养增强，从而减少皱纹。

（2）坚持用冷水洗脸：每天坚持用冷水洗脸可促进血液循环、扩张皮肤收缩、改善营养的新陈代谢，可使皮肤的弹性和功能得到增强。

（3）护肤品的合理使用：经常用碱性皂洗脸，会把脸上皮脂腺分泌的皮脂洗去，从而使皮肤干涩。因此，用化妆品时一定要适量，否则会阻碍皮脂腺和汗腺的分泌。

（4）不吸烟：把烟吸入体内后，吸入的一氧化碳会与血红蛋白结合，使得皮肤组织缺氧，使皮肤因此失去弹性和光泽从而产生皱纹。

21．用茶叶缓解鱼尾纹

在眼部四周敷贴些用过的茶包或茶叶，闭上眼睛休息半小时左右，能有效缓解面部出现的鱼尾纹。

22．按摩除鱼尾纹

（1）用双手的无名指、中指、食指三个指头，先压3次眼角眉，再压3次眼下方，反复压数次，5分钟左右后，眼睛会感觉特别明亮有神。

（2）用双手的大拇指分别按住两边的太阳穴，食指顺着眼睛，由外向内，直到眼角处，轻轻揉搓，做5次左右，每天做2回。

（3）将眼球上下左右转动，再环形转动。

23．用蛋清柠檬面糊防皱

取1个蛋清，调打至充分起白泡，加几滴柠檬汁，再加入2茶勺面粉，搅拌均匀，能防止产生皱纹。

24．刷脖防颈部皮肤松弛

人过中年后，颈脖皮肤会逐渐变得粗糙、松弛，可用普通的短毛宽面毛刷蘸些清水，在每个颈区自上而下，沿着直线来回刷50下左右，每天早上刷1次。一个月后颈脖的皮肤会逐渐变得细腻、收紧。长期坚持使用此法，可恢复皮肤原有的形态和光泽。

25．使眼袋缩小

在热水（大约1升）中放一匙盐，搅拌均匀后用药棉吸满盐水轻轻地敷在眼袋上，待盐水冷后，再换上热的，反复多次，数日后眼袋即可缩回。

26．用醋美指甲

将手洗干净后，擦干，将10个指甲用棉球蘸点食醋擦净。待食醋干后，均匀地将指甲油涂在指甲上，指甲便会光亮生辉，而且不易脱落。

27．用米醋护手

洗衣、洗碗后，将双手迅速用清洁的水冲洗干净，然后在手心手背涂满米醋，稍过片刻，再用清水冲洗干净，待手干后，再互相搓一搓，手将变得非常光滑。

28．温水浸泡护手

做完家务后，将双手在干净的温水中浸泡几分钟，可软化皮肤。将手擦净后，涂上些润肤膏，相互不断摩擦双手，使油脂渗入到皮肤里，可逐渐恢复双手的柔嫩，使手富有光泽和弹性。

29．用食物治红脸膛

产生红脸膛主要是由于摄取动物性蛋白质和脂肪过多。其治疗方法是：在食用蛋白质和动物性脂肪的时候，一定要大量食用含有丰富叶绿素的蔬菜，如芹菜、菠菜、莴笋等。生吃的效果更好。

30．用食物治赤红脸

产生赤红脸的主要原因是血液循环不了，特别是末梢细胞的血液循环不畅通。其治疗的方法是：多食含有维生素A、维生素C及维生素D的食物，使身体充分吸收蛋白质。

31．用食物治油脂黑脸

产生油脂黑脸主要是由所食用的植

物油和动物油所致。其治疗的方法是多吃含有叶绿素的蔬菜，控制食用动物油。

32. 用食物治雀斑

产生雀斑的主要原因是食用了过多的食盐。其治疗的方法是多食用些蔬菜和水果。

33. 画眉毛方法

在化妆前，可根据自己的脸形和标准眉形来修眉。画眉毛时，先用棕褐色的眉笔将轮廓淡淡地描出来，然后再用黑色或橄榄绿画好。对于眉毛颜色浅而柔和的，可在眉毛中间稍画浓些，眉梢和眉峰画浅些，将眉梢自然淡出。

34. 画眼影方法

眼影可使眼神深邃迷人，使眉眼间轮廓清晰。把眼影涂好，还可以修饰眼窝的凸凹。对于凸眼窝者，宜涂橄榄色或淡湖蓝色，可使眼窝深一点；对于凹眼窝者，宜涂暗紫红、紫红等色，可以提高眼窝亮度，能突出眼窝。

35. 画眼线法

（1）在画眼线时，不要画得过粗，画得越淡越含蓄越好，用淡色可以反衬眼下的肌肤，即可以在眼下的粉底上涂些淡色干粉或白色眼影。

（2）在清除黑眼圈的时候，可以在黑圈位置涂些遮瑕膏，将其均匀涂开，下眼睑不要用睫毛液。

36. 选口红化妆

在涂口红的时候，因人而异，不一定喜欢的颜色就适合自己。唇形比较美的人，适合选用颜色醒目、漂亮的口红，如粉红色系列的口红。对于嘴唇比较小的人来说，可选用鲜红的颜色，这样可使唇形稍大一点。对于嘴唇比较厚的人，可选用颜色与脸部皮肤颜色相近的唇膏，这样，可使嘴唇显得小些。中老年人适合选用咖啡色，擦上后显得端庄而优雅，有古典美。年轻女孩可选用有黄色柔美又有红色热情奔放的橘红色系列。

37. 敷粉底霜方法

敷粉底霜的时候，要用无名指、中指、食指三个指头的指肚，轻轻拍打，将其拍匀。用手拍的时候，有以下几种方法：

（1）在拍打时，不做移动，正面拍打，即发出啪啪的声音。用此种方法，可使粉底霜与皮肤牢牢地结合，附着力强，显得非常自然，主要适于遮盖各种疤痕及素斑。

（2）在将手拍下去的时候将手指滑到一旁，发出啪嚓的声音。这种方法可以将粉底霜均匀地涂抹在脸上，非常自然。

（3）用手指在皮肤上蹭，发出嚓嚓的声音。这种方法一般用在将粉底霜涂好后，轻轻地抹在表面上。在刚开始的时候，不要使用这种方法。涂好粉底霜后，将手指在脸上按一下，若留下了指纹，表示涂厚了；若滑溜溜的，表示不够；若手指一打滑就马上停止，则表示刚好。

38. 用香水有讲究

（1）通常将香水洒在衣领、耳后发际、手帕等处。若在颈部、发线下、手腕上洒些香水，可使香味随着身体的转动而散发，使空气倍加清新。

（2）香水不可洒得太集中、太多。最好在身体20厘米外喷洒。

（3）不要在腋下、额头、头发等多汗多脂肪及裤子、鞋袜内洒香水，否则会适得其反。

39. 化水果妆的方法

（1）粉底：将粉底液或两用粉饼轻轻在脸上推匀开来即可。

（2）眉毛：用眉刷蘸取眉粉，顺着自然的眉形淡淡描绘即可。

（3）眼影：以粉色眼影刷在眼尾部位，再在眉骨及眼头下方刷上银白色亮彩。

（4）腮红：以粉红色腮红刷在眼部下方连接至颧骨的部位，再用银白色亮粉轻轻刷过。

（5）唇部：用粉红色透明唇蜜大量涂抹在双唇内侧，再以唇刷笔蘸取水蜜桃色滋润唇膏描绘唇边。

40. 化本色妆的方法

（1）粉底：先用化妆水将化妆海绵沾湿，然后把粉底直接倒在海绵上，用海绵均匀地推开粉底。

（2）眉毛：依照原有眉形淡淡地描画。

（3）眼部：用黑色眼线笔描画上下眼线；在眼睑到眉毛间涂上浅色系眼影，然后在内侧眼角画出少许闪光的阴影。卷曲眼睫毛，涂上少许棕色睫毛膏。

（4）胭脂：用大号的腮红刷，将胭脂打在两侧脸颊，刷子要大些。

（5）唇部：首先润湿唇部，然后用最接近自然唇色的唇线笔来描画，最后用唇刷或手指上唇彩。

（二）美发护发

1. 避免头发洗后发黏

（1）在洗发时，用温水将头发中间部位彻底冲洗干净，可使头发不发黏。

（2）洗完头发后，再用护发素等护发品来护理头发，也可以使头发发黏现

象减少。

2. 用水美发

由于头发中含有 15% 的水分，要是头发水分不足，会干燥、断裂。因此，在洗完头发后，应将发梢浸入水中 10 分钟左右。

3. 用醋美发

用 200 毫升陈醋加 300 毫升温水洗头，不仅能治疗头皮痒、头屑多、头发分叉，还能使头发乌黑、光洁、柔软。

4. 用啤酒美发

首先用一块干布把头发擦干，然后用 1/8 瓶啤酒均匀地涂抹在头发上，并用手轻轻按摩，使啤酒渗透至头发的根部。待 15 分钟后，再用温水把头发冲洗干净，然后再用同样的方法重涂 1 次，并用梳子把头发梳理好，这样不仅能使头发乌黑光亮，而且还能有效防止脱发。

5. 用糯米美发

傣族妇女经常把做饭淘洗糯米的水经过沉淀，取其稠的部分，放入茶杯贮存几天，待有酸味时便成了自制的洗发液了。用其洗发不但效用卓著，而且工序简单，成本低廉，不含任何化学成分。先用糯米制作的洗发液将头发揉搓一番，再用冷水冲洗，方法简单易学。坚持使用一段时间后能让头发乌黑如漆，微泛青光，且滋润松软，魅力迷人。

6. 用醋水、豆浆水美发

洗头时，除用适量洗发液外，可在水中加一汤勺豆浆；在清洗头发时在水里再加适量米醋，坚持每 2 天洗一次。经醋水和豆浆水清洗一段时间后，头发会变得浓密黑亮。

7. 用蛋黄茶水美发

（1）用洗发液将头发完全清洗干净

后，冲一杯浓茶，待温后，在茶中兑入一个新鲜鸡蛋的蛋黄，均匀搅拌，然后慢慢地把茶淋在头发上，或倒入洗脸盆内，将头发全部浸在盆内，轻轻搓揉，待浸泡 7 分钟左右时，将头发擦干，包上毛巾，用吹风机吹 3 分钟左右。

（2）解开毛巾后，再用温水将其洗净。每月 1～2 次，只要长期坚持，头发会乌黑、柔软。

8. 日常护发

多吃含钙、铁、锌、镁和蛋白质的食物，壳类（如栗）、鱼类、坚果类（如核桃）、橄榄油等也能增强头发的光泽和弹性、改善头发组织的效能。

发质脆弱的人，应选用性质比较温和的洗发水；要经常修剪开叉的头发；头发不宜多染、多烫；保持心情舒畅也能保持头发乌黑发亮。

9. 食疗护发

（1）若头发尖梢分叉的头发多，可适量地多吃些蛋黄、精瘦肉、海味食品等。

（2）头发变黄者，可适量地增吃些海带、紫菜、鲜奶、花生等富含钙、蛋白质的食品。

（3）头发干燥无光者，可适量地增吃些动物肝脏、核桃、芝麻等食品。

（4）头发大量脱落者，可适量地增吃些豆制品、玉米、新鲜蔬菜瓜果、高粱米等富含植物蛋白及人体不容易合成的食品。

10. 清晨综合洗漱护发

早晨起床后，对着镜子梳妆时，除了睡眼蒙眬外，头发常常也是蓬松散乱，尤其是那些临近洗发或发质坚硬的人，头发经一夜的压迫，使后脑靠近头旋处出现了一撮跟正常头发逆行、挺立的头发。建议：

（1）先洗好脸。

（2）洗好脸后把毛巾对折几下，叠起来搭在头顶上。

（3）刷牙，收拾房间，做、吃早餐等。

（4）当忙完一些琐事后，将毛巾取下，将翘起的头发用梳子梳好即可。

11. 防头皮瘙痒和头屑

头皮瘙痒和头屑是头皮上细菌的繁殖造成的，需要用专门的去头屑洗发水。洗发后，在头皮表面涂上具有杀菌效果的洗发剂，用手指按摩 1 分钟左右。如果洗发后不用水彻底冲掉，头发干后也会引起瘙痒和头屑。因此，平时就应保持头皮的清洁，如在做家务的时候，在头发上盖上一块毛巾，可有效避免灰尘沾在头发上。

12. 去头屑五方法

（1）用温姜水搓：用清水将生姜洗净后，切成片，煮成姜水，待凉至温度合适的时候，将洗好的头发浸入姜水中搓洗，有刺激头发生长、促进血液循环、消炎止痒的功效。长期使用此法，可使头发亮泽，头屑减少。

（2）用鸡蛋清液揉搓：将生鸡蛋磕入碗中，用筷子将其搅拌均匀（加点猪胆汁会更好），在洗完头后，立即将搅拌好的鸡蛋浇到发根处，并迅速用双手揉搓，大约 10 分钟后再用清水洗干净。每周 1 次，短期内便可见效。

（3）中药黄柏、苦参有较好的解毒、清热、止痒的作用，也有去脂的功效。把它们煎成汁用来洗头，能去头屑。

（4）洗完头发以后洒上些奎宁水，既可除头屑又能止痒（洒奎宁水的时候，瓶口应靠近头皮。奎宁水不宜洒得过多，只用于头部皮肤）。将奎宁水洒好后，应用双手交叉在头发内摩擦，使之均匀散开。

（5）头屑较多且其他症状也比较严重的人，可以在晚上把甜菜的根汁涂抹在头上，第二天早上将其洗净，效果很好。

13. 处理头发分叉的方法

当头发发质不佳或过长时，头发尾梢极易出现分叉现象，这样既会影响美观，头发的进一步生长也会受到影响。因此，可以在头发的尾梢部位上抹些定型摩丝或头油，并将尾梢的几缕头发轻轻地拧动，分叉的头发便会集中地显示在眼前，这时，只需用剪刀把分叉的头发剪下来，即可保持发质，不再分叉。

14. 食疗防头发变黄

食糖和脂肪过多及精神过度疲劳的人头发容易变黄。可多吃含钙、碘、蛋白质的食品（如海带、紫菜、鸡蛋、鱼、鲜奶、豆类等）。尽量少吃牛肝、猪肝、洋葱等食物，以免血液酸性增高而产生导致头发变黄的酸梅素。同时保持心情舒畅也能防止头发变黄。

15. 用何首乌加生地治黄发

每次取何首乌20克、生地40克，先用白酒涮一下，将两种药放入茶杯内，用开水冲泡，每天当茶饮，连续服用，直至水没色再更新。坚持服用半年，头发即可开始变黑，脸色会变红润。常年服用，待达到预想的效果时再停服。

16. 食疗治白发

对于那些"少白头"的患者可以采用补肾壮阳的疗法，平时多吃些含大量微量元素和氨基酸的食物（如：黄豆、蚕豆、黑豆、豌豆、玉米、花生、海带、黑芝麻、核桃肉、奶粉、土豆、蛋类、葵花子、龙眼肉等），对促进白发变黑和头发生长都有良好的效果。

17. 使头发乌黑的食物

经常食用含有维生素丰富的水果、蔬菜如红枣、花生、核桃、瓜籽、黑芝麻及含有钙、镁、铜、铁、磷等的食物，可使黑色颗粒加快合成，从而促进并保持黑发的生长。

18. 食用黑芝麻使头发乌黑

将黑芝麻碾碎，加入等量的白糖，将其混匀，每天早晚各食2～3汤匙。或者空腹生食数颗核桃，久服可见效。

19. 食用何首乌煮鸡蛋使白发变黑发

具体做法是：将何首乌100克，鲜鸡蛋2个，水适量加热，待蛋熟后去皮放入锅内再煮30分钟，最好加红糖少许再煮片刻。吃蛋喝汤，坚持每3天一次，一般的人服3个月可见奇效。能使白发变黑发。

20. 用何首乌加水果能使白发变黑

为了使白发变黑中老年人可以用以下方法：每天饮酒前都切2～3片何首乌和适量水果伴酒共吃，常年坚持会有奇效。

21. 用黑芝麻、何首乌治少年白头

取黑芝麻、何首乌各200克，将其碾细，并放入水中煮沸，用红糖送服，每天3次，4天就能将上述药服完，在第5天上午的时候，再将头上的白头发剃掉、刮净，使它重生。数日后，即可长出黑发。

22. 补铁防脱发

脱发与缺铁是密不可分的，加强铁的摄入可防止脱发。经常吃菠菜、胡萝卜、洋葱、大蒜等能加强铁的摄入。